高等职业教育教材

基础化学

第二版

陈君丽　贺素姣　主编
于兰平　主审

化学工业出版社

·北京·

内容简介

本教材以"必需和够用"为原则编写，由浅入深，加强实用性，把知识的传授和培养学生分析问题及解决问题的能力结合起来，注重知识和技能的迁移性。课堂互动、拓展视野体现了对学生综合素质、环境意识和安全意识的培养，具有职业教育特色，有机融入课程思政元素和劳动教育专业知识和技能，致力于培养学生的家国情怀、全球视野、责任担当和工匠精神。主要内容包括绪论、化学基本量和化学计算、物质结构、元素周期律和周期表、化学反应速率和化学平衡、卤素及其化合物、氧族元素及其化合物、其他重要的非金属元素及其化合物、碱金属和碱土金属、其他重要的金属元素、电解质溶液、酸碱平衡与酸碱滴定、沉淀溶解平衡与沉淀滴定、配位平衡与配位滴定、氧化还原反应与氧化还原滴定、化学分析法、仪器分析法、有机化学基础、烃的衍生物、化学热力学、气体和分散系统。

本教材可作为高职高专院校化工、药学、制药、食品等专业的教材和中等职业学校化工类及相关专业的教学用书或参考书，也可作为复习高中阶段化学基础知识的参考用书，对从事化学、化工相关专业的工作者也有一定的参考价值。

图书在版编目（CIP）数据

基础化学/陈君丽，贺素姣主编.—2版.—北京：化学工业出版社，2024.8

ISBN 978-7-122-45776-9

Ⅰ.①基… Ⅱ.①陈…②贺… Ⅲ.①化学-高等职业教育-教材 Ⅳ.①O6

中国国家版本管CIP数据核字（2024）第108306号

责任编辑：刘心怡　旷英姿　　文字编辑：邢苗苗
责任校对：李露洁　　　　　　装帧设计：王晓宇

出版发行：化学工业出版社
　　　　　（北京市东城区青年湖南街13号　邮政编码100011）
印　　装：河北延风印务有限公司
787mm×1092mm　1/16　印张 22¾　彩插1　字数582千字
2024年9月北京第2版第1次印刷

购书咨询：010-64518888　　　售后服务：010-64518899
网　　址：http://www.cip.com.cn
凡购买本书，如有缺损质量问题，本社销售中心负责调换。

定　　价：49.80元　　　　版权所有　违者必究

前言

本次修订保持了第一版的基本内容和风格，紧扣高等职业教育化工类专业培养高素质技术技能人才的目标，结合编者多年教学经验和教学改革实践的体会进行修订。本书整合了高职高专院校传统讲授的无机化学、分析化学、有机化学、物理化学等"四大化学"课程的核心教学内容，能满足后续技术技能人才培养对基础化学知识的需求，同时还具备了重基础、强技能、短学制、少学时的高职高专院校的自身特点，突出了高等职业教育人才培养定位，可作为高职院校化工类及相关专业的教材或者课外参考。

在编写中，力求做到以学生为主体，充分调动学生的学习积极性和主动性，语言通俗易懂，内容简单易学；力求做到用演示实验引领理论教学，来增强学生的感性认识，启迪学生的科学思维；坚持以应用为主，充分做到理论和实践的有机结合。

本教材内容坚持以"必需和够用"为原则，由浅入深，加强实用性，充分体现了对学生科学探索精神、环境意识、安全意识和创新精神的培养，具有职业教育特色。笔者把知识传授和培养学生分析问题、解决问题的能力结合起来，注重了习题的实践性，同时将思想政治教育渗透到具体的教学活动中，通过典型事例来弘扬科学家艰苦奋斗、团结协作的精神及对科学真理不断探索、严谨求实的科学态度。同时，将新思想、新理念与专业知识、技能有机融合，充分体现了党的二十大报告中提出的"协同推进降碳、减污、扩绿、增长，推进生态优先、节约集约、绿色低碳发展"等建设要求。

本教材知识起点和知识梯度合理，简化理论推导，突出实用性，强化理论与实际紧密联系。本书的编写紧密结合教学实践，每章的知识目标、能力目标和素质目标让学生目标清晰地进行学习，合理穿插的"视频""动画""图片""拓展视野""课堂互动""本章小结"等栏目，利于启发创新，引导应用。本书带有"*"为选学部分，各学校可以根据专业需要进行取舍。

本教材利用信息化手段，开展新形态教材建设，同步配套开发了省级精品在线开放课程、省级课程思政示范课程，与教学内容配套的相关数字资源具有良好的助教助学性，给老师的实际教学提供了方便，同时也给学生自学提供了方便。

本教材由河南应用技术职业学院陈君丽、贺素姣主编，河南应用技术职业学院赵丹丹、宁夏工商职业技术学院朱庆云担任副主编。陈君丽修订绪论、第一～三章；贺素姣修订第四章、第十三～十四章、第二十章；上海现代职业技术学院高文杰修订第五～七章；河南应用技术职业学院李丹娜修订第八～十章；赵丹丹第十一～十二章、第十五～十六章；宁夏工商职业技术学院朱庆云修订第十七章；河南应用技术职业学院张可擎修订第十八～十九章、附录。全书由陈君丽统稿。

本教材从框架确定到初稿完成，走访调研了企业相关专家和一线技术人员，特别感谢河南省中原大化集团有限责任公司工程师翟旭亚在编写过程中提出的宝贵意见。本书由天津渤海职业技术学院于兰平教授主审。本书从修订到完成，还得到化学工业出版社的大力支持和帮助，在此一并表示感谢。本书编写时参考了其他优秀教材、相关专著和资料（参考书目见后），在此向其作者一并致谢。

限于编者水平，时间又比较仓促，书中不足之处在所难免，恳请读者和教育界同仁予以批评指正。

编者

2023 年 11 月

第一版前言

《基础化学》紧扣高等职业教育化工类专业培养高素质技术技能人才的目标，结合编者多年教学经验和教学改革实践的体会编写的。本书整合了高职高专院校传统讲授的无机、分析、有机、物化"四大化学"课程的核心教学内容，能满足后续技术技能人才培养对基础化学知识的需求，同时还具备了重基础、强技能、短学制、少学时的高职高专院校的自身特点，突出了高等职业教育人才培养定位，可作为高职院校化工（及相关）类专业的教材（课后参考）。

在编写中，力求做到以学生为主体，充分调动学生的学习主动性和积极性，语言通俗易懂，简单易学；力求做到用演示实验引领理论教学，来增强学生的感性认识，启迪学生的科学思维；坚持以应用为主，充分做到理论和实践的有机结合。

教材内容以"必需和够用"为原则，由浅入深，加强实用性，把知识的传授及培养学生分析问题和解决问题的能力结合起来，注重了习题的实践性，在思考题里体现了对学生综合素质和环境意识、安全意识的培养，具有高职高专的教育特色。

本书知识起点和知识梯度合理；浅化理论推导，突出实践应用。本书的编写过程，遵循与教学实践工作紧密结合，每章的知识目标和能力目标，能够让学生清晰认知，快乐地进行学习，精心设计和穿插了"知识窗""新视野""本章小结"等栏目，利于启发思维，引导应用，深入浅出，学趣结合。需要说明的是，书中带有"*"为选学部分，各学校可以根据专业需要进行取舍。

本书同步配套开发了相关多媒体教学资源。各章习题、试题库中都附有参考答案，方便学生对知识的巩固和培养学生课后自学的能力；与教学内容配套的电子资源不仅给老师的实际教学提供了方便，同时也给学生自学提供了方便。相关教学资源具有良好的助教助学性，所有配套教学资源统一建在超星泛雅学习平台上，平台链接如下：https://moocl.chaoxing.com/course/212047181.html。

本教材由河南应用技术职业学院陈君丽主编，并编写绪论、第四章、第七章、第九章、第十三章和第十八章；潍坊职业学院刘芳任副主编，并编写第十一章、第十二章、第十五章和附录；河南应用技术职业学院贺素姣任副主编，并编写第三章、第十四章、第十九章和第二十章；河南应用技术职业学院舒航编写第二章、第六章、第十章和第十七章；河南应用技术职业学院赵丹丹编写第一章、第五章、第八章和第十六章。全书由陈君丽统稿。

本书由天津渤海职业技术学院于兰平教授主审并参与了全书的策划工作。本书从框架确定到初稿完成,得到化学工业出版社的大力支持和帮助,在此一并表示感谢。本书内容汲取了其他优秀教材的精华,对此向所有的同行表示感谢。本书编写时参考了相关的专著和资料(参考书目见后),在此向其作者一并致谢。

限于编者水平,时间又比较仓促,书中不足之处在所难免,恳请读者和教育界同仁予以批评指正。

编者
2020 年 5 月 26 日

目录

绪论

一、化学研究的对象 … 1
二、化学与人类文明 … 1
三、化学在学科体系中的地位 … 2
四、高职学生如何学习基础化学 … 2

第一章　化学基本量和化学计算

第一节　物质的量 … 4
　一、物质的量及其单位 … 4
　二、摩尔质量 … 5
　三、气体标准摩尔体积 … 6
　四、有关物质的量的计算 … 6
第二节　溶液的物质的量浓度 … 7
　一、物质的量浓度 … 8
　二、有关物质的量浓度的计算 … 9
第三节　化学方程式及其有关计算 … 10
　一、化学方程式 … 10
　二、根据化学方程式的计算 … 11
　三、热化学方程式 … 13
拓展视野　国际单位制简介 … 13
本章小结 … 14
课后检测 … 15

第二章　物质结构

第一节　原子的组成 … 17
　一、原子结构发现过程 … 17
　二、原子核 … 18

  三、同位素 ·· 19
第二节 核外电子的排布 ·· 20
  一、电子云与核外电子的运动状态 ·· 20
  二、核外电子的排布 ·· 22
第三节 化学键 ·· 24
  一、离子键 ·· 24
  二、共价键 ·· 24
  三、金属键 ·· 25
第四节 分子间作用力与氢键 ·· 26
  一、分子的极性 ·· 26
  二、分子间作用力 ·· 27
  三、氢键 ·· 28
*第五节 晶体的基本类型 ·· 29
  一、晶体的特征 ·· 29
  二、晶体的类型 ·· 30
拓展视野 心怀大爱，勇于担当 ·· 33
本章小结 ·· 33
课后检测 ·· 35

第三章 元素周期律和周期表

第一节 元素周期律 ·· 38
  一、原子核外电子排布的周期性变化 ·· 38
  二、原子半径的周期性变化 ·· 39
  三、元素主要化合价的周期性变化 ·· 40
第二节 元素周期表 ·· 41
  一、元素周期表的结构 ·· 41
  二、周期表中主族元素性质的递变规律 ·· 42
  三、元素周期表的应用 ·· 44
拓展视野 科学的种子，是为了人民的收获而生长的——门捷列夫 ·· 45
本章小结 ·· 46
课后检测 ·· 46

第四章 化学反应速率和化学平衡

第一节 化学反应速率 ·· 48
  一、化学反应速率的表示方法 ·· 48
  二、影响化学反应速率的因素 ·· 50
第二节 化学平衡 ·· 52
  一、可逆反应和化学平衡 ·· 52
  二、有关化学平衡的计算 ·· 54
  三、化学平衡的移动 ·· 55

四、化学平衡在化工生产中的应用 ———————————————————— 58
拓展视野　生物体内的平衡 ———————————————————————— 59
本章小结 ———————————————————————————————— 59
课后检测 ———————————————————————————————— 60

第五章　卤素及其化合物

第一节　氯气 ———————————————————————————————— 63
　　一、氯气的性质 ————————————————————————————— 63
　　二、氯气的制取方法 ——————————————————————————— 64
　　三、氯气的用途 ————————————————————————————— 65
第二节　氯的重要化合物 —————————————————————————— 65
　　一、氯化氢及盐酸 ———————————————————————————— 65
　　二、氯的含氧酸及其盐 —————————————————————————— 66
第三节　卤素性质的比较 —————————————————————————— 67
　　一、卤素单质的性质比较 ————————————————————————— 67
　　二、卤化氢的性质比较 —————————————————————————— 69
　　三、卤素离子的性质比较 ————————————————————————— 69
　　四、84消毒液配制及使用方法 —————————————————————— 70
拓展视野　美丽的"水立方" ————————————————————————— 71
本章小结 ———————————————————————————————— 71
课后检测 ———————————————————————————————— 72

第六章　氧族元素及其化合物

第一节　氧的单质及其化合物 ———————————————————————— 74
　　一、氧和臭氧 —————————————————————————————— 74
　　二、过氧化氢 —————————————————————————————— 76
第二节　硫的单质及其化合物 ———————————————————————— 77
　　一、硫和硫化氢 ————————————————————————————— 77
　　二、硫的氧化物和硫酸 —————————————————————————— 78
　　三、硫酸盐 ——————————————————————————————— 79
拓展视野　二氧化硫的神奇作用——漂白 ——————————————————— 79
本章小结 ———————————————————————————————— 80
课后检测 ———————————————————————————————— 80

第七章　其他重要的非金属元素及其化合物

第一节　氮和磷 —————————————————————————————— 82
　　一、氮及其重要化合物 —————————————————————————— 82
　　二、磷及其重要化合物 —————————————————————————— 85

第二节　碳和硅 ·· 86
　　一、碳及其重要化合物 ·· 86
　　二、硅及其重要化合物 ·· 88
　　三、探索"喷泉"的奥秘 ·· 89
拓展视野　石墨烯 ·· 89
本章小结 ·· 90
课后检测 ·· 91

第八章　碱金属和碱土金属

第一节　钠 ··· 92
　　一、钠的性质 ··· 92
　　二、钠的重要化合物 ··· 94
第二节　镁 ··· 96
　　一、镁的性质 ··· 96
　　二、镁的重要化合物 ··· 97
第三节　碱金属和碱土金属的性质比较 ·· 98
　　一、原子结构的比较 ··· 98
　　二、物理性质的比较 ··· 98
　　三、化学性质的比较 ··· 99
拓展视野　化工巨擘侯德榜 ·· 100
本章小结 ·· 100
课后检测 ·· 101

第九章　其他重要的金属元素

第一节　铝 ··· 103
　　一、铝的性质和用途 ··· 103
　　二、铝的重要化合物 ··· 105
第二节　铁 ··· 106
　　一、铁的性质和用途 ··· 106
　　二、铁的重要化合物 ··· 107
　　三、Fe^{3+} 的检验 ··· 109
第三节　金属的通性 ·· 109
　　一、金属的物理性质 ··· 109
　　二、金属的化学性质 ··· 110
　　三、金属的存在和冶炼 ·· 111
　　四、合金 ··· 112
　　五、金属的回收与环境资源保护 ······································ 113
拓展视野　新型净水剂——高铁酸钾 ··· 113
本章小结 ·· 114
课后检测 ·· 114

第十章　电解质溶液

第一节　电解质溶液概述 —— 118
一、电解质的基本概念 —— 118
二、强电解质与弱电解质 —— 119

第二节　离子反应与离子方程式 —— 119
一、离子反应与离子方程式概述 —— 119
二、离子反应发生的条件 —— 120

第三节　水的电离和溶液的 pH —— 121
一、水的电离 —— 121
二、溶液的酸碱性和 pH —— 121
三、强酸、强碱溶液 —— 122
四、弱酸、弱碱的电离平衡 —— 122

第四节　盐类的水解 —— 125
一、盐类水解概述 —— 125
二、影响盐类水解的因素 —— 126
三、盐类水解的应用 —— 127

拓展视野　电解质溶液的导电性 —— 127
本章小结 —— 128
课后检测 —— 129

第十一章　酸碱平衡与酸碱滴定

第一节　酸碱质子理论 —— 131
一、酸碱概念 —— 131
二、酸碱反应 —— 132

第二节　缓冲溶液 —— 133
一、同离子效应 —— 133
二、缓冲溶液与缓冲作用原理 —— 133

第三节　酸碱滴定 —— 136
一、酸碱指示剂 —— 136
二、酸碱滴定法 —— 138

拓展视野　酸碱体质理论，一场伪科学骗局 —— 142
本章小结 —— 143
课后检测 —— 143

第十二章　沉淀溶解平衡与沉淀滴定

第一节　难溶电解质的沉淀溶解平衡 —— 145
一、沉淀溶解平衡与溶度积常数 —— 145
二、溶度积及其应用 —— 146

三、影响沉淀反应的因素 ………………………………………………………… 149
第二节　沉淀滴定法 ……………………………………………………………………… 151
　　一、滴定分析对沉淀反应的要求 ………………………………………………… 151
　　二、莫尔法 ………………………………………………………………………… 151
　　三、福尔哈德法 …………………………………………………………………… 153
　　四、法扬斯法 ……………………………………………………………………… 154
拓展视野　溶洞奇观的形成 ……………………………………………………………… 155
本章小结 …………………………………………………………………………………… 156
课后检测 …………………………………………………………………………………… 157

第十三章　配位平衡与配位滴定

第一节　配位化合物 ……………………………………………………………………… 160
　　一、配合物的定义 ………………………………………………………………… 160
　　二、配合物的组成 ………………………………………………………………… 161
　　三、配合物的命名 ………………………………………………………………… 163
第二节　配合物在水溶液中的稳定性 …………………………………………………… 164
　　一、配位平衡及平衡常数 ………………………………………………………… 164
　　二、配离子稳定常数的应用 ……………………………………………………… 164
第三节　EDTA 配位滴定法 ……………………………………………………………… 165
　　一、EDTA 与金属离子的配位反应 ……………………………………………… 165
　　二、EDTA 配位滴定的基本原理 ………………………………………………… 166
　　三、金属指示剂 …………………………………………………………………… 166
　　四、配位滴定法的应用示例 ……………………………………………………… 167
拓展视野　中国配位化学的奠基人——戴安邦 ………………………………………… 167
本章小结 …………………………………………………………………………………… 168
课后检测 …………………………………………………………………………………… 168

第十四章　氧化还原反应与氧化还原滴定

第一节　氧化还原反应 …………………………………………………………………… 171
　　一、氧化反应与还原反应 ………………………………………………………… 171
　　二、氧化剂与还原剂 ……………………………………………………………… 172
　　三、氧化还原反应方程式的配平 ………………………………………………… 172
第二节　电化学基础 ……………………………………………………………………… 174
　　一、原电池 ………………………………………………………………………… 174
　　二、化学电源 ……………………………………………………………………… 177
第三节　氧化还原滴定 …………………………………………………………………… 178
　　一、氧化还原滴定曲线 …………………………………………………………… 178
　　二、氧化还原滴定法指示剂 ……………………………………………………… 179
　　三、常用的氧化还原滴定法 ……………………………………………………… 179
拓展视野　南孚坚守匠心精神，打造高质量电池产品 ………………………………… 182

本章小结 ·· 182
课后检测 ·· 183

第十五章　化学分析法

第一节　定量分析基础 ·· 186
　　一、定量分析中的误差 ·· 186
　　二、有效数字及其运算规则 ·· 189
第二节　滴定分析法概述 ·· 190
　　一、滴定分析法的分类 ·· 190
　　二、滴定分析的条件与滴定方式 ·· 190
　　三、标准溶液及基准物质 ··· 191
第三节　重量分析法 ··· 192
　　一、重量分析法的分类和特点 ··· 192
　　二、重量分析对沉淀式和称量式的要求 ··· 193
　　三、重量分析基本操作技术 ·· 193
　　四、重量分析结果计算 ·· 200
拓展视野　间接重量法测定花生壳中菲丁含量 ··· 201
本章小结 ·· 201
课后检测 ·· 202

第十六章　仪器分析法

第一节　吸光光度法 ··· 205
　　一、物质对光的选择性吸收 ·· 205
　　二、光吸收的基本定律 ·· 207
　　三、光度分析法及仪器 ·· 209
　　四、显色反应及其影响因素 ·· 212
　　五、吸光度测量条件的选择 ·· 214
　　六、吸光光度法的应用 ·· 215
　　七、紫外-吸收分光光度法的应用 ·· 216
第二节　气相色谱分析法 ·· 217
　　一、气相色谱法分离原理 ··· 217
　　二、气相色谱仪及其使用技术 ··· 219
　　三、色谱常用术语 ··· 225
　　四、气相色谱定量定性分析技术 ·· 226
拓展视野　光度分析中的导数技术 ··· 228
本章小结 ·· 228
课后检测 ·· 229

第十七章　有机化学基础

第一节　有机化合物 ... 231
一、有机化合物的概念 ... 231
二、有机化合物的结构特点 ... 232
三、有机物构造式的表示方法 ... 232
四、有机化合物的分类 ... 233

第二节　饱和烃 ... 234
一、烷烃 ... 234
二、环烷烃 ... 240

第三节　不饱和烃 ... 242
一、烯烃和炔烃 ... 242
二、芳香烃 ... 249

拓展视野　不可再生的石化资源——石油 ... 254
本章小结 ... 255
课后检测 ... 256

第十八章　*烃的衍生物

第一节　卤代烃 ... 259
一、卤代烷烃的分类和命名 ... 259
二、卤代烷烃的物理性质 ... 261
三、卤代烷烃的化学性质 ... 261
四、卤代烯烃与卤代芳烃 ... 263

第二节　含氧有机化合物 ... 264
一、醇 ... 264
二、酚 ... 268
三、醚 ... 270
四、醛和酮 ... 272
五、羧酸 ... 279

第三节　含氮有机化合物 ... 283
一、硝基化合物 ... 283
二、胺 ... 284

拓展视野　多巴胺的作用 ... 288
本章小结 ... 288
课后检测 ... 289

第十九章　化学热力学

第一节　热力学基础知识 ... 296
一、系统和环境 ... 296
二、状态和状态函数 ... 297
三、过程和途径 ... 297
四、功和热 ... 298

第二节　热力学定律及其应用	300
一、热力学能	300
二、热力学第一定律	301
三、恒容热	301
四、恒压热及焓	301
五、变温过程热的计算	302
第三节　化学反应热效应	303
一、化学反应热效应概述	303
二、标准摩尔生成焓	303
三、标准摩尔燃烧焓	304
第四节　化学反应方向的判断	305
一、自发过程	305
二、化学反应熵变计算	305
三、化学反应方向的判断	306
拓展视野　深耕绿色发展　勇担社会责任	308
本章小结	308
课后检测	309

第二十章　气体和分散系统

第一节　气体	312
一、理想气体状态方程	312
二、理想气体混合物的两个定律	313
第二节　稀溶液的依数性	314
一、溶液及组成的表示方法	314
二、拉乌尔定律和理想液态混合物	315
三、亨利定律和理想稀溶液	317
四、稀溶液的依数性	318
五、分配定律和萃取	322
第三节　相平衡	323
一、相律	323
二、单组分系统两相平衡时温度和压力之间的关系	324
三、单组分系统相图	325
四、二组分系统的气-液相平衡	326
第四节　胶体	328
一、胶体的概念	328
二、胶体的性质	328
三、胶体的聚沉	330
拓展视野　中国物理化学奠基人——黄子卿	330
本章小结	331
课后检测	332

附　录

附录一　常见弱酸弱碱的电离常数 ……………………………………………………………… 335
附录二　一些微溶化合物的溶度积 ……………………………………………………………… 336
附录三　常见配离子的稳定常数 ………………………………………………………………… 337
附录四　一些电极的标准电极电位(298.15K) ………………………………………………… 339
附录五　一些物质的热力学数据(298.15K) …………………………………………………… 343
附录六　一些物质的标准摩尔燃烧焓(298.15K) ……………………………………………… 345

参考文献

绪 论

一、化学研究的对象

化学是一门自然科学，自然科学是以客观存在的物质世界作为考察和研究的对象，研究物质及其运动的形式，化学则是研究物质的化学运动形式的科学。具体地说，化学是研究物质的性质、组成、结构、变化和应用的科学。不仅如此，物质的化学变化还同外界条件有关，因此研究物质的化学变化，一定要同时研究变化发生的外界条件。另外在化学变化过程中常伴有物理变化（如光、热、电等），这样一来在研究物质化学变化的同时还必须注意研究相关的物理变化。

综上所述，化学是人类认识和改造物质世界的主要方法和手段之一，是研究物质的组成、结构、性质及其变化规律和变化过程中能量关系的科学。它是一门历史悠久而又富有活力的学科，它的发展是人类文明的重要标志。

二、化学与人类文明

化学科学发展的历史，是一部人类逐步深入认识物质组成、结构、变化的历史，也是一部合成、创造更多新物质，推动社会经济发展和促进人类文明发展的历史。可以说化学是打开物质世界的钥匙，是人类创造新物质的工具。人类社会自有史以来，就有有关化学的记载。钻木取火，用火烧煮熟食物，烧制陶器，冶炼青铜器和铁器等，都是化学技术的应用。正是这些应用，又极大地促进了社会生产力的发展，使人类不断发展进步。

我国是世界文化发达最早的国家之一，在化学方面有过许多重大的发明创造。远在六千多年前，古人就能烧制精美的陶器；早在三千多年前的商代，就已掌握了青铜的冶炼和铸造技术；两千多年前就能冶炼钢铁。造纸、瓷器和火药早就闻名于世。其他如酿造、涂料、染色、制糖、制革、食品和制药等化学工艺，在我国历史上都有令人瞩目的成就。

化学与人们的衣、食、住、行以及健康密切相关。化学工作者借助于化学工业制造出数不胜数的化学产品。色泽鲜艳、质量上乘的服装面料是化学染料、合成纤维对化学的一大贡献；粮食、蔬菜的丰收和品质的提供，有赖于化肥、农药、除草剂等的生产和使用；现代建筑所用的石灰、水泥、涂料、胶黏剂、装饰材料、玻璃和塑料等都是化工产品；现代交通工具，不仅需要汽油、柴油作动力燃料，还需要添加剂、防冻剂、润滑油等，这些都是石油化工产品。此外，人们需要的药品、洗涤剂、牙膏、美容化妆品等日常生活必不可少的用品，也是化学产品。这些化学制品和化学物质几乎渗透到人类生产和生活的各个方面，使人类的生活更加丰富，更加方便。可以说我们的生活离不开化学，我们生活在化学的世界里。

化学贯穿于人类的衣、食、住、行与环境的相互作用之中。在正常情况下，环境物质与人体之间保持着的动态平衡，使人能够正常生存。但是，当环境中某些有毒有害物质增加时，轻则影响人的生活质量，重则危及人类生存。

当前，世界所面临的挑战有环境问题、能源问题、资源与可持续发展问题等。化学家已经意识到在严峻的环境问题中，尤其是造成污染的各种因素中，化学工业生产排放的废物及废弃化学品对环境造成的影响很大，应积极参与环境污染问题的研究和治理。

可以说，无论是过去还是将来，化学与人类文明始终紧密地联系在一起。同时，人们也逐渐认识到，环境问题的最终解决，还需要依靠科技进步，很多环境污染的防治要依靠化学方法。

三、化学在学科体系中的地位

化学是一门综合性、知识性强的基础学科，在与物理学、生物学、天文学等学科的相互渗透中，得到了迅速的发展，也推动了其他学科和技术的发展。化学中原来的无机化学、有机化学、分析化学和物理化学四大基础学科已容纳不下化学新的发展，从而衍生出了许多新的学科。例如：生物化学、分子生物学、环境化学、材料化学、药物化学和地球化学等，涉及生产、农业、医疗、环保、能源等诸多领域。在工业领域中，大量的化学知识和技术应用于化学工业、医药、化妆品、食品等领域，比如合成新药物、新催化剂、新材料等领域中，化学的地位不可替代。在环境保护中，化学可用于污染处理、空气净化、水处理等方面，缓解环境对生态环境和人类健康的影响。

四、高职学生如何学习基础化学

1. 基础化学课程性质

基础化学课程架构于高中化学及基本实验技术的基础之上，是化工、食品、生物、药学、医学、环保、分析、相关专业学生必修的一门重要的专业基础课。主要介绍无机化学、有机化学、分析化学及物理化学等学科中的基础知识、基本原理和基本操作技术，为后续的化工生产技术、化学反应过程与设备、化学分析技术、工业分析技术、精细化妆品分析与检测等专业课的学习及知识的延伸奠定基础。

2. 基础化学教学任务

在完成基础化学课程的学习后，学生应掌握化学基础知识、化学基本理论、化学平衡与应用、有机化学基础的相关理论知识，熟悉实验室常见的化学仪器的使用方法，会进行化学实验室的基本操作，树立爱岗敬业、爱护环境、勤于劳动的意识与良好的职业素养。重点掌握四大平衡理论的原理和以仪器分析法和化学分析法为主的测定物质含量的方法，建立准确的"量"的概念；以有机物的结构和性质为主线，学习并掌握有机物的命名方法、结构性质和反应规律；通过学习热力学三大定律、稀溶液的依数性等，能更好地解决生产生活中的实际问题。

3. 基础化学的学习方法

（1）养成良好习惯　基础化学的学习和其他学科知识的学习一样，良好的学习习惯是决定学习效率的关键。预习是重要的学习环节之一，在开始学习之前，用几分钟至几十分钟粗略地看一下本书的目录和相关知识或学习平台上完成老师布置的任务，大致了解本课程的内容。在课堂上用讨论或交流的心态与教师进行沟通交流，保证课堂效率。课后总结回顾是掌握知识的重要环节，根据教师的指导，仔细地阅读相应的章节和教师提供的参考资料，以保证能够理解所学的知识。如果有疑问，可以和同学探讨，也可以当面或通过学习平台与老师交流。在课下要仔细研究例题习题，这样能帮助掌握和巩固所学的知识。

（2）培养化学素养　作为化工及化工相关专业的学生，应有时代紧迫感和责任感，学好化学专业知识，学好专业本领和技能，应志存高远，将来为国家在专用化学品领域，例如医药、农药新产品、染料、涂料新技术、催化剂新技术等方面取得市场竞争的新优势做出贡献。

在基础化学的学习中，除了学习专业知识，还应了解最新科技成果以拓宽视野，结合化学理论和化工产品的发展过程了解中国的快速发展历程，增强民族自豪感和自信心。在实践、实验课程中，了解国内相关科技发展的现状，学习化学产品从小试到工业化生产过程及需要的知识，以及科技人员所付出的艰辛，培养脚踏实地的工作作风和职业工匠精神。学习有机化学的合成路线、机理、工艺时，熟悉工业化生产的关键要素、环境污染等对产品的制约等，增强使命担当和环保意识。进而树立正确的人生观、价值观，脚踏实地，不负韶华，把远大抱负落实到实际行动中，落实到中华民族伟大复兴的不懈奋斗中。

第一章
化学基本量和化学计算

 学习目标

知识目标

1. 掌握物质的量、摩尔质量、气体标准摩尔体积的基本概念。
2. 理解有关物质的量浓度的表示方法。

能力目标

1. 能够对物质的量、摩尔质量、气体标准摩尔体积、物质的量浓度进行计算。
2. 掌握根据化学方程式计算的方法。

素质目标

1. 通过学习物质的量,加深对比较陌生、抽象、难懂的微观世界的认识,建立微观与宏观之间的桥梁。
2. 通过进行化学计算,培养分析、推理的水平和一丝不苟的科学精神,以及应用化学概念和理论服务实际生产的意识。

物质是由分子、原子或离子等微观粒子构成的。物质之间发生化学反应时,是在一定数目比的分子、原子或离子之间进行的。这些肉眼看不到的微观粒子不仅无法单个称量,又难以计数。但在实际的生产和科学实验中,取用的物质不论是单质还是化合物,都是看得见、可以称量的。为了在微观粒子和宏观物质之间架起一座桥梁把它们联系起来,使我们便于计算和实际操作,1971 年,第十四届国际计量大会上决定,在国际单位制❶中增加第七个物理量——物质的量。

第一节 物质的量

一、物质的量及其单位

物质的量与长度、温度、质量和时间等一样,是一种物理量的名称,表示的是物质基本单元数量的多少,符号为 n。

正如长度、温度、质量和时间等物理量都有单位一样,物质的量也有单位,它的单位名称是摩尔,符号为 mol。

1mol 物质中究竟含有多少个基本单元数呢?国际单位制中规定:1mol 任何物质所含有的基本单元数与 0.012kg ^{12}C❷ 所含的原子数目相等。基本单元可以是原子、分子、离子、

---

❶ 国际单位制,即 SI,目前国际上规定了七个基本量及其单位。

❷ ^{12}C,即 $^{12}_{6}$C,原子核内有 6 个质子和 6 个中子,用该原子的质量作为原子量的标准。

电子及其他微粒或者是这些微粒的特定组合体。

根据实验测定：**0.012kg ^{12}C 中约含有 6.02×10^{23} 个碳原子**，这个数值也叫阿伏伽德罗常数，符号 N_A。

由此可知，如果某物质所含的基本单元数与阿伏伽德罗常数相等，这种物质的量就是 1mol。即：1mol 任何物质中均含有 6.02×10^{23} 个基本单元数。

例如：1mol 氢原子含有 6.02×10^{23} 个氢原子；

1mol 氢分子含有 6.02×10^{23} 个氢分子；

2mol 氢离子含有 2×6.02×10^{23} 个氢离子；

5mol 氢氧根离子含有 5×6.02×10^{23} 个氢氧根离子；

0.5mol 氧原子含有 0.5×6.02×10^{23} 个氧原子。

由此推出，物质的量（n）、物质的基本单元数（N）和阿伏伽德罗常数（N_A）之间的关系如下：

$$物质的量 = \frac{物质的基本单元数}{阿伏伽德罗常数}$$

即：
$$n = \frac{N}{N_A} \tag{1-1}$$

应当注意的是：①使用摩尔这个单位时，必须指明基本单元的名称。例如，1mol 氢原子不能笼统地说 1mol 氢。②摩尔是物质的量的单位，不是质量的单位，物质的量相同但是物质的质量是互不相同的。例如，1mol 氧原子和 1mol 氢原子所含有的原子数都是相同的，可是因为一个氧原子和一个氢原子的质量是不同的，所以 1mol 氧原子和 1mol 氢原子所具有的质量也是不同的。③单位名称不要与物理量名称相混淆，即不能将物质的量称为"摩尔数"。例如，氧原子的物质的量是 2mol，不能说氧原子的摩尔数是 2mol。

二、摩尔质量

1mol 不同物质中所包含的基本单元数虽然相同，但由于不同粒子的质量不同，因此，1mol 不同物质的质量也不同。我们将**单位物质的量的物质所具有的质量称为该物质的摩尔质量，用符号 M 表示，常用单位为 g/mol**。

$$M = \frac{m}{n} \tag{1-2}$$

当基本单元确定以后，其摩尔质量就很容易求得，由摩尔的定义可知，1mol ^{12}C 原子的质量是 0.012kg(12g)，即碳原子的摩尔质量：

$$M = 12 \text{g/mol}$$

我们知道，1 个碳原子和 1 个氢原子的质量之比约为 12:1，1mol 碳原子和 1mol 氢原子含有的原子数目相同，都是 6.02×10^{23} 个，因此，1mol 碳原子和 1mol 氢原子的质量之比也约为 12:1，而 1mol ^{12}C 的质量是 12g，所以，1mol 氢原子的质量就是 1g。可以推知，任何元素原子的摩尔质量在以 g/mol 为单位时，数值上等于其原子量。

同理，还可以推出分子、离子或其他基本单元的摩尔质量。即：任何物质的摩尔质量在以 g/mol 为单位时，数值上等于其相对基本单元质量。例如：

氧分子的摩尔质量 $M_{O_2} = 32\text{g/mol}$

硫酸分子的摩尔质量 $M_{H_2SO_4} = 98\text{g/mol}$

碳酸根离子的摩尔质量 $M_{CO_3^{2-}} = 60\text{g/mol}$

电子的质量极其微小，失去或得到的电子质量可以忽略不计。

应当注意的是：物质的量与物质质量虽然只一字之差，意义却有着本质的区别。

三、气体标准摩尔体积

我们已经知道，1mol 任何物质都含有相同数目的基本单元，但质量却不相同。那么，1mol 任何物质的体积是否相同呢？如图 1-1 所示。

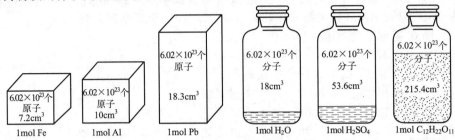

图 1-1　1mol 几种物质的体积示意图

1mol 固态物质或液态物质体积是不相同的，为什么呢？因为，物质体积的大小取决于构成这种物质的粒子数目、粒子的大小和粒子之间的距离这三个因素。1mol 不同的固态或液态物质中，虽然含有相同的粒子数，但粒子的大小是不相同的，同时，在固态物质和液态物质中，粒子之间的距离非常小，它们的体积主要是由粒子的大小决定，不同物质粒子的大小是不相同的，所以 1mol 固态物质或液态物质体积是不相同的。

对于气态物质来说，情况就不同了。通常情况下，相同质量的气态物质的体积要比它在固态或液态时大 1000 倍左右，这是因为物质在气态时，分子之间有着较大的距离。一般情况下，气体的分子直径约为 4×10^{-10} m，分子之间的平均距离是 4×10^{-9} m，即平均距离是分子直径的 10 倍左右。由此可以推论，气体的体积主要决定于分子之间的平均距离。事实证明，在相同温度、相同压力下，不同种类的气体分子之间的平均距离，几乎是相等的。

为了便于研究，人们规定温度为 0℃❶和压力为 1.01325×10^5 Pa（1atm）❷ 时的状况称为标准状况。

通常把标准状况下，单位物质的量的气体所占有的体积称为气体标准摩尔体积，符号为 V_m，常用单位是 L/mol。

大量实验证明：在标准状况下，任何气体的标准摩尔体积都约为 22.4L/mol。即 V_m = 22.4L/mol。

在标准状况下，气体标准摩尔体积、气体的物质的量和气体体积三者之间的关系是：

$$n = \frac{V}{V_m} \qquad (1-3)$$

因为不同气体在一定的温度和压力下，分子之间的距离可以看作是相等的，所以，在一定的温度和压力下气体体积的大小只随分子数目的多少而发生变化。由于 1mol 任何气体的体积在标准状况下都约为 22.4L，因此，在标准状况下，22.4L 任何气体中都含有约 6.02×10^{23} 个分子。即在相同的温度和压力下，相同体积的任何气体都含有相同数目的分子，这就是阿伏伽德罗定律。

阿伏伽德罗定律只适合于气态物质。

四、有关物质的量的计算

【例 1-1】 计算 49g 硫酸的物质的量是多少？并计算含有多少个硫酸分子？

解 硫酸的分子量是 98，故其 $M_{H_2SO_4}$ = 98g/mol，根据式(1-2)，49g 硫酸的物质的量为：

---

❶ SI 制中温度用热力学温标（T）表示，其单位为开尔文（K）。它与摄氏温度（t）的关系是：$T = 273.15 + t$。

❷ SI 制中压力（p）的单位是帕斯卡，简称帕（Pa）。它与大气压（atm）的关系是：1atm = 1.01325×10^5 Pa = 101.325kPa。

$$n_{H_2SO_4} = \frac{m_{H_2SO_4}}{M_{H_2SO_4}} = \frac{49g}{98g/mol} = 0.5mol$$

根据式(1-1)，其分子个数为：

$$N_{H_2SO_4} = n_{H_2SO_4} \cdot N_A = 0.5mol \times 6.02 \times 10^{23} \text{个}/mol = 3.01 \times 10^{23} \text{个}$$

答：49g 硫酸的物质的量是 0.5mol；含有 3.01×10^{23} 个硫酸分子。

【例 1-2】 2.8g 某（化学式是 X_2）物质，其物质的量是 0.1mol，求 X 的原子量是多少？

解　根据式(1-2)，该物质的摩尔质量为：

$$M_{X_2} = \frac{m_{X_2}}{n_{X_2}} = \frac{2.8g}{0.1mol} = 28g/mol$$

故 X_2 的分子量是 28，则 X 的原子量为 28/2=14

答：X 的原子量是 14。

【例 1-3】 88g 二氧化碳的物质的量是多少？在标准状况下所占的体积是多少？

解　二氧化碳的摩尔质量是 $M_{CO_2}=44g/mol$，根据式(1-2)，二氧化碳的量为：

$$n_{CO_2} = \frac{m_{CO_2}}{M_{CO_2}} = \frac{88g}{44g/mol} = 2mol$$

根据式(1-3)，标准状况下二氧化碳的体积为：

$$V_{CO_2} = n_{CO_2} V_m = 2mol \times 22.4L/mol = 44.8L$$

答：88g 二氧化碳的物质的量是 2mol；在标准状况下所占的体积是 44.8L。

【例 1-4】 已知在标准状况下，3.36L 某气体的质量为 10.65g，其分子量是多少？

解　根据式(1-3)，标准状况下该气体的物质的量为：

$$n = \frac{V}{V_m} = \frac{3.36L}{22.4L/mol} = 0.15mol$$

根据式(1-2)，该气体的摩尔质量为：

$$M = \frac{m}{n} = \frac{10.65g}{0.15mol} = 71g/mol$$

则该气体的分子量是 71。

答：该气体的分子量是 71。

 课堂互动

成人每天从食物中摄取的几种元素的质量大约为：0.8g 钙、0.3g 镁、0.2g 铜和 0.01g 铁。试求这四种元素的物质的量之比。

第二节　溶液的物质的量浓度

在取用溶液时，一般不是去称量它的质量，而是要量取它的体积。同时，物质在发生化学反应时，反应物的物质的量之间存在着一定的关系，而且化学反应中各物质之间的物质的量的关系要比它们之间的质量关系简单得多。所以，知道一定体积的溶液中含有溶质的物质的量，对于生产和科学实验都是非常重要的，同时对于有溶液参加的化学反应中各物质之间的量的计算也是非常便利的。因此，有必要引入另外一种表示溶液浓度的方法，即物质的量浓度。

一、物质的量浓度

1. 物质的量浓度的概念

单位体积（V）溶液中所含溶质的物质的量（n）称为溶质的物质的量浓度。用 c 表示，单位是 mol/L。

$$物质的量浓度 = \frac{溶质的物质的量}{溶液的体积}$$

即：
$$c = \frac{n}{V} \tag{1-4}$$

当溶质的物质的量不变时，溶液的物质的量浓度和溶液的体积成反比；在等体积和等物质的量浓度的溶液中所含溶质的分子数是相等的。

应当注意的是：表示某物质 B 的物质的量浓度时，也要指明其基本单元 B。常见表示方法有两种。例如，1L 溶液中含有 0.01mol H_2SO_4 时，H_2SO_4 的浓度可表示为：$c_{H_2SO_4}$ = 0.01mol/L 或者 0.01mol/L H_2SO_4 溶液。

2. 一定物质的量浓度溶液的配制

用固体药品配制一定物质的量浓度的溶液，要用到一种容积精确的仪器——容量瓶。容量瓶有各种不同规格，常用的有 100mL、250mL、500mL 和 1000mL 等几种（如图 1-2 所示）。

容量瓶是用来配制一定体积、物质的量浓度溶液的仪器，使用时应根据所配溶液的体积选定相应容积的容量瓶，并要检验是否漏液，检查的方法是向瓶内加入水至刻度线附近，塞好瓶塞，用滤纸擦干瓶塞外的水，用食指摁住瓶塞，另一只手托住瓶底，把瓶倒立过来 1min，观察瓶塞周围是否有水渗出（用滤纸检查）（如图 1-3 所示）。如果不漏水，将瓶正立，并将瓶塞旋转 180°后塞紧，仍把瓶倒立过来，再检查是否渗水，经检查不漏水的容量瓶才能使用。

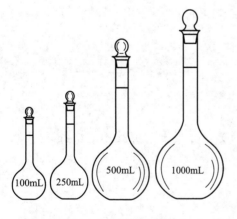

图 1-2 容量瓶示意图

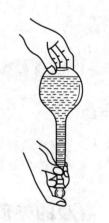

容量瓶的清洗与试漏

容量瓶使用

图 1-3 容量瓶试漏方法

［演示实验 1-1］ 配制 500mL 1mol/L NaCl 溶液。

步骤如下：

（1）计算 计算配制 500mL 1mol/L NaCl 溶液需称取 NaCl 的质量。

$$m_{NaCl} = cVM = 1mol/L \times 0.5L \times 58.5g/mol = 29.25g$$

(2) 称量　用天平称取 NaCl 固体 29.25g，放入烧杯中。

(3) 溶解　向盛有 NaCl 固体的烧杯中，加入适量蒸馏水，并用玻璃棒搅拌，使 NaCl 完全溶解。

(4) 转移　将烧杯中的溶液沿玻璃棒小心地注入 500mL 的容量瓶中。应注意不能将溶液洒在容量瓶外。

(5) 洗涤　用适量的蒸馏水洗涤烧杯内壁和玻璃棒 2～3 次，将每次洗涤后的溶液都转移至容量瓶中。

(6) 定容　注入蒸馏水至容量瓶容量一半时，轻轻振荡容量瓶（此时不要加瓶塞），使其中的溶液充分混合均匀。缓缓地向容量瓶中注入蒸馏水，直到液面接近刻度 1～2cm 处时，改用胶头滴管滴加蒸馏水至溶液的凹液面最低点正好与刻度线相切。

(7) 摇匀　把容量瓶用瓶塞盖好，反复上下颠倒，摇匀。

3. 溶液的稀释

在溶液中加入溶剂，使溶液的浓度减小的过程叫作溶液的稀释。溶液经过稀释，只增加溶剂的量而没有改变溶质的量，即稀释前后溶液中所含溶质的物质的量（或质量）不变。

$$n_1 = n_2$$

或

$$c_1 V_1 = c_2 V_2 \tag{1-5}$$

式中　n_1、n_2——稀释前、后溶质的物质的量，mol；

　　　c_1、c_2——稀释前、后溶质的物质的量浓度，mol/L；

　　　V_1、V_2——稀释前、后溶液的体积，L。

二、有关物质的量浓度的计算

1. 已知溶质的质量和溶液的体积，求其物质的量浓度

【例 1-5】　把 4g 氢氧化钠溶于水中，配成 0.5L 的溶液。该溶液的物质的量浓度是多少？

解　根据式 (1-2)，氢氧化钠的物质的量为：

$$n_{NaOH} = \frac{m_{NaOH}}{M_{NaOH}} = \frac{4g}{40g/mol} = 0.1 mol$$

根据式 (1-4)，溶液的物质的量浓度为：

$$c = \frac{n_{NaOH}}{V} = \frac{0.1 mol}{0.5 L} = 0.2 mol/L$$

答：该溶液的物质的量浓度是 0.2mol/L。

2. 已知溶液的物质的量浓度，求一定体积溶液中溶质的质量

【例 1-6】　配制 250mL 0.1mol/L 的氢氧化钠溶液，需氢氧化钠多少克？

解　根据式 (1-4)，溶液中氢氧化钠的量为：

$$n_{NaOH} = cV = 0.1 mol/L \times 0.25 L = 0.025 mol$$

根据式 (1-2)，需氢氧化钠的质量为：

$$m_{NaOH} = n_{NaOH} M_{NaOH} = 0.025 mol \times 40 g/mol = 1g$$

答：配制 250mL 0.1mol/L 的氢氧化钠溶液需氢氧化钠 1g。

3. 物质的量浓度与质量分数的换算

市售的液体试剂一般只标明密度和质量分数，但是，实际工作中往往是量取溶液的体

积。因此，就需要质量分数和物质的量浓度的换算。

一定量的同一溶液无论怎样表示其溶液的组成，它所含溶质的质量（或溶质的物质的量）相等。

【例 1-7】 现有质量分数为 37%、密度为 1.19g/mL 的盐酸。试求盐酸的物质的量浓度。

解 设该溶液的物质的量浓度为 c。

用质量分数或物质的量浓度两种方法表示该溶液的组成时，同体积盐酸中所含 HCl 的质量相等。设体积为 V。

那么 $1000V \times 1.19\text{g/mL} \times 37\% = cV \times 36.5\text{g/mol}$

则 $c = \dfrac{1000V \times 1.19\text{g/mL} \times 37\%}{V \times 36.5\text{g/mol}} = 12.06 \text{mol/L}$

答：该盐酸的物质的量浓度为 12.06mol/L。

将上述计算过程中的各物理量用符号表示，则可以得出以密度为桥梁的联系质量分数和物质的量浓度的换算式：

$$c = \frac{1000\rho w}{M} \tag{1-6}$$

式中 ρ——溶液的密度，g/mL；

w——溶质的质量分数，无量纲；

M——溶质的摩尔质量，g/mol；

c——溶质的物质的量浓度，mol/L；

1000——进率，1L=1000mL。

4. 有关溶液稀释的计算

【例 1-8】 配制 3L 3mol/L H_2SO_4 溶液，需要 18mol/L H_2SO_4 溶液多少毫升？

解 由式(1-5) 得：

$$V_1 = \frac{c_2 V_2}{c_1} = \frac{3\text{mol/L} \times 3\text{L}}{18\text{mol/L}} = 0.5\text{L} = 500\text{mL}$$

答：需要 18mol/L H_2SO_4 溶液 500mL。

🔄 课堂互动

正常人体中，血糖中葡萄糖（简称血糖）的质量分数约为 0.1%，已知葡萄糖的分子量为 180，设血液的密度为 1g/mL，则血糖的物质的量浓度是多少？

第三节 化学方程式及其有关计算

一、化学方程式

用化学式来表示化学反应的式子叫作化学方程式。它是国际通用的化学术语。化学方程式可以反映化学反应中"质"和"量"两方面的含义。不仅表示反应前后物质的种类，同时也表示了反应时各物质之间量的关系。书写化学方程式要遵守两个原则：一是要依据客观事实，不能主观臆造；二是要遵守质量守恒，即方程式等号两边的原子种类和个数必须相等，方程式必须配平。如：

$$2KClO_3 \xrightarrow{MnO_2} 2KCl + 3O_2\uparrow$$

$$CaCl_2 + Na_2CO_3 \longrightarrow CaCO_3\downarrow + 2NaCl$$

二、根据化学方程式的计算

化学方程式既表达化学反应中各物质质量的变化，又体现它们相互反应量的关系。根据这种定量关系，可以进行一系列化学计算。

物质之间的化学反应是原子、分子或离子等粒子按一定的数目关系进行的。化学方程式可以明确地表示出化学反应中这些粒子数之间的数目关系。这些粒子之间的数目关系，也就是化学计量数的关系。化学方程式中，各物质的化学计量数之比既表示它们基本单元数之比，也表示物质的量之比。又根据物质的量的意义，还可以得到各物质间其他多种数量关系。例如：

	$2H_2$	+	O_2	$\xrightarrow{点燃}$	$2H_2O$
化学计量数之比	2	:	1	:	2
粒子数目之比	$2\times 6.02\times 10^{23}$	:	$1\times 6.02\times 10^{23}$	:	$2\times 6.02\times 10^{23}$
物质的量之比	2mol	:	1mol	:	2mol
物质的质量之比	$2\times 2g$	:	$1\times 32g$	:	$2\times 18g$
标准状况下气体的体积之比	$2\times 22.4L$	:	22.4L		

所以，在生产和科学实验中，常常利用化学方程式来解决实际的计算问题。

【例 1-9】 112g 铁与足量的稀 H_2SO_4 反应，能产生 $FeSO_4$ 的物质的量是多少？

解　方法一　设能生成 $FeSO_4$ 的质量为 x

$$Fe + H_2SO_4 \longrightarrow FeSO_4 + H_2\uparrow$$

$$\begin{array}{cc} 56g & 152g \\ 112g & x \end{array}$$

$$\frac{56g}{112g} = \frac{152g}{x}, \quad x = 304g$$

$$n_{FeSO_4} = \frac{m_{FeSO_4}}{M_{FeSO_4}} = \frac{304g}{152g/mol} = 2mol$$

方法二　设能生成 $FeSO_4$ 的物质的量为 x

$$Fe + H_2SO_4 \longrightarrow FeSO_4 + H_2\uparrow$$

$$\begin{array}{cc} 56g & 1mol \\ 112g & x \end{array}$$

$$\frac{56g}{112g} = \frac{1mol}{x}, \quad x = 2mol$$

答：能生成 2mol $FeSO_4$。

根据化学方程式进行计算时，各物质的单位不一定都要统一换算成克或摩尔，可根据已知条件具体分析。但同种物质的单位必须一致。

【例 1-10】 完全中和 0.5L 1mol/L H_2SO_4 溶液,需要 0.5mol/L NaOH 溶液多少升?

解 设需要 0.5mol/L NaOH 溶液体积为 x

$$2NaOH + H_2SO_4 \longrightarrow Na_2SO_4 + 2H_2O$$

$$\begin{array}{cc} 2\text{mol} & 1\text{mol} \\ x \times 0.5\text{mol/L} & 0.5\text{L} \times 1\text{mol/L} \end{array}$$

$$\frac{2\text{mol}}{x \times 0.5\text{mol/L}} = \frac{1\text{mol}}{0.5\text{L} \times 1\text{mol/L}}$$

$$x = 2\text{L}$$

答:需要 0.5mol/L NaOH 溶液 2L。

根据化学方程式计算所得的结果只是理论量,在实际生产和实验中,由于反应进行的完全程度和物料的损失等方面的原因,产品的实际产量总是低于理论产量,原料的实际消耗量总是高于理论消耗量。它们的关系可用产品产率和原料利用率来表示:

$$\text{产品产率} = \frac{\text{实际产量}}{\text{理论产量}} \times 100\%$$

$$\text{原料利用率} = \frac{\text{理论消耗量}}{\text{实际消耗量}} \times 100\%$$

【例 1-11】 工业上煅烧石灰石生产 CaO 和 CO_2。问:

(1) 若煅烧 $CaCO_3$ 的质量分数为 90% 的石灰石 5t,能制得多少吨 CaO 和多少立方米 CO_2(标准状况下)?

(2) 实际得到 2.42t CaO,CaO 的产率是多少?

(3) 实际消耗质量分数为 90% 的石灰石 5.5t,石灰石的利用率是多少?

解 (1) 设能制得 CaO 的质量为 x,制得 CO_2 的体积在标准状况下为 y。

5t 石灰石中含 $CaCO_3$ 的质量为:

$$m = 5\text{t} \times 90\% = 4.5\text{t}$$

$$CaCO_3 \xrightarrow{\text{燃烧}} CaO + CO_2\uparrow$$

$$\begin{array}{ccc} 100\text{t} & 56\text{t} & 22400\text{m}^3 \\ 4.5\text{t} & x & y \end{array}$$

$$\frac{100\text{t}}{4.5\text{t}} = \frac{56\text{t}}{x}$$

$$x = 2.52\text{t}$$

$$\frac{100\text{t}}{4.5\text{t}} = \frac{22400\text{m}^3}{y}$$

$$y = 1008\text{m}^3$$

(2) CaO 的理论产量为 2.52t,所以

$$\text{CaO 的产率} = \frac{\text{实际产量}}{\text{理论产量}} \times 100\% = \frac{2.42\text{t}}{2.52\text{t}} \times 100\% = 96\%$$

(3) 由 (1) 知理论消耗质量分数为 90% 的石灰石 5t,所以

$$\text{石灰石的利用率} = \frac{\text{理论消耗量}}{\text{实际消耗量}} \times 100\% = \frac{5\text{t}}{5.5\text{t}} \times 100\% = 90.9\%$$

答：煅烧 $CaCO_3$ 的质量分数为 90% 的石灰石 5t，可制得 CaO 2.52t 和 CO_2 1008m³（标准状况下）；CaO 的产率为 96%；石灰石的利用率为 90.9%。

三、热化学方程式

化学反应往往伴随着能量的变化。这些能量可以是热能、声能、光能和电能等，通常表现为热能的形式，即有吸热或放热的现象发生。**化学上把有热量放出的化学反应叫作放热反应**。例如，铝片与盐酸的反应、酸碱中和的反应都是放热反应。化学上把吸收热量的化学反应叫作吸热反应。例如，$CaCO_3$ 的分解反应就是吸热反应。反应中吸收或放出的热量都属于反应热。

反应热可在化学方程式中表示如下：

$C(s)+O_2(g)\longrightarrow CO_2(g)$ $\Delta H=-393.5kJ$

$C(s)+H_2O(g)\longrightarrow CO(g)+H_2(g)$ $\Delta H=+131.3kJ$

$2H_2(g)+O_2(g)\longrightarrow 2H_2O(g)$ $\Delta H=-483.6kJ$

$2H_2(g)+O_2(g)\longrightarrow 2H_2O(l)$ $\Delta H=-571.6kJ$

这种表明化学反应所放出或吸收热量的化学方程式叫作热化学方程式。

在热化学方程式中，各物质前面的系数表示物质的量；反应热的符号为 ΔH，单位是 kJ；$\Delta H>0$ 时为吸热反应，$\Delta H<0$ 时为放热反应；由于物质呈现哪一种聚集状态跟它们含有的能量有关系，所以在热化学方程式中要注明各物质的状态。

热化学方程式不仅表明一个反应中的反应物和生成物，还表明一定量的物质在反应中所放出或吸收的热量。在实际中，煤炭、石油、天然气等能源不断开采出来为人们利用，用来开动各种机动车辆和各种机器，并供人们日常生活中做饭、取暖之用。所以，了解化学反应热是非常有意义的。

课堂互动

在实验室里用氯酸钾制取氧气，制 2mol 氧气需氯酸钾的物质的量是多少？这些氯酸钾的质量是多少？

拓展视野

国际单位制简介

在生产、生活和科学实验中，我们要使用一些物理量来表示物质的多少、大小及其运动的强度等。例如，1m 布、1kg 食盐和 30s 时间等。有了米、千克这样的计量单位，就能表达这些东西的数量。但由于世界各国、各个民族的文化发展不同，往往形成各自的单位制，如英国的英制、法国的米制等。而且同一个物理量常用不同的单位表示，如压强有千克/平方厘米、磅/平方英寸、标准大气压、毫米汞柱、巴、托等多种单位。这对于国际上的科学技术交流和商业交流，都很不方便，换算时又易出差错。因此，便有实行统一标准的必要。

1960年第十一届国际计量大会上,通过了国际单位制(Le Système International d'Unités)及其国际简称(SI),这是国际上共同遵循的计量单位制。国际单位制源自18世纪末科学家的努力,最早于法国大革命时期的1799年被法国作为度量衡单位。目前国际单位制应用于世界各地,工业比较发达的国家几乎全部采用了国际单位制。1977年5月,我国国务院颁布了《中华人民共和国计量管理条例(试行)》,并在第三条中明确规定"我国的基本计量制度是米制(即'公制'),逐步采用国际单位制"。1981年4月,经国务院批准颁发了《中华人民共和国计量单位名称与符号方案(试行)》,要求在全国各地试行。1993年国家技术监督局颁布了《量和单位》(GB 3100~3102—1993),标准列出了国际单位(SI)的构成体系,规定了可以与国际单位制并用的单位以及计量单位的使用规则。

SI使用7个基本单位、2个辅助单位、17个带专业名称和符号的导出单位以及16个词冠,通过乘除的关系组合起来,基本上可以将所有物理量表示出来。

表1-1是7个基本单位的名称和符号。

表1-1 7个基本单位的名称和符号

物理量	单位名称	单位符号	物理量	单位名称	单位符号
长度	米	m	热力学温度	开[尔文]	K
质量	千克(公斤)	kg	物质的量	摩[尔]	mol
时间	秒	s	发光强度	坎[德拉]	cd
电流	安[培]	A			

本章小结

一、物质的量

1. 物质的量:表示的是物质基本单元数目的多少,符号为 n,单位名称是摩尔,符号为 mol。每摩尔物质所含的基本单元(分子、原子、离子等)数为阿伏伽德罗常数(N_A)个。

2. 摩尔质量:单位物质的量的物质所具有的质量(符号 M)。任何物质的摩尔质量在以 g/mol 为单位时,数值上等于其相对基本单元质量。

3. 物质的量(n)、物质的摩尔质量(M)和物质的质量(m)三者之间有如下关系:

$$n = \frac{m}{M}$$

4. 气体标准摩尔体积:通常把标准状况下,单位物质的量的气体所占有的体积叫作气体标准摩尔体积(V_m),常用单位是 L/mol。在标准状况下,任何气体的摩尔体积都约为 22.4 L/mol。

在标准状况下,气体标准摩尔体积(V_m)、气体的物质的量(n)和气体体积(V)三者之间的关系是:

$$n = \frac{V}{V_m}$$

二、溶液的浓度

1. 物质的量浓度:单位体积溶液中所含有溶质的物质的量叫作该溶质的物质的量浓度(c),单位是 mol/L。

$$c = \frac{n}{V}$$

2. 质量分数和物质的量浓度之间的换算：同一种溶液，其浓度可以用质量分数（w）和物质的量浓度（c）来表示。二者可通过密度（ρ）来进行换算：

$$c = \frac{1000\rho w}{M}$$

3. 溶液的稀释：

关系式为：$c_1V_1 = c_2V_2$

应用此关系式时，c_1 和 c_2，V_1 和 V_2 各自单位必须统一。

三、化学方程式及其有关计算

1. 理解物质的量在化学方程式中的意义，学会有关化学方程式的简单计算。

$$产品产率 = \frac{实际产量}{理论产量} \times 100\%$$

$$原料利用率 = \frac{理论消耗量}{实际消耗量} \times 100\%$$

2. 表明化学反应所放出或吸收热量的化学方程式叫作热化学方程式。

课后检测

一、填空题

1. 物质的量的单位名称是_____，符号是_____。1mol 物质含有_____常数个微粒，该常数的近似值是_____，单位是_____。

2. 1mol H_2SO_4 含有_____ mol 氢原子，_____ mol 氧原子，_____ mol 硫原子。_____ g 氢气跟 9.8g H_2SO_4 所含氢原子数相同。49g H_2SO_4 和_____ g 水含有相同的分子数。

3. 2mol 氢氧化钠、0.5mol 磷酸、0.1mol 胆矾的质量分别是_____。

4. 200mL 2mol/L 的硫酸溶液中溶质的物质的量是_____。

5. 3mol 二氧化碳在标准状况下的体积是_____，含有_____个二氧化碳分子，其中含有_____个氧原子，含有_____ mol 氧原子。

6. 质量分数为 60% 的硫酸，密度为 1.5g/mL，该硫酸的物质的量浓度是_____。

7. 在 1L 氯化钠溶液中，含有 NaCl 5.85g，该溶液的物质的量浓度是_____。量取该溶液 10mL，它的物质的量浓度是_____；将取出的溶液稀释至 20mL，其物质的量浓度是_____，其中含溶质_____ g。

二、选择题

1. 0.5mol O_2 中含有（　　）。
A. 0.5 个氧分子　　B. 3.01×10^{23} 个氧分子　　C. 0.5g O_2　　D. 2 个氧原子

2. 在标准状况下，与 32g O_2 所含分子数相同的 CO_2 的体积是（　　）。
A. 11.2L　　B. 2.24L　　C. 33.6L　　D. 22.4L

3. 在标准状况下，11.2L H_2 和 33.6L O_2（　　）。
A. 物质的量相同　　　　　　　　　　　　B. 所含分子数相同
C. 质量相同　　　　　　　　　　　　　　D. O_2 的质量大

4. 在 200mL NaOH 溶液中，含有 NaOH 0.02mol，该溶液的物质的量浓度是（　　）。

A. 0.01mol/L　　　　B. 1mol/L　　　　C. 0.1mol/L　　　　D. 0.001mol/L

5. 配制 100mL 0.5mol/L 盐酸时，所用的容量瓶是（　　）。

A. 250mL　　　　B. 100mL　　　　C. 500mL　　　　D. 1000mL

6. 3.2g O_2、19.6g H_2SO_4、71g Cl_2 的物质的量的比是（　　）。

A. 3∶2∶1　　　　B. 2∶3∶1　　　　C. 1∶2∶1　　　　D. 1∶3∶2

7. 下列溶液中，含 Cl^- 最多的是（　　）。

A. 250mL 2mol/L $AlCl_3$ 溶液　　　　　　B. 500mL 2mol/L NaCl 溶液

C. 100mL 3mol/L $MgCl_2$ 溶液　　　　　　D. 500mL 4mol/L HCl 溶液

8. 配制一定物质的量浓度溶液时，所配制溶液浓度偏低的原因是（　　）。

A. 没有用水冲洗烧杯 2～3 次

B. 溶液配好摇匀后，发现液面低于刻度线，又加水至液面与刻度线相切

C. 定容时俯视液面与刻度线相切

D. 定容时仰视液面与刻度线相切

三、计算题

1. 计算下列物质的质量。

(1) 0.5mol H_2SO_4　　　(2) 2mol $ZnSO_4$　　　(3) 2.5mol SO_4^{2-}

(4) 0.25mol Al_2O_3　　　(5) 1mol $Ca(OH)_2$　　　(6) 0.5mol NaOH

2. 计算下列物质的物质的量。

(1) 0.25kg Fe　　　(2) 234g NaCl　　　(3) 750g $CuSO_4 \cdot 5H_2O$

(4) 100kg $CaCO_3$　　　(5) 28g CO　　　(6) 10g SO_2

3. 将 2.19g $CaCl_2 \cdot xH_2O$ 加热，使其失去全部结晶水，这时剩余固体物质的质量是 1.11g，计算 1mol 此结晶水合物中所含结晶水的物质的量。

4. 制取 500g HCl 的质量分数为 25% 的盐酸，需要标准状况下 HCl 气体的体积是多少？

5. 在标准状况下，3.2g 某气体 A_2 的体积是 2.24L，A 的原子量是多少？16g 该气体在标准状况下的体积是多少升？

6. 配制 500mL 0.1mol/L $Na_2CO_3 \cdot 10H_2O$ 溶液，需要 $Na_2CO_3 \cdot 10H_2O$ 多少克？

7. 在 20℃ 时，a(g) 某化合物饱和溶液的体积为 b(mL)。将其蒸干后得到 c(g) 摩尔质量为 d(g/mol) 的不含结晶水的固体物质。计算：

(1) 此物质在 20℃ 时的溶解度；

(2) 此饱和溶液的质量分数和密度；

(3) 此饱和溶液中溶质的物质的量浓度。

8. 完全中和 250mL 质量分数为 38%、密度为 1.29g/mL 的硫酸，需要 5mol/L NaOH 溶液多少毫升？

9. 中和某待测浓度的 NaOH 溶液 25mL，用去 20mL 1mol/L H_2SO_4 溶液后，溶液显酸性，再滴入 0.5mol/L KOH 溶液 3mL 才达到中和。计算待测浓度的 NaOH 溶液的物质的量浓度是多少？

10. 煅烧质量分数为 85% 的石灰石 10kg，在标准状况下，能制得 CO_2 多少立方米？若实际制得 CO_2 1.5m^3，产率是多少？若制得相同体积 CO_2 实际用去 10.8kg 石灰石，求原料的利用率。

第二章 物质结构

学习目标

知识目标
1. 了解原子的构成以及电荷数、质子数、中子数、核外电子数之间的关系。
2. 掌握核外电子的运动状态和核外电子的排布规律。
3. 了解化学键、分子间作用力、氢键以及晶体的相关知识。

能力目标
1. 会书写常见元素原子或离子的核外电子排布式、价电子构型和轨道表示式。
2. 能熟练运用化学键、分子间作用力、氢键等相关知识判断对物质性质的影响。

素质目标
1. 通过对原子的构成学习,掌握从宏观到微观,从现象到本质的认识事物的科学方法。
2. 通过对化学键、分子间作用力、氢键等形成过程的分析,培养求实、创新的科学精神。

种类繁多的物质,其性质各不相同。物质在性质上的差异性是因物质的组成和结构不同所致。为了了解和掌握物质的性质,尤其是化学性质及其变化规律,首先要学习物质内部的结构。

第一节 原子的组成

公元前5世纪,古希腊哲学家德谟克里特提出:万物都是由极小的不可分割的微粒结合起来的。他把这个微粒叫作"原子",意思就是不可再分的原始粒子。由于当时生产力低下,不具备以实验为基础的科学研究,因此认为,原子不可再分。随着人们对客观世界的认识不断深入,到19世纪末,科学实验证明了原子虽小,但仍能再分。

一、原子结构发现过程

19世纪末,物理学家在研究阴极射线管的放电现象时发现了电子。有一个两端封接了金属电极的真空管,若在两电极之间通入几千伏特的高压直流电,发现从阴极发出一种射线,称为阴极射线。该射线具有动能,且在外电场或磁场中能向阳极偏转,证明阴极射线是一束高速运动着的带负电的微粒流,这种极小的带负电的微粒,称为电子。科学家又通过实验证明,用各种不同的金属做电极,都能产生阴极射线,说明在一切元素的原子中都含有电子,证明原子是可以再分的。

经实验测定，电子的质量约为氢原子质量的 $\dfrac{1}{1840}$；电子的电荷等于 1.602×10^{-19} C。由于电子所带的电荷是当时知道的一切带电物体电量的最小单位，称为"单位电荷"，那么一个电子就叫带一个单位负电荷。

通过实验证明电子是原子的一个组成部分，是带负电荷的微粒，但整个原子是电中性的，因此在原子内肯定还存在着某种带正电荷的组成部分，而且这个组成部分所带的电荷的电量必定与原子中电子所带的负电荷总量相等。电子和带正电的部分是如何结合成原子的呢？1911年英国物理学家卢瑟福通过 α 粒子散射实验证明了这个带正电部分的存在。粒子散射实验是利用很高速度的 α 粒子去穿透金属薄片。当一束平行的 α 粒子射向金属薄片时，大多数 α 粒子穿过薄片直线前进，只有极少数（约万分之一）的 α 粒子发生了偏移，甚至有的被反射回来（图 2-1），说明原子内大部分是空的。

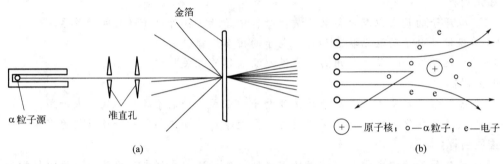

图 2-1　α 粒子的散射

至于粒子发生偏移或反射，是由于 α 粒子在行进中遇到了体积小、质量和正电荷都很集中的部分，在相互排斥的作用下，引起 α 粒子的散射。原子中这个带正电荷的部分就是原子核。在 α 粒子散射实验的基础上，卢瑟福提出了行星式的原子模型：原子是由位于原子中心带正电荷的原子核和核外带负电荷的电子组成的，原子核集中了原子中全部的正电荷和几乎全部的质量，带负电的电子在核外空间绕原子核做高速运动。

二、原子核

原子核发现以后，科学家又进一步证明，原子核还可以再分，它是由更小的微粒质子和中子组成。一个质子带一个单位正电荷，中子不带电，原子核所带的正电荷数等于核内质子数。由于原子显中性，所以核电荷数等于质子数，也等于核外电子数。即表示为：

核电荷数(Z)＝质子数＝核外电子数

质子数确定原子的种类。质子数不同，则表示不是同种原子。核外电子数决定着元素的化学性质。

原子核由质子和中子组成，原子核的质量就应该是质子和中子质量的总和（见表 2-1）。

表 2-1　质子、中子、电子的物理性质

原子的组成		电量/(1.602×10^{-19} C)	质量	
			绝对质量/kg	相对质量（以 ^{12}C 原子质量的 1/12 为标准）
原子核	质子	+1	1.6726×10^{-27}	1.0072
	中子	0	1.6748×10^{-27}	1.0086
电子		−1	9.1095×10^{-31}	1/1840

由于质子和中子的质量非常小（质子质量是 1.6726×10^{-27} kg，中子质量是 $1.6748\times$

10^{-27} kg),使用起来很不方便,因此通常使用相对质量。相对质量是以^{12}C的质量(1.993×10^{-26} kg)的$\frac{1}{12}$为标准,并用此标准分别与质子、中子质量相比的比值。由于是比值,所以相对质量没有单位。质子、中子的相对质量为 1.0072 和 1.0086,取整数,近似值都为 1。

由于电子质量比质子质量小很多,所以电子的质量可忽略不计,质子和中子的相对质量之和叫质量数,通常用 A 表示,质子数用 Z 表示,中子数用 N 表示,则:

$$质量数(A)=质子数(Z)+中子数(N) \tag{2-1}$$

或

$$质子数(Z)=质量数(A)-中子数(N) \tag{2-2}$$

已知上述三个数值中的任意两个,就可以推算出另一个数值来。

表示某种原子,一般是将元素的质子数写在元素符号的左下角,将质量数写在左上角,这种表示方法称为原子标记法。例如:

$$^{12}_{6}C \qquad ^{16}_{8}O \qquad ^{23}_{11}Na \qquad ^{35}_{17}Cl$$

根据式(2-1)可以求出以上四个原子的中子数 N。

$^{12}_{6}$C 的中子数 $N=12-6=6$ $^{16}_{8}$O 的中子数 $N=16-8=8$

$^{23}_{11}$Na 的中子数 $N=23-11=12$ $^{35}_{17}$Cl 的中子数 $N=35-17=18$

若以 X 表示某一元素的原子,则构成原子的粒子间的关系式表示如下:

$$原子(^{A}_{Z}X)\begin{cases}原子核\begin{cases}质子 & Z\ 个\\ 中子 & (A-Z)\ 个\end{cases}\\ 核外电子 & Z\ 个\end{cases}$$

三、同位素

在研究原子核的组成时,人们逐渐发现大多数元素的原子虽然质子数相同,但是它们的中子数却不一定相同。如氢元素的原子都含有一个质子,但存在含中子数分别为 0、1、2 的三种不同的原子。它们的质子数相同,但中子数不同,质量数也不相同,见表 2-2。

表 2-2 氢的同位素

同位素	原子标记法	符号	名称	质子数	中子数	质量数	电子数
氢	$^{1}_{1}$H	H	氕	1	0	1	1
重氢	$^{2}_{1}$H	D	氘	1	1	2	1
超重氢	$^{3}_{1}$H	T	氚	1	2	3	1

这种具有相同的质子数,而中子数不同的同种元素的不同原子互称为同位素。

同一元素的各种同位素的质量数虽然不同,物质性质有差异,但核电荷数和核外电子数相同,所以化学性质几乎完全相同,因此,元素是质子数相同的一类原子的总称。如$^{35}_{17}$Cl 和 $^{36}_{17}$Cl 是两种原子,但都属于氯元素。目前人类已发现 118 种元素,而同位素却高达 3000 种以上。

天然存在的某种元素,不论是游离态还是化合态,各种同位素的原子所占的质量分数是不变的,这个质量分数叫作"丰度"。我们平时用的原子量,是按各种天然同位素的丰度求出的平均值,所以绝大多数元素的原子量是小数而不是整数。例如,银元素是$^{107}_{47}$Ag 和 $^{109}_{47}$Ag 两种同位素的混合物,它们的丰度分别为 51.35% 和 48.65%,则天然银元素的原子量是:

$$107\times 51.35\%+109\times 48.65\%=107.973$$

即银元素的原子量是 107.973。

第二节 核外电子的排布

我们已经知道,原子是由原子核和核外电子组成的。在化学反应中,原子核是不发生变化的,发生变化的只是核外电子。因此研究化学反应,主要讨论核外电子的运动状态和排布规律。掌握了这些知识,才能认识物质的微观世界和化学反应的本质。

一、电子云与核外电子的运动状态

1. 电子云

电子是质量小、体积小、带负电荷的微观粒子,在直径约为 10^{-10} m 的原子空间内做高速运动(有的电子运动速度为 10^6 m/s),它的运动规律肯定与宏观物体的运动规律有所不同,因而不能用通常的宏观物体的运动规律来描述,它有自己特殊的运动方式。

现以氢原子为例,对它核外一个电子的运动状态加以讨论。为了便于讨论这个问题,我们假设有一架特殊的照相机,能够给氢原子照相。首先给氢原子拍五张照片,如图 2-2 得到五张不同的图像。图中 ⊕ 表示原子核,小黑点表示某一瞬间核外电子的位置。

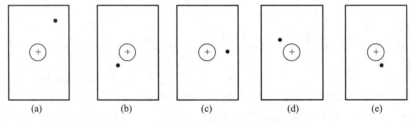

图 2-2 氢原子的五张不同瞬间的照片

显然,每一瞬间电子在核外空间的位置以及距核的远近都不相同。如果继续给氢原子拍上成千上万张照片,并仔细一张一张地观察这些照片,会发现:核外电子一会儿在这里出现,一会儿在那里出现,电子的运动似乎是毫无规律。如果我们将这些照片叠印在一起,就会得到如图 2-3(d) 所示的图像。

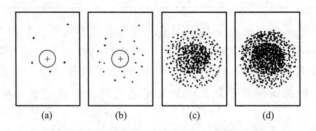

图 2-3 多张氢原子不同瞬间照片叠印的结果

由图 2-3 可以看出,这些密密麻麻的小黑点像一层带负电的"云雾"一样,将原子核包围起来,所以,形象化地称它为电子云。图 2-3(d) 就是氢原子核外电子的电子云示意图,它呈球形对称。离核较近的区域小黑点较密,表明电子在核外空间这个区域出现的机会较多,电子云较密集,即电子云的概率密度大;离核较远的区域小黑点较稀疏,表明电子在核外空间这个区域出现的机会较少,电子云较稀疏,即电子云的概率密度小。因此,电子云是电子在核外空间出现概率密度分布的一种形象化描述。

应当注意，图 2-3(d) 中的许多小黑点只是形象化地表明氢原子核外仅有的一个电子在核外空间出现的统计情况，并非代表核外有许多个电子。

将电子云密度相同的各点连成一个曲面来表示电子云形状的图叫作电子云的界面图。

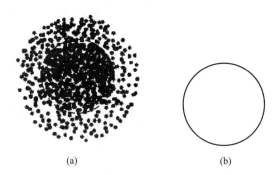

图 2-4　氢原子球形电子云的界面图

图 2-4(a) 用虚线标出的就是氢原子的球形电子云界面图。在界面内电子出现的概率很大（大于 95%），在界面外电子出现的概率很小（小于 5%）。为了方便，常将界面图中的小黑点略去，见图 2-4(b)。

2. 核外电子的运动状态

氢原子核外只有一个电子，这个电子在核外空间的球形区域内运动。那么在含有多个电子的原子里，电子是否都是在核外空间的球形区域内运动呢？如果不是，又怎样来描述核外电子的运动状态呢？根据量子力学研究，核外电子的运动状态需要从四个方面来描述，即电子层、电子亚层和电子云的形状、电子云的伸展方向和电子的自旋。

（1）电子层　科学实验证明，原子核外运动的电子能量是不相同的。能量低的电子在离核较近的区域运动，能量高的电子在离核较远的区域内运动。**根据电子能量的高低和运动区域离核的远近，把原子核外空间分成若干个层，这样的层叫作电子层。**

电子层用 n 表示，并用 $n=1$、2、3、4、5、6、7 等数字表示，也可表示为 K、L、M、N、O、P、Q 电子层。n 值越大说明电子离核越远，能量也就越高。所以，**电子层是决定电子能量高低的主要因素。**

（2）电子亚层和电子云的形状　科学实验证明，在同一个电子层中，电子的能量还稍有差别，电子云的形状也有所不同。根据能量的高低，可把同一电子层分为不同的电子亚层，所以，一个电子层又分为若干亚层。这些电子亚层通常用 s、p、d、f 表示。s 亚层的电子云呈球形对称（图 2-5），p 亚层的电子云呈无柄哑铃形（图 2-6）。d 亚层和 f 亚层的电子云形状比较复杂，这里不讨论。

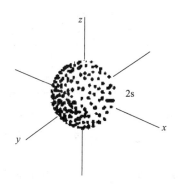

图 2-5　s 亚层电子云示意图

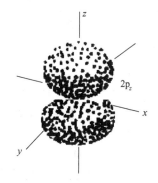

图 2-6　p 亚层电子云示意图

K 层（$n=1$）只有一个电子亚层，即 s 亚层，表示为 1s，处在 1s 电子云区域内运动的电子叫作 1s 电子；L 层（$n=2$）包含 s、p 两个亚层，表示为 2s、2p，处在 2s、2p 电子云区域内运动的电子分别叫作 2s 电子和 2p 电子；M 层（$n=3$）包含 s、p、d 三个亚层，表示为 3s、3p、3d，处在 3s、3p、3d 电子云区域内运动的电子分别叫作 3s、3p、3d 电子；N 层（$n=4$）包含 s、p、d、f 四个亚层，表示为 4s、4p、4d、4f，处在 4s、4p、4d、4f 电子云区域内运动的电子分别叫作 4s、4p、4d、4f 电子。

同一电子层中，各亚层的能量是按 s、p、d、f 的顺序依次递增的，即 $E_{2s}<E_{2p}$、$E_{3s}<E_{3p}<E_{3d}$、$E_{4s}<E_{4p}<E_{4d}<E_{4f}$，所以电子亚层是决定电子能量高低的次要因素。由于各亚层的能量像阶梯一样，是一级一级的，所以，一个亚层又称为一个能级。例如 4s、3d 等都是原子的一个能级。

（3）电子云的伸展方向　电子云不仅有确定的形状，而且在空中还有一定的伸展方向。经研究获知：s 亚层电子云是球形对称的，在空间各个方向伸展的程度都相同，所以在空间只有一个伸展方向。p 亚层电子云呈无柄哑铃形，在三维空间分别沿着 x、y、z 三个相互垂直的坐标轴方向伸展（图 2-7），因此 p 电子云有三种伸展方向。d 亚层电子云有五种伸展方向，f 亚层电子云有七种伸展方向。

原子轨道
近似能级图

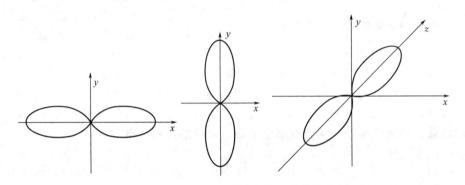

图 2-7　p 亚层电子云在空间的三种伸展方向

把具有一定形状和伸展方向的电子云所占有的原子空间称为原子轨道，简称轨道。因此，s、p、d、f 电子亚层分别有 1、3、5、7 个轨道。把空间伸展方向不同但能量相等的同一电子亚层轨道叫作等价轨道，所以 p、d、f 电子亚层分别有 3、5、7 个等价轨道。见表 2-3。

表 2-3　电子层与轨道数之间的关系

电子层	$n=1$	$n=2$		$n=3$			$n=4$			
	K	L		M			N			
电子亚层	1s	2s	2p	3s	3p	3d	4s	4p	4d	4f
各亚层的轨道数	1	1	3	1	3	5	1	3	5	7
每层轨道数（n^2）	1	4		9			16			

（4）电子的自旋　原子中的电子不仅绕核做高速运动，而且电子本身也在旋转，电子的这种运动叫自旋。电子自旋的方向有两种：顺时针旋转和逆时针旋转。通常用"↑"和"↓"表示两种自旋方向。

综上所述，为了描述核外电子的运动状态，应指明电子所处的电子层、电子亚层和电子云形状、电子云的伸展方向和电子的自旋方向。

二、核外电子的排布

核外电子的运动状态研究的是核外某一个电子的运动情况，那么，在含有多个电子的原子中，这些电子在核外是怎样排布的呢？近代原子结构理论认为，根据各电子层上的轨道数,可以知道各电子层最多所容纳的电子数是 $2n^2$ 个。见表 2-4。

表 2-4　各电子层中电子的最大容纳量

电子层	$n=1$ K	$n=2$ L	$n=3$ M	$n=4$ N
电子亚层	1s	2s　2p	3s　3p　3d	4s　4p　4d　4f
各亚层的轨道数	1	1　3	1　3　5	1　3　5　7
亚层中的电子数	2	2　6	2　6　10	2　6　10　14
表示符号	$1s^2$	$2s^2$　$2p^6$	$3s^2$　$3p^6$　$3d^{10}$	$4s^2$　$4p^6$　$4d^{10}$　$4f^{14}$
各电子层可容纳电子的最大数目($2n^2$)	2	8	18	32

此外,核外电子总是优先排布在能量最低的轨道,然后依次排到能量较高的轨道。即最先在 1s 轨道上排布两个电子,表示成 $1s^2$(轨道右上方的数字表示轨道内的电子数),当 1s 排满后,再排 2s、2p,再依次进入 3s、3p、3d、4s、4p、4d、4f 等。

电子填入轨道顺序

根据以上所学的内容,将 1~20 号元素的原子核外电子排布情况列在表 2-5。

表 2-5　核电荷数 1~20 的元素原子的核外电子排布

核电荷数	元素符号	核外电子排布式	各电子层的电子数			
			K	L	M	N
1	H	$1s^1$	1			
2	He	$1s^2$	2			
3	Li	$1s^2 2s^1$	2	1		
4	Be	$1s^2 2s^2$	2	2		
5	B	$1s^2 2s^2 2p^1$	2	3		
6	C	$1s^2 2s^2 2p^2$	2	4		
7	N	$1s^2 2s^2 2p^3$	2	5		
8	O	$1s^2 2s^2 2p^4$	2	6		
9	F	$1s^2 2s^2 2p^5$	2	7		
10	Ne	$1s^2 2s^2 2p^6$	2	8		
11	Na	$1s^2 2s^2 2p^6 3s^1$	2	8	1	
12	Mg	$1s^2 2s^2 2p^6 3s^2$	2	8	2	
13	Al	$1s^2 2s^2 2p^6 3s^2 3p^1$	2	8	3	
14	Si	$1s^2 2s^2 2p^6 3s^2 3p^2$	2	8	4	
15	P	$1s^2 2s^2 2p^6 3s^2 3p^3$	2	8	5	
16	S	$1s^2 2s^2 2p^6 3s^2 3p^4$	2	8	6	
17	Cl	$1s^2 2s^2 2p^6 3s^2 3p^5$	2	8	7	
18	Ar	$1s^2 2s^2 2p^6 3s^2 3p^6$	2	8	8	
19	K	$1s^2 2s^2 2p^6 3s^2 3p^6 4s^1$	2	8	8	1
20	Ca	$1s^2 2s^2 2p^6 3s^2 3p^6 4s^2$	2	8	8	2

在电子较多的原子中,由于电子之间的相互影响,致使某些轨道能级相互交替,即产生了低层轨道的能级高于高层轨道的能级的现象,使得 $E_{3d} > E_{4s}$,因此,按照核外电子总是优先排布在能量最低的轨道原则,核外电子先填 4s,4s 填满后再进入 3d 轨道。如表 2-5 中 19 和 20 号元素的排列就是如此。

课堂互动

试讨论核电荷数为 21 和 28 号元素原子核外电子的排布情况。

第三节　化学键

化学键是指分子或晶体中相邻的两个或多个原子之间强烈的相互作用，它对分子的性质有着决定性的影响。化学键的主要类型有离子键、共价键和金属键。

一、离子键

离子键和金属键

初中学过，金属钠在氯气中燃烧，生成氯化钠：

$$2Na+Cl_2 \longrightarrow 2NaCl$$

为什么上述反应能够发生？用钠和氯的原子结构来解释离子键的形成过程：

钠的电子排布式是：$1s^2 2s^2 2p^6 3s^1$

氯的电子排布式是：$1s^2 2s^2 2p^6 3s^2 3p^5$

从电子排布式可以看出，钠原子的最外层只有1个电子，容易失去，使最外层达到8个电子的稳定结构，形成带一个单位正电荷的钠离子（Na^+）。氯原子的最外层有7个电子，容易得到1个电子，使最外层达到8个电子的稳定结构，形成带一个单位负电荷的氯离子（Cl^-）。钠离子和氯离子之间依靠静电吸引而相互靠近，同时，它们的电子与电子、原子核与原子核之间由于相互靠拢而产生了排斥力，当吸引力和排斥力达到平衡时，钠离子与氯离子之间就形成了稳定的化学键。

反应式如下：

$$2Na+Cl_2 \longrightarrow 2NaCl$$

氯化钠形成的过程可表示如下：

$$Na \; - \; e \longrightarrow Na^+$$
$$1s^2 2s^2 2p^6 3s^1 \qquad 1s^2 2s^2 2p^6$$
$$Cl \; + \; e \longrightarrow Cl^-$$
$$1s^2 2s^2 2p^6 3s^2 3p^5 \qquad 1s^2 2s^2 2p^6 3s^2 3p^6$$

像氯化钠这样，凡由阴、阳离子间通过静电作用所形成的化学键叫作离子键。以离子键结合形成的化合物叫作离子化合物。活泼金属（如钾、钠、钙、镁等）和活泼非金属（如氟、氯、溴、氧等）形成的化合物几乎都是离子化合物，如绝大多数的盐、碱和金属氧化物等。

由于化学反应一般是原子的最外层电子发生变化，所以，为了简便起见，在元素符号的周围常用小黑点（或×）来表示原子的最外层电子，这种式子叫作电子式。例如

$$H\cdot \quad :\ddot{C}l\cdot \quad \times Ca\times \quad \cdot\ddot{S}\cdot \quad K\times$$

离子化合物的形成过程可用电子式表示如下：

CaO　　　$\times Ca \times + \cdot \ddot{O} : \longrightarrow Ca^{2+}[:\ddot{O}:]^{2-}$

$MgCl_2$　　$:\ddot{C}l\cdot + \times Mg \times + \cdot \ddot{C}l: \longrightarrow [:\ddot{C}l\times]^- Mg^{2+}[:\ddot{C}l:]^-$

二、共价键

1. 共价键的形成

活泼金属与非活泼金属之间，通过电子的得失形成阴、阳离子，以离子键相结合形成离子型化合物。对于非金属单质和非金属元素形成的化合物如H_2、Cl_2、HCl、CO_2等，由于

都是非金属，显然不可能有电子的得失，因此不能用离子键理论来说明它们的形成，这类分子的形成要用共价键理论来解释。

以 H_2 分子为例来说明共价键的形成。当两个氢原子相互靠拢时，由于它们吸引电子的能力相等，所以，它们的 1s 电子不是从一个氢原子转移到另一个氢原子上，而是两个氢原子各提供一个电子，形成共用电子对。这两个共用的电子在两个原子核周围运动，使每个氢原子的 1s 轨道都好像具有类似氦原子的稳定结构。由于共用电子对受到两个氢原子核的吸引作用，使两个氢原子形成了 H_2 分子。

用电子式表示 H_2 分子的形成：

$$H\cdot + \times H \longrightarrow H\colon^{\times}_{\cdot} H$$

像这种原子之间通过共用电子对所形成的化学键，叫作共价键。以共价键形成的化合物叫作共价化合物。由同种或不同种非金属元素形成的分子，都是通过共价键形成的，称为共价分子，它包括单质分子和化合物分子，如 Cl_2、HCl、O_2、CH_4、C_2H_5OH 等。它们的形成过程也可用电子式表示，如：

$$H\times + \cdot\ddot{\underset{\cdot\cdot}{Cl}}\colon \longrightarrow H\colon^{\times}\ddot{\underset{\cdot\cdot}{Cl}}\colon$$

$$\cdot\ddot{\underset{\cdot\cdot}{O}}\cdot + \times\ddot{\underset{\times\times}{O}}\times \longrightarrow \ddot{\underset{\cdot\cdot}{O}}\colon^{\times}_{\times}\ddot{\underset{\times\times}{O}}$$

在化学上常用一根短线表示一对共用电子，因此，分子的结构式可表示为：

$$H—H \qquad H—Cl \qquad O=O$$

2. 共价键的极性

H_2、HCl 两分子虽然都是由共价键形成的分子，但这两个分子中的共价键是有区别的。H_2 分子是由同种元素的原子形成的共价化合物，由于两个原子吸引电子的能力相同，共用电子对不偏向任何一个原子，因此成键原子不显电性。这样的共价键叫作非极性共价键，简称非极性键。如 Cl_2、O_2、N_2 等是由非极性键形成的分子。

而 HCl 分子中的共用电子对，由于两个元素原子的不同，吸引电子的能力也不相同，共用电子对必然会偏向吸引电子能力较强的 Cl 原子一方，而偏离吸引电子能力较弱的 H 原子。从而使 Cl 原子相应地显负电性，H 原子相应地显正电性。这种因共用电子对发生偏移的共价键叫作极性共价键，简称极性键。如 CO_2、NH_3、H_2O 等都是极性共价键形成的分子。

三、金属键

金属（除汞外）在常温下都是晶状固体。金属都有金属光泽、较好的导电性、导热性以及良好的机械加工性能。金属具有这些共性，是由于金属有相似的内部结构。

金属原子的特征是最外层电子比较少，金属原子容易失去外层电子形成金属阳离子。所以，在金属晶体中，排列着金属原子、金属阳离子以及从金属原子上脱落下来的电子。这些电子不是固定在某一金属离子的附近，而是能够在晶体中自由运动，所以叫"自由电子"（图 2-8）。

图 2-8 金属的内部结构

金属晶体中，自由电子不停地运动着，它时而在这一离子附近，时而又在另一离子附近，这种依靠自由电子的运动将金属原子和金属阳离子相互联结在一起的化学键叫金属键。金属中的自由电子，几乎均匀地分布在整个晶体中，所以也可以把金属键看成是许多原子共用许多电子的一种特殊形式的共价键。金属单质的化学式通常用元素符号来表示，如 Fe、Zn、Na 等。不能根据此书写形式认为金属是单原子分子，这只能说明在金属单质中只有一种元素。

第四节　分子间作用力与氢键

一、分子的极性

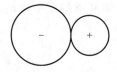

图 2-9　离子型分子 NaCl

分子的极性主要是由于键的极性引起的。如由离子键形成的气态 NaCl 分子（见图 2-9）中有带正电荷的 Na^+ 和带负电荷的 Cl^-，显然，NaCl 分子是有极性的。那么，由共价键形成的分子是否有极性呢？这就取决于分子中正电荷重心与负电荷重心是否重合。

通过对原子结构、分子结构的学习，我们知道在任何一个分子中，都有带正电荷的原子核和带负电荷的电子，它们的电量相等，符号相反。假设分子中所有电子的负电荷集中于一点，代表整个分子负电荷的重心。同样原子核所带的正电荷也集中于一点，表示正电荷的重心。因此，在任何一个分子中应分别含有正电和负电两个重心。如果分子中正、负电荷的重心重合，这样的分子叫非极性分子［图 2-10(a)］；反之分子中两个电荷的重心不重合，这样的分子叫极性分子［图 2-10(b)］。

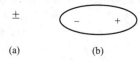

图 2-10　非极性分子和极性分子示意图

由两个相同原子形成的分子，如 H_2、Cl_2、N_2 等分子，由于共用电子对是对称分布在两个原子核之间，使得整个分子中正电荷的重心与负电荷的重心重合，所以，它们都是非极性分子。

由两个不同原子形成的分子，如 HCl 分子，氯原子对电子的吸引力大于氢原子，使共用电子对偏向了氯原子一方，也就是负电重心偏向氯原子，结果使氯原子一方显负电性，相当于有了一个"－"极。而正电重心偏向氢原子，使氢原子一方显正电性，相当于有了一个"＋"极。这样正、负电荷在分子中分布不均匀，即正电荷的重心与负电荷的重心不重合，形成了正负两极［见图 2-10(b)］，所以 HCl 是极性分子。

从以上分析我们可以知道，由非极性键形成的分子是非极性分子，由极性键形成的双原子分子一定是极性分子。由极性键形成的多原子分子就不一定是极性分子，它的极性取决于分子的空间构型。例如，在 CO_2 分子中，氧原子吸引共用电子对的能力比碳原子强，因此 C＝O 键是极性键。但是由于 CO_2 分子的空间结构是直线型对称的（O＝C＝O），两个 C＝O 键的极性相互抵消，使得正负电荷的重心重合，因此 CO_2 是含有极性键的非极性分子。在 H_2O 分子中，共用电子对偏向氧原子，故 H—O 键是极性键，由于两个 H—O 键之间形成 104.5°的角，其空间构型不对称，键的极性无法抵消，分子中正负电荷的重心不重合，所以 H_2O 分子是含有极性键的极性分子。SO_2、NH_3 等也都属于这类极性分子。

由此可见，共价分子的极性不仅取决于键的极性，还与分子的空间构型有关。表 2-6 给出了一些物质分子的空间构型。

表 2-6　一些物质分子的空间构型

	空间构型	化学式
对称	直线形	CO_2、CS_2、$BeCl_2$、C_2H_2
	平面正三角形	BCl_3、BF_3
	正四面体形	CH_4、$SnCl_4$、CCl_4
不对称	弯曲形	H_2O、SO_2、H_2S
	三角锥形	NH_3、NF_3
	四面体形	$CHCl_3$、CH_3Cl

总之，共价键是否有极性，决定于相邻两原子间共用电子对是否偏移；而分子是否有极性，决定于整个分子中正、负电荷重心是否重合。

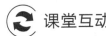

试用已经学过的原子结构知识，来分析 H_2S 的形成过程，并解释由极性键形成的分子不一定是极性分子。

二、分子间作用力

化学键是分子内相邻原子之间存在的一种较强的相互作用。如氨分子是由 H 原子和 N 原子靠共价键构成，而处于气体状态的氨气则是由成千上万个氨分子组成，那么这些氨分子为什么会形成氨气呢？1873 年荷兰物理学家范德瓦耳斯发现了分子之间也存在较弱的相互作用力，这个作用力称为分子间作用力，也称为范德瓦耳斯力（曾称为"范德华力"）。氨气就是由无数个氨气分子依靠分子间作用力集聚在一起而形成的。这种作用力能量有十几或几十千焦/摩尔，是化学键能量的 1/10 或 1/100。而且只有当分子间距离小于 500pm 时，分子间作用力才能起作用，它包括色散力、诱导力和取向力。

1. 色散力

在非极性分子之间［图 2-11(a)］，由于分子内部的电子总是不停地运动着，原子核也不断地振动。要使正、负电荷重心在每一瞬间都处于重合状态是不可能的，电子云和原子核在运动中会产生瞬时的相对位移，在这一瞬间正负电荷的重心要偏移，因而产生瞬间的偶极，这个偶极叫瞬时偶极。当两个非极性分子靠得较近，距离只有几百皮米时，瞬时偶极总是采取异极相吸同极相斥的状态相互吸引［图 2-11(b)］，**这些由于非极性分子之间存在瞬时偶极而产生的作用力叫色散力。**

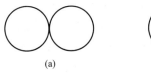

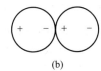

图 2-11 非极性分子相互作用的情况

虽然瞬时偶极存在的时间极短，但是上述情况在不断地重复，分子间的色散力始终存在着，所以使得任何分子（非极性分子或极性分子）之间都存在色散力。一般情况下，分子的分子量愈大，所含的电子数愈多，色散力也愈大。

2. 诱导力

当极性分子与非极性分子相互靠近时［图 2-12(a)］，除了存在色散力外，由于极性分子具有固有偶极（极性分子本身就具有的偶极）的影响，使非极性分子的正负电荷重心发生偏离，产生了诱导偶极［图 2-12(b)］。**这种由诱导偶极而产生的作用力叫诱导力。**

图 2-12 极性分子与非极性分子相互作用的情况

在极性分子之间，由于固有偶极的相互诱导，分子的正负电荷偏离更远，偶极长度增加，从而进一步增强了它们之间的吸引。因此，极性分子之间还存在着诱导力。

3. 取向力

当极性分子相互靠近时,由于分子固有偶极之间的同极相斥、异极相吸,使分子在空间的运动循着一定的方向,成为异极相邻的状态,这个过程叫作取向[图 2-13(a)]。在已取向的分子之间按异极相邻的状态排列,通过静电引力而相互吸引[图 2-13(b)]。这种由于固有偶极而产生的相互作用力叫作取向力。取向力使两个极性分子更加接近,两个分子相互诱导,使每个分子的正、负电荷重心分得更开,所以它们之间还存有诱导力[图 2-13(c)]。

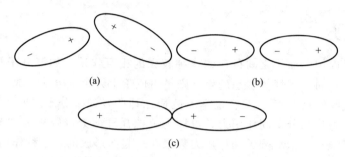

图 2-13 极性分子间相互作用的情况

综上所述,分子间的作用力有三个来源,即色散力、诱导力和取向力。它的作用范围只有 0.3~0.5nm。至于在各种情况下,这三种类型的作用力所占的比例如何,要看相互作用的分子极性的强弱。当分子极性较强时,取向力所占比例较大,但在一般分子中,色散力往往是主要的,它随着分子量的增加而增大。

分子间作用力普遍存在于各种分子之间,对物质的性质,尤其是一些物理性质如熔点、沸点、溶解度等影响很大。一般情况下,对于组成和结构相似的物质,分子量越大,分子间作用力越大,物质的熔点、沸点也越高。例如,卤素分子都是非极性分子,分子间的作用力主要是色散力。从 F_2 到 I_2 分子量逐渐增大,分子内电子的数目逐渐增多,瞬时偶极产生的相互吸引力也随着增大,因而色散力也增大,所以从 F_2 到 I_2 的熔点和沸点也相应升高(见表 2-7)。

表 2-7 卤素单质的熔点和沸点

项目	F_2	Cl_2	Br_2	I_2
分子量	38.0	70.9	159.8	253.8
熔点/℃	-219	-101	-7	114
沸点/℃	-188	-34	59	185

 课堂互动

化学键与分子间作用力有何本质的区别?

分子间作用力与氢键

三、氢键

虽然对于组成和结构相似的同类物质而言,熔点和沸点随分子量增大而升高,但在卤素氢化物中,HF 的沸点反而偏高。卤素氢化物的沸点见表 2-8。

表 2-8 卤素氢化物的沸点

氢化物	HF	HCl	HBr	HI
沸点/℃	20	-84	-67	-35

氟化氢沸点的反常现象,说明 HF 分子之间除了有分子间作用力以外,还存在一种比分

子间作用力稍强的相互作用，才能使得 HF 在较高的温度下汽化，分子之间存在的这种相互作用叫作**氢键**。

氢键是怎样形成的呢？现以 HF 为例加以说明。在 HF 分子中，由于氟原子吸引电子的能力远远大于氢原子，H—F 键的极性很大，共用电子对强烈地偏向氟原子一边，致使氢原子几乎成为"裸露"的质子。这个半径很小、带有正电荷的氢核，与另一个 HF 分子中含有孤对电子的氟原子相互吸引，从而产生静电引力，这种静电吸引作用就是氢键。通常氢键由"……"表示，如图 2-14 所示的 HF 分子间的氢键。

图 2-14　HF 分子间的氢键

氢键多产生于半径小、非金属性很强的原子（如 F、O、N）与氢所形成的化合物之间。除 HF 分子间有氢键，H_2O、NH_3 分子间也存在氢键。由于氢键的存在，增大了分子间的吸引力，从而使得 H_2O、NH_3 的熔点、沸点比同族氢化物的高。这是因为固体熔化或液体汽化时，除了要克服分子间作用力，还必须克服分子间的氢键，从而需要消耗较多的能量的缘故。图 2-15 为 H_2O 分子间的氢键。

氢键的本质可看成是静电引力。它比化学键弱得多，但比分子间引力稍强（其键能约在 $10\sim40\text{kJ/mol}$）。氢键既可以存在于分子之间，也可以存在于同一分子内部，如邻硝基苯酚形成分子内氢键（图 2-16）。

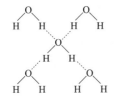

图 2-15　H_2O 分子间的氢键

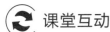

图 2-16　邻硝基苯酚结构式

课堂互动

氢键就是氢和其他元素间形成的化学键吗？

*第五节　晶体的基本类型

90% 的元素单质和大部分无机化合物在常温下均为固体，固体物质按其内部结构分为晶体和非晶体两类。构成物质的微粒（原子、离子、分子等）在空间一定的点上做有规律的周期性排列的固体物质称为晶体。例如冬天漫天飞舞的雪花，调味用的食盐、冰糖等，固体物质中绝大多数是晶体。而像玻璃、石蜡、沥青和炉渣等物质内部的微粒是毫无规律排列的固体叫非晶体，只有极少数的固体物质是非晶体。

一、晶体的特征

晶体和非晶体都是固体，既然是固体，那么它们的可压缩性、扩散性均甚差。但是，由于内部结构的不同，晶体具备一些非晶体没有的特征，主要有以下三点。

（1）**晶体有规则的几何外形**　这是指物质凝固或从溶液中结晶的自然生长过程中出现的外形（图 2-17）。非晶体往往是溶液温度降到凝固点以下，内部的微粒还来不及排列整齐，就固化成表面圆滑的无定形体，所以非晶体就没有一定的几何外形。

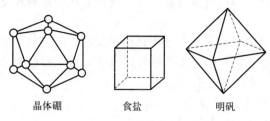

晶体硼　　食盐　　明矾

图 2-17　几种晶体的几何外形

（2）晶体具有各向异性　即某些物理性质，如光学性质、导电性、热膨胀系数和机械强度等在不同的方向上测定时，是各不相同的。如石墨的层向导电能力高出竖向导电能力 10000 倍。非晶体的各种物理性质不随测定的方向而改变。

（3）晶体具有固定的熔点　如固体氧化镁的熔点为 2852℃，金属铜的熔点为 1083℃。非晶体如石蜡受热渐渐软化成液体，有一段较宽的软化温度范围。

二、晶体的类型

根据晶格结点（每个微粒的位置）上的微粒种类及微粒之间的相互作用力不同，可将晶体分为四大类：离子晶体、分子晶体、原子晶体、金属晶体。

1. 离子晶体

离子晶体是正负离子间通过静电引力（离子键）结合在一起的一类晶体。像 NaCl、CsCl、KNO_3、CaF_2 等离子化合物都是离子晶体。离子晶体的晶格上交替排列着正负离子，结点之间通过离子键相互结合。

由于离子键无方向性和饱和性，离子晶体中的正、负离子的电荷分布又是球形对称的，因此，一个离子周围总是尽可能在空间各个方向上吸引异性电荷的离子。如在 NaCl 晶体中，每个 Na^+ 同时吸引 6 个 Cl^-，每个 Cl^- 也同时吸引 6 个 Na^+，Na^+ 和 Cl^- 以离子键相结合（图 2-18）。又如 CsCl 晶体，每个 Cs^+ 同时吸引 8 个 Cl^-，每个 Cl^- 也同时吸引 8 个 Cs^+，Cs^+ 和 Cl^- 以离子键相结合（图 2-19）。在 NaCl 晶体或 CsCl 晶体中，正离子被若干个负离子包围，而负离子也被若干个正离子包围，这样层层包围形成了一个非常大的 NaCl 或 CsCl 分子，也就是我们所见的 NaCl 晶体或 CsCl 晶体。因此在 NaCl 晶体或 CsCl 晶体中不存在单个的 NaCl 或 CsCl 分子，但是，在这两种晶体里正、负离子的个数比都是 1∶1，所以严格地来说 NaCl 或 CsCl 不能叫分子式，而只能叫化学式。

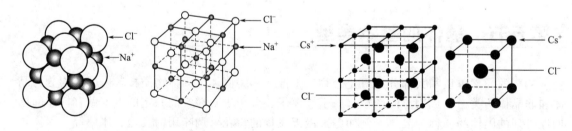

图 2-18　NaCl 晶体结构示意图　　　　　图 2-19　CsCl 晶体结构示意图

在离子晶体中，离子之间存在着较强的离子键，所以离子晶体一般具有较高的熔点、沸点和硬度。如表 2-9 所示为 NaF 和 MgO 的硬度和熔点。

表 2-9　NaF 和 MgO 的硬度和熔点

物质	硬度	熔点/℃
NaF	3.0	995
MgO	6.5	2800

虽然，离子晶体的硬度较大，但比较脆，延展性较差。此外，离子晶体在熔融状态或在

水溶液中都具有优良的导电性能。这是因为当离子晶体受热熔化时，由于温度升高，离子的运动加剧，克服了正、负离子间的引力，产生了自由移动的正、负离子，所以熔融的离子晶体能导电；当离子晶体溶解在水里时，由于水分子的作用，正、负离子间的作用力减弱，使离子化合物电离成自由移动的水合离子，所以离子晶体的水溶液也能导电。但在固体状态时，由于离子被限制在晶体的一定位置上做有规则的振动，不能自由移动，因而不能导电。

2. 分子晶体

分子晶体是分子之间以分子间作用力相结合而形成的一类晶体。即晶格结点上排列着中性分子，中性分子相互之间靠分子间作用力集聚在一起，形成分子晶体。如冰、干冰（图2-20）、单质碘等。

在 CO_2 分子晶体中存在单个的 CO_2 分子，每个 CO_2 分子内部 C 与 O 原子之间是通过共价键结合的，但 CO_2 分子之间的作用力是分子间作用力。由于分子间作用力较共价键、离子键弱，只需较少的能量就能破坏其晶体结构，比较容易使分子晶体变成液体或气体，所以，分子晶体一般具有较低的熔点、沸点和较小的硬度，如 CO_2 的熔点为 $-56.6℃$。

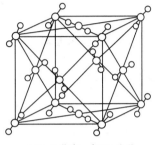

图 2-20　干冰晶体结构模型

由于分子晶体是由分子构成的，所以，这类固体一般不导电，熔化时也不导电，只有那些像 HCl 一样极性很强的分子型晶体溶解在水溶液中，由于水分子的作用发生电离而导电。

3. 原子晶体

我们知道 C 和 Si 在周期表中都是第ⅣA族，它们的氧化物 CO_2 和 SiO_2 也都是共价化合物，那么，它们的一些物理性质是否是相似的呢？

通过比较，发现 CO_2 和 SiO_2 在物理性质上存在很大差异（表2-10），说明这两种氧化物的结构明显不同，肯定不属于同一类晶体，既然 CO_2 是分子晶体，那么，SiO_2 又是什么晶体呢？

表 2-10　CO_2 和 SiO_2 的物理性质比较

物质	状态（常温）	熔点	硬度
CO_2	气态	$-56.6℃$	小
SiO_2	固态	$1723℃$	大

经研究发现，在 SiO_2 晶体中，1个 Si 原子的周围有 4 个 O 原子，Si 原子与 O 原子之间形成 4 个共价键；同样，1 个 O 原子和 2 个 Si 原子之间也形成 2 个共价键。就这样，Si 原子和 O 原子按 1∶2 的比例，在空间各个方向上靠共价键相连接，形成立体的网状结构（图2-21），我们把这种相邻原子之间以共价键相结合而形成空间网状结构的晶体叫原子晶体。

原子晶体的晶格结点上排列着的是原子，原子之间通过共价键相互结合在一起。例如金刚石也是一个原子晶体，每个 C 原子都与相邻的 4 个 C 原子以共价键相结合，形成一个正四面体结构，由于正四面体向空间发展，构成彼此联结的立体网状晶体（图2-22）。因此这类晶体，不存在独立的小分子，而只能把整个晶体看成是一个大分子，晶体有多大，分子也就有多大，没有确定的分子量。这类晶体是以较强的共价键结合的网状结构，要拆开这种原子晶体中的共价键需要较大的能量，所以原子晶体一般具有较高的熔点、沸点和硬度。金刚石的熔点为 $3570℃$，沸点为 $4827℃$，硬度为 10，是自然界存在的最硬物质之一。原子晶体通常情况下不导电，也是热的不良导体，熔化时也不导电。但硅、碳化硅等具有半导体的性质，可以有条件地导电。

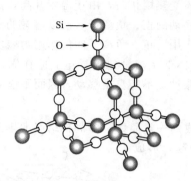

图 2-21　SiO₂ 晶体的晶体结构示意图

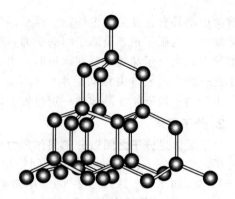

图 2-22　金刚石结构示意图

 课堂互动

在稀有气体物质的晶体中，晶格结点上排列的是原子，稀有气体是否是原子晶体？解释之。

4. 金属晶体

金属一般都是晶体。 金属晶体是金属原子或金属离子彼此靠金属键结合而成。在金属晶体的晶格结点上排列着金属原子和金属阳离子，结点之间靠金属键相结合（见图 2-8 和图 2-23）。

图 2-23　金属晶体示意图

这种结合力是比较大的，所以金属晶体有较高的熔点、沸点。由于金属晶体内有自由电子的存在，在外电场的作用下，自由电子就沿着外加电场定向流动而形成电流，显出良好的导电性。金属晶体内的原子和离子不是静止的，而是在晶格结点上做一定幅度的振动，这种振动对电子的流动起着阻碍的作用，加上阳离子对电子的吸引构成了金属的电阻。加热时原子和离子的振动加剧，电子的运动便受到更多的阻力，故金属的导电性随温度升高而减小。金属的导热性是指当金属的某一部分受热后，获得能量的自由电子在高速的运动中将热能传递给邻近的原子和离子，使热运动扩展开来，很快使金属整体的温度均一化。金属晶体内的自由电子不属于某一特定原子所有，而是为整个金属所共有，正是由于自由电子的这种胶合作用，当金属受到机械外力时，金属离子间容易滑动而不破坏金属键，表现出良好的延展性，因此可以将金属加工成细丝或薄片。

 课堂互动

根据以上讨论，说明金属晶体中的自由电子决定了金属的哪些物理性质。

虽然金属晶体有许多共性，但这些共性中也存在较大的差异性，如钾、钙、铁都是同一周期的金属，它们的熔点和硬度如表 2-11 所示。

表 2-11　钾、钙、铁的熔点和硬度比较

项目	钾	钙	铁
熔点/℃	63.7	843	1535
硬度（莫氏硬度）	0.5	2	4.5

这主要是受金属原子半径大小、参与成键的价电子多少等因素的影响，导致构成金属晶体的金属键有强有弱。由于钾、钙、铁这三种同周期的金属中，钾的原子半径最大，价电子

数最少,因而晶体中金属键较弱,金属的熔点低,硬度也最小;而铁的原子半径比钾和钙的都小,价电子数也多,因此形成的金属键较强,金属的熔点高,硬度也大。

拓展视野

心怀大爱,勇于担当

有这样一位科学家,早在20世纪50年代就测定了我国第一批晶体结构,为1965年9月我国在世界上首次合成人工蛋白质结晶牛胰岛素打下了坚实的基础。这位科学家就是中国晶体化学和结构化学的主要奠基人、中国分子工程学的开拓者、中国化学生物学的倡导者、中国科学院院士——唐有祺。

唐有祺1920年出生于上海,1942年毕业于同济大学化学系。1946年,他赴美进入加州理工学院,师从两次获得诺贝尔奖的鲍林教授,1950年获得博士学位。毕业后,他放弃美国工作的机会,毅然回到百废待兴的祖国,先后任教于清华大学和北京大学。他带领团队在晶体化学、生物大分子晶体结构、自发单层分散原理和分子工程学等领域进行了系统的研究,取得了一系列创新性重要成果。唐有祺对物理、化学、生物学、数学都十分关注,精通化学的各个学科门类,这使得他思路开阔,能够把握学科发展的大方向,研究步伐总是比同行更快一些。

他对科学问题常有令人吃惊的超前思维,并勇于开拓新的研究领域。这对中国科学研究力量的整合、中国化学学科的发展影响深远。在唐有祺的努力下,中国晶体学会成功地加入了国际晶体学会,成为中国科学走向世界舞台的标志事件。

唐有祺先生护佑着中国化学一路前行;在国际晶体学界,为中国树起伟岸的丰碑;为我国培养了一代代科学儿女。唐有祺的心中始终有一幅宏大的科学图景,那就是中华民族的伟大复兴!

本章小结

一、原子结构

1. 构成原子的粒子间的关系:

$$\text{原子}(^A_Z X)\begin{cases}\text{原子核}\begin{cases}\text{质子} & Z \text{个} \\ \text{中子} & (A-Z)\text{个}\end{cases} \\ \text{核外电子} & Z \text{个}\end{cases}$$

质子数=核电荷数=核外电子数=原子序数

质量数(A)=质子数(Z)+中子数(N)

2. 质子数相同而中子数不同的同种元素的不同原子互称为同位素。
3. 电子云:电子在核外空间出现概率密度分布的形象化描述。
4. 核外电子的运动状态由四个方面决定

(1) 电子层:根据电子能量的差别和通常运动的区域离核远近的不同,核外电子处于不同的电子层。它是决定电子能量高低的主要因素。

(2) 电子亚层和电子云的形状:在同一电子层中,根据电子能量的差别和电子云形状的不同,可以分为s、p、d、f等几个亚层。它是决定电子能量高低的次要因素。

(3) 电子云的伸展方向:s电子云是球形对称的,只有一个伸展方向,p电子云是无柄哑铃形，有3个伸展方向，d电子云有5个伸展方向，f电子云有7个伸展方向。

把在一定的电子层上，具有一定形状和伸展方向的电子云所占有的原子空间称为"原子轨道"。轨道数是由电子云的伸展方向决定的。

（4）电子的自旋：电子自旋有顺时针和逆时针两种状态。它决定轨道中容纳电子的数目。

5. 核外电子排布规律：核外电子总是优先占有能量最低的轨道，然后才依次占有能量较高的轨道。一个轨道最多只能容纳两个自旋方向相反的电子。

二、化学键

化学键是指分子或晶体中相邻的两个或多个原子之间强烈的相互作用。化学键的主要类型有离子键、共价键和金属键。

1. 离子键：阴、阳离子间通过静电作用所形成的化学键叫作离子键。由离子键结合形成的化合物叫作离子化合物。

2. 共价键：原子间通过共用电子对所形成的化学键叫作共价键。由共价键结合形成的化合物叫作共价化合物。

（1）非极性共价键：由同种元素的原子形成的共价键，其共用电子对不偏向任何一个原子，这种共价键叫作非极性共价键。

（2）极性共价键：由不同种元素的原子形成的共价键，共用电子对偏向吸引电子能力大的原子，这种共价键叫作极性共价键。

3. 金属键：金属晶体中，依靠自由电子的运动将金属原子和金属阳离子相互联结在一起的化学键叫作金属键。

三、分子的极性

1. 非极性分子：在分子内，正、负电荷重心重合，这样的分子叫非极性分子。对于双原子分子来说，键没有极性，那么分子一定也没有极性；以极性键组成的多原子分子，如果分子空间结构对称，就是非极性分子。

2. 极性分子：分子中正、负电荷重心不重合叫作极性分子。由极性键组成的双原子分子一定是极性分子；由极性键组成的多原子分子，如果分子空间构型不对称，就是极性分子。

四、分子间作用力和氢键

1. 分子间的作用力也叫范德瓦耳斯力，它包括取向力、诱导力和色散力。分子间的作用力比化学键小1~2个数量级，作用范围0.3~0.5nm。它的大小对物质的熔点、沸点等物理性质有影响。

2. 氢键：氢键多产生于原子半径小、非金属性很强的原子（如F、O、N）与氢所形成的化合物之间。

五、晶体的基本类型

1. 晶体的特征：有规则的几何外形；有各向异性；有固定的熔点。

2. 根据构成晶体微粒种类以及微粒间作用力的不同，晶体一般分为离子晶体、原子晶体、分子晶体和金属晶体，它们物理性质的特点见表2-12。

表2-12 各种晶体物理性质的特点

类型比较	离子晶体	原子晶体	分子晶体	金属晶体
构成晶体微粒	阴阳离子	原子	分子	金属阳离子、金属原子、自由电子

续表

类型比较		离子晶体	原子晶体	分子晶体	金属晶体
形成晶体的作用力		离子键	共价键	范德瓦耳斯力	金属阳离子和自由电子间的静电作用
物理性质	熔沸点	较高	很高	低	有高(W)有低(Hg)
	硬度	硬而脆	大	小	有大也有小
	导电性	不良,但熔融或水溶液导电	绝缘体(半导体)	不良	良导体
	传热性	不良	不良	不良	良
	延展性	不良	不良	不良	良
	溶解性	易溶于极性溶剂,难溶于有机溶剂	不溶于任何溶剂	极性分子易溶于极性溶剂,非极性分子易溶于非极性溶剂	一般不溶于溶剂,Na等可与水、醇类、酸类反应
典型实例		NaCl、NaOH、CaCO$_3$、KBr	金刚石、二氧化硅、碳化硅	白磷、干冰、硫、冰	Na、Mg、Al、Fe、Cu

课后检测

一、填空题

1. 有 H、D、T 三种原子,它们之间的关系是_____。在标准状态下,它们的单质的密度之比是_____。1mol 各种单质中,它们的质子数之比是_____。1g 各种单质中,它们的中子数之比是_____。在标准状态下,1L 各种单质中,它们的电子数之比是_____。

2. 金属能导电的原因是_____;离子晶体在固态时不能导电的原因是_____,但在熔化状态下或水溶液中能导电的原因是_____。

3. 在 HF、HCl、HBr、HI 中,键的极性由强到弱的顺序是_____;沸点由高到低的顺序是_____。

4. 在下列各变化过程中,不发生化学键破坏的是_____;仅离子键破坏的是_____;仅共价键破坏的是_____;既发生离子键破坏、又发生共价键破坏的是_____。

(1) I$_2$ 升华   (2) NH$_4$Cl 受热挥发   (3) 烧碱熔化

(4) 石英熔化   (5) NaCl 熔化   (6) HCl 溶于水

(7) Br$_2$ 溶于 CCl$_4$ (8) Na$_2$O 溶于水

5. 在短周期中,X、Y 两元素形成的化合物中共有 38 个电子,若 XY$_2$ 是离子化合物,其化学式是_____;若 XY$_2$ 是共价化合物,其化学式是_____。

6. 填表

物质	晶体类型	晶格结点上的微粒	微粒之间的作用力	熔点(高或低)	导电性(好或差)	机械加工(好或差)
Na$_2$SO$_4$						
SiC						
NH$_3$						
Cu						
干冰						

二、选择题（每题只有一个答案）

1. 据报道，我国科学家首次合成一种新核素镅（$^{235}_{95}\text{Am}$），这种新核素同铀（$^{235}_{92}\text{U}$）比较，下列叙述正确的是（　　）。
   A. 互为同位素　　　　　　　　　　B. 原子核具有相同中子数
   C. 具有相同的质量数　　　　　　　D. 原子核外电子数相同

2. 下列各组微粒含有相同的质子数和电子数的是（　　）。
   A. CH_4、NH_3、Na^+　　　　　　B. OH^-、F^-、NH_3
   C. H_3O^+、NH_4^+、Na^+　　　　D. O_2^-、OH^-、NH_2^-

3. 某金属氧化物化学式为 M_2O_3，电子总数为 50，每个 M 离子具有 10 个电子，已知其中氧原子核内有 8 个中子，M_2O_3 的分子量为 102，M 核内的中子数是（　　）。
   A. 10　　　　　　B. 13　　　　　　C. 21　　　　　　D. 14

4. 下列物质的分子中，共用电子对数目最多的是（　　）。
   A. N_2　　　　　B. NH_3　　　　C. CO_2　　　　D. H_2O

5. 下列关于氢键说法正确的是（　　）。
   A. 氢键可看成是一种电性作用力　　B. 氢键与共价键一样属于化学键
   C. 含氢的化合物都能形成氢键　　　D. 氢键只存在于分子之间

6. 下列物质只需克服范德瓦耳斯力就能沸腾的是（　　）。
   A. H_2O　　　B. Br_2（液）　　C. HF　　　D. C_2H_5OH（液）

7. 在单质晶体中，一定不存在（　　）。
   A. 离子键　　　B. 分子间作用力　　C. 共价键　　D. 金属键

8. 决定核外电子能量高低的主要因素是（　　）。
   A. 电子亚层　　B. 电子云的形状　　C. 电子层　　D. 电子云的伸展方向

9. 下列分子中，既有极性键又有离子键的是（　　）。
   A. K_2SO_4　　B. CO_2　　　C. Na_2O_2　　D. CH_4

10. 已知自然界氧的同位素有 ^{16}O、^{17}O、^{18}O，氢的同位素有 H、D、T，从水分子的原子组成来看，自然界的水一共有（　　）。
    A. 3 种　　　　B. 6 种　　　　C. 9 种　　　　D. 12 种

三、简答题

1. 原子是由哪些微粒组成的？它们之间有怎样的关系？
2. 下列各种元素的原子中，含有的质子、中子、电子数是多少？
   $^{27}_{13}\text{Al}^{3+}$　　$^{16}_{8}\text{O}^{2-}$　　$^{23}_{11}\text{Na}$　　$^{39}_{19}\text{K}^+$　　$^{37}_{17}\text{Cl}^-$　　$^{13}_{6}\text{C}$
3. 什么是电子云？什么是电子云的界面图？界面图表示什么含义？
4. 原子核外电子的运动状态从哪几个方面进行描述？
5. s、$2p$、$2p_y$ 轨道各代表什么意思？
6. 当 $n=3$ 时，该电子层中有哪几个电子亚层？共有多少不同的轨道，最多能容纳几个电子？
7. 晶体有哪些特征？怎样按晶体中微粒之间作用力来划分晶体类型？
8. 形成氢键的条件是什么？氢键对物质的性质有哪些影响？
9. 为什么水的沸点比同族元素氢化物的高？
10. 判断下列分子间存在哪些分子间力？分子之间能形成氢键吗？
    (1) H_2O 和 CO_2　　　　(2) CCl_4 和 Cl_2

(3) HCl 和 I_2 (4) HF 和 NH_3

四、以电子式表示下列物质的形成过程：

(1) Na_2S (2) $CaCl_2$ (3) MgO

(4) H_2O (5) N_2 (6) CS_2

五、写出下列分子的结构式：

(1) Cl_2 (2) H_2S (3) NH_3 (4) O_2

六、下列说法哪些是正确的，哪些是不正确的？说明理由。

(1) 电子云图中的小黑点代表电子。

(2) 任何分子中都存在取向力、诱导力、色散力三种分子间作用力。

(3) 原子晶体只含有共价键。

(4) 以极性键结合的双原子分子一定是极性分子。

(5) 分子内原子之间的相互作用力叫作化学键。

(6) 离子化合物中可能含有共价键。

七、计算题

1. 镁有三种天然同位素：^{24}Mg 占 78.7%，^{25}Mg 占 10.13%，^{26}Mg 占 11.17%。计算镁元素的近似原子量。

2. 某 +2 价的阳离子的电子排布式与氩相同，其同位素的质量数分别是 40 和 42，试回答：该元素的原子序数是多少？写出电子排布式。

3. 氯有两种同位素是 ^{35}Cl、^{37}Cl，问：

(1) 它们可以形成几种分子量不同的单质？

(2) 在 10g 单质中，它们的中子数各是多少？

(3) 由 ^{24}Mg 与 ^{37}Cl 两元素形成的 29g 氯化镁中有多少个中子？

4. 今有三种物质 AC、B_2C、DC，A、B、C、D 的原子序数分别为 20、1、8、14。这四种元素是金属元素还是非金属元素？形成的三种化合物的化学键是共价键还是离子键？指出各分子的类型及晶体的类型。

第三章
元素周期律和周期表

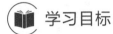

知识目标

1. 初步掌握元素周期表的结构及其应用。
2. 掌握原子核外电子排布、原子半径和元素主要化合价的周期性变化，从而理解元素周期律的实质。

能力目标

1. 会运用元素周期表、元素周期律解释一些化学现象。
2. 能根据元素周期律比较和判断主族元素单质及其化合物性质的差异。

素质目标

1. 通过元素周期律的学习，培养学习自然科学的兴趣以及探求知识、不断进取的优良品质。
2. 通过实验探索元素周期律，建立客观事物是相互联系并具有内部规律的辩证唯物主义观点。

第一节　元素周期律

人们在长期的生产和科学实验中，发现了各种元素之间存在着某种内在联系和一定的变化规律。为了方便，人们按核电荷数由小到大的顺序给元素编号，这种编号，叫作原子序数。显然原子序数在数值上与这种原子的核电荷数相等。

一、原子核外电子排布的周期性变化

为了认识元素间的相互联系和内在规律，现将元素按原子序数从 1 至 18 由小到大的顺序排列，来寻找元素性质的变化规律。

请认真观察图 3-1 并完成课堂互动的表格。

元素周期律和
元素周期表

$_1$H $1s^1$							$_2$He $1s^2$
$_3$Li $2s^1$	$_4$Be $2s^2$	$_5$B $2s^22p^1$	$_6$C $2s^22p^2$	$_7$N $2s^22p^3$	$_8$O $2s^22p^4$	$_9$F $2s^22p^5$	$_{10}$Ne $2s^22p^6$
$_{11}$Na $3s^1$	$_{12}$Mg $3s^2$	$_{13}$Al $3s^23p^1$	$_{14}$Si $3s^23p^2$	$_{15}$P $3s^23p^3$	$_{16}$S $3s^23p^4$	$_{17}$Cl $3s^23p^5$	$_{18}$Ar $3s^23p^6$

图 3-1　原子序数为 1～18 号元素的最外层电子排布

课堂互动

总结图 3-1 的规律，填写下表。

原子序数	电子层数	最外层电子数	达到稳定结构时的最外层电子数
1～2	1	1～2	2
3～10			
11～18			
结论：随着原子序数的递增，元素原子的最外层排布呈现_____变化。			

如果我们对 18 号以后的元素继续研究下去，也会发现类似的规律，即每隔一定数目的元素，重复出现元素的原子最外层电子从 1 个递增到 8 个，达到稳定结构的变化。即随着原子序数的递增，元素原子的最外层电子排布呈现周期性的变化。

二、原子半径的周期性变化

请认真观察图 3-2 并完成课堂互动的表格。

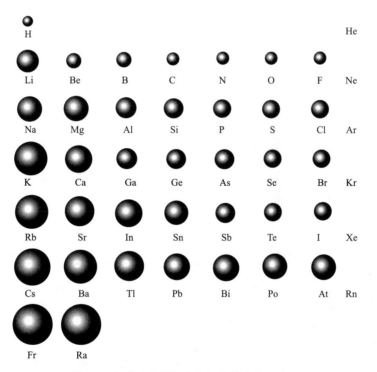

图 3-2　部分元素原子半径规律性变化示意图

 课堂互动

总结图 3-2 的规律，填写下表。

原子序数	原子半径的变化
3～9	大　————————→　小
11～17	
结论：随着原子序数的递增，元素原子半径呈现_____的变化。	

如果把所有的元素的原子半径按原子序数递增的顺序排列起来，将会发现随着原子序数

的递增，元素的原子半径发生周期性的变化。

三、元素主要化合价的周期性变化

一种元素一定数目的原子与其他元素一定数目的原子化合的性质，叫作这种元素的化合价。元素的化合价是元素的重要性质。化合价有正价和负价。

请认真观察图 3-3 并完成课堂互动的表格。

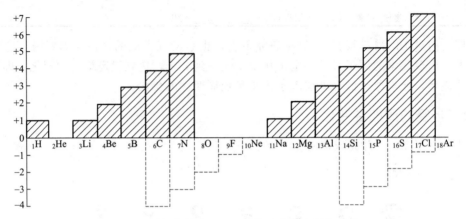

图 3-3　原子序数为 1～18 号的元素的主要化合价

课堂互动

总结图 3-3 的规律，填写下表。

原子序数	化合价的变化
1～2	+1 ⟶ 0
3～10	+1 ⟶ +5 −4 ⟶ −1 ⟶ 0
11～18	

结论：随着原子序数的递增，元素化合价呈现＿＿＿＿＿＿＿＿的变化。

18 号以后的元素的化合价，同样会出现与前面元素相似的变化。也就是说，元素的化合价随着原子序数的递增而呈现周期性的变化。

综上所述，可以归纳出这样一条规律：元素的性质随着元素原子序数（核电荷数）的递增而呈周期性的变化。这个规律叫作元素周期律。

这一规律是俄国化学家门捷列夫在批判继承前人工作的基础上，对大量实验事实进行订正、分析和概括，于 1869 年总结出的一条规律。元素性质的周期性变化是元素原子核外电子排布的周期性变化的必然结果。元素周期律的发现，证明了元素之间由量变到质变的客观规律，揭示了自然界各种物质的内在联系，元素周期律反映出各种元素之间是相互联系的和具有内在规律的，它把庞杂的元素知识综合起来，并提高到一个新的理论高度，从而有力地推动了化学科学的迅速发展。

课堂互动

X 和 Y 是原子序数小于 18 的元素，X 原子比 Y 原子多 1 个电子层；X 原子的最外电子层中只有 1 个电子；Y 原子的最外电子层中有 7 个电子。这两种元素形成的化合物的化学式是_____。

第二节 元素周期表

根据元素周期律，把目前已经发现的一百多种元素中电子层数目相同的各种元素，按原子序数递增的顺序从左到右排成横行，再把不同横行中最外层的电子数相同的元素按电子层数递增的顺序由上而下排成纵列，这样得到的一个表，叫作元素周期表。元素周期表就是元素周期律的具体表现形式，不仅反映了元素之间相互联系的规律性，同时，为我们进一步研究和学习元素分类打下基础，是我们学习化学的重要工具。

元素周期表的形式有好几种，其中最常用的是长式元素周期表（见附录元素周期表）。在元素周期表里，每种元素一般都占一格，在每一格里，均标有元素符号、元素名称、原子序数和原子量等。下面介绍长式元素周期表的有关知识。

一、元素周期表的结构

1. 周期

我们将具有相同的电子层数，并按照原子序数递增的顺序排列的一系列元素，叫作一个周期。元素周期表中共有7个横行，每个横行是1个周期，所以共有7个周期。依次用1、2、3、4、5、6、7表示，叫作周期序数。

周期序数＝该周期元素原子具有的电子层数

各周期元素的数目并不相同，第一、二、三周期叫短周期，第四、五、六、七周期叫长周期。除第一周期只包括氢和氦外，每一周期的元素都是从最外层电子数为1的碱金属开始，逐渐过渡到最外层电子数为7的卤素，最后以最外层电子数为8的稀有气体元素结束。

第六周期中从57号元素镧La到71号元素镥Lu，这15种元素的性质非常相似，称为镧系元素。第七周期中从89号元素锕Ac到103号元素铹Lr，这15种元素的性质也非常相似，称为锕系元素。

为了使周期表的结构紧凑，将全体镧系元素和锕系元素分别按周期各放在同一个格内，并按原子序数递增的顺序，把它们分两行另列在表的下方。在锕系元素中92号元素铀U以后的各种元素，多数是人工进行核反应制得的元素，这些元素又叫作超铀元素。

 课堂互动

参照元素周期表，填写下表。

类别	周期序数	起止元素	包括元素种数	核外电子层数
短周期	1	H～He	2	1
	2			
	3			
长周期	4			
	5			
	6			
	7			

2. 族

由不同周期中外层电子数相同的元素构成18个纵列，除8、9、10三个纵行统称第ⅧB

族（有的教材称第Ⅷ族）外，其余**每一纵列称为一族，共有 16❶ 个**。族的序数用罗马数字Ⅰ、Ⅱ、Ⅲ、Ⅳ、Ⅴ、Ⅵ、Ⅶ、Ⅷ表示。族又分为 A 族（主族）和 B 族（副族）。**元素周期表中，共有 8 个主族、8 个副族**。

（1）主族　由短周期元素和长周期元素共同构成的族，称为主族，在族的序数后面标上 A，如ⅠA、ⅡA、ⅢA、…、ⅧA。

主族序数＝该族元素原子的最外层电子数＝该族元素的最高正化合价

每个主族又有一个名称：第 1 主族，叫作"碱金属族"；第 2 主族，叫作"碱土金属族"；第 3 主族，叫作"硼族"；第 4 主族，叫作"碳族"；第 5 主族，叫作"氮族"；第 6 主族，叫作"氧族"；第 7 主族，叫作"卤素族"。

元素周期表最右边一族是稀有气体元素，称为第ⅧA 族，该族元素化学性质非常不活泼，在通常情况下不发生化学反应，其化合价为零，因此也称为零族。

（2）副族　完全由长周期构成的族，称为副族，在族的序数后面标上 B，如ⅠB、ⅡB、ⅢB、…、ⅧB。由第 8、9、10 三个纵行合并形成的一族称为第ⅧB 族，也称为第Ⅷ族。通常将副族元素统称为过渡金属元素。

二、周期表中主族元素性质的递变规律

元素周期表是根据元素周期律和原子结构而排成的。因此，从元素周期表，我们可以系统地来认识元素性质变化的规律性。元素在周期表中的位置，也反映了该元素的原子结构和一定的性质，因而，可以根据某元素在元素周期表中的位置，推测它的原子结构和某些性质；同样，也可以根据元素的原子结构，推测它在周期表中的位置。

1. 主族元素的金属性和非金属性的递变

元素的金属性是指元素的原子失去电子的能力；元素的非金属性是指元素的原子得到电子的能力。

元素得失电子的能力，取决于核电荷数、原子半径和外层电子结构。一般情况下，核电荷数越少、原子半径越大、电子层数越多或最外层电子数越少，原子就越容易失去电子，元素的金属性越强；反之，越容易得到电子，元素的非金属性越强。

元素的金属性和非金属性的强弱，还可以由以下化学性质来判断。

（1）元素的金属性强

① 元素的单质与水或酸反应，置换出氢比较容易。

② 元素的最高价态氧化物对应水化物（氢氧化物）的碱性强。

（2）元素的非金属性强

① 元素的单质与氢气反应，生成气态氢化物比较容易。

② 元素的最高价态氧化物对应水化物（含氧酸）的酸性强。

金属钠和金属镁的金属性比较

我们可以通过分析第三周期元素的性质变化，来推测同周期元素金属性和非金属性的递变规律。

[**演示实验 3-1**]　分别取一小块金属钠和用砂纸擦去氧化膜的小段金属镁条，把钠单质投入盛有冷水的烧杯中，把镁条放入装有冷水的试管中。反应后分别滴加酚酞溶液，观察实验现象。

实验表明，钠与冷水剧烈反应放出氢气，生成强碱氢氧化钠溶液；镁与冷水作用不明

---

❶ 为了便于国际学术交流，避免不同国家使用不同符号的混乱现象，1986 年 IUPAC 推荐使用新的周期表形式，计 18 族，分别用阿拉伯数字标出。

显，但如果和沸水反应产生氢气，溶液也呈碱性。反应式如下：

$$2Na+2H_2O \longrightarrow 2NaOH+H_2\uparrow$$
$$Mg+2H_2O \longrightarrow Mg(OH)_2+H_2\uparrow$$

结论：Mg 的金属性比 Na 弱。

[**演示实验 3-2**] 取一小片金属铝和一小段金属镁，用砂纸擦去它们的氧化膜，分别放入两支装有 2mol/L 盐酸的试管中，观察实验现象。

金属铝和金属镁的金属性比较

实验表明，镁和铝都能与盐酸反应，但也可以发现，铝与盐酸的反应不如镁与盐酸反应剧烈。反应式如下：

$$Mg+2HCl \longrightarrow MgCl_2+H_2\uparrow$$
$$2Al+6HCl \longrightarrow 2AlCl_3+3H_2\uparrow$$

结论：Al 的金属性比 Mg 弱。

我们继续分析这一周期的其他元素的性质。

第 14 号元素硅，只有在高温的条件下，才能与氢气反应生成气态氢化物 SiH_4，它的氧化物（SiO_2）对应的水化物硅酸（H_2SiO_3），是很弱的酸，所以硅是不活泼的非金属。

第 15 号元素磷是非金属。磷的蒸气能与氢气反应生成气态氢化物 PH_3，但相当困难。磷的最高价氧化物（P_2O_5）对应的水化物磷酸（H_3PO_4），是中强酸，所以磷的非金属性强于硅。

第 16 号元素硫是活泼非金属。硫在加热的条件下，能与氢气反应生成气态氢化物 H_2S。硫的最高价氧化物（SO_3）对应水化物硫酸（H_2SO_4），是强酸，所以硫的非金属性强于磷。

第 17 号元素氯是非常活泼的非金属。氯气与氢气在光照下就能强烈反应，生成气态氢化物氯化氢（HCl）。氯的最高价氧化物高氯酸（$HClO_4$），是目前已知的无机酸中酸性最强的酸。所以氯的非金属性强于硫。

第 18 号元素氩是稀有气体，通常不参与反应。

通过演示实验和分析，可以得出规律：同一周期从左至右，主族元素的金属性递减，非金属性递增。

我们可以通过第 ⅦA 族元素的性质实验，来推测同主族元素金属性和非金属性的递变规律。

[**演示实验 3-3**] 取三支试管分别加入溴化钾、碘化钾、碘化钾溶液 3mL，再分别加入 1mL 四氯化碳，然后在第一、二支试管里滴加适量饱和氯水，在第三支试管中加入几滴溴水，振荡观察四氯化碳层（由于 CCl_4 的密度比水大，又不溶于水，故在溶液的下层）颜色变化。

通过上述实验，可以看出，原来无色的 KBr、KI 溶液加入氯水、溴水以后，溶液与 CCl_4 层颜色都发生了变化。发生了如下的化学反应：

$$2KBr+Cl_2 \longrightarrow Br_2+2KCl$$
$$2KI+Cl_2 \longrightarrow 2KCl+I_2$$
$$2KI+Br_2 \longrightarrow 2KBr+I_2$$

通过化合价分析，氯元素的原子得电子能力比溴、碘强，而溴元素的原子得电子能力又比碘强。

结论：第 ⅦA 族元素从上到下金属性递增，非金属性递减。

通过研究其他主族元素性质递变规律，也会得出类似结论。

综上所述，可将同周期和同主族元素的金属性和非金属性的变化规律概括于表 3-1 中。

表 3-1 主族元素金属性和非金属性的递变

周期	族						
	碱金属族	碱土金属族	硼族	碳族	氮族	氧族	卤族
	ⅠA	ⅡA	ⅢA	ⅣA	ⅤA	ⅥA	ⅦA
1							
2			B				
3			Al	Si			
4				Ge	As		
5					Sb	Te	
6						Po	At
7							

（金属性逐渐增强 ←→ 非金属性逐渐增强）

2. 主族元素化合价的递变

元素的化合价与原子的电子层结构有密切关系，特别是与最外电子层上的电子数目有关。通常我们把能够决定化合价的电子即参加化学反应的电子称为价电子。主族元素原子的最外层电子都是价电子。在周期表中，主族元素的最高正价等于它所在的族序数（氧、氟除外），也等于它们的最外层电子数。非金属元素的最高正化合价和它的负化合价绝对值之和等于 8。主族元素的最高正化合价和负化合价见表 3-2。

表 3-2 主族元素的最高正化合价和负化合价

主族	ⅠA	ⅡA	ⅢA	ⅣA	ⅤA	ⅥA	ⅦA
最外层电子数	1	2	3	4	5	6	7
最高正化合价	+1	+2	+3	+4	+5	+6	+7
负化合价				−4	−3	−2	−1

副族和第Ⅷ族元素化合价比较复杂，这里不做讨论。

三、元素周期表的应用

门捷列夫在总结出元素周期律后，编制出了第一张元素周期表（当时只发现 63 种元素），它是元素周期表的最初形式。直到 20 世纪原子结构理论逐步发展之后，元素周期表才发展成为现在的形式。它是人们学习化学和研究化学的一种重要工具。

1. 可以判断元素的一般性质

元素周期表是元素周期律的具体表现形式，它能够反映元素性质的递变规律。根据元素在周期表中的位置，我们可以很容易地来推断某一个元素的性质。

例如，推断元素磷的性质。我们已知磷位于元素周期表中的第三周期，第ⅤA族，可以推断出：磷的最外层电子数是 5 个，在化学反应中容易得到电子，所以是一个非金属元素。它的最高正化合价为 +5 价，最高价氧化物的化学式是 P_2O_5，最高价氧化物对应水化物的化学式是 H_3PO_4，是中等强度的酸。它的负化合价为 −3，气态氢化物的化学式是 PH_3，热稳定性一般。

2. 预言和发现新元素

过去，门捷列夫曾用元素周期表来预言未知元素，并被后人用实验所证实。此后，人们运用元素周期律和元素周期表中的位置及相邻元素的性质关系，预言和发现新元素及修正原子量，在科学的发展上起了不可估量的作用。

例如，元素周期表创立后相继发现了原子序数为 10、31、34、64 等天然元素和 61 及 95 以后的人造放射性元素❶，使当时已经发现的元素从 60 多种迅速增加。

3. 寻找和制造新材料

由于在周期表中位置靠近的元素性质相似，这样就启发人们在周期表中一定区域内去寻找和制造新材料。如在农药中通常含有氟、氯、硫、磷、砷等元素，这些元素都位于周期表的右上角。对于这一区域元素化合物的研究，有助于寻找对人畜安全的高效农药。又如人们在长期的生产实践中，发现过渡元素对许多化学反应有良好的催化性能，于是，人们努力在过渡元素中寻找各种优良的催化剂。目前人们已能用铁、铬、铂熔剂做催化剂，使石墨在高温和高压下转化为金刚石，并在石油化工方面，如石油的催化裂化、重整等反应，广泛采用过渡元素做催化剂。我们还可以在周期表里金属与非金属的分界处找到半导体材料，如硅、锗、硒、镓等。

元素周期表是概括元素化学知识的一个宝库，随着科学技术的不断进步和人类化学知识的增加，元素周期表的内容也将不断完善和丰富。

课堂互动

元素周期表中什么元素的金属性最强？什么元素的非金属性最强？为什么？

拓展视野

科学的种子，是为了人民的收获而生长的——门捷列夫

德米特里·伊万诺维奇·门捷列夫（1834年2月8日～1907年2月2日），俄国科学家，发现化学元素的周期性（但是真正第一位发现元素周期律的是纽兰兹，门捷列夫是后来经过总结、改进得出现在使用的元素周期律），依照原子量，制作出世界上第一张元素周期表，并据此预测了一些尚未发现的元素。1907年2月2日，这位享有世界盛誉的俄国化学家因心肌梗死与世长辞。他的名著、阐述有元素周期律《化学原理》，在十九世纪后期和二十世纪初，被国际化学界公认为标准著作，前后共出了八版，影响了一代又一代的化学家，留下了不朽的功绩。

当时门捷列夫编制出来的第一张元素周期表，只有63种元素，经过一代代化学家们的不懈努力，到现在已经有118种元素。中国科学院院士、国家纳米科学中心主任、国家"973"项目首席科学家赵宇亮，在国外学习和工作期间，和日本同事一起共同发现了113号新元素（Nh），确认113号元素的中文名称为钅尔。113号元素成为元素周期表中亚洲国家发现的唯一元素。

---

❶ 某些物质能放射出看不见的射线，这些物质叫作放射性物质。它们放射出的射线有 α、β、γ 三种。α 射线是带正电的 α 粒子（氦原子核）流，β 射线是带负电的电子流，γ 射线不带电，是光子流。

 本章小结

一、元素周期律

元素的性质随着元素原子序数（核电荷数）的递增而呈周期性变化的规律叫作元素周期律。

二、元素周期表

1. 元素周期表的结构

$$
\text{元素周期表}\begin{cases}\text{周期}\begin{cases}\text{短周期：第一、二、三周期}\\\text{长周期：第四、五、六、七周期}\end{cases}\\\text{族}\begin{cases}\text{主族：ⅠA～ⅧA族}\\\text{副族：ⅠB～ⅧB族}\end{cases}\end{cases}
$$

2. 元素周期表和原子结构的关系

周期序数＝该周期元素原子具有的电子层数

主族序数＝该族元素原子的最外层电子数＝该族元素的最高正化合价

3. 元素周期表中元素性质的递变规律

同一周期中，从左至右，元素的金属性逐渐减弱，非金属性逐渐增强；同一主族中，从上到下，元素的金属性逐渐增强，非金属性逐渐减弱。

 课后检测

一、填空题

1. 随着原子序数的递增，元素原子最外层电子数重复出现从_____个递增到_____个、原子半径重复出现从_____到_____逐渐减小、元素的化合价重复出现正价从_____逐渐递变到_____、负价从_____递变到_____的情况。也就是说，随着原子序数的递增，元素原子最外层电子排布呈_____的变化，从而引起元素的原子半径、元素的化合价也呈_____的变化。

2. 在元素周期表中，共有_____个周期，其中第_____三个周期是短周期；第4、5、6、7四个周期叫_____；除了第1周期外，每个周期都以_____元素开始，以_____结束。在元素周期表中，共有_____个纵行，_____个族，这些族分为_____个主族，_____个副族，第_____族包括三个纵行。

3. 同一周期的主族元素，从左到右，金属性逐渐_____，非金属性逐渐_____；同一主族元素从上到下，金属性逐渐_____，非金属性逐渐_____；金属性最强的元素在周期表的_____方，非金属性最强的元素在周期表的_____方。

二、选择题

1. 随着原子序数的递增，对于11～18号元素的化合价，下列叙述不正确的是（　　）。
 A. 正价从＋1递变到＋7
 B. 负价从－4递变到－1
 C. 负价从－7递变到－1
 D. 从中部的元素开始有负价

2. 下列物质的水溶液酸性最强的是（　　）。
 A. H_2SO_4　　　　B. H_2SiO_4　　　　C. H_3PO_4　　　　D. $HClO_4$

3. 下列物质碱性最强的是（　　）。
 A. $Mg(OH)_2$　　　B. $Ca(OH)_2$　　　C. $Sr(OH)_2$　　　D. $Ba(OH)_2$

4. 下列氢化物中最稳定的是（　　）。

A. HI　　　　　　B. HBr　　　　　　C. HCl　　　　　　D. HF

5. 下列氢化物按热稳定性由强到弱的顺序排列正确的是（　　）。
A. HI＞HBr＞HCl＞HF　　　　　　B. H_2S＞HCl＞H_2O＞PH_3
C. HF＞HCl＞HBr＞HI　　　　　　D. H_2O＞H_2S＞HCl＞HBr

6. 某元素最高价氧化物对应水化物的化学式是 H_2XO_3，这种元素的气态氢化物的化学式为（　　）。
A. HX　　　　　　B. H_2X　　　　　　C. XH_3　　　　　　D. XH_4

7. 在下列元素中，最高正化合价数值最大的是（　　）。
A. Na　　　　　　B. P　　　　　　C. Cl　　　　　　D. Ar

三、简答题

1. 目前人们已经发现了118种元素，能不能说人们已经发现了118种原子？为什么？

2. 某元素R的最高价氧化物的化学式是 R_2O_5，且R的气态氢化物中氢的质量分数为8.82%，求R的原子量是多少？指出该元素在元素周期表中的位置。

3. A、B、C、D都是短周期元素。A元素的原子核外有两个电子层，最外层已达到饱和。B元素位于A元素的下一周期，最外层的电子数是A元素最外层电子数的1/2。C元素的离子带有两个单位正电荷，它的核外电子排布与A元素原子相同。D元素与C元素属同一周期，D元素原子的最外层电子数比A的最外层电子数少1。试推断A、B、C、D分别是什么元素，并指出它们在元素周期表中的位置。

第四章
化学反应速率和化学平衡

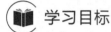 学习目标

知识目标
1. 掌握化学反应速率的概念、化学反应速率的表示方法及影响因素。
2. 知道化学平衡的概念及影响因素,认识和归纳其规律,加深对勒夏特列原理的理解。

能力目标
1. 初步学会以化学视角,去观察生活、生产和社会中有关化学反应速率的问题及理解如何调控化学反应的快慢。
2. 能用化学平衡状态的特征来判断可逆反应是否达到平衡,培养分析、推理、归纳、总结的能力。

素质目标
1. 通过探究化学反应速率的实验,体验探究的喜悦,从而培养实事求是的科学态度以及创新意识。
2. 通过探索平衡移动规律,培养透过现象看本质的科学态度与科学素养。

化学反应虽然成千上万,种类繁多,但是都涉及两个方面的问题:一是反应进行的快慢,即化学反应的速度问题;二是反应进行的程度问题,即化学平衡的问题。研究并掌握化学反应速率和化学平衡的规律,可以帮助我们在化工生产中,选择最适宜的反应条件,在最短的时间内生产出所需产品,提高原料的利用率。因此,研究化学反应速率和化学平衡的问题是很有意义的。

第一节 化学反应速率

一、化学反应速率的表示方法

化学反应进行的速率差别很大,如火药爆炸、核反应、酸碱中和等瞬间即可反应完成;而钢铁的生锈、橡胶的老化要经过较长的时间才能察觉;自然界中岩石的风化、煤或石油的形成,则需要长达几十万年甚至亿万年。在化学反应中,随着反应的进行,反应物浓度不断减小,生成物浓度不断增大。因此,化学反应速率是指在一定条件下,反应物转变为生成物的快慢程度。化学反应速率通常用单位时间内反应物或生成物浓度的变化来表示。浓度单位常以 mol/L 来表示,时间单位根据反应的快慢用 h(时)、min(分)、s(秒) 表示,反应速率单位为 mol/(L·h)、mol/(L·min)、mol/(L·s)。这里所谈的化学反应速率都是指某一时间间隔内的平均反应速率。

例如 N_2O_5 在四氯化碳中按下面反应方程式分解：
$$2N_2O_5 \longrightarrow 4NO_2 + O_2$$

设 N_2O_5 的起始浓度为 2.10mol/L，100s 后测得 N_2O_5 的浓度为 1.95mol/L，即 100s 内 N_2O_5 的浓度减少了 0.15mol/L，则上述反应在 100s 内以五氧化二氮的浓度变化表示的平均反应速率为：

$$\overline{v}_{N_2O_5} = \frac{(2.10-1.95)}{100} \text{mol/(L·s)} = 1.5 \times 10^{-3} \text{mol/(L·s)}$$

根据定义，也可用在 100s 内 NO_2 或 O_2 浓度的增加来表示平均反应速率。由于 100s 内 N_2O_5 的浓度减少了 0.15mol/L，那么根据方程式的计算，NO_2 的浓度将增加 0.30mol/L，O_2 的浓度将增加 0.075mol/L。

则以二氧化氮浓度的变化表示的平均反应速率为：

$$\overline{v}_{NO_2} = \frac{0.3}{100} \text{mol/(L·s)} = 3 \times 10^{-3} \text{mol/(L·s)}$$

以氧气浓度的变化表示的平均反应速率为：

$$\overline{v}_{O_2} = \frac{0.075}{100} \text{mol/(L·s)} = 7.5 \times 10^{-4} \text{mol/(L·s)}$$

可见，对同一个化学反应，用不同物质浓度的变化来表示反应速率，其数值是不相同的。但它们反映的问题实质却是一致的，因为这三个数值的比值恰好是反应方程式中各相应物质化学式前面的系数比。即

$$\overline{v}_{N_2O_5} : \overline{v}_{NO_2} : \overline{v}_{O_2} = 2 : 4 : 1$$

因此，用任一物质在单位时间内的浓度变化来表示该反应的速率，其意义都一样，但必须指明是以哪一种物质的浓度来表示的。

若上述反应又继续进行了 200s 后，测得 N_2O_5 的浓度为 1.70mol/L，则 N_2O_5 的浓度经过 200s 后减少了 0.25mol/L，则在 200s 内用不同物质浓度变化表示的平均反应速率为：

	$2N_2O_5$	$\longrightarrow$	$4NO_2$	+	O_2
100s 后的浓度/(mol/L)	1.95		0.30		0.075
300s 后的浓度/(mol/L)	1.70		0.80		0.20
200s 内反应物减少或生成物增加的浓度/(mol/L)	0.25		0.50		0.125
化学反应速率/[mol/(L·s)]	1.25×10^{-3}		2.5×10^{-3}		6.25×10^{-4}

将反应起始至 100s 的平均反应速率和 100s 至 300s 的相应物质的平均反应速率相比较，见表 4-1。

表 4-1 N_2O_5 在 CCl_4 溶液中的分解率

经过的时间 t/s	时间的变化	$c_{N_2O_5}$ /(mol/L)	c_{NO_2} /(mol/L)	c_{O_2} /(mol/L)	$\overline{v}_{N_2O_5}$ /[mol/(L·s)]	$\overline{v}_{NO_2}$ /[mol/(L·s)]	$\overline{v}_{O_2}$ /[mol/(L·s)]
0	0	2.10	—	—	—	—	—
100	100	1.95	0.30	0.075	1.5×10^{-3}	3×10^{-3}	7.5×10^{-4}
300	200	1.70	0.80	0.20	1.25×10^{-3}	2.5×10^{-3}	6.25×10^{-4}

通过表 4-1 中的实验数据可知，由于反应中，各物质的浓度均随时间而改变，故不同时间间隔内的平均反应速率是不相同的。因此，在表示平均反应速率时，除了指明是用哪一种物质的浓度来表示的，还需要指明是在哪一段时间间隔内的反应速率。

二、影响化学反应速率的因素

[**演示实验 4-1**] 将镁、铁、铜片分别放入 1mol/L 的稀盐酸溶液中，观察现象。

通过现象观察，可以看到镁片放出的气泡又快又多，铁片稍慢，而铜片根本不反应。说明化学反应速率主要取决于物质的本性。另外，反应物的浓度以及反应体系所处的温度、压力、催化剂等外界条件，对化学反应的速率也有不可忽略的影响。

1. 浓度对反应速率的影响

[**演示实验 4-2**] 在两支放有锌粒的试管里，分别加入 10mL 2mol/L 硫酸和 10mL 0.2mol/L 硫酸。观察现象。

通过观察，看到在加入 2mol/L 硫酸的试管中有大量的气泡逸出，在 0.2mol/L 硫酸的试管中气泡产生很慢。这表明浓度较大的硫酸与锌粒的化学反应速率要比浓度较小的硫酸与锌粒的化学反应速率快。

许多实验证明：**当其他外界条件都相同时，增大反应物的浓度，会加快反应速率；减小反应物的浓度，会减慢反应速率。**

下面通过气体分子反应来说明，浓度对化学反应速率的影响。我们知道，化学反应的过程就是反应物分子中旧化学键的断裂，生成物分子中新化学键形成的过程。旧键的断裂和新键的形成都是通过反应物分子的相互碰撞来实现的。因此，反应物分子的相互碰撞是反应进行的先决条件。反应物分子的碰撞频率越高，反应的速率越大。

实验证明，在反应物成千上万次的碰撞中，大多数碰撞并不引起反应，只有极少数的分子间碰撞才能发生化学反应，我们把能发生化学反应的碰撞叫作有效碰撞。

那么，哪些分子才能发生有效碰撞呢？具有较高能量的分子，采取合适的取向相互靠拢，发生碰撞时，能够克服分子无限接近时电子云的斥力，从而导致分子中原子的重排，即发生了化学反应。我们把这种具有较高能量能产生有效碰撞的分子叫作活化分子。例如反应：

$$NO_2 + CO \longrightarrow NO + CO_2$$

当具有较高能量的 NO_2 和 CO 分子相互碰撞时，只有 CO 分子中的**碳原子**与 NO_2 中的**氧原子**相互碰撞，才能发生反应；而碳原子与氮原子相碰撞，则不反应（见图 4-1）。所以，发生有效碰撞的分子，不仅要有足够的能量，而且还要有合适的取向。

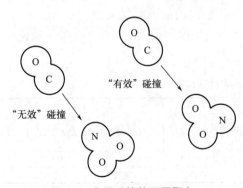

图 4-1 分子碰撞的不同取向

在其他条件不变时，对某一反应来说，活化分子在反应物分子中所占的百分数是一定的，它与单位体积反应物分子的总数成正比，也就是与反应物的浓度成正比。当反应物浓度增大时，单位体积内分子数增多，活化分子数也相应增多，单位时间内有效碰撞的次数也随之增多，化学反应速率就增大。因此增大反应物的浓度可以增大化学反应速率。

这里反应物的浓度是指气态物质或溶液的浓度。对于固体或纯液体物质来说，它们的浓度是个定值，因此在一定温度下，改变固体或纯液体反应物的量，不影响反应速率。如碳的燃烧：

$$C + O_2(g) \longrightarrow CO_2(g)$$

反应的快慢，主要取决于氧气的浓度。

2. 压力对反应速率的影响

压力的影响实质上是浓度的影响。对于一定量的气体来说，温度不变时，其体积与所受的压力成反比，即增大压力，气体的体积变小，单位体积内的气体分子数增多，相当于增大了气体物质的浓度。因此，**对有气体参加的反应来说，增大压力，反应速率增大；减小压力，反应速率减小。**

如果参加反应的物质是固体、液体或溶液时，由于改变压力对它们的体积影响很小，因此，对浓度的改变也很小，可以认为压力与浓度无关，不影响反应速率。

3. 温度对反应速率的影响

演示实验 4-2 中，将加入 0.2mol/L 硫酸的试管加热，发现气泡产生的速度明显加快，实验表明，温度升高，加快了化学反应速率。

如氢气和氧气在常温下作用十分缓慢，以致多年都观察不到水的生成，如果温度升高到 600℃，它们立即反应，并发生猛烈爆炸。由此说明温度的变化可以改变化学反应的速率。

在浓度一定时，温度升高反应速率显著加快的主要原因是，反应物分子的能量增加，使一部分原来能量较低的分子变成活化分子，从而增加了反应物分子中活化分子的百分数，使有效碰撞的次数增多，因而增大了化学反应速率；温度升高，分子平均动能增加，分子运动速率加快，单位时间里反应物分子间碰撞次数增多，反应速率也会相应加快。

温度对反应速率的影响

1884 年，范托夫根据温度对反应速率影响的实验，归纳了一条经验的近似规则：如果反应物的浓度恒定，温度每升高 10℃，反应速率增大 2～4 倍，这个规则称为范托夫规则。

无论对于吸热反应还是放热反应，升高温度都能加快化学反应速率。但是，一般吸热反应速率比放热反应速率增大的倍数要大些。

在生产和生活中，常常利用改变温度来控制反应速率的快慢。

4. 催化剂对反应速率的影响

催化剂是一种能够改变化学反应速率，其本身在反应前后质量、组成和化学性质都没有变化的物质。催化剂改变化学反应速率的作用叫催化作用。凡能加快反应速率的催化剂叫正催化剂，凡能减慢反应速率的催化剂叫负催化剂。一般提到催化剂，若不明确指出是负催化剂，则是指加快反应速率作用的正催化剂。

催化剂之所以能加快反应速率，是由于催化剂改变了反应的途径，降低反应所需的能量，使更多的反应物分子成为活化分子，大大增加单位体积内反应物分子中活化分子的百分数，从而加快了反应速率。在影响反应速率的主要外界因素中，催化剂的作用要比浓度、压力、温度显著得多。

[**演示实验 4-3**] 在两支试管里，分别加入 3% 的过氧化氢溶液 3mL，在其中一支试管里加入少量二氧化锰。观察两支试管里的反应现象有何不同。

过氧化氢的分解反应为

$$2H_2O_2 \xrightarrow{MnO_2} 2H_2O + O_2 \uparrow$$

催化剂对化学反应速率的影响

实验证明：二氧化锰能加快过氧化氢的分解，起到催化作用。可见，使用适当的催化剂，能加快化学反应速率。

在现今的化工生产中，使用催化剂的现象十分普遍。如用氮、氢的气体合成氨；用水煤气合成甲醇；聚乙烯、聚氯乙烯等高分子材料的合成等，都离不开催化剂。据统计，现代化学工业中，使用催化剂的反应占 85%。可见催化剂在现代化学工业中具有极其重要的意义。其主要特征是：

① 催化剂只能对可能发生的反应起催化作用，不可能发生的反应，催化剂并不起作用。

② 催化剂不能改变反应的方向以及反应进行的程度——平衡状态，也就是说不能改变反应的平衡常数，但它能同时加快正、逆反应的速率，缩短到达平衡所需的时间。

③ 催化剂是有选择性的。不同类型的化学反应需要不同的催化剂。例如合成氨使用铁作催化剂；二氧化硫氧化为三氧化硫，需用五氧化二钒作催化剂。催化剂的选择性还表现在，对于同样的反应物，选用不同的催化剂，会生成多种不同的产物。例如，乙醇的分解反应，用不同的催化剂将有以下几种情况：

$$C_2H_5OH \begin{cases} \xrightarrow[Cu]{200\sim 250℃} CH_3CHO + H_2 \\ \xrightarrow[H_2SO_4]{140℃} (C_2H_5)_2O + H_2O \\ \xrightarrow[ZnO-Cr_2O_3]{400\sim 500℃} CH_2=CH-CH=CH_2 + H_2O + H_2 \end{cases}$$

④ 催化剂有活性温度。从以上反应还可以看出，利用不同催化剂分解乙醇时，其温度都不相同。所以，一种反应的催化剂不是在任意温度下发生催化作用，而是在一定的温度范围内发生。催化剂发生催化作用的温度叫催化剂的活性温度。

⑤ 催化剂遇到某些物质会降低或失去催化作用，这种现象叫作催化剂的中毒。因此，使用催化剂时，应对反应物进行必要的处理，以除去能使催化剂中毒的杂质。

5. 其他因素对反应速率的影响

[演示实验 4-4] 将少许锌粉和一粒锌粒分别放入相同浓度的稀盐酸溶液中。观察两支试管里的反应现象有何不同。

反应物接触面积对化学反应速率的影响

通过观察，看到锌粉与盐酸放出的气体又快又多。

因此，除了浓度、压力、温度、催化剂等对化学反应速率有影响外，固体表面积的大小、扩散速率的快慢等，也对化学反应速率有影响。例如生产上常把固态物质破碎成小颗粒或磨成细粉，将液态物质淋洒成滴流或喷成雾状的微小液滴，以增大反应物之间的接触面，提高反应速率。工业上通常通过搅拌、振荡等方法来加速扩散过程，使反应速率增大。

 课堂互动

采用哪些方法可以加快碳酸钙与盐酸的反应速率？

第二节 化学平衡

一、可逆反应和化学平衡

1. 可逆反应

在同一条件下，化学反应可以按方程式从左向右进行，又可从右向左进行，这叫作化学反应的可逆性，把具有可逆性的化学反应叫作可逆反应。例如，高温下的反应

$$CO(g) + H_2O(g) \rightleftharpoons CO_2(g) + H_2(g)$$

在一氧化碳与水蒸气作用生成二氧化碳与氢气的同时，也进行着二氧化碳与氢气反应生成一氧化碳与水蒸气的过程。一般把向右进行的反应叫正反应，向左进行的反应叫逆反应。

几乎所有的化学反应都是可逆的，但是各种化学反应的可逆程度却有很大的差别。如一氧化碳与水蒸气的反应，其可逆性比较显著，因此它是可逆反应。有些反应中的逆反应倾向

比较弱，从整体看，反应实际上是朝着一个方向进行的，例如氯化银的沉淀反应；还有的反应进行时，逆反应的条件尚未具备，反应物已耗尽，如烧碱和盐酸的反应。像这种实际上只能向一个方向进行"到底"的反应，习惯上称为不可逆反应。

2. 化学平衡

可逆反应的特点是反应不能向一个方向进行到底，这样一来必然导致化学平衡状态的实现。所谓**化学平衡就是在一定条件下，正反应和逆反应的速率相等时所处的状态。**

如在 600.15℃ 和 20.245×10^5 Pa 下，将 1：3（体积比）的氮、氢混合气体，密闭于有催化剂的容器里进行反应。

$$N_2(g)+3H_2(g) \rightleftharpoons 2NH_3(g)$$

当反应开始时，N_2 和 H_2 的浓度最大，NH_3 的浓度为零，因此正反应速率（$v_正$）最大，逆反应速率（$v_逆$）为零。随着反应的进行，N_2 和 H_2 的浓度逐渐减小，正反应速率也逐渐减小；同时，NH_3 的浓度将逐渐增大，逆反应速率也逐渐增大。若外界条件不变，当反应进行到一定程度时，正反应速率和逆反应速率相等，即 $v_正=v_逆$。此时，N_2、H_2 和 NH_3 浓度不再随时间而改变，反应达到平衡状态。图 4-2 为化学平衡建立过程示意图。

如果外界条件不改变，这种平衡状态可以维持下去。由于平衡状态时，系统中反应物和生成物的浓度不再随时间而改变，即系统的组成不变，所以，化学平衡状态是该反应条件下化学反应的最大限度。在平衡状态下，虽然反应物和生成物的浓度不再发生变化，但反应却没有停止。实际上正、逆反应都在进行，只不过是两者的速率相等而已。因此化学平衡是一种动态平衡。若外界条件改变，正、逆反应速率则会发生变化，原有的平衡将被破坏，反应将在新的条件下建立新的平衡。

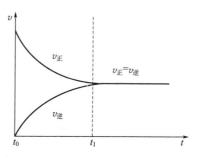

图 4-2 化学平衡建立过程示意图

实验证明，如果上述平衡不是从 N_2 和 H_2 开始反应，而是由 NH_3 在相同的条件下进行分解反应，反应也能达平衡。而且在平衡状态时，反应混合物中各组分的浓度与前面的完全相同。

综上所述，可将化学平衡的基本特征归纳为以下几点：

① 在适宜条件下，可逆反应都可以达到平衡状态。

② 化学平衡是动态平衡。达平衡后，正、逆反应仍在以相同的速率进行着，即 $v_正=v_逆\neq 0$，所以，反应体系中各组分的浓度保持不变。

③ 化学平衡是暂时的、有条件的。对在一定条件下达到平衡的化学反应，当条件改变时，反应会在新的条件下建立新的化学平衡。

④ 由于化学反应是可逆的，不管反应从哪个方向开始，最终都能达到平衡状态。

3. 平衡常数

体系中可逆反应达到平衡状态时，各物质的浓度保持不变，进一步研究平衡状态时体系的特征。实验证明，对于任一可逆反应

$$a\text{A}+b\text{B} \rightleftharpoons m\text{C}+n\text{D}$$

在一定温度下，达到平衡时，生成物的浓度的幂（以生成物化学式前的计量数为指数）的乘积与反应物的浓度的幂（以反应物化学式前的计量数为指数）的乘积之比是一个常数。即

$$K_c=\frac{[\text{C}]^m[\text{D}]^n}{[\text{A}]^a[\text{B}]^b} \tag{4-1}$$

式中，K_c 为可逆反应的平衡常数。它只随温度而改变，不随浓度的变化而改变。式(4-1)是平衡常数的表达式。其中 [A]、[B]、[C]、[D] 分别表示各物质平衡时的浓度。

在书写平衡常数表达式时，要注意以下几点：

① 反应体系中有纯液体、纯固体以及稀溶液中的水参加的反应，在平衡常数表达式中这些物质的浓度为 1。如：

$$Fe_3O_4(s) + 4H_2(g) \rightleftharpoons 3Fe(s) + 4H_2O(g)$$

$$K_c = \frac{[H_2O]^4}{[H_2]^4}$$

$$Cr_2O_7^{2-}(aq) + H_2O(l) \rightleftharpoons 2CrO_4^{2-}(aq) + 2H^+$$

$$K_c = \frac{[H^+]^2[CrO_4^{2-}]^2}{[Cr_2O_7^{2-}]}$$

② 平衡常数的表达式及其数值与化学反应方程式的写法有关。

$$N_2(g) + 3H_2(g) \rightleftharpoons 2NH_3(g) \qquad K_{c,1} = \frac{[NH_3]^2}{[N_2][H_2]^3}$$

$$\frac{1}{2}N_2(g) + \frac{3}{2}H_2(g) \rightleftharpoons NH_3(g) \qquad K_{c,2} = \frac{[NH_3]}{[N_2]^{\frac{1}{2}}[H_2]^{\frac{3}{2}}}$$

$$2NH_3(g) \rightleftharpoons N_2(g) + 3H_2(g) \qquad K_{c,3} = \frac{[N_2][H_2]^3}{[NH_3]^2}$$

$$K_{c,1} = K_{c,2}^2 = \frac{1}{K_{c,3}}$$

平衡常数是可逆反应的特征常数，它具体体现着各平衡浓度之间的关系，因此可用平衡常数 K 值的大小来衡量反应进行的程度。既可比较同类反应在相同条件下的反应限度，也可比较同一反应在不同条件下的反应限度。在一定条件下，K 值愈大，平衡时生成物的浓度愈大，正反应趋势愈大，反应物转化为生成物的程度就愈大；反之，K 值愈小，正反应的趋势愈小，反应物转化为生成物的程度就愈小。

二、有关化学平衡的计算

1. 已知平衡浓度计算平衡常数

【例 4-1】 在密闭容器中，CO 和水蒸气的混合物加热至 500℃ 时，建立下列平衡

$$CO(g) + H_2O(g) \rightleftharpoons CO_2(g) + H_2(g)$$

反应开始时 CO 和水蒸气的浓度是 0.02mol/L，平衡时 CO_2 和 H_2 的浓度都是 0.015mol/L，求平衡常数。

解　　　　　　　　　　$CO(g) + H_2O(g) \rightleftharpoons CO_2(g) + H_2(g)$
起始浓度/(mol/L)　　　　0.02　　　0.02　　　　0　　　　0
平衡浓度/(mol/L)　　0.02−0.015　0.02−0.015　0.015　　0.015

$$K_c = \frac{[CO_2][H_2]}{[CO][H_2O]}$$

$$K_c = \frac{0.015 \times 0.015}{(0.02-0.015) \times (0.02-0.015)} = 9$$

答：500℃ 时平衡常数是 9。

2. 已知平衡常数计算平衡浓度和转化率

【例 4-2】 在某温度下，反应 A+B $\rightleftharpoons$ G+D 在溶液中进行，若反应开始时 A 的浓度为 1mol/L，B 的浓度为 4mol/L，反应在此温度下达到平衡，平衡常数 $K_c=0.41$，求：(1) 平衡状态时 A、B、G、D 的浓度；(2) 达平衡时 A 的转化率。

解 (1) 设平衡状态时 G 的浓度为 x

$$
\begin{array}{ccccc}
 & A & + & B \rightleftharpoons G & + & D \\
\text{起始浓度/(mol/L)} & 1 & & 4 & 0 & 0 \\
\text{平衡浓度/(mol/L)} & 1-x & & 4-x & x & x \\
\end{array}
$$

$$K_c = \frac{[G][D]}{[A][B]} = \frac{x^2}{(1-x)(4-x)} = 0.41$$

解得 $x=0.67$mol/L

平衡状态时：$[D]=[G]=0.67$mol/L，$[A]=1-0.67=0.33$(mol/L)，$[B]=4-0.67=3.33$(mol/L)。

(2) 反应物的转化率是达到平衡状态时反应物所消耗的浓度与反应前该物质的起始浓度之比，即

$$\text{转化率} = \frac{\text{平衡时已消耗的某反应物的浓度}}{\text{该反应物的起始浓度}} \times 100\%$$

$$\text{A 的转化率} = \frac{0.67}{1} \times 100\% = 67\%$$

答：(1) 平衡状态时 A、B、G、D 的浓度分别为 0.33mol/L、3.33mol/L、0.67mol/L、0.67mol/L。(2) 达平衡时 A 的转化率是 67%。

三、化学平衡的移动

化学平衡是化学反应在一定外界条件下，一种暂时的、相对的和有条件的稳定状态。一旦外界条件（如浓度、压力、温度等）发生变化，原来的平衡就受到破坏，正、逆反应速率不再相等，平衡将向某一方向移动，直至在新的条件下建立起新的平衡。在新的平衡状态下，反应体系中各物质的浓度与原平衡状态下各物质的浓度不相等。这种当外界条件改变，可逆反应从一种平衡状态转变到另一种平衡状态的过程叫作化学平衡的移动。下面讨论浓度、压力、温度对化学平衡的影响。

1. 浓度对平衡的影响

在其他条件不变的情况下，对于已经达到平衡的可逆反应，改变任何一种反应物或生成物的浓度，都会导致平衡的移动。

[演示实验 4-5] 在一只 100mL 烧杯中，先后加入 5mL 0.01mol/L FeCl$_3$ 溶液和 5mL 0.01mol/L KSCN 溶液，再加入 15mL 水稀释。将溶液均分于三支试管里，其中两支试管中分别滴加几滴 1mol/L FeCl$_3$ 溶液和 1mol/L KSCN 溶液，另一支试管留作对照。观察试管中溶液颜色的变化。

浓度对化学平衡的影响

可以看到，加入试剂的两支试管里，溶液的红色都加深了。说明增加反应物的浓度，使正反应的速率大于逆反应的速率而促使平衡向正反应方向移动。

该反应的方程式为：

$$FeCl_3 + 3KSCN \rightleftharpoons Fe(SCN)_3 + 3KCl$$

（血红色）

实验证明：当其他条件不变时，增大反应物浓度或减小生成物浓度，化学平衡向正反应方向移动；增大生成物浓度或减小反应物浓度，化学平衡向逆反应方向移动。

在化工生产中，为了充分利用成本较高的原料，常采取增大容易取得或廉价的反应物浓度的措施。如工业上制备硫酸时

$$2SO_2(g) + O_2(g) \rightleftharpoons 2SO_3(g)$$

为了尽量利用成本较高的 SO_2，就要加入过量的空气（空气中的氧气）。方程式中的化学计量数之比是 1∶0.5，而工业上实际采用的比例是 1∶1.4。

另外，也可以不断将生成物从反应体系中分离出来，使化学平衡不断地向生成物的方向移动。如把氢气通入红热的四氧化三铁的反应，把生成的水蒸气不断从反应体系中移去，四氧化三铁就可以全部转变成金属铁。

$$Fe_3O_4(s) + 4H_2(g) \rightleftharpoons 3Fe(s) + 4H_2O(g)$$

 课堂互动

在制取水煤气的反应中：

$$C(s) + H_2O(g) \rightleftharpoons CO(g) + H_2(g)$$

为使煤转化得比较彻底，可采取哪些措施？

2. 压力对平衡的影响

处于平衡状态的反应混合物中，如果有气态物质存在，而且可逆反应两边的气体分子总数不相等时，压力的改变会引起化学平衡的移动。这是因为，气体分子数多的一方，其反应速率受压力的影响较大。

现以合成氨反应为例来说明压力对化学平衡的影响：

$$N_2(g) + 3H_2(g) \rightleftharpoons 2NH_3(g)$$

表 4-2 列出了 500℃时 N_2 与 H_2 反应生成 NH_3 的实验数据。

表 4-2　500℃时 N_2 与 H_2 反应生成 NH_3 的实验数据

压力/MPa	1	5	10	30	60	100
NH_3 含量/%	2.0	9.2	16.4	35.5	53.5	69.4

从以上数据可以看出，当其他外界条件不变时，增大压力，化学平衡向生成 NH_3 的方向移动；减小压力，化学平衡向 NH_3 浓度减小的方向移动。

又如氢气与碘的反应：

$$H_2(g) + I_2(g) \rightleftharpoons 2HI(g)$$

该气体反应中，由于反应前后气体分子数不变，反应前后物质的总体积没有变化，因此，增大或减小压力时，平衡不发生移动。

从上面的讨论得出如下结论：压力变化只是对那些反应前后气体分子数目有变化的反应有影响。在温度不变时，增大压力，平衡向气体分子总数减少的方向移动；减小压力，平衡向气体分子总数增多的方向移动。

固体物质或液体物质的体积，受压力的影响很小，可以忽略不计。如果平衡体系中都是固体或液体时，改变压力，可以认为平衡不发生移动。

 课堂互动

在其他条件不变时，增大压强或减小压强，对下列反应的平衡各有什么影响？

$$CO(g) + H_2O(g) \rightleftharpoons CO_2(g) + H_2(g)$$
$$CO_2(g) + C(s) \rightleftharpoons 2CO(g)$$

3. 温度对平衡的影响

在一个可逆反应中，如果正反应是放热反应，那么逆反应一定是吸热反应。对于在一定条件下达到平衡的可逆反应，改变温度也会使化学平衡发生移动。这是因为，当温度改变时，吸热反应速率和放热反应速率发生不同的变化。升高温度，吸热反应速率增大的倍数大于放热反应增大的倍数，使 $v_{吸} > v_{放}$；反之降低温度，吸热反应速率减慢的倍数大于放热反应减慢的倍数，使 $v_{吸} < v_{放}$。从而引起化学平衡的移动。例如反应

温度对化学平衡的影响

$$2NO_2(g) \rightleftharpoons N_2O_4 - 57kJ$$
（棕色）　　（无色）

[**演示实验 4-6**] 把二氧化氮平衡球放置在热水和冰水中，观察两球颜色的变化（图 4-3）。

通过观察，发现冰水中球内气体的颜色变浅了，说明 NO_2 的浓度减小，N_2O_4 的浓度增大了，平衡向放热反应方向移动；而热水中球内气体的颜色加深了，说明 NO_2 的浓度增大，N_2O_4 的浓度减小了，平衡向吸热反应方向移动。

实验证明：在其他外界条件不变时，升高温度，平衡向吸热反应方向移动；降低温度，平衡向放热反应方向移动。

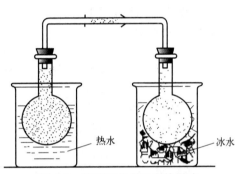

图 4-3 温度对化学平衡的影响

 课堂互动

在其他条件不变时，升高温度，对下列反应的平衡各有何影响？
$$C(s) + H_2O(g) \rightleftharpoons CO(g) + H_2(g) - 121.34kJ$$
$$2CO(g) + O_2(g) \rightleftharpoons 2CO_2(g) + 549kJ$$

催化剂可同等程度地改变正逆反应的速率，因此使用它不会引起化学平衡的移动。但使用催化剂，能大大缩短反应达到平衡所需的时间，所以在化工生产上广泛使用催化剂来提高生产效率。

4. 平衡移动原理

综合浓度、压力、温度等条件的改变对化学平衡移动的影响，得出一条规律：假如改变影响平衡体系的条件之一，如浓度、压力或温度，平衡就向能减弱这个改变的方向移动，这就是化学平衡的移动原理，即勒夏特列原理。该原理的含义是：

当增大反应物浓度时，平衡向能减少反应物浓度的方向（正反应方向）移动；减少生成物浓度时，平衡向能增加生成物浓度的方向（正反应方向）移动。

当增大压力时，平衡向能减小压力（即减少气体分子数目）的方向移动；降低压力时，平衡向能增大压力（即增加气体分子数目）的方向移动。

当温度升高时，平衡向能降低温度（即吸热）的方向移动；降低温度时，平衡向能升高温度（即放热）的方向移动。

这条规律对所有的动态平衡（包括物理平衡）都适用。但必须注意，它只能应用在已经达到平衡的体系。对尚未达到平衡的体系是不适用的。

四、化学平衡在化工生产中的应用

化学反应速率是研究反应进行的快慢,化学平衡是研究反应进行的程度。有一些化学反应,其平衡常数大,反应进行的程度大,但不一定能以很快的速率进行;而另一些反应,虽然平衡常数很小,但反应速率却很大,很快达到了平衡。通过前面的学习,已经知道,化学平衡是一个有条件的相对平衡,浓度、压力、温度等均可使平衡发生移动,选择适宜的反应条件,可使反应进行得更为完全、彻底。另一方面,化学反应速率受浓度、压力、温度、催化剂等外界因素的影响,合适的条件有助于加快反应速率,提高生产效率。这些因素中催化剂只影响反应速率,对化学平衡没有影响,浓度、压力、温度均能同时影响化学反应速率和化学平衡。因此,在化工生产中,往往要把这些外界因素对反应速率和化学平衡的影响综合起来考虑,选择最佳的反应条件,使一个平衡能迅速地向着有利于生产的方向移动。现以合成氨生产过程为例进行简单的讨论:

理论上看合成氨的反应是一个气体分子数减少的可逆放热反应:

$$N_2(g) + 3H_2(g) \rightleftharpoons 2NH_3(g) + Q$$

从化学平衡的角度考虑,根据平衡移动原理,应采取低温、高压的措施。而从有助于提高反应速率来看,应采取高温、高压、催化剂。

表4-3是平衡体系的混合物中NH_3含量的实验数据。可以看出,压力、温度、催化剂是影响合成氨产率的主要因素。

表4-3 平衡状态时混合物中NH_3的含量(体积分数)[$v(N_2):v(H_2)=1:3$]

温度/℃	不同压力下的NH_3含量/%					
	0.1MPa	10MPa	20MPa	30MPa	60MPa	100MPa
200	15.3	81.5	86.4	89.9	95.4	98.8
300	2.2	52.0	64.2	71.0	84.6	92.6
400	0.4	25.1	38.2	47.0	65.2	79.8
500	0.1	10.6	19.1	26.4	42.2	57.5
600	0.05	4.5	9.1	13.8	23.1	31.4

1. 压力

增大压力既有利于增大合成氨的化学反应速率,又能使化学平衡向着生成NH_3的方向移动。因此,从理论上讲,合成氨时压力越大越好。在10^5kPa下,不用催化剂就可以合成氨。不过氢在这样的高压下,能穿透用特种钢制作的反应器的器壁。考虑到实际生产中,压力越大,需要的动力越大,对材料的强度和设备的制造要求也越高。因此,受动力、材料和设备等条件的限制,目前我国的合成氨工业反应体系的压力一般采用$2\times10^4 \sim 5\times10^4$ kPa。

2. 温度

当压力一定时,升高温度虽然能增大合成氨的化学反应速率,但不利于提高平衡混合物中NH_3的含量。因此,为了促进平衡混合物中NH_3含量的增加,氨的合成反应在较低的温度下进行更有利。但是温度太低,反应速率很小,需要很长的时间达到平衡状态,生产效率过低,很不经济。因此,在实际生产中,合成氨反应的温度一般在450~500℃。

3. 催化剂

使用催化剂能大大加快反应速率,同时对化学平衡又无影响。所以为了加快合成氨的反应速率,可采用铁作催化剂,以降低反应所需要的能量,使反应在较低的温度下能较快地进行反应。当温度在500℃左右时,铁催化剂具有较高的催化活性。这也是合成氨反应选择温度在450~500℃的重要原因。

4. 浓度

对于任何一个反应，增大反应物的浓度或减小生成物的浓度，都会提高反应速率。在合成氨的实际生产中，采取迅速冷却的方法，将气态氨变成液氨后及时从平衡体系中分离出来，以降低生成物的浓度，促使化学平衡向着生成 NH_3 的方向移动。

目前我国采用铁催化剂合成氨的反应条件是：温度 450~500℃；压力 $2×10^4$ ~ $5×10^4$ kPa。

 拓展视野

生物体内的平衡

血液里的血红蛋白（Hb）有输送氧的功能，遇氧结合成氧合血红蛋白（HbO_2）。血红蛋白输送氧的功能基于如下可逆反应：

$$Hb + O_2 \rightleftharpoons HbO_2 \qquad 反应1$$

临床输氧抢救病人正是利用了这一化学平衡移动的原理。输氧时，由于氧气的输入，肺部氧气浓度增大，平衡向生成氧合血红蛋白的方向移动；当氧合血红蛋白随血液循环流经人体组织时，氧气被利用，浓度降低，平衡向氧合血红蛋白分解的方向移动，从而可以维持人体组织对氧的需要。

除了运载氧，血红蛋白还可以与二氧化碳、一氧化碳、氰离子结合。以下是一氧化碳与氧气的平衡反应：

$$HbO_2(aq) + CO(aq) \rightleftharpoons Hb(CO)(aq) + O_2(aq) \qquad 反应2$$

当一氧化碳经呼吸道进入人体后，血液中的一氧化碳浓度增大，上述平衡向右移动，与血液中的血红蛋白结合，形成稳定的碳氧血红蛋白 [Hb(CO)]，随血液流至全身。由于一氧化碳与血红蛋白的亲和力比氧和血红蛋白的亲和力大 200~300 倍，因此能够争夺血红蛋白并结合牢固，致使血红蛋白携氧能力大大降低，造成全身缺氧症。人的中枢神经系统对缺氧最为敏感，因此当缺氧时，脑组织最先受累，造成脑功能障碍、脑水肿，直接威胁生命。因此，CO 中毒事故的处理，最有效的方法就是给中毒者提供新鲜氧气，或采用高压氧舱治疗，这都能使中毒者血液中反应 2 的平衡向左移动。

 本章小结

一、化学反应速率

1. 化学反应速率是用单位时间内反应物浓度的减少或生成物浓度的增加来表示，单位是 mol/(L·s) 或 mol/(L·min)。

用平均反应速率来描述反应速率时，除要指明是以哪一种物质浓度的变化来表示外，还需要指明是哪一段时间间隔内的反应速率。

2. 影响化学反应速率的根本原因是反应物自身的化学性质。而浓度、温度、压力、催化剂等外界条件也对反应速率有影响。

当具有较高能量的活化分子，采用合适的取向发生碰撞时，才能发生化学反应。反应物中活化分子所占的百分数越大，有效碰撞的次数也越多，反应进行得就越快。增加反应物的温度、浓度、压力（对有气体的反应）和使用催化剂，都能增加反应物分子间的有效碰撞次数，从而加快化学反应速率。

二、化学平衡

1. 在一定条件下，当正反应速率和逆反应速率相等时，反应体系所处的状态称为化学平衡状态。

化学平衡是动态平衡，可以从正反应达到，也可以从逆反应达到。在化学平衡状态时，反应体系中各物质的浓度保持不变，因此，化学平衡状态是化学反应的最大限度。化学平衡是一个有条件的、相对的动态平衡，当温度、浓度等外界条件改变时，平衡将遭到破坏，在新的平衡条件下建立新的化学平衡。

2. 对于任何可逆反应 $a\text{A}+b\text{B} \rightleftharpoons m\text{C}+n\text{D}$，在一定温度下达到化学平衡时，其平衡常数表达式为：

$$K_c = \frac{[\text{C}]^m [\text{D}]^n}{[\text{A}]^a [\text{B}]^b}$$

当反应体系中有纯液体、纯固体以及稀溶液中的水参加的反应，在平衡常数表达式中这些物质的浓度为1。

K 叫作反应的平衡常数。不同可逆反应有不同的平衡常数，因此它是可逆反应的特征常数。K 值愈大，平衡时生成物的浓度愈大，正反应趋势愈大，反应物转化为生成物的程度就愈大；反之，K 值愈小，反应物转化为生成物的程度就愈小。

K 只随温度的变化而改变，与浓度无关。

3. 当外界条件改变，可逆反应从一种平衡状态转变到另一种平衡状态的过程叫作化学平衡的移动。

增大反应物浓度，平衡向减小反应物浓度即正反应方向移动；

减小反应物浓度，平衡向增大反应物浓度即逆反应方向移动。

升高温度，平衡向降低温度即吸热反应方向移动；

降低温度，平衡向升高温度即放热反应方向移动。

增大压力，平衡向降低压力即向气体分子总数减少的方向进行；

降低压力，平衡向增大压力即向气体分子总数增加的方向进行。

总之，假如改变平衡体系的条件之一，如浓度、压力或温度，平衡就向减弱这个改变的方向移动，这就是勒夏特列原理。

催化剂能同等程度地改变正、逆反应的速率，不影响化学平衡，但能缩短反应到达平衡的时间。

4. 合成氨条件的选择。运用化学反应速率和化学平衡原理，同时综合考虑合成氨生产中的动力、材料、设备等因素，目前我国采用铁催化剂合成氨的反应条件是：温度 450~500℃；压力 $2\times10^4 \sim 5\times10^4$ kPa。

课后检测

一、填空题

1. 化学反应速率是_____，影响化学反应速率的主要因素有_____。
2. 催化剂是_____。它的主要特征是_____。
3. 什么是勒夏特列原理？并根据此原理，讨论下列反应：

$$2\text{Cl}_2(\text{g}) + 2\text{H}_2\text{O}(\text{g}) \rightleftharpoons 4\text{HCl}(\text{g}) + \text{O}_2(\text{g}) - Q$$

将上述反应的四种气体混合，反应达平衡时：

① 恒温恒压下，增加 O_2，则 $\text{Cl}_2(\text{g})$ 的物质的量_____。

② 温度不变，减小容器体积，则 $\text{H}_2\text{O}(\text{g})$ 的物质的量_____。

③ 升高温度，平衡常数 K 值_____。
④ 加催化剂，$H_2O(g)$ 的物质的量_____。
⑤ 恒温恒压下，增加 Cl_2，则 $HCl(g)$ 的物质的量_____。
4. 在某温度下，反应 $2A+B \rightleftharpoons C$ 达平衡状态时：
① 若降低温度，已知平衡向正反应方向移动，则正反应是_____热反应；
② 若增加或减少 B 物质的量，平衡都不发生移动，则 B 物质的状态是_____或_____；
③ 若 B 为气体，增大压力，平衡不发生移动，则 A 是_____态，C 是_____态。

二、选择题

1. 升高温度能加快反应速率的主要因素是（　　）。
   A. 温度升高使反应体系的压力增大
   B. 活化分子的百分数增加
   C. 升高温度，分子运动速率加快，碰撞频率增大
   D. 以上因素都正确
2. 当一个化学反应处于平衡状态时，则（　　）。
   A. 平衡混合物中各物质的浓度都相等
   B. 正反应和逆反应速率都是零
   C. 正逆反应速率相等，反应停止产生热
   D. 反应混合物的组成不随时间而改变
3. 某温度时，化学反应 $A+\frac{1}{2}B \rightleftharpoons \frac{1}{2}A_2B$ 的平衡常数 $K=1\times 10^4$，那么在相同温度下反应 $A_2B \rightleftharpoons 2A+B$ 的平衡常数为（　　）。
   A. 1×10^4　　　　B. 1　　　　C. 1×10^{-4}　　　　D. 1×10^{-8}
4. 某温度时，下列反应已达平衡：$CO(g)+H_2O(g) \rightleftharpoons CO_2(g)+H_2(g)+41.2kJ$，为提高 CO 的转化率可采用（　　）。
   A. 压缩容器体积，增加压力　　　B. 扩大容器体积，减小压力
   C. 升高温度　　　　　　　　　　D. 降低温度
5. 可使任何反应达到平衡时增加产率的措施是（　　）。
   A. 升高温度　　　　　　　　　　B. 增加反应物的浓度
   C. 增加压力　　　　　　　　　　D. 加入催化剂
6. 可逆反应 $PCl_5(g) \rightleftharpoons PCl_3(g)+Cl_2(g)+\Delta H$ 在密闭容器中进行。当达到平衡状态时，下列说法正确的是（　　）。
   A. 平衡条件不变，加入催化剂使平衡向右移动
   B. 保持体积不变，加入氮气使压力增加 1 倍，平衡向左移动
   C. 保持压力不变，通入氯气使体积增加 1 倍，平衡向右移动
   D. 升高温度，平衡向右移动
7. 反应 $A+B \rightleftharpoons C+Q$，若升高温度 10℃，其结果是（　　）。
   A. 对反应没有影响　　　　　　　B. 使平衡常数增大一倍
   C. 不改变反应速率　　　　　　　D. 使平衡常数减小

三、简答题

1. 什么叫活化分子？什么叫有效碰撞？
2. 为什么升高温度和增大反应物的浓度，都能加快化学反应速率？

3. 通过哪些方法能提高反应物的活化分子数？

4. 什么叫可逆反应？什么叫化学平衡？化学平衡的特征是什么？

5. 什么叫平衡常数？它与哪些因素有关？平衡常数的意义是什么？

6. 为了清洗钢铁中的锈（锈的主要成分是 Fe_2O_3 和 FeO），往往用盐酸洗涤，问用 1mol/L 的盐酸和用 0.1mol/L 的盐酸，哪个洗涤速度快？

7. 在制备硫酸的工业生产中有以下反应：
$$2SO_2+O_2 \rightleftharpoons 2SO_3+\Delta H$$
为什么在生产中要用过量的空气，使用 V_2O_5 催化剂，在 354～454℃ 的温度下进行反应？

四、写出下列可逆反应平衡常数的表达式

1. $2NOCl(g) \rightleftharpoons 2NO(g)+Cl_2(g)$
2. $MgSO_4(s) \rightleftharpoons MgO(s)+SO_3(g)$
3. $Zn(s)+2H^+(aq) \rightleftharpoons Zn^{2+}(aq)+H_2(g)$
4. $C(s)+H_2O(g) \rightleftharpoons CO(g)+H_2(g)$
5. $2SO_2(g)+O_2(g) \rightleftharpoons 2SO_3(g)$
6. $2NO_2(g)+7H_2(g) \rightleftharpoons 2NH_3(g)+4H_2O(l)$

五、下列叙述是否正确？并说明之

1. 平衡常数大，其反应速率一定也大。
2. 催化剂可以改变某一反应的正反应速率和逆反应速率之比。
3. 在一定条件下，一个反应达到平衡的标志是反应物和生成物的浓度相等。
4. 在一定温度下，反应 $A(g)+2B(s) \rightleftharpoons C(g)$ 达到平衡时，必须有 $B(s)$ 存在；同时，平衡状态又与 $B(s)$ 的量无关。
5. 由于催化剂具有选择性，因此可以改变某一反应的产物。
6. 可使任何反应达到平衡时增加产率的措施是增加反应物的温度。

六、计算题

1. N_2O_5 的分解反应是 $2N_2O_5(g) \longrightarrow 4NO_2(g)+O_2(g)$，由实验测得在 67℃ 时 N_2O_5 的浓度随时间的变化如下：

t/min	0	1	2	3	4	5
$c(N_2O_5)$/(mol/L)	1.00	0.71	0.50	0.35	0.25	0.17

(1) 分别求 0～2min 和 2～5min 内的平均反应速率；

(2) 解释上述两个时间段内的平均反应速率为什么不同。

2. 原料气 N_2、H_2 在某温度下反应达到平衡时，有 $[N_2]=3mol/L$，$[H_2]=9mol/L$，$[NH_3]=4mol/L$，求：

(1) 反应 $N_2(g)+3H_2(g) \rightleftharpoons 2NH_3(g)$ 的平衡常数；

(2) 氮气的转化率。

3. 在某温度下，设有 3mol 乙醇与 3mol 乙酸反应：
$$C_2H_5OH(l)+CH_3COOH(l) \rightleftharpoons CH_3COOC_2H_5(l)+H_2O(l)$$
平衡时，它们的转化率均为 0.667，求此温度下的平衡常数 K。

4. 已知在某温度下反应：
$$CO(g)+H_2O(g) \rightleftharpoons H_2(g)+CO_2(g)$$
的平衡常数为 1.0。若反应前 CO 的浓度为 2mol/L，水蒸气的浓度为 3mol/L，求：(1) 平衡状态时 $CO(g)$、$H_2O(g)$、$H_2(g)$ 以及 $CO_2(g)$ 的浓度；(2) 平衡时 CO 的转化率。

第五章
卤素及其化合物

 学习目标

知识目标
1. 掌握卤素及其重要化合物的主要性质。
2. 知晓次氯酸及盐的用途。

能力目标
1. 会配制盐酸溶液,注重安全规范操作。
2. 会检验氯离子,通过氯离子的检验判断产品中余氯的存在。
3. 能归纳原子结构与卤素性质递变规律之间的关系,培养学生归纳、总结问题的能力。

素质目标
1. 通过配制盐酸溶液,培养学生的安全意识与责任意识。
2. 通过生产中检验氯离子,培养认真严谨的工匠精神。

元素周期表中第ⅦA族包括氟(F)、氯(Cl)、溴(Br)、碘(I)、砹(At)、鿬(Ts)六种元素,统称为卤素。其希腊原文为成盐元素的意思,它们都是活泼的非金属元素,易与活泼的金属化合生成盐。卤素原子都有7个价电子,在反应中容易得到1个电子形成稳定结构,表现出非金属性,因此具有相似的化学性质。本章重点学习氯及其重要化合物的性质。

第一节 氯气

自然界中氯以化合态存在,在地壳中其质量分数为0.031%。大量的氯是以氯化物的形式存在于海水、井盐、盐湖中。人体中氯化钠大部分是以Na^+、Cl^-形式存在。

一、氯气的性质

1. 物理性质

常温下氯气是黄绿色气体,有强烈刺激性气味,密度是空气的2.5倍。通常状况下,1体积水能溶解2.5体积的氯气,其水溶液称为氯水。易溶于CS_2、CCl_4等非极性溶剂中。吸入少量氯气就会使呼吸道黏膜受刺激,引起胸部疼痛;吸入大量氯气会中毒致死。氯气易液化,工业上称为"液氯",储于涂有草绿色的钢瓶中。

2. 化学性质

氯原子有7个价电子,在化学反应中容易得到1个电子,形成稳定结构。氯元素是典型的活泼非金属元素，有较强的氧化性。

（1）**与金属反应**　氯气不但能与钠等活泼金属直接化合，而且还能与铜、铅等一些不活泼的金属在加热条件下反应。干燥的氯气不与铁作用，可将干燥的液氯储于钢瓶中。

$$2Na+Cl_2 \longrightarrow 2NaCl$$

$$2Fe+3Cl_2 \xrightarrow{\triangle} 2FeCl_3$$

[**演示实验 5-1**]　观察铜丝在氯气的集气瓶中燃烧的反应现象。将少量水注入反应后的集气瓶中，观察溶液的颜色。

赤热的铜丝在氯气中剧烈燃烧，瓶中充满棕黄色的烟，这是 $CuCl_2$ 晶体的小颗粒。

$$Cu+Cl_2 \xrightarrow{点燃} CuCl_2$$

$CuCl_2$ 溶于水，电离为 Cu^{2+} 和 Cl^-，得到绿色的 $CuCl_2$ 溶液。

（2）**与非金属反应**　氯气能与大多数非金属（除 C、N_2、O_2 外）直接化合。常温下，氯气和氢气化合很慢，若点燃或强光照射时，两者迅速化合，甚至爆炸。

$$H_2+Cl_2 \xrightarrow{光照} 2HCl$$

$$2P+3Cl_2 \xrightarrow{\triangle} 2PCl_3$$

$$PCl_3+Cl_2 \xrightarrow{\triangle} PCl_5$$

PCl_3 是无色液体，可用于制备许多含磷化合物，如敌百虫等多种农药。

（3）**与水反应**　溶解的氯气部分能与水反应，生成盐酸和次氯酸（HClO）。

$$Cl_2+H_2O \rightleftharpoons HCl+HClO$$

该反应中，氧化还原反应是发生在同一分子内同一元素上，元素原子的化合价同时出现升高和降低的变化，这种自身的氧化还原反应称为歧化反应。

次氯酸不稳定，容易分解放出氧气。当氯水受光照时，分解加速，所以久置的氯水会失效。

$$2HClO \longrightarrow 2HCl+O_2\uparrow$$

次氯酸是强氧化剂，具有漂白、杀菌的作用，所以自来水、泳池常用氯气来杀菌消毒。次氯酸还能使染料和色素褪色，可用作漂白剂。

（4）**与强碱反应**　常温下，氯气和强碱反应生成次氯酸盐和氯化物，该反应可以认为是氯气在水中歧化后，碱中和了产生的酸，形成相应的盐。

$$Cl_2+2NaOH \longrightarrow NaClO+NaCl+H_2O$$

实验室制取氯气时，就是利用这个反应来吸收多余的氯气。

加热时，Cl_2 在碱溶液中会进一步歧化。

$$3Cl_2+6NaOH \xrightarrow{\triangle} 5NaCl+NaClO_3+3H_2O$$

二、氯气的制取方法

实验室用强氧化剂与浓盐酸反应制备氯气，常用 $KMnO_4$ 或 MnO_2 与浓盐酸反应来制备氯气（图 5-1）。

$$4HCl(浓)+MnO_2 \xrightarrow{\triangle} MnCl_2+Cl_2\uparrow+2H_2O$$

工业上采用电解饱和食盐水的方法来制备氯气（见图 5-2），同时可制得烧碱。

$$2NaCl+2H_2O \xrightarrow{电解} 2NaOH+H_2\uparrow+Cl_2\uparrow$$

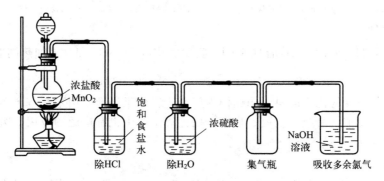

图 5-1　实验室制取氯气的装置图

三、氯气的用途

大量的氯气用于制造盐酸和漂白粉，还用于制备有机溶剂、农药、塑料、合成纤维、合成橡胶，是一种重要的化工原料。氯气还可用于纸浆、棉布的漂白，饮水的消毒。

课堂互动

1. 针对图 5-1，思考下列问题：
（1）为什么管子深入集气瓶底部？
（2）为什么多余 Cl_2 用 NaOH 吸收？
（3）写出制备与吸收多余 Cl_2 反应方程式。
2. 新制氯水的主要成分是什么？为什么久置的氯水会失效？
3. 在氯水中含有哪些微粒？

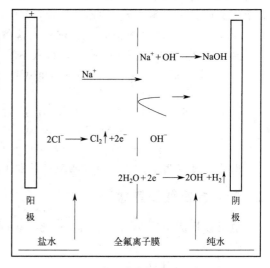

图 5-2　离子膜电解原理示意图

第二节　氯的重要化合物

一、氯化氢及盐酸

1. 物理性质

常温下，HCl 是无色、有刺激性气味的有毒气体，极易溶于水。室温下，1 体积水能溶解 450 体积的 HCl，其水溶液称为盐酸。HCl 在潮湿的空气中与水蒸气形成盐酸液滴而呈现白雾。

纯净的盐酸是无色有 HCl 气味的液体，有挥发性。工业品盐酸因含有铁盐等杂质而显黄色。通常市售浓盐酸的密度为 $1.19g/cm^3$，含 HCl 约 37%。

2. 化学性质

盐酸是强酸，具有酸的通性，能与金属、碱性氧化物、碱等作用形成盐。它具有一定的还原性，与强氧化剂反应生成氯气。

$$Zn + 2HCl \longrightarrow ZnCl_2 + H_2 \uparrow$$
$$Fe_2O_3 + 6HCl \longrightarrow 2FeCl_3 + 3H_2O$$

$$2KMnO_4 + 16HCl(浓) \longrightarrow 2KCl + 2MnCl_2 + 5Cl_2 \uparrow + 8H_2O$$

3. 制备方法

工业上，用 H_2 和 Cl_2 直接合成 HCl。实验室用浓 H_2SO_4 和食盐加热制取 HCl。

$$2NaCl + H_2SO_4 (浓) \xrightarrow{\triangle} Na_2SO_4 + 2HCl \uparrow$$

盐酸是一种重要的化工原料，用途极为广泛。在化工生产中用来制备金属氯化物。盐酸在机械、纺织、皮革、冶金、电镀、焊接、搪瓷等工业中也有广泛的应用。医药上用极稀盐酸治疗胃酸过少。

4. Cl^- 的检验

金属氯化物大多数易溶于水，仅 $PbCl_2$、$HgCl_2$、Hg_2Cl_2、$AgCl$ 等难溶于水。

Cl^- 的检验

[演示实验 5-2] 分别取 0.1mol/L NaCl、0.1mol/L Na_2CO_3、0.1mol/L 盐酸于三支试管中，各滴加 0.1mol/L $AgNO_3$ 溶液，观察是否有白色沉淀生成。再逐滴加入 3mol/L 硝酸溶液，观察沉淀的溶解情况。

盐酸和 NaCl 与 $AgNO_3$ 反应，生成不溶于稀硝酸的 AgCl 白色沉淀。

$$HCl + AgNO_3 \longrightarrow AgCl \downarrow + HNO_3$$
$$NaCl + AgNO_3 \longrightarrow AgCl \downarrow + NaNO_3$$

Na_2CO_3 与 $AgNO_3$ 反应，生成 Ag_2CO_3 白色沉淀，但它可溶于稀硝酸。

$$Na_2CO_3 + 2AgNO_3 \longrightarrow 2NaNO_3 + Ag_2CO_3 \downarrow$$
$$Ag_2CO_3 + 2HNO_3 \longrightarrow 2AgNO_3 + CO_2 \uparrow + H_2O$$

因此，可以用 $AgNO_3$ 和稀硝酸来检验 Cl^- 的存在。

二、氯的含氧酸及其盐

氯可以形成 +1、+3、+5、+7 价态的含氧酸及其盐，其中 +1、+5 价态的含氧酸及其盐较重要。

1. 次氯酸及其盐

次氯酸（HClO）是弱酸，酸性比碳酸弱，不稳定，在光照下分解快。受热时 HClO 发生歧化反应。

$$2HClO \longrightarrow 2HCl + O_2 \uparrow$$
$$3HClO \xrightarrow{\triangle} 2HCl + HClO_3$$

次氯酸盐比次氯酸稳定，容易保存。工业上用氯气和消石灰反应制漂白粉。漂白粉是 $Ca(ClO)_2 \cdot 2H_2O$ 和 $CaCl_2 \cdot Ca(OH)_2 \cdot H_2O$ 的混合物，有效成分为 $Ca(ClO)_2$，约含有效氯 35%。

$$2Cl_2 + 3Ca(OH)_2 \longrightarrow Ca(ClO)_2 + CaCl_2 \cdot Ca(OH)_2 \cdot H_2O + H_2O$$

漂白粉在酸性条件下，生成次氯酸起漂白作用。

$$Ca(ClO)_2 + 2HCl \longrightarrow CaCl_2 + 2HClO$$

保存漂白粉时要注意防潮。漂白粉与空气中的 CO_2 反应，产生次氯酸，后者分解使漂白粉失效。

$$Ca(ClO)_2 + CO_2 + H_2O \longrightarrow CaCO_3 \downarrow + 2HClO$$

漂白粉有漂白和杀菌作用，广泛用于纺织漂染、造纸等工业。使用时不要与易燃物混合，否则可能引起爆炸。注意漂白粉有毒，吸入人体后会引起鼻腔、咽喉疼痛，甚至全身中毒。

2. 氯酸及其盐

氯酸（$HClO_3$）是强酸，强度接近于盐酸和硝酸。比 HClO 稳定，但只能存在于水溶液中，40％的 $HClO_3$ 容易分解。

$$8HClO_3 \longrightarrow 4HClO_4 + 2Cl_2\uparrow + 3O_2\uparrow + 2H_2O$$

氯酸盐比氯酸稳定。重要的氯酸盐有 $KClO_3$ 和 $NaClO_3$。

$KClO_3$ 是白色晶体，易溶于热水，在冷水中溶解度不大。将 Cl_2 通入热的氢氧化钾溶液中，可生成氯酸钾和氯化钾。

$$3Cl_2 + 6KOH \xrightarrow{\triangle} KClO_3 + 5KCl + 3H_2O$$

由于 $KClO_3$ 的溶解度较小，可以利用 $NaClO_3$ 与 KCl 发生复分解反应制得 $KClO_3$。

$$NaClO_3 + KCl \longrightarrow KClO_3\downarrow + NaCl$$

在酸性溶液中，氯酸盐是强氧化剂，反应中常被还原为 Cl^-。如 $KClO_3$ 与盐酸反应产生 Cl_2。

$$KClO_3 + 6HCl(浓) \longrightarrow KCl + 3Cl_2\uparrow + 3H_2O$$

[演示实验5-3] 在试管中加入 2mL 饱和 $KClO_3$ 溶液，滴加 0.1mol/L KI 溶液，振荡均匀，观察有无现象。再滴加 3mol/L H_2SO_4 溶液，振荡，观察反应现象。

在酸性溶液中，$KClO_3$ 才能将 I^- 氧化，使溶液呈现棕黄色。

$$ClO_3^- + 6H^+ + 6I^- \longrightarrow Cl^- + 3I_2 + 3H_2O$$

$KClO_3$ 比氯酸稳定，但加热时会分解。在催化剂作用下，分解产生氧气。

$$2KClO_3 \xrightarrow[\triangle]{催化剂} 2KCl + 3O_2\uparrow$$

$KClO_3$ 的化学性质

若不使用催化剂，则发生另一种形式的分解。

$$4KClO_3 \xrightarrow{\triangle} KCl + 3KClO_4$$

氯酸钾是常用的氧化剂。固态的氯酸钾与易燃物混合后，受到摩擦撞击时会引起爆炸着火，保存和使用时要特别小心。它用于制造火柴、炸药、信号弹和焰火。

课堂互动

如何鉴别 $NaClO$ 和 $KClO_3$ 两种白色晶体？

第三节 卤素性质的比较

本书主要介绍氟、氯、溴、碘的性质。

一、卤素单质的性质比较

1. 物理性质比较

卤素单质物理性质比较见表 5-1。

表 5-1 卤素单质物理性质比较

性　质	F_2	Cl_2	Br_2	I_2
常温常压下的聚集状态	气体	气体	液体	固体
颜色	淡黄色	黄绿色	红棕色	紫黑色
熔点/℃	−219	−101	−7	113
沸点/℃	−188	−34	59	184
溶解度(20℃)/(g/100g H_2O)	分解水	0.732	3.58	0.029

常温下，F_2 是淡黄色的气体，有剧毒，腐蚀性极强。

Br_2 是红棕色液体，易挥发，具有刺激性臭味。 保存 Br_2 时应密闭，并存放在阴凉处。Br_2 微溶于水，在 CCl_4 等有机溶剂中溶解度相当大。利用在不同溶剂中溶解度的差异，可以将溴从其水溶液中提取出来。

I_2 是紫黑色晶体，有金属光泽。 碘具有较高的蒸气压，加热时容易升华，利用此性质可以对碘进行纯制。其蒸气有刺激性气味，有很强的腐蚀性和毒性。I_2 难溶于水，易溶于 KI 溶液或乙醇、汽油、CCl_4 等有机溶剂。

所有卤素单质均有刺激性气味，强烈刺激眼、鼻、气管等黏膜，吸入较多蒸气会发生严重中毒，甚至死亡。其毒性从氟到碘而减轻。

[演示实验5-4] 取 1mL 溴水于试管中，加入 1mL CCl_4。振荡后静置，观察 CCl_4 层的颜色。

[演示实验5-5] 取 1mL 碘水于试管中，加入 1mL CCl_4。振荡后静置，观察 CCl_4 层的颜色。

实验表明，Br_2 和 I_2 在水中溶解度较小，易溶于 CCl_4。在 CCl_4 中 Br_2、I_2 分别显橙色和紫红色。

2. 化学性质比较

卤素单质化学性质比较见表 5-2。

表 5-2 卤素单质化学性质比较

性质	F_2	Cl_2	Br_2	I_2
与金属反应	常温下能与所有金属反应	能氧化各种金属，有些反应要加热	加热时与一般金属化合	加热时与一般金属化合，形成低价的碘化物
与 H_2 反应	低温、暗处，剧烈反应，爆炸化合	强光照射，剧烈反应，爆炸	加热时缓慢化合	强热时缓慢化合，同时要分解
与 H_2O 反应	与水剧烈反应，放出 O_2	发生歧化反应，光照时缓慢放出 O_2	能发生歧化反应，比氯微弱	可以歧化，但不明显
活泼性比较	非金属性逐渐减弱 →			

F_2 是最活泼的非金属单质，是很强的氧化剂。在低温或高温下，F_2 可以和所有金属直接化合，生成高价氟化物。氟几乎能与所有非金属元素（氧、氮除外）直接化合。其作用通常很剧烈，由于生成的氟化物有挥发性，不妨碍非金属与氟进一步反应。自然界中氟主要以萤石矿（CaF_2）、冰晶石（Na_3AlF_6）等形式存在。

氟可用于同位素的分离。氟还用于制取有机氟化物，如聚四氟乙烯和氟利昂，以及作为火箭的高能燃料。

Br_2 和金属、非金属的反应与氯相似，但不如氯剧烈。自然界中溴以化合物（NaBr、KBr）的形式主要存在于海水中。

溴用于制造药剂，如 KBr 在医药上用作镇静剂，在红外光谱学领域也有应用。AgBr 是胶片、感光纸的主要感光剂。

其中 KBr 在红外光谱学领域用途非常广泛，通常用作固体样品制片剂（见图 5-3）。由于溴化钾具有中等的折射率、低吸收率和对红外辐射的高透射率，同时溴化钾也非常容易研磨，通过红外压片机可将其压成薄片，因此通常作为样品制片剂。此外，溴化钾还可以用于分析纯度较低的样品，由于 KBr 本身具有较高的纯度，它可以保证样品的分析结果准确与可靠。

(a) 溴化钾粉末　　　　　(b) 红外压片机

图 5-3　溴化钾粉末与红外压片机

I_2 的化学性质与 Cl_2、Br_2 相似,但活泼性比溴差。碘遇淀粉溶液显示蓝色,可用于检验碘的存在。

自然界中碘以化合物(主要是 NaI、KI)的形式微量存在于海水中。海藻和人的甲状腺内也含有少量碘的化合物。

碘可用来制碘酒,是常用的消毒剂。AgI 是胶片的感光剂,还可用于人工降雨。在食盐中加入微量的 KIO_3 可防止地方性甲状腺肿大。

利用卤素单质氧化性的强弱,在水溶液中可以发生置换反应。

[演示实验 5-6]　在 1mL 0.1mol/L NaBr、0.1mol/L KI 溶液中,各加入 0.5mL CCl_4；再分别加入适量的氯水,振荡后观察 CCl_4 层的颜色变化。

$$Cl_2 + 2Br^- \longrightarrow 2Cl^- + Br_2 \quad (CCl_4 \text{ 层显橙红色})$$
$$Cl_2 + 2I^- \longrightarrow 2Cl^- + I_2 \quad (CCl_4 \text{ 层显紫红色})$$

二、卤化氢的性质比较

卤化氢性质比较见表 5-3。

卤化氢都是无色、有刺激性臭味的气体,易溶于水,易液化。在空气中卤化氢有"冒烟"的现象,是因为卤化氢与空气中的水蒸气结合形成了酸雾。

表 5-3　卤化氢性质比较

性质	HF	HCl	HBr	HI
热稳定性	逐渐减弱 →			
还原性	逐渐增强 →			
氢卤酸的酸性	逐渐增强 →			

氢氟酸是弱酸,有剧毒,但能与 SiO_2、硅酸盐反应,生成气态的 SiF_4。因此,不能用玻璃瓶盛装氢氟酸,应保存在塑料容器或硬橡胶容器中。

$$SiO_2 + 4HF \longrightarrow SiF_4 \uparrow + 2H_2O$$

氢碘酸是强酸,常温时可以被空气中的氧气氧化

$$4HI + O_2 \longrightarrow 2I_2 + 2H_2O$$

三、卤素离子的性质比较

卤素离子离子半径及还原性的比较如下:

$$\xrightarrow{\qquad F^- \qquad Cl^- \qquad Br^- \qquad I^- \qquad}$$
离子半径依次增大；还原性依次增强

[演示实验 5-7] 在三支试管中分别加入 1mL 0.1mol/L 的 KCl、KBr、KI 溶液，各加入几滴 0.1mol/L AgNO$_3$ 溶液。观察试管中沉淀的产生和颜色。在沉淀中，分别加入少量的稀硝酸，观察沉淀是否溶解。

Cl^-、Br^-、I^- 都能与 Ag^+ 反应，产生不同颜色的沉淀：

$$Ag^+ + Cl^- \longrightarrow AgCl\downarrow$$
$$Ag^+ + Br^- \longrightarrow AgBr\downarrow$$
$$Ag^+ + I^- \longrightarrow AgI\downarrow$$

卤素离子的检验

AgCl 是白色沉淀，AgBr 是淡黄色沉淀，AgI 是黄色沉淀，均不溶于稀硝酸。因此，可以用 AgNO$_3$ 和稀硝酸来检验卤离子。

 课堂互动

HF 酸性很弱，为什么腐蚀性很强？

四、84 消毒液配制及使用方法

84 消毒液是一种无色或淡黄色的液体，是一种有效氯含量 5.5%～6.5% 的高效消毒剂，被广泛用于宾馆、医院、食品加工行业、家庭、幼儿园等的卫生消毒。消毒方法：擦拭、喷洒、拖洗、浸泡。

1. 适用范围

适用于餐具、环境、水、疫源地等消毒。

2. 消毒方法

采用浸泡、擦拭、喷洒、拖洗消毒。

3. 配制方法及比例

预配制药液浓度×预配制药液数量/原液含量＝所需原药量
预配制数量－所需原药量＝加水量

① 按照配制比例（例如表 5-4），在消毒桶或容器中加入所需水量。

② 佩戴手套，用量杯量取所需的 84 消毒液倒入消毒桶或容器中，用手轻轻搅动，消毒液配制完成。

③ 分别喷洒或擦拭、浸泡可能污染的物品。

④ 30min 后，将消毒物品在清水下冲洗干净，在指定的地方进行晾晒。

⑤ 脱手套，消毒完成。

表 5-4 某 84 消毒液的配制比例及有效氯含量

有效氯含量/(mg/L)	比例	稀释后液量 1000mL（原液＋清水）	稀释后液量 2000mL（原液＋清水）	稀释后液量 4000mL（原液＋清水）	稀释后液量 5000mL（原液＋清水）
250	1∶200	5mL＋995mL	10mL＋1990mL	20mL＋3980mL	25mL＋4975mL
500	1∶100	10mL＋990mL	20mL＋1980mL	40mL＋3960mL	50mL＋4950mL
1000	1∶50	20mL＋980mL	40mL＋1960mL	80mL＋3920mL	100mL＋4900mL
1500	1∶34	30mL＋970mL	60mL＋1940mL	120mL＋3880mL	150mL＋4850mL
2000	1∶25	40mL＋960mL	80mL＋1920mL	160mL＋3840mL	200mL＋4800mL

4. 注意事项

① 84消毒液有一定的刺激性与腐蚀性，必须稀释以后才能使用。一般稀释浓度为1∶500和1∶200，浸泡时间为10～30min。被消毒物品应该全部浸没在水中，消毒以后应该用清水冲洗干净后才能使用。

② 84消毒液的漂白作用与腐蚀性较强，最好不要用于衣物和铁制物品的消毒，必须使用时浓度要低，浸泡的时间不要太长。

③ 84消毒液是一种含氯消毒剂，而氯是一种挥发性的气体，因此盛消毒液的容器必须加盖盖好，否则达不到消毒的效果。

④ 不要把84消毒液与其他洗涤剂或消毒液混合使用，因为这样会加大空气中氯气的浓度而引起氯气中毒。

⑤ 84消毒液应该放在小孩够不着的地方，避免误服。

⑥ 84消毒液的有效期一般为1年，在购买与使用时要注意生产日期，放置太久其有效氯含量下降会影响消毒效果。

⑦ 84消毒液对皮肤有刺激性，使用时应戴手套，避免接触皮肤。

⑧ 84消毒液宜用凉水现用现配，一次性使用，勿用50℃以上热水稀释。需在25℃以下避光保存。

⑨ 消毒清洗后的物品要直接晾晒，不可再次接触其他容器。

 拓展视野

美丽的"水立方"

美丽的"水立方"的外立面使用的是一种含氟材质，即乙烯-四氟乙烯共聚物（英文简称ETFE），是国内首次采用这种材料的膜结构建筑，也是国际上面积最大、功能要求最复杂的膜结构建筑，见图5-4。

"水立方"的独特风格得益于ETFE膜材料。该膜材料一般厚度仅有0.25mm。把两层或更多层的膜"缝制"在一起，向里面充气后，形成大的鼓泡"枕头"，称为气枕。它可以充当建筑物的外墙，而且耐久性很好。"水立方"的墙体就是由3000多个气枕组成。由这种膜材料制成的屋面和墙体质量轻，只有同等大小的玻璃质量的1%。特别是它的耐候性和耐化学腐蚀性强，而且不会自燃。不仅如此，这种材料具有自清洁功能，灰尘等不易附着在其表面。

图5-4 美丽的"水立方"

 本章小结

一、氯气

氯气是黄绿色、有刺激性气味的气体，其水溶液称为氯水。

在加热时，氯可以与各种金属反应，反应较剧烈。氯还可与大多数非金属直接化合。氯是活泼的非金属元素。Cl_2 在水、碱中可以发生歧化反应。

可以通过氧化剂氧化 Cl^- 来制备 Cl_2。

二、氯化氢

HCl 是无色、有刺激性气味的气体，其水溶液为盐酸。盐酸是强酸，具有酸的通性。实验室用 NaCl 与浓硫酸反应制备 HCl；工业上用 H_2 和 Cl_2 直接合成 HCl。

三、氯的含氧酸及其盐

HClO 是不稳定的弱酸，有强氧化性。次氯酸盐比其酸稳定，重要的盐有漂白粉。漂白粉具有漂白、杀菌的功能，是基于它的氧化性。

$HClO_3$ 是强酸，只存在水溶液中。$KClO_3$ 是重要的氯酸盐，主要的性质是在酸性条件下具有较强的氧化性。

四、卤素离子的检验

卤素离子可以用 $AgNO_3$ 和稀 HNO_3 来检验，或者利用卤素单质的氧化性的差异，采用置换反应也可检验（氟除外）。

五、卤素性质的对比

卤素的性质有很多相似的方面。从 F_2 到 I_2，其氧化性逐渐减弱；从 F^- 到 I^-，其还原性逐渐增强。

 课后检测

一、填空题

1. 卤素位于元素周期表中第_____族，包括_____六种元素，其原子的最外层有_____个电子，是典型的_____元素。从 F 到 I，_____逐渐减弱。其中_____是最活泼的非金属元素。

2. 实验室制取氯气的化学反应方程式是_____，多余的氯气可以用 NaOH 溶液吸收，其反应为_____，工业上制取氯气的反应为_____。

3. 制取漂白粉的反应方程式为_____，其中的有效成分是_____。

4. 常温下 HCl 是_____色、有_____气味的气体。实验室制备 HCl 的化学方程式是_____。工业上制备 HCl 的化学方程式为_____，其水溶液称为_____。

5. 氢氟酸的一个重要特性是_____，有关的反应方程式为_____，所以用_____盛装氢氟酸。

6. 实验室制取 H_2、Cl_2 时都要用盐酸，制取 H_2 时，盐酸是_____剂；制取 Cl_2 时，盐酸是_____剂。

二、选择题

1. 盐酸的主要化学性质是（　　）。
   A. 有酸性和挥发性，无氧化性和还原性
   B. 有酸性和还原性，无氧化性和挥发性
   C. 有酸性和挥发性，无氧化性，有还原性
   D. 有酸性和挥发性，有氧化性和还原性

2. 检验 Cl^- 的存在，需用的试剂是（　　）。
   A. $AgNO_3$　　　　　　　　　　　　B. $AgNO_3$、HNO_3、氨水

C. $AgNO_3$ 和稀 HNO_3　　　　D. 以上三者均可

3. 用 $KClO_3$ 制取氧气时，MnO_2 的作用是（　　）。
　A. 氧化剂　　　B. 还原剂　　　C. 催化剂　　　D. 无任何作用
4. 下列物质属于纯净物的是（　　）。
　A. 氯水　　　　B. 液氯　　　　C. 漂白粉　　　D. 盐酸
5. 除去氯气中水蒸气，应选用的干燥剂是（　　）。
　A. 浓硫酸　　　B. 固体 NaOH　　C. NaOH 溶液　　D. 干燥的石灰
6. 下列气体易溶于水的是（　　）。
　A. H_2　　　　B. O_2　　　　C. HCl　　　　D. Cl_2
7. 下列物质中存在 Cl^- 的是（　　）。
　A. $KClO_3$ 溶液　B. NaClO 溶液　C. 液氯　　　　D. 氯水
8. 与 $AgNO_3$ 溶液反应，产生不溶于稀硝酸的黄色沉淀的物质是（　　）。
　A. Na_2CO_3　　B. NaI　　　　C. NaBr　　　D. NaCl
9. $KClO_3$ 或 KClO 都能和浓盐酸反应，生成的还原产物是（　　）。
　A. Cl_2 或 Cl^-　B. Cl^-　　　C. Cl_2　　　D. 不能确定
10. 下列物质能腐蚀玻璃的是（　　）。
　A. 盐酸　　　　B. 氢溴酸　　　C. 氢氟酸　　　D. 苛性钠

三、简答题

1. 有四种无色的试剂，分别为 HF、NaCl、KBr、KI 溶液，用化学方法进行鉴别，并写出有关的反应方程式。
2. 为什么钢制品在焊接或电镀前要用盐酸清洗，而金属铸件上的沙子要用氢氟酸除去？
3. 实验室制备 HCl 的方法是否可以用于 HBr、HI 的制备？
4. 湿润的 KI-淀粉试纸用于检验 Cl_2，在实验中会发现试纸继续与 Cl_2 接触，原来产生的蓝色会褪去，试解释原因。
5. 工业盐酸呈黄色，怎样除去颜色？

四、完成下列反应

1. 由盐酸制 Cl_2。
2. 由盐酸制次氯酸。
3. 由 $KClO_3$ 制 Cl_2。
4. 氟气分解水。

五、计算题

1. 将 NaCl、NaBr、$CaCl_2$ 的混合物 5g 溶于水，通入 Cl_2 充分反应后，将溶液蒸干、灼烧，得到残留物 4.87g。将残留物溶于水，加入足量 Na_2CO_3 溶液，所得沉淀干燥后为 0.36g。求混合物中各种混合物的质量。
2. 含 80% CaF_2 的萤石 2000g，与足量浓硫酸反应后，能制得质量分数为 40% 的 HF 溶液多少克？要消耗浓硫酸多少克？
3. 11.7g NaCl 与 10g 98% 的硫酸加热时反应，将所产生的 HCl 通入 45g 10% 的 NaOH 溶液中，反应完全后加入石蕊试液，溶液显什么颜色？
4. 有 KBr、NaBr 的混合物 5g，与过量 $AgNO_3$ 溶液反应后，得到 AgBr 8.4g。求混合物中 KBr、NaBr 各是多少克？

第六章
氧族元素及其化合物

学习目标

知识目标
1. 描述氧、硫等常见非金属单质及其重要化合物的主要性质。
2. 知晓 H_2S 的性质及对人体的危害。
3. 掌握 H_2O_2、H_2SO_4 的性质，认识其在生活生产的用途。

能力目标
1. 会正确配制浓硫酸，注重安全规范操作。
2. 会运用所学知识对氧族元素性质做出初步判断，培养分析、推理、归纳能力。

素质目标
1. 通过浓硫酸的配制，培养安全防护意识。
2. 通过认识浓硫酸的用途及危险性，能用辩证的思维来分析问题。
3. 通过认识臭氧层的破坏与保护，知晓我国在环境保护方面所做的努力与贡献。

元素周期表中第ⅥA族包括氧（O）、硫（S）、硒（Se）、碲（Te）、钋（Po）、鉝（Lv）六种元素，统称为氧族元素。

氧和硫的原子有 6 个价电子，反应中容易获得 2 个电子达到稳定结构，表现出非金属元素的特征。与卤素原子相比，它们结合两个电子比卤素原子结合一个电子困难，所以非金属性弱于卤素。

第一节 氧的单质及其化合物

一、氧和臭氧

1. 氧

氧是地壳中分布最广和含量最多的元素，约占地壳总质量的 48%。自然界中氧有 ^{16}O、^{17}O、^{18}O 三种同位素，能形成 O_2、O_3 两种同素异形体。

常况下，氧是无色、无臭的气体，20℃时 1L 水中只溶解 $49cm^3$ 的氧气，是水生动植物赖以生存的基础。在 -183℃时凝聚为淡蓝色的液体，-219℃时凝聚为淡蓝色的固体。

氧是活泼的非金属元素，但 O_2 的键能大（498kJ/mol），常温下比较稳定。在加热时，除卤素、少数贵金属（如 Au、Pt）和稀有气体外，氧几乎能与所有元素直接化合。

工业上采用分离液态空气或电解水的方法来制取氧气。实验室常用 $KClO_3$ 或 $KMnO_4$

等含氧化合物热分解产生氧气。

2. 臭氧

臭氧是有鱼腥臭味的淡蓝色气体，比氧易溶于水。臭氧不稳定，易分解。空气中放电，如雷击、闪电或电焊时有部分氧气转化为臭氧，可以闻到特殊的腥臭味。

氧和臭氧的化学性质基本相同（表 6-1），但它们的物理性质和化学活泼性有差异。

表 6-1　氧和臭氧性质比较

性质	氧气	臭氧
颜色	气体是无色，液体是蓝色	气体是淡蓝色，液体是深蓝色
气味	无味	腥臭味
熔点/℃	−219	−193
沸点/℃	−183	−112
溶解度(0℃)/(mL/L)	49	494
氧化性	强	很强
稳定性	较稳定	不稳定

常温下，臭氧可分解为氧气，是一个放热过程。

$$2O_3 \rightleftharpoons 3O_2$$

距离地面 20～40km 的高空，存在臭氧层。因此，高空大气中就存在臭氧和氧互相转化的动态平衡，臭氧层吸收了大量紫外线，避免了地球上的生物遭受强烈紫外线的伤害。

臭氧是比氧更强的氧化剂，在常温下能氧化不活泼的单质，如 Hg、Ag、S 等。金属银被氧化为黑色的过氧化银。

$$2Ag + 2O_3 \longrightarrow Ag_2O_2 + 2O_2$$

利用 KI-淀粉试纸可以检出 O_3。

$$2KI + O_3 + H_2O \longrightarrow I_2 + O_2 + 2KOH$$

利用臭氧的氧化性，用于纸浆、油脂、面粉等的漂白，饮水的消毒和废水的处理。

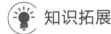
知识拓展

地球的保护伞——臭氧层在不断修复

距离地面 20～40km 的高空，存在臭氧层，其中含有大量的臭氧。臭氧可以吸收大量的短波长的太阳辐射能。因此，对人体和其他生物有致癌和杀伤作用的紫外线及 X 射线等短波长辐射能在到达地面前被吸收，从而避免对人类造成伤害。

但是随着人类活动的加剧，作为地球保护伞的臭氧层出现了空洞，即"臭氧层空洞"。出现臭氧层空洞的原因有：一方面，人类活动导致的臭氧层损坏，主要是由于人类大量排放氟氯烃。氟氯烃在太阳辐射后产生的臭氧破坏物，会破坏臭氧层。另一方面，是全球变暖的影响。全球变暖导致的气候变化会改变大气环境，使臭氧层空洞形成更容易。

为了改善臭氧层空洞，我们需要采取一些措施，如减少氟氯烃的排放，减少温室气体的排放，开发新能源等。在第七十五届联合国大会一般性辩论上，习近平主席郑重宣布，中国将提高国家自主贡献力度，采取更加有力的政策和措施，二氧化碳排放力争于 2030 年前达到峰值，努力争取 2060 年前实现碳中和。我们国家这些年也一直朝这个方面在努力，如风力发电在中华大地全面铺开、2022 年中国乘用车市场新能源车使用率达 27.7%。近几年，中国的减排承诺激励全球气候行动。

好消息是，臭氧层在不断恢复（图 6-1）。

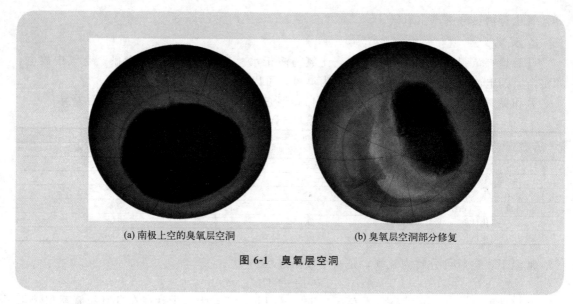

(a) 南极上空的臭氧层空洞　　　　　　　　(b) 臭氧层空洞部分修复

图 6-1　臭氧层空洞

二、过氧化氢

过氧化氢

1. 物理性质

过氧化氢（H_2O_2） 俗称双氧水。纯过氧化氢是淡蓝色黏稠液体，熔点为 $-1℃$，沸点为 $152℃$，在 $0℃$ 时的密度为 $1.465g/cm^3$。H_2O_2 是极性分子，可以任意比例与水混合，常用 3% 和 35% 的水溶液。

2. 化学性质

过氧化氢有弱酸性，能与碱反应生成金属的过氧化物。过氧化氢的水溶液可用过氧化钡和稀 H_2SO_4 作用来制取。

$$BaO_2 + H_2SO_4 \longrightarrow H_2O_2 + BaSO_4 \downarrow$$

过氧化氢的稳定性较差，在低温时分解较慢，加热至 $153℃$ 以上能剧烈分解，并放出大量的热。MnO_2 及许多重金属离子如铁、锰、铜等离子存在时，对其分解起催化作用。

[演示实验 6-1]　在盛有 $3mL$ 3% H_2O_2 溶液的试管中，加入少量 MnO_2 粉末，观察现象。用带火星的木条检验产生的气体。

$$2H_2O_2 \xrightarrow{MnO_2} 2H_2O + O_2 \uparrow$$

加热、曝光会加速过氧化氢的分解。因此，过氧化氢应保存在棕色瓶中，并置于暗处，同时可加入稳定剂（如锡酸钠、焦磷酸钠等）以抑制其分解。

过氧化氢中氧的化合价是 -1 价，处于零价与 -1 价之间，所以过氧化氢既有氧化性，又有还原性。在酸性溶液中 H_2O_2 是强氧化剂，而在碱性溶液中是中等还原剂。

$$2KI + H_2O_2 + H_2SO_4 \longrightarrow I_2 + K_2SO_4 + 2H_2O$$
$$2FeSO_4 + H_2O_2 + H_2SO_4 \longrightarrow Fe_2(SO_4)_3 + 2H_2O$$
$$PbS + 4H_2O_2 \longrightarrow PbSO_4 + 4H_2O$$

后一反应能使黑色的 PbS 氧化为白色的 $PbSO_4$，可用于油画的清洗。

在酸性介质中，当 H_2O_2 与更强氧化剂作用时，H_2O_2 就表现出还原性。

$$2KMnO_4 + 5H_2O_2 + 3H_2SO_4 \longrightarrow 2MnSO_4 + K_2SO_4 + 5O_2 \uparrow + 8H_2O$$

H_2O_2 是重要的氧化剂、消毒剂、漂白剂，由于其还原产物是水，不会带来杂质，可漂白毛、丝织品、油画等。纯过氧化氢可用作火箭燃料的氧化剂。作为化工原料，它还用于无机、有机过氧化物如过硼酸钠、过氧乙酸的生产。

第二节　硫的单质及其化合物

一、硫和硫化氢

1. 硫

硫是一种分布较广的元素，以单质硫、硫化物、硫酸盐的形式存在。重要的矿物有黄铁矿（FeS_2）、黄铜矿（$CuFeS_2$）、闪锌矿（ZnS）、石膏（$CaSO_4$）、芒硝（$Na_2SO_4 \cdot 10H_2O$）等。

单质硫又称硫黄，是淡黄色晶体，不溶于水，微溶于乙醇，易溶于 CS_2。硫有多种同素异形体，重要的有斜方硫、单斜硫、弹性硫。

与氧相比，硫的氧化性较弱。在一定条件下，能与许多金属和非金属反应。

$$2Al+3S \xrightarrow{\triangle} Al_2S_3$$

$$C+2S \xrightarrow{\triangle} CS_2$$

硫能与热的浓硫酸、硝酸、碱反应。

$$S+2HNO_3 \longrightarrow H_2SO_4+2NO\uparrow$$

$$3S+6NaOH \xrightarrow{\triangle} 2Na_2S+Na_2SO_3+3H_2O$$

大部分的硫用于制备硫酸，此外在橡胶工业、造纸、硫酸盐、硫化物等产品生产中也要消耗数量可观的硫。

2. 硫化氢

天然硫化氢存在于火山喷出的气体和某些矿泉中，有机物腐烂时，会产生硫化氢。

H_2S 是无色、有臭鸡蛋气味的气体，比空气稍重，有剧毒，是一种大气污染物。吸入微量硫化氢时，会引起头痛、眩晕。吸入较多量硫化氢时，会引起中毒昏迷，甚至死亡。工业生产中规定，空气中硫化氢的含量不得超过 10^{-5} g/L。实验室制取硫化氢时，要在通风橱中进行。

硫化氢能溶于水，常温下，1 体积水能溶解 2.6 体积的硫化氢。

硫化氢具有可燃性，在空气中燃烧时产生淡蓝色火焰，被氧化为 SO_2 或 S。

$$2H_2S+O_2 \xrightarrow{\triangle} 2H_2O+2S$$

将硫化氢与二氧化硫混合，会产生单质硫。

$$2H_2S+SO_2 \longrightarrow 3S+2H_2O$$

工业上利用上述反应，可以从含硫化氢的废气中回收硫，防止大气污染。

硫化氢的水溶液称为氢硫酸，是一种二元弱酸，易挥发，具有酸的通性。由于硫的化合价为 -2 价，氢硫酸具有较强的还原性。氢硫酸放置时，由于被空气中的氧氧化，析出了单质硫而变得混浊。

$$4Cl_2+4H_2O+H_2S \longrightarrow H_2SO_4+8HCl$$

$$3H_2SO_4(浓)+H_2S \longrightarrow 4SO_2+4H_2O$$

实验室常用硫化亚铁与稀盐酸或稀硫酸反应制取硫化氢。

$$FeS+2H^+ \longrightarrow Fe^{2+}+H_2S\uparrow$$

二、硫的氧化物和硫酸

1. 二氧化硫与三氧化硫

硫的氧化物和硫酸

SO_2 是无色、有刺激性臭味的气体,是一种大气污染物,大气中其含量不得超过 $0.10mg/m^3$。常温常压下,1 体积水可溶解约 40 体积 SO_2。SO_2 易液化,液态 SO_2 是很好的溶剂。

SO_2 中硫的化合价是 $+4$,所以 SO_2 既有氧化性,又有还原性。

$$2SO_2 + O_2 \xrightarrow[500℃]{V_2O_5} 2SO_3$$

$$2H_2S + SO_2 \longrightarrow 3S + 2H_2O$$

SO_2 能与某些色素结合形成无色的化合物,可用于漂白。主要用于生产硫酸,也是制备亚硫酸盐的原料。

SO_3 是无色、易挥发的固体。它极易吸收水分,在空气中冒烟,溶于水生成硫酸并放出大量的热。

SO_3 是强氧化剂,在高温时能氧化磷、KI、Fe、Zn 等。

$$SO_3 + 2KI \longrightarrow I_2 + K_2SO_3$$

2. 硫酸

(1) 物理性质　纯硫酸是无色、难挥发的油状液体,在 10℃ 时凝固成晶体。市售浓硫酸的质量分数约为 0.98,沸点为 338℃,密度为 $1.84g/cm^3$,浓度约为 18mol/L。溶有过量 SO_3 的浓硫酸,暴露在空气中,因挥发出 SO_3 形成酸雾而"发烟",称为发烟硫酸。浓硫酸能以任意比例与水混合。浓硫酸溶于水时产生大量的热,若将水倾入浓硫酸中,会因为产生剧热而暴沸。因此,稀释浓硫酸时,只能将浓硫酸在搅拌下缓慢加入水中,绝不可反之。

(2) 化学性质　硫酸是二元强酸。稀硫酸具有酸的一切通性,能与碱性物质发生中和反应,与金属活动顺序表中氢之前的金属反应,产生氢气。

$$Zn + H_2SO_4 \longrightarrow ZnSO_4 + H_2 \uparrow$$

浓硫酸有以下特性。

① 氧化性。冷的浓硫酸与铁、铝等金属接触,能使金属表面生成一层致密的氧化物保护膜,可以阻止内部金属与硫酸继续反应,这种现象称为金属的钝化。因此,冷的浓硫酸可以用铁制或铝制容器储存和运输。

浓硫酸是中等强度的氧化剂,加热时浓硫酸几乎能氧化所有金属(除 Au、Pt 外)。

$$2Fe + 6H_2SO_4(浓) \xrightarrow{\triangle} Fe_2(SO_4)_3 + 3SO_2 \uparrow + 6H_2O$$

$$4Zn + 5H_2SO_4(浓) \xrightarrow{\triangle} 4ZnSO_4 + H_2S \uparrow + 4H_2O$$

[演示实验 6-2]　在试管中加入一小块铜片,注入浓硫酸,观察现象。加热,用湿润的蓝色石蕊试纸在试管口检验所产生的气体。反应后,将试管中的溶液倒入盛有少量水的试管中,观察溶液的颜色变化。

实验表明,在加热时 Cu 与浓硫酸能反应,产生了 SO_2 和 $CuSO_4$。

$$Cu + 2H_2SO_4(浓) \xrightarrow{\triangle} CuSO_4 + SO_2 \uparrow + 2H_2O$$

加热时,浓硫酸还能与碳、硫等一些非金属发生氧化还原反应。如将木炭投入热的浓硫酸中会发生剧烈的反应。

$$C + 2H_2SO_4(浓) \xrightarrow{\triangle} CO_2 \uparrow + 2SO_2 \uparrow + 2H_2O$$

② 吸水性和脱水性。浓硫酸容易和水结合，形成多种水化合物，同时放出大量的热，所以有强烈的吸水性。利用此性质，实验室将浓硫酸用作干燥剂，如干燥 Cl_2、H_2、CO_2 等。

浓硫酸还具有强烈的脱水性，将氢、氧原子以水的形式从许多有机物中脱出，使有机物炭化。所以，浓硫酸能严重地破坏动植物组织，有强烈的腐蚀性，使用时要注意安全。

$$C_{12}H_{22}O_{11} \xrightarrow{\text{浓}H_2SO_4} 11H_2O + 12C$$

浓硫酸能严重灼伤皮肤，若不小心溅落在皮肤上，先用软布或纸轻轻沾去，并用大量水冲洗，最后用 2% 小苏打水或稀氨水浸泡片刻。

（3）用途　硫酸是化工生产中常用的"三酸"之一。主要用于化肥工业、无机化工、有机化工、金属冶炼、石油工业等。在金属、搪瓷工业中，利用浓硫酸作为酸洗剂，以除去金属表面的氧化物。同时，硫酸也是重要的化学试剂。

三、硫酸盐

硫酸可以形成正盐和酸式盐。

酸式盐大都溶于水。正盐中，Ag_2SO_4 微溶，$CaSO_4$、$PbSO_4$、$SrSO_4$、$BaSO_4$ 难溶于水。$BaSO_4$ 不仅难溶于水，也不溶于盐酸和硝酸，此性质可以用于鉴定或分离 SO_4^{2-} 或 Ba^{2+}。

硫酸盐的热稳定性差别较大。活泼金属的硫酸盐，如 Na_2SO_4、K_2SO_4、$BaSO_4$ 等，在高温下稳定；较不活泼金属硫酸盐，如 $CuSO_4$、$FeSO_4$、$Fe_2(SO_4)_3$、$Al_2(SO_4)_3$ 等，在高温下分解为金属氧化物和 SO_3；某些金属氧化物不稳定，进一步分解为金属单质。

$$CuSO_4 \xrightarrow{\triangle} CuO + SO_3 \uparrow$$

$$Ag_2SO_4 \xrightarrow{\triangle} Ag_2O + SO_3 \uparrow$$

$$2Ag_2O \xrightarrow{\triangle} 4Ag + O_2 \uparrow$$

硫酸盐容易形成复盐，复盐中的两种硫酸盐是同晶型的化合物，又叫作矾。如：$CuSO_4 \cdot 5H_2O$、$(NH_4)_2SO_4 \cdot FeSO_4 \cdot 6H_2O$（摩尔盐）、$K_2SO_4 \cdot Al_2(SO_4)_3 \cdot 24H_2O$（明矾）等。

　课堂互动

浓硫酸和稀硫酸都有氧化性，其含义有何不同？

　拓展视野

二氧化硫的神奇作用——漂白

生活中人们常用二氧化硫漂白纸张、编织品（如草帽等），但是二氧化硫漂白的缺点是污染环境，效果不持久。那么，二氧化硫的漂白原理是怎样的呢？其漂白原理为二氧化硫溶于水后生成的亚硫酸，与有机色质直接结合成无色的化合物。如将二氧化硫通入微酸性的品红溶液里，溶液颜色由红色变为无色。这是亚硫酸直接和有机物质结合的结果。品红的结构有一个"发色团"，该发色团遇到亚硫酸后生成不稳定的无色化合物，改变了发色团的结构。无色化合物不稳定，遇热时又分解为"发色团"。所以二氧化硫使品红溶液褪色后，加热又能恢复成原色。漂白原理可以用图6-2所示的化学方程式表示。

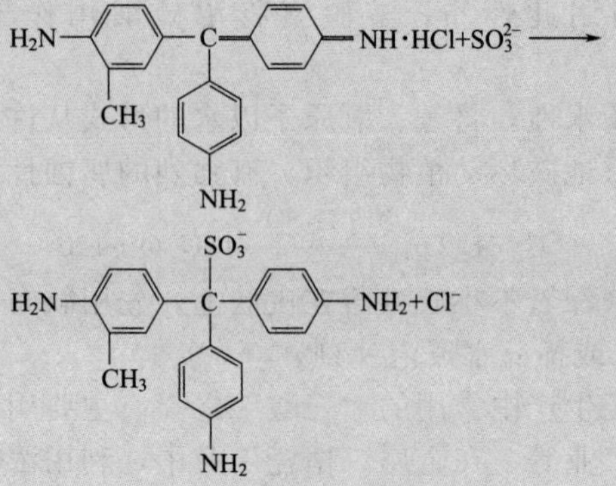

图 6-2 二氧化硫的漂白原理

本章小结

1. 氧有两种同素异形体,即 O_2 和 O_3,但两者的性质有较大的差异,O_3 更活泼。

H_2O_2 又称双氧水,不稳定,具有氧化性和还原性,以氧化性为主。

2. H_2S 的水溶液为氢硫酸,是弱酸,有较强的还原性。

金属硫化物的溶解性有很大的差异,利用此性质可以达到分离和鉴别的目的。

3. 硫酸

(1) 硫酸是难挥发的二元强酸,稀硫酸具有酸的通性,可与碱性物质、金属活动顺序表中氢之前的金属反应。

(2) 浓硫酸的特性:氧化性、吸水性、脱水性。

浓硫酸是中等强度的氧化剂,加热时浓硫酸几乎能氧化所有金属(除 Au、Pt 外)。

利用浓硫酸的吸水性,实验室将浓硫酸用作干燥剂,如干燥 Cl_2、H_2、CO_2 等。

浓硫酸还具有强烈的脱水性,将氢、氧原子以水的形式从许多有机物中脱出,使有机物炭化。

(3) 稀释硫酸的方法:稀释硫酸时,只能将浓硫酸在搅拌下缓慢加入水中,绝不可反之。

课后检测

一、填空题

1. 氧族元素位于周期表中第_____族,包括_____六种元素,其原子的最外层有_____个电子。随着核电荷数的增加,其原子半径逐渐_____,原子核吸引电子的能力依次_____,所以元素的金属性逐渐_____,非金属性逐渐_____。

2. H_2S 在空气中完全燃烧时,发出_____色的火焰,其化学反应方程式为_____。

3. 浓硫酸可以干燥 CO_2、H_2 等气体,是利用了浓硫酸的_____性;浓硫酸会使蔗糖炭化,表现了浓硫酸的_____性。

4. 常温下,浓硝酸见光或受热会_____,其化学反应方程式为_____,所以它应盛放在_____瓶中,并储于_____的地方。

二、选择题

1. 实验室用 FeS 与酸反应制取 H_2S 时，可选用的酸是（   ）。

   A. 浓硫酸   B. 稀硫酸   C. 浓盐酸   D. 硝酸

2. 质量相等的 SO_2 和 SO_3，所含氧原子的数目之比是（   ）。

   A. 1∶1   B. 2∶3   C. 6∶5   D. 5∶6

3. 既能表现浓硫酸的酸性，又能表现浓硫酸的氧化性的反应是（   ）。

   A. 与 Cu 反应   B. 使铁钝化   C. 与碳反应   D. 与碱反应

4. 常温下，可盛放在铁制或铝制容器中的物质是（   ）。

   A. 浓硫酸   B. 稀硫酸   C. 稀盐酸   D. $CuSO_4$ 溶液

三、计算题

1. 66g 硫酸铵与过量的烧碱共热后，放出的气体用 200mL 2.5mol/L H_3PO_4 溶液吸收，通过计算确定生成的磷酸盐的组成。

2. H_2O_2 溶液 20mL（密度为 $1g/cm^3$）与 $KMnO_4$ 酸性溶液作用，若消耗 1g $KMnO_4$，求 H_2O_2 溶液的质量分数。

3. 有 2mol/L 盐酸 50mL，与足量的 FeS 反应，在标准状况下能收集到 H_2S 多少升？（H_2S 的收率为 90%）

4. 要使 20g 铜完全反应，最少需用质量分数为 0.96、密度为 $1.84g/cm^3$ 的浓硫酸多少毫升？生成硫酸铜多少克？

第七章 其他重要的非金属元素及其化合物

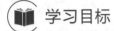

知识目标
1. 掌握氨、磷酸、硝酸的主要性质。
2. 认识碳、硅单质及其化合物。

能力目标
1. 会正确计算原子利用率,培养节约、经济理念。
2. 会配制混合磷酸盐标准缓冲试剂,理解平衡理念。

素质目标
1. 通过氮、磷在生活中的运用,培养热爱生活的责任意识。
2. 通过认识碳、硅新材料,培养创新意识、增强民族自豪感。

第一节 氮和磷

元素周期表中第ⅤA族的氮（N）、磷（P）、砷（As）、锑（Sb）、铋（Bi）、镆（Mc）六种元素,统称为氮族元素。氮族元素的原子有5个价电子,它们的非金属性比同周期的氧族元素和卤素都弱。氮、磷是典型的非金属元素。

绝大部分的氮以 N_2 的形式存在于空气中,在空气中的体积分数约为78%。智利的硝石（$NaNO_3$）是少有的含氮矿物。氮也是构成动植物体中蛋白质的重要元素。

自然界中磷以磷酸盐的形式存在,如磷酸钙 $Ca_3(PO_4)_2$、磷灰石 $Ca_5F(PO_4)_3$ 等。磷是生物体中不可缺少的元素之一。

一、氮及其重要化合物

1. 单质氮

工业上用的氮气（N_2）是从分馏液态空气得到的。当前,膜分离技术和吸附纯化技术的研究与应用已引起人们的关注,如采用高性能的碳分子筛吸附技术,所得氮气的纯度能达99.999%。

N_2 是无色、无臭的气体,微溶于水。常温下很不活泼,不与任何元素化合。但在高温时能与氢、氧、金属等化合,生成各种含氮化合物。这是因为氮分子中两个氮原子以共价三键（:N≡N:）相结合,要将单质氮转化为各种含氮化合物,必须破坏N≡N共价三键,这需要提供足够大的能量,一般需要高温,同时还要高压才能实现。但高温、高压对动力消耗大，设备要求高，因此一个时期以来人们在寻求常温常压下固氮方法（使空气中的 N_2 转化为可利用的氮化合物的过程）。

氮气是合成氨和制造硝酸的原料。由于它的化学性质很稳定，常用来填充灯泡，防止灯泡中钨丝氧化，也可用作焊接金属的保护气以及利用氮气来保存水果、粮食等农副产品。液氮冷冻技术也应用在高科技领域，如某些超导材料就是在液氮处理下才获得超导性能的。

2. 氨

（1）物理性质　**氨是无色、有刺激性臭味的气体**。在标准状况下，其密度为 0.771g/L。易液化，在常温下冷却至 $-34℃$ 时凝结为液体（液氨），当液氨汽化时要吸收大量的热，因此液氨是常用的制冷剂。注意，在使用液氨钢瓶时，减压阀不能用铜制品，因为铜会迅速被氨腐蚀。

常温常压下，1 体积水约可溶解 700 体积的氨，形成氨水。一般市售商品浓氨水的密度为 $0.90g/cm^3$，约含 NH_3 28%。

（2）化学性质　**氨的性质较活泼，能与许多物质反应**。其主要性质表现如下。

① 弱碱性。氨极易溶于水，在水中主要以水合物（$NH_3 \cdot H_2O$）的形式存在，少量的水合物可以发生电离，所以氨水呈弱碱性。

$$NH_3 + H_2O \rightleftharpoons NH_3 \cdot H_2O \rightleftharpoons NH_4^+ + OH^-$$

② 加合反应。氨中的 N 原子上有孤对电子，能与 H^+、Cu^{2+}、Zn^{2+}、Ag^+ 等离子通过加合反应形成氨合物。

$$NH_3 + HCl \longrightarrow NH_4Cl$$
$$NH_3 + HNO_3 \longrightarrow NH_4NO_3$$
$$Ag^+ + 2NH_3 \longrightarrow [Ag(NH_3)_2]^+$$

③ 还原性。氨中氮处于最低化合价 -3 价，所以具有还原性。在一定条件下可被还原为 N_2 或 NO。

$$2NH_3 + 3Cl_2 \longrightarrow N_2 + 6HCl$$
$$4NH_3 + 5O_2 \longrightarrow 4NO + 6H_2O$$

前一个反应体现在用浓氨水检查氯气或液溴管道是否漏气。后一个反应是氨的催化氧化，是工业制硝酸的主要反应。

工业上，在高温（500℃）、高压（3×10^4 kPa）、有催化剂（铁）的条件下，将氮气与氢气合成为氨。

$$N_2 + 3H_2 \xrightarrow[\text{高温高压}]{\text{催化剂}} 2NH_3 + 92.4 \text{kJ}$$

在实验室里，常用铵盐与碱加热来制取氨。

$$2NH_4Cl + Ca(OH)_2 \xrightarrow{\triangle} CaCl_2 + 2NH_3 \uparrow + 2H_2O$$

氨是一种重要的化工原料和产品。它是氮肥工业的基础，也是制造硝酸、铵盐、尿素等的基本原料，还是合成纤维、塑料、染料等工业的常用原料。

3. 铵盐

铵盐一般是无色晶体，易溶于水，易水解。

（1）热稳定性　固体铵盐加热时极易分解，分解产物取决于对应酸的性质。形成铵盐的酸有挥发性时，分解为 NH_3 和挥发性酸。

$$NH_4Cl \xrightarrow{\triangle} NH_3 \uparrow + HCl \uparrow$$

形成铵盐的酸不挥发，只有氨逸出，酸或酸式盐残留在容器里。

$$(NH_4)_2SO_4 \xrightarrow{\triangle} NH_3\uparrow + NH_4HSO_4$$

形成铵盐的酸有氧化性时，分解的 NH_3 会被氧化。

$$NH_4NO_3 \xrightarrow{\triangle} N_2O\uparrow + 2H_2O\uparrow$$

基于 NH_4NO_3 的这种性质，用于制造炸药，在制备、储存时要格外小心。

(2) 水解性　由于氨的弱碱性，铵盐都有一定程度的水解。由强酸形成的铵盐水解显酸性。

$$NH_4^+ + H_2O \rightleftharpoons NH_3 \cdot H_2O + H^+$$

所以在铵盐溶液中加入强碱并加热，都会放出氨气，可用于检验铵盐。

4. 氮的氧化物和硝酸

(1) 氮的氧化物　NO 是无色、难溶于水的气体。

实验室用 Cu 与稀 HNO_3 反应制取 NO。NO 极易与氧化合转化为 NO_2。

$$3Cu + 8HNO_3(稀) \xrightarrow{\triangle} 3Cu(NO_3)_2 + 2NO\uparrow + 4H_2O$$
$$2NO + O_2 \longrightarrow 2NO_2$$

雷雨天，N_2 和 O_2 在电弧作用下，可以产生 NO。NO_2 是红棕色、有刺激性臭味的有毒气体。

实验室用 Cu 与浓 HNO_3 反应制取 NO_2。NO_2 溶于水转化为 HNO_3。

$$Cu + 4HNO_3(浓) \longrightarrow Cu(NO_3)_2 + 2NO_2\uparrow + 2H_2O$$
$$3NO_2 + H_2O \longrightarrow 2HNO_3 + NO\uparrow$$

(2) 硝酸

纯硝酸是无色、易挥发、有刺激性气味的液体。密度为 $1.5g/cm^3$，沸点为 83℃，能以任意比例与水混合。86% 以上的浓硝酸由于挥发出的 NO_2 遇到空气中的水蒸气形成硝酸液滴而产生发烟现象，称为发烟硝酸。

硝酸是一种强酸，除具有酸的通性外，还有本身的特性。

① 不稳定性。硝酸不稳定，见光、受热易分解。

$$4HNO_3 \xrightarrow{\triangle} 4NO_2\uparrow + O_2\uparrow + 2H_2O$$

硝酸愈浓、温度愈高、愈易分解。分解产生的 NO_2 溶于硝酸中，使硝酸呈黄棕色。为防止硝酸的分解，常将它储于棕色瓶中，保存于低温、阴暗处。

② 氧化性。

[演示实验 7-1]　在试管中分别加入一小块铜片，再分别加入浓硝酸、稀硝酸，对比两支试管中的反应情况的差异。将盛有稀硝酸的试管加热，观察情况有何变化。

浓硝酸、稀硝酸与铜反应

实验表明，浓、稀硝酸都能与铜反应，但浓硝酸与铜反应更剧烈，产生大量的红棕色气体 NO_2。在加热时，稀硝酸也能与铜反应，可以观察到有黄色的气体产生。

硝酸都是强氧化剂。一般来说，无论浓、稀硝酸都有氧化性，它几乎能与所有的金属（除 Au、Pt 等少数金属外）或非金属发生氧化还原反应。在通常情况下，浓硝酸的主要还原产物是 NO_2；稀硝酸的主要还原产物为 NO。当较活泼的金属与稀硝酸反应时，HNO_3 可被还原为 N_2O。很稀的 HNO_3 与活泼金属反应时，可以被还原为 NH_3。

$$Cu + 4HNO_3(浓) \longrightarrow Cu(NO_3)_2 + 2NO_2\uparrow + 2H_2O$$
$$3Cu + 8HNO_3(稀) \xrightarrow{\triangle} 3Cu(NO_3)_2 + 2NO\uparrow + 4H_2O$$
$$Fe + 4HNO_3(稀) \longrightarrow Fe(NO_3)_3 + NO\uparrow + 2H_2O$$
$$4Zn + 10HNO_3(稀) \longrightarrow 4Zn(NO_3)_2 + NH_4NO_3 + 3H_2O$$

必须指出，HNO_3 氧化性的强弱与其浓度有关。HNO_3 愈浓，氧化能力愈强；HNO_3 愈稀，氧化能力愈弱。

某些金属，如 Al、Cr、Fe 等能溶于稀硝酸。但在冷的浓硝酸中，由于金属表面被氧化，形成致密的氧化膜而处于钝化状态。因此，可用铝制或铁制容器盛装浓硝酸。

浓硝酸还能使许多非金属如碳、硫、磷等被氧化。

$$C + 4HNO_3 \longrightarrow CO_2\uparrow + 4NO_2\uparrow + 2H_2O$$

1 体积浓硝酸与 3 体积浓盐酸的混合物称为王水，其氧化能力强于硝酸，能使一些不溶于硝酸的金属，如金、铂等溶解。

$$Au + HNO_3 + 3HCl \longrightarrow AuCl_3 + NO\uparrow + 2H_2O$$

工业上主要采用氨氧化法生产硝酸。主要反应过程为：

$$4NH_3 + 5O_2 \longrightarrow 4NO + 6H_2O$$
$$2NO + O_2 \longrightarrow 2NO_2$$
$$3NO_2 + H_2O \longrightarrow 2HNO_3 + NO$$

为了保护环境，防止污染，生产过程中未被吸收的少量 NO_2、NO 可用碱液吸收。

$$NO + NO_2 + 2NaOH \longrightarrow 2NaNO_2 + H_2O$$

硝酸是重要的化工原料，是重要的"三酸"之一，主要用于生产各种硝酸盐、化肥、炸药等，还用于合成染料、药物、塑料等。

二、磷及其重要化合物

1. 磷

磷有多种同素异形体，常见的是白磷和红磷。白磷见光逐渐变黄，又称黄磷。尽管两者是同一元素构成，但它们的性质差异较大。见表 7-1。

表 7-1 白磷和红磷性质比较

白磷	红磷
白色或黄色蜡状固体	暗红色粉末
剧毒（0.1g 可致死）	无毒
不溶于水，可溶于 CS_2	不溶于水，可溶于 CS_2
蒜臭味	无臭
在空气中自燃（燃点 40℃）	加热至 240℃ 燃烧
在暗处发光	不发光
化学性质活泼	化学性质较稳定
隔绝空气，浸于水中保存	密闭保存
磷蒸气迅速冷却得到白磷	白磷在高温下转化为红磷

2. 磷酸

磷酸是无色透明的晶体。熔点是 42℃，极易溶于水。商品磷酸是无色黏稠状的浓溶液，约含 H_3PO_4 85%，密度为 $1.7g/cm^3$。

磷酸是三元中强酸，无挥发性，无氧化性，具有酸的通性，热稳定性强于硝酸。其特点是 PO_4^{3-} 能与许多金属离子形成可溶性的配合物。

工业上磷酸是用硫酸与磷灰石反应而制取的。

$$Ca_3(PO_4)_2 + 3H_2SO_4 \longrightarrow 3CaSO_4\downarrow + 2H_3PO_4$$

磷酸用于制造磷酸盐和磷肥、硬水的软化剂、金属抗蚀剂，也是常用的化学试剂。

3. 磷酸盐

磷酸盐及两种
酸式盐的性质

磷酸可以形成两种酸式盐、一种正盐。所有的磷酸二氢盐都易溶于水,而磷酸一氢盐和磷酸正盐中,除碱金属和铵盐外,几乎都难溶于水。酸式盐与碱反应可以转化为正盐,正盐与酸反应又可以转化为酸式盐。

[演示实验7-2] 在分别盛有 1mL 0.1mol/L Na_3PO_4、NaH_2PO_4、Na_2HPO_4 溶液的试管中,滴加 0.1mol/L $CaCl_2$ 溶液,振荡,观察现象。向有沉淀的试管中分别加入酸或碱,观察沉淀的溶解情况。

$Ca_3(PO_4)_2$ 难溶于水,$CaHPO_4$ 微溶于水,$Ca(H_2PO_4)_2$ 易溶于水。

$$3Ca^{2+} + 2PO_4^{3-} \longrightarrow Ca_3(PO_4)_2 \downarrow$$
$$Ca^{2+} + HPO_4^{2-} \longrightarrow CaHPO_4 \downarrow$$
$$Ca_3(PO_4)_2 + 4H^+ \longrightarrow 3Ca^{2+} + 2H_2PO_4^-$$
$$CaHPO_4 + H^+ \longrightarrow Ca^{2+} + H_2PO_4^-$$
$$3Ca^{2+} + 2H_2PO_4^- + 4OH^- \longrightarrow Ca_3(PO_4)_2 \downarrow + 4H_2O$$

极为重要的磷酸盐是钙盐。工业上用 $Ca_3(PO_4)_2$ 生产磷肥。

$$Ca_3(PO_4)_2 + 2H_2SO_4 + 2H_2O \longrightarrow Ca(H_2PO_4)_2 + 2CaSO_4 \cdot 2H_2O$$

$Ca(H_2PO_4)_2$ 和 $CaSO_4$ 的混合物称为过磷酸钙。比较纯净的磷酸二氢钙叫重过磷酸钙,是由工业磷酸和磷酸钙作用而得。

$$Ca_3(PO_4)_2 + 4H_3PO_4 \longrightarrow 3Ca(H_2PO_4)_2$$

这种磷肥含磷量是过磷酸钙的两倍以上,是一种高效的磷肥。

应当注意,可溶性磷肥如过磷酸钙等不能和消石灰、草木灰这类碱性物质一起施用。否则,会生成不溶性磷酸盐而降低肥效。

$$Ca(H_2PO_4)_2 + 2Ca(OH)_2 \longrightarrow Ca_3(PO_4)_2 \downarrow + 4H_2O$$

 课堂互动

浓硝酸与稀硝酸的性质有何不同?

第二节 碳和硅

碳和硅在周期表中位于ⅣA族,价电子构型为 $2s^22p^2$ 及 $3s^23p^2$,得电子和失电子的倾向都不强,因此常常形成共价化合物,常见的化合价是+4、+2。

碳、硅在地壳中的质量分数分别为 0.27%、27.6%。现在发现的化合物种类有近千万种,绝大多数是碳的化合物,所以碳是有机世界的栋梁之材,硅则是无机世界的骨干。

一、碳及其重要化合物

1. 碳

碳有 ^{12}C、^{13}C、^{14}C 三种同位素,有金刚石、石墨和无定形碳三种同素异形体。金刚石的硬度大,大量用于切削和研磨材料。石墨由于导电性能良好,有化学惰性,耐高温,用作电极和高温润滑剂。

金刚石和石墨在空气中燃烧都得到 CO_2。

2. 碳的氧化物

碳所形成的氧化物有 CO、CO_2。

CO 是无色、无味的气体，有毒，不溶于水。其主要的化学性质是还原性和加合性。CO 是金属冶炼的重要还原剂。

$$CuO + CO \xrightarrow{\triangle} Cu + CO_2$$

$$CO + PdCl_2 + H_2O \longrightarrow CO_2 + Pd\downarrow + 2HCl$$

该反应很灵敏，可用于检验 CO。

CO 能与许多金属加合形成金属羰基化合物，如 $Fe(CO)_5$、$Ni(CO)_4$ 等。

CO_2 是无色、无臭的气体，易液化。常温下，1 体积水能溶解 0.9 体积的 CO_2。溶于水中的 CO_2 仅小部分和水反应生成碳酸（H_2CO_3）。实验室用蒸馏水或去离子水因溶有空气中的 CO_2 而呈微弱的酸性，其 pH 值约为 5.6。

碳酸是二元弱酸，在溶液中存在如下平衡：

$$CO_2 + H_2O \rightleftharpoons H_2CO_3 \rightleftharpoons H^+ + HCO_3^- \rightleftharpoons 2H^+ + CO_3^{2-}$$

实验室用 $CaCO_3$ 和盐酸反应制备 CO_2。

$$CaCO_3 + 2HCl \longrightarrow CaCl_2 + CO_2\uparrow + H_2O$$

3. 碳酸盐

(1) **溶解性** 酸式碳酸盐均可溶于水。正盐中只有碱金属盐和铵盐易溶于水，其他金属的碳酸盐难溶于水。

碱液吸收 CO_2，也可得到碳酸盐或酸式碳酸盐。

$$Ca(OH)_2 + CO_2 \longrightarrow CaCO_3\downarrow + H_2O$$

$$Ca(OH)_2 + 2CO_2 \longrightarrow Ca(HCO_3)_2$$

所得的产物是正盐还是酸式盐，取决于两种反应物的物质的量之比。

(2) **热稳定性** 碳酸盐、酸式碳酸盐、碳酸的热稳定性强弱顺序为：

$$M_2CO_3 > MHCO_3 > H_2CO_3$$

碱金属的碳酸盐相当稳定。碱土金属的碳酸盐的热稳定性强弱顺序为：

$$MgCO_3 < CaCO_3 < SrCO_3 < BaCO_3$$

碳酸盐受热分解为金属氧化物（铵盐例外）和 CO_2。

$$CaCO_3 \xrightarrow{\triangle} CaO + CO_2\uparrow$$

(3) **水解性** 可溶性碳酸盐在水溶液中易发生水解，碱金属的碳酸盐的水溶液呈碱性。

$$CO_3^{2-} + 2H_2O \rightleftharpoons H_2CO_3 + 2OH^-$$

在金属盐溶液（碱金属盐和铵盐除外）中加入可溶性碳酸盐，产物可能是碳酸盐、碱式碳酸盐或氢氧化物。若金属离子不水解，得到碳酸盐沉淀。

$$Ba^{2+} + CO_3^{2-} \longrightarrow BaCO_3\downarrow$$

若金属离子强烈水解，其氢氧化物的溶解度较小，得到氢氧化物沉淀。

$$2Al^{3+} + 3CO_3^{2-} + 3H_2O \longrightarrow 2Al(OH)_3\downarrow + 3CO_2\uparrow$$

有些金属离子的氢氧化物和其碳酸盐的溶解度相差不大，产物为碱式碳酸盐。

$$2Cu^{2+} + 2CO_3^{2-} + H_2O \longrightarrow Cu_2(OH)_2CO_3\downarrow + CO_2\uparrow$$

酸式碳酸盐在水溶液中既要水解，又要电离，处于平衡状态。

$$HCO_3^- \rightleftharpoons H^+ + CO_3^{2-}$$

$$HCO_3^- + H_2O \rightleftharpoons OH^- + H_2CO_3$$

如 0.1mol/L Na_2CO_3 溶液的 pH 值约为 11.6，0.1mol/L $NaHCO_3$ 溶液的 pH 值约

为 8.3。

（4）碳酸盐与酸反应　碳酸盐和酸式碳酸盐都能与酸反应，产生 CO_2 气体。

$$Na_2CO_3 + 2HCl \longrightarrow 2NaCl + CO_2\uparrow + H_2O$$
$$NaHCO_3 + HCl \longrightarrow NaCl + CO_2\uparrow + H_2O$$

产生的 CO_2 能使氢氧化钡或石灰水产生白色混浊。

$$CO_2 + Ba(OH)_2 \longrightarrow BaCO_3\downarrow + H_2O$$
$$CO_2 + Ca(OH)_2 \longrightarrow CaCO_3\downarrow + H_2O$$

利用这一性质可以检验碳酸盐。

（5）碳酸盐与酸式碳酸盐的转化　碳酸盐与酸式碳酸盐能相互转化。碳酸盐在溶液中与 CO_2 反应，转化为酸式盐；酸式盐与碱反应，可转化为碳酸盐。

$$CaCO_3 + CO_2 + H_2O \longrightarrow Ca(HCO_3)_2$$
$$Ca(HCO_3)_2 + Ca(OH)_2 \longrightarrow 2CaCO_3\downarrow + 2H_2O$$

二、硅及其重要化合物

1. 硅

自然界中无单质硅存在，单晶硅是由石英砂和焦炭在电弧炉中制得粗硅，再经精制而得。

单晶硅的导电性介于金属与非金属之间，是重要的半导体材料。在计算机、自动控制系统等现代科学技术领域里都离不开单晶硅。

2. 二氧化硅

二氧化硅有晶形和非晶形两种。石英是二氧化硅天然晶体，无色透明的石英叫作水晶。

晶体二氧化硅的硬度大、熔点高，其性质与 CO_2 差异很大，是因为两者的晶体结构不同。见表 7-2。

表 7-2　SiO_2 和 CO_2 性质的比较

SiO_2	CO_2
原子晶体	分子晶体
不溶于水	可溶于水
与氢氟酸反应	与氢氟酸不反应
化学性质稳定，高温下与碱性物质反应	常温下与碱性物质反应

二氧化硅的化学性质很稳定，除氢氟酸外不与其他酸反应。在高温下能与碱性氧化物或碱反应形成盐。

$$SiO_2 + 4HF \longrightarrow SiF_4\uparrow + 2H_2O$$
$$SiO_2 + Na_2CO_3 \longrightarrow Na_2SiO_3 + CO_2\uparrow$$

水晶可以制造光学仪器、石英钟表。石英玻璃膨胀系数小，耐高温，骤冷不破裂。

3. 硅酸及盐

硅酸是二氧化硅的水合物，用 H_2SiO_3 代表硅酸。它是比碳酸还弱的二元酸，从溶液中析出的硅酸逐步聚合形成硅酸溶胶，经干燥得到硅胶。

$$SiO_3^{2-} + 2H^+ \longrightarrow H_2SiO_3\downarrow$$

硅酸钠是重要的硅酸盐，可溶于水，又称水玻璃、泡花碱，用作黏合剂、木材和织物防火剂、肥皂的填充剂。

课堂互动

1. 碳和硅是同一主族的元素，CO_2 与 SiO_2 相似吗？
2. 为什么单晶硅可用做半导体材料？

三、探索"喷泉"的奥秘

二氧化氮与水反应：在 500mL 烧瓶内加入 10mL 浓硝酸（HNO_3），再放入一小块铜片。待反应产生的红棕色二氧化氮（NO_2）气体赶尽空气充满整个烧瓶时，立即用尖嘴下绑有一团浸湿水的棉团的玻璃管的胶塞塞紧烧瓶瓶口，并将烧瓶固定在铁架台上，将玻璃管插入盛有紫色石蕊试液的烧杯中。打开玻璃管上的止水夹，轻轻摇动烧瓶，可产生美丽的红色喷泉（图 7-1）。

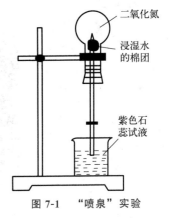

图 7-1 "喷泉"实验

反应方程式：

$$Cu + 4HNO_3(浓) \longrightarrow Cu(NO_3)_2 + 2NO_2 \uparrow + 2H_2O$$

$$3NO_2 + H_2O \longrightarrow 2HNO_3 + NO$$

拓展视野

石墨烯

石墨烯（图 7-2）是一种以 sp 杂化连接的碳原子紧密堆积成单层二维蜂窝状晶格结构的新材料。石墨烯具有优异的光学、热学、电学、力学特性，在电子信息、航天航空、新能源、材料学、生物医学等方面具有非常广阔的应用前景。

1. 光学特性

石墨烯几乎是完全透明的，只吸收 2.3% 的可见光，透光率高达 97.7%。石墨烯层的光吸收与层数成正比，数层石墨烯的每一层都可以看成二维电子层，其光学效应可近似看成互不作用的单层石墨烯光效应的叠加，互不干扰。单层石墨烯在 300～2500nm 处吸收比较平坦，说明在可见光区性质比较稳定。

2. 热学特性

石墨烯是一种热稳定材料，其导热性优于碳纳米管。普通的碳纳米管热导率为 $3500W/(m·K)$，单层石墨烯的热导率为 $5300W/(m·K)$。石墨烯的热导率是铜的 13 倍。在室温以上，石墨烯的热导率随着温度的升高而下降。优异的导热性使石墨烯有望成为未来大规模集成电路的散热材料。

3. 电学特性

石墨烯具有超高的电子迁移率，其载流子迁移率是 $15000cm^2/(V·s)$，这一数值超过了硅材料的 10 倍，其导电性远高于目前任何高温超导材料。石墨烯的电子迁移率几乎不随温度的变化而变化。石墨烯在电学方面的应用非常广泛，其新能源电池目前已经实现了商业化，已解决了部分新能源电池充电不足和充电时间长的问题。

4. 力学特性

石墨烯中，碳原子之间的连接具有很好的韧性，当被施加外部机械力时，碳原子面会弯曲变形，碳原子不必重新排列适应外力，因此保持了结构稳定。石墨烯是已知强度最高的材料之一。

图 7-2　石墨烯结构

本章小结

一、氮和磷

1. 氨和铵盐

（1）氨是无色、有刺激性臭味的气体，其水溶液为氨水。氨的性质主要表现为碱性、还原性、加合性。

（2）铵盐的性质表现在溶解性、热稳定性、水解性。

2. 硝酸

（1）纯硝酸是无色、易挥发、有刺激性气味的液体。

（2）硝酸除具有酸的通性外，还表现出两个特性：一是不稳定性，见光受热易分解，所以要保存在棕色瓶中，并置于低温暗处；二是强氧化性，硝酸浓度越大，氧化性越强。

3. 常见的磷的同素异形体有红磷和白磷，白磷剧毒，红磷无毒。常温下，红磷较稳定，白磷可以自燃。

磷酸是三元中强酸，无挥发性，无氧化性，具有酸的通性。

所有的磷酸二氢盐都易溶于水，而磷酸一氢盐和磷酸正盐中，除碱金属和铵盐外，几乎都难溶于水。

二、碳和硅

1. 在周期表中碳属于ⅣA族，价电子构型为$2s^2 2p^2$，其得电子和失电子的倾向都不强，因此常常形成共价化合物。

2. 碳的重要化合物

（1）CO是无色、无臭、有毒气体。主要性质表现在还原性、加合性。

（2）CO_2不供给呼吸，可作灭火剂。

（3）碳酸盐的性质主要表现在：溶解性、水解性、热稳定性、与酸反应，以及正盐与酸式盐的转化。

3. 硅及化合物

(1) 晶体硅是原子晶体，是半导体材料。

(2) 二氧化硅是原子晶体，其化学性质很稳定，除氢氟酸外不与其他酸反应。

(3) 硅酸钠是重要的硅酸盐，可溶于水，又称水玻璃，在其水溶液中加入强酸，可以析出硅酸溶胶，硅酸脱水可制得硅胶，用作干燥剂。

课后检测

一、填空题

1. NH_3 是_____色的气体，容易_____化，极易溶于水，在水溶液中可以少部分电离为_____和_____，所以氨水显弱_____性。

2. 常温下，浓硝酸见光或受热会_____，其化学反应方程式为_____，所以它应盛放在_____瓶中，并储于_____的地方。

3. CO_2 溶于水生成_____，这是一种_____酸，它可以形成_____盐和_____盐，这两种盐在一定条件下可以_____。

4. 浓硝酸能用铝或铁制容器盛装，原因是_____。

5. SiO_2 的化学性质稳定，但能与_____酸反应。

6. 磷酸的稳定性比硝酸_____，磷酸的挥发性比硝酸_____，硝酸的酸性比磷酸_____。

二、选择题

1. 能将 NH_4Cl、$(NH_4)_2SO_4$、$NaCl$、Na_2SO_4 溶液区分开的试剂是（　　）。

   A. $BaCl_2$ 溶液　　B. $AgNO_3$ 溶液　　C. $NaOH$ 溶液　　D. $Ba(OH)_2$ 溶液

2. 下列各组离子在溶液中可以共存，加入过量稀硫酸后有沉淀和气体生成的是（　　）。

   A. Ba^{2+}、Na^+、Cl^-、NO_3^-　　B. Ba^{2+}、K^+、Cl^-、HCO_3^-

   C. Ca^{2+}、Al^{3+}、Cl^-、NO_3^-　　D. K^+、Ba^{2+}、S^{2-}、OH^-

3. 下列金属硫化物不溶于水，也不溶于稀盐酸的是（　　）。

   A. FeS　　B. Ag_2S　　C. ZnS　　D. HgS

4. 下列物质要影响过磷酸钙肥效的是（　　）。

   A. 硝酸铵　　B. 消石灰　　C. 尿素　　D. 盐酸

5. 浓硫酸能与 C、S 反应，显示出浓硫酸的性质有（　　）。

   A. 强酸性　　B. 吸水性　　C. 脱水性　　D. 氧化性

三、简答题

1. 怎样鉴别 $BaSO_4$ 和 $BaCO_3$？写出有关的反应方程式。

2. 实验室盛放 $NaOH$ 溶液的试剂瓶，为什么不用玻璃塞而用橡皮塞？写出有关的反应方程式。

3. 如何区别 NH_4Cl、Na_2CO_3、$NaCl$、$NaNO_3$、Na_2SiO_3 五种溶液？写出相应的实验现象和反应方程式。

4. 有一瓶无色气体，试用两种方法判断它是 CO 还是 CO_2。

5. 为什么可以用 HNO_3 与 Na_2CO_3 反应制 CO_2，而不能与 FeS 反应制 H_2S？

6. 有五种白色晶体：Na_2CO_3、$NaCl$、$NaNO_3$、NH_4Cl、Na_2SiO_3。如何鉴别？写出有关的反应方程式。

7. 在 Na_2CO_3 溶液中分别加入 $BaCl_2$、HNO_3、$CuSO_4$、$AlCl_3$ 溶液，是否反应？写出反应方程式。

第八章
碱金属和碱土金属

 学习目标

知识目标
1. 认识碱金属和碱土金属,掌握钠、镁单质及其重要化合物的性质、制备和用途。
2. 了解碱金属和碱土金属的通性及结构对其单质及其化合物性质的影响。

能力目标
1. 能应用所学知识对碱金属和碱土金属的性质做出初步判断。
2. 能判断碱金属和碱土金属及其化合物性质的递变规律。

素质目标
1. 通过探索碱金属和碱土金属的通性,培养透过现象看本质的科学态度,训练分析问题、解决问题的能力。
2. 通过探究钠、镁及其化合物的性质实验,培养严谨求实的科学态度。

元素周期表中第ⅠA族元素包括锂(Li)、钠(Na)、钾(K)、铷(Rb)、铯(Cs)、钫(Fr)六种金属元素,由于它们的氢氧化物都是易溶于水的强碱,所以统称为碱金属。元素周期表中第ⅡA族元素包括铍(Be)、镁(Mg)、钙(Ca)、锶(Sr)、钡(Ba)、镭(Ra)六种金属元素,由于钙、锶、钡的氧化物在性质上介于"碱性的"和"土性的"(以前把黏土的主要成分,既难溶于水又难熔融的Al_2O_3称为"土性"氧化物)之间,故称为碱土金属,现习惯上把与其原子结构相似的铍和镁也包括在内。其中,Li、Rb、Cs、Be是稀有金属,Fr和Ra是放射性元素。

第一节 钠

钠约占地壳总质量的2.74%,元素含量居第六位。它的性质很活泼,在自然界不能以游离态存在,只能以化合态存在。钠的化合物在自然界分布很广,主要以氯化钠的形式存在于海水、井盐、岩盐和盐湖中。钠还以硝酸钠、硫酸钠和碳酸钠的形式存在于自然界中。

一、钠的性质

1. 钠的物理性质

[**演示实验8-1**] 取一块金属钠,用滤纸吸干表面的煤油后,用刀切去一端的外皮(图8-1)。观察钠的颜色。

从实验可知，钠具有银白色的金属光泽，很软，硬度小，可以用刀切割。

金属钠的熔点为 98℃，沸点为 883℃，密度为 0.97g/cm³，比水轻，具有良好的导电性、导热性和延展性。

图 8-1　切割钠

2. 钠的化学性质

钠的最外层只有 1 个价电子，在化学反应中该电子很容易失去。因此，钠的化学性质非常活泼，能与氧气等许多非金属以及水等起反应。

(1) 钠与非金属的反应

[演示实验 8-2]　观察用刀切开的钠表面所发生的变化，把一小块钠放在石棉网上加热。观察发生的现象。

通过实验我们可以看到，新切开钠的光亮表面很快就变暗，这是因为钠与氧气发生反应，在钠的表面生成了一薄层氧化物所造成的。钠的氧化物有氧化钠和过氧化钠，氧化钠很不稳定，可以继续在空气中完成如下变化：

$$Na \rightarrow Na_2O \rightarrow NaOH \rightarrow Na_2CO_3 \cdot 10H_2O \rightarrow Na_2CO_2（风化）$$

钠可在空气中燃烧，生成黄色的过氧化钠，并发出黄色的火焰，在纯氧中燃烧更剧烈。

$$2Na + O_2 \xrightarrow{\text{点燃}} Na_2O_2$$

钠除了能和氧气直接化合外，还能与卤素、硫、磷等许多非金属直接化合，生成离子化合物，反应剧烈甚至发生爆炸，显示出活泼的金属性。

$$2Na + Cl_2 \longrightarrow 2NaCl$$
$$2Na + S \longrightarrow Na_2S$$
$$3Na + P \longrightarrow Na_3P$$

在加热的条件下，钠可与氢气反应，生成白色的氢化钠。

$$2Na + H_2 \xrightarrow{\text{加热}} 2NaH$$

氢化钠容易水解，生成氢气，所以可作氢气发生剂和强还原剂。

(2) 钠与水的反应

[演示实验 8-3]　向一盛水的烧杯中滴加几滴酚酞溶液，然后取一绿豆般大小的金属钠放入烧杯中。观察钠与水起反应的现象和溶液颜色的变化。

通过观察可以看到，钠浮在水面上，它遇水剧烈反应，产生大量的热，使钠像一个小火球一样在水面上迅速游动。球逐渐变小，最后完全消失。而烧杯中的溶液由无色变为红色。其化学反应方程式如下：

$$2Na + 2H_2O \longrightarrow 2NaOH + H_2 \uparrow$$

由于钠很容易与空气中的氧气或水起反应，是一种危险化学品，所以要使它与空气和水隔绝，妥善保存。大量的钠要密封在钢桶中单独存放，少量的钠通常保存在煤油里。遇其着火时，只能用沙土或干粉灭火，绝不能用水灭火。

由于钠离子得电子能力极弱，工业上采用电解熔融盐的方法来制取金属钠：

$$2\text{NaCl}(\text{熔融}) \xrightarrow{\text{电解}} 2\text{Na} + \text{Cl}_2 \uparrow$$

钠在工业生产和现代科学技术上都有较重要的用途。钠是一种强还原剂，可用于某些金属的冶炼。例如，钠可以把钛、锆、铌、钽等金属从它们的熔融卤化物里还原出来。钠和钾的合金（钾的质量分数为 50%～80%）在室温下呈液态，是原子反应堆的导热剂。钠也应用在电光源上，高压钠灯发出的黄光射程远，透雾能力强，用作路灯时，照明度比高压水银灯高几倍。

二、钠的重要化合物

1. 氧化物

钠的氧化物有氧化钠和过氧化钠。

（1）氧化钠（Na_2O）　氧化钠是白色固体，属于碱性氧化物，具有碱性氧化物的通性，能与酸起反应生成盐和水，能与水起剧烈的反应生成氢氧化钠，与酸性氧化物起反应生成盐。例如：

$$Na_2O + 2HCl \longrightarrow 2NaCl + H_2O$$
$$Na_2O + H_2O \longrightarrow 2NaOH$$
$$Na_2O + CO_2 \longrightarrow Na_2CO_3$$

氧化钠暴露在空气中，能与空气里的二氧化碳反应，所以应密封保存。

（2）过氧化钠（Na_2O_2）　过氧化钠是淡黄色粉末，易吸潮，热稳定性强，熔融时也不分解，与水或稀酸反应生成过氧化氢（H_2O_2）。H_2O_2 不稳定，易分解放出 O_2。

[演示实验 8-4]　在盛有过氧化钠的试管中滴几滴水，再将火柴的余烬靠近试管口，检验有无氧气放出。

$$2Na_2O_2 + 2H_2O \longrightarrow 4NaOH + O_2 \uparrow$$
$$Na_2O_2 + H_2SO_4 \longrightarrow Na_2SO_4 + H_2O_2$$
$$2H_2O_2 \longrightarrow 2H_2O + O_2 \uparrow$$

过氧化钠是一种强氧化剂，工业上用作漂白剂，漂白织物、麦秆、羽毛等，还常用作分解矿石的溶剂。

Na_2O_2 暴露在空气中与二氧化碳反应生成碳酸钠，并放出氧气。因此 Na_2O_2 必须密封保存在干燥的地方。

$$2Na_2O_2 + 2CO_2 \longrightarrow 2Na_2CO_3 + O_2 \uparrow$$

利用这一性质，Na_2O_2 在防毒面具、高空飞行和潜艇中用作 O_2 的再生剂。

2. 氢氧化物（NaOH）

氢氧化钠是白色固体，易潮解，是一种常见的干燥剂，极易溶于水，溶解时放出大量的热。氢氧化钠的浓溶液对皮肤、纤维等有强烈的腐蚀作用，因此又称为苛性钠、火碱或烧碱，使用时应特别注意。

氢氧化钠是一种强碱，具有碱的一切通性，能同酸、酸性氧化物、盐类起反应。

氢氧化钠极易吸收二氧化碳，生成碳酸钠和水，因此要密闭保存。

$$2NaOH + CO_2 \longrightarrow Na_2CO_3 + H_2O$$

氢氧化钠可腐蚀玻璃，它与玻璃里的主要成分二氧化硅作用生成黏性的硅酸钠，可把玻璃塞与瓶口黏结在一起。

$$2NaOH + SiO_2 \longrightarrow Na_2SiO_3 + H_2O$$

因此实验室中盛氢氧化钠溶液的试剂瓶应为塑料瓶,若用玻璃瓶,则用橡胶塞,以免玻璃塞与瓶口粘在一起。在容量分析中,酸式滴定管不能装碱溶液也是这个缘故。

氢氧化钠是重要的化工原料,广泛用于食品、纺织、化工、冶金等工业。在实验室中可用于干燥 NH_3、O_2、H_2 等气体。

3. 钠盐

(1) 硫酸钠（Na_2SO_4） 无水 Na_2SO_4 俗称元明粉,为无色晶体,易溶于水。$Na_2SO_4 \cdot 10H_2O$ 俗名芒硝,在干燥的空气中易失去结晶水（称为风化）。硫酸钠是制造玻璃、硫化钠、造纸等的重要原料,也用于制水玻璃、纺织、染色等工业上,在医药上用作缓泻剂。

自然界的硫酸钠主要分布在盐湖和海水里。我国盛产芒硝。

(2) 碳酸钠（Na_2CO_3） 碳酸钠俗称纯碱或苏打,有无水物和十水合物（$Na_2CO_3 \cdot 10H_2O$）两种。前者置于空气中因吸潮而结成硬块,后者在空气中易风化变成白色粉末或细粒。碳酸钠易溶于水,其水溶液有较强的碱性。工业上所谓的"三酸两碱"中的两碱是指 NaOH 和 Na_2CO_3,它们都是极为重要的化工原料。由于 NaOH 有强烈的腐蚀性,所以许多用碱的场合,常以 Na_2CO_3 代替 NaOH。

碳酸钠与酸反应,放出二氧化碳气体。

$$Na_2CO_3 + 2HCl \longrightarrow 2NaCl + H_2O + CO_2\uparrow$$

因此在食品工业中,用它中和发酵后生成的多余的有机酸,除去酸味,并利用反应生成的 CO_2 使食品膨松。

碳酸钠是一种基本的化工原料,大量用于玻璃、搪瓷、肥皂、造纸、纺织、洗涤剂的生产和有色金属的冶炼中,它还是制备其他钠盐或碳酸盐的原料。

(3) 碳酸氢钠（$NaHCO_3$） 碳酸氢钠俗称小苏打,白色细小的晶体,可溶于水,但溶解度比碳酸钠小,其水溶液呈碱性,与酸也能放出二氧化碳气体。

$$NaHCO_3 + HCl \longrightarrow NaCl + H_2O + CO_2\uparrow$$

[演示实验 8-5] 在盛有碳酸钠和碳酸氢钠的两支试管中,分别加入少量盐酸。比较它们放出二氧化碳的快慢程度。

碳酸氢钠遇盐酸放出二氧化碳的作用要比碳酸钠剧烈得多。

[演示实验 8-6] 把少许 Na_2CO_3 放在硬质试管里,往另一支试管里倒入澄清的石灰水,然后加热。观察石灰水是否起变化。换上一支放入同样多的 $NaHCO_3$ 的硬质试管,加热。观察澄清的石灰水的变化（图 8-2）。

碳酸钠受热不起变化,而碳酸氢钠则受热分解放出二氧化碳。

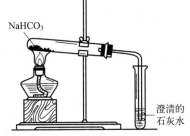

图 8-2 鉴别 Na_2CO_3 和 $NaHCO_3$

$$2NaHCO_3 \xrightarrow{加热} Na_2CO_3 + H_2O + CO_2\uparrow$$

这个反应可用来鉴别碳酸钠和碳酸氢钠。

碳酸氢钠在食品工业上是发酵粉的主要成分,医药上用它来中和过量的胃酸,纺织工业上用作羊毛洗涤剂,它还用作泡沫灭火器的药剂。

课堂互动

由于钠与空气中的氧气或水易发生反应,所以实验室少量的钠通常在煤油中保存,思考一下,能否把钠保存在易挥发的汽油里或密度比钠大的四氯化碳（CCl_4）中？

第二节 镁

镁在自然界的分布也很广,占地壳总质量的2.00%,居元素含量的第八位。镁的化学性质也很活泼,在自然界以化合态的形式存在。主要存在于光卤石($KCl \cdot MgCl_2 \cdot H_2O$)、白云石($CaCO_3 \cdot MgCO_3$)和菱镁矿($MgCO_3$)中,海水中也含有大量的$MgCl_2$、$MgSO_4$。

一、镁的性质

1. 镁的物理性质

镁是具有银白色金属光泽的轻金属,软金属,密度为$1.74g/cm^3$,熔点649℃,沸点1090℃。镁有良好的导热性和导电性。

2. 镁的化学性质

镁原子的最外层有两个价电子,在反应中容易失去这两个电子而成为+2价的阳离子,表现出活泼的化学性质和很强的还原性。能与许多非金属、水、酸等起反应。

(1)镁与非金属的反应　常温下,镁在空气里都能被缓慢氧化,在表面生成一层十分致密的氧化膜,可以保护内层的镁不再被氧化,因此镁无需密闭保存。

[演示实验8-7]　取一段镁条,用砂纸擦去其表面氧化物,用镊子夹住放在酒精灯上灼烧,观察其现象。

通过实验可以看到,镁条剧烈燃烧,生成白色粉末状的氧化镁,同时放出强烈的白光,因此可用它制造焰火、照明弹等。

$$2Mg + O_2 \xrightarrow{燃烧} 2MgO$$

镁条的燃烧

镁在一定温度下也能与卤素、硫等非金属反应,生成卤化物或硫化物。

$$Mg + Br_2 \xrightarrow{加热} MgBr_2$$

$$Mg + S \xrightarrow{加热} MgS$$

镁在空气中燃烧生成氧化物的同时还可生成少量的氮化物。

$$3Mg + N_2 \xrightarrow{高温} Mg_3N_2$$

(2)镁与水、稀酸的反应

[演示实验8-8]　在一支试管中加入少量水和几滴酚酞,将一段去掉氧化膜的镁条投入试管中,观察现象。将试管放在酒精灯上加热,观察反应的现象。

镁在常温下与水反应缓慢,不易察觉,但在沸水中反应显著,这是因为反应生成的氢氧化镁在冷水中溶解度较小,覆盖在镁的表面,阻止了反应的继续进行。

$$Mg + 2H_2O \xrightarrow{沸水} Mg(OH)_2 + H_2 \uparrow$$

镁还能与稀酸反应放出氢气,并生成相应的盐。

$$Mg + H_2SO_4(稀) \longrightarrow MgSO_4 + H_2 \uparrow$$

(3)镁与氧化物的反应　镁不仅可以与空气中的氧气起反应,而且能够夺取氧化物中的氧,显示出很强的还原性。

$$2Mg + CO_2 \xrightarrow{高温} C + 2MgO$$

课堂互动

有人说"镁是一种还原性很强的金属,能把铜从硫酸铜溶液中置换出来"。这种说法是否准确?请你利用所学的知识分析一下。

由于镁是活泼的金属,所以工业上通过电解熔融氯化物的方法来制取金属镁。

$$MgCl_2(熔融) \xrightarrow{电解} Mg + Cl_2 \uparrow$$

镁的主要用途是制造密度小、硬度大、韧性高的合金。如铝镁合金(含10%~30%的镁)、电子合金(含90%的镁),这些合金适用于飞机和汽车的制造。镁还常用作冶炼稀有金属的还原剂,制造照明弹。镁也是叶绿素中不可缺少的元素。

二、镁的重要化合物

1. 氧化物(MgO)

氧化镁又称苦土,是一种很轻的白色粉末状固体,难溶于水,其熔点较高,为2800℃。硬度也较高,是优良的耐火材料,可以用来制造耐火砖、耐火管、坩埚和金属陶瓷等;医学上将纯的氧化镁用作抑酸剂,以中和过多的胃酸,还可作为缓泻剂。

氧化镁是碱性氧化物,能与水缓慢反应生成氢氧化镁,同时放出热量。

2. 氢氧化物 [Mg(OH)$_2$]

氢氧化镁是一种微溶于水的白色粉末,是中等强度的碱,具有一般碱的通性。它的热稳定性差,加热时分解为MgO和H$_2$O。

$$Mg(OH)_2 \longrightarrow MgO + H_2O$$

氢氧化镁在医药上常配成乳剂,称"苦土乳",作为缓泻剂,也有抑制胃酸的作用。氢氧化镁还用于制造牙膏、牙粉。

3. 镁盐

(1)氯化镁(MgCl$_2$) MgCl$_2$·6H$_2$O是一种无色晶体,味苦,易溶于水,极易吸水,普通食盐的潮解现象就是其中含有少量氯化镁杂质的缘故。MgCl$_2$可从光卤石和海水里提取。

MgCl$_2$·6H$_2$O受热至527℃以上,分解为氧化镁和氯化镁。

$$MgCl_2 \cdot 6H_2O \xrightarrow{800K} MgO + 2HCl\uparrow + 5H_2O$$

所以仅用加热的方法得不到无水MgCl$_2$。欲得到无水MgCl$_2$,必须在干燥的HCl气流中加热MgCl$_2$·6H$_2$O,使其脱水。

氯化镁的用途很广,无水MgCl$_2$是制造Mg的原料。纺织工业中用MgCl$_2$来保持棉纱的湿度而使其柔软。氯化镁和氧化镁按一定比例混合,可调制成胶凝材料,俗称镁水泥,这种胶凝材料硬化快、强度高,用于制造建筑上的耐高温水泥。

(2)硫酸镁(MgSO$_4$) MgSO$_4$·7H$_2$O是一种无色晶体,易溶于水,有苦味,在干燥空气中易风化而成粉末。在医药上常用作泻药,故又称之为泻盐。另外,造纸、纺织等工业也用到硫酸镁。

(3)碳酸镁(MgCO$_3$) 碳酸镁为白色固体,微溶于水。将CO$_2$通入MgCO$_3$的悬浊液中,则生成可溶性的碳酸氢镁。

$$MgCO_3 + CO_2 + H_2O \longrightarrow Mg(HCO_3)_2$$

第三节　碱金属和碱土金属的性质比较

一、原子结构的比较

碱金属元素原子最外层只有一个价电子，次外层都是稀有气体的稳定结构。碱金属元素原子，按照锂、钠、钾、铷、铯的顺序，随着核电荷数的增加，电子层数随之递增，原子半径越来越大。

碱土金属元素原子最外层有两个价电子，次外层都是稀有气体的稳定结构。碱土金属元素原子，按照铍、镁、钙、锶、钡的顺序，随着核电荷数的增加，电子层数也随之递增，原子半径也越来越大。

碱金属元素的原子半径比同周期碱土金属元素的原子半径要大，最外层电子数也少 1 个，所以碱金属元素的原子在化学反应中比同周期的碱土金属元素的原子要容易失去电子。

二、物理性质的比较

碱金属和碱土金属（除铍外）都是银白色的金属，具有一般金属的通性，如有金属光泽、延展性、导电性、导热性等。见表 8-1、表 8-2。

表 8-1　碱金属元素的原子结构及单质的物理性质

元素名称	锂	钠	钾	铷	铯
元素符号	Li	Na	K	Rb	Cs
核电荷数	3	11	19	37	55
价电子结构	$2s^1$	$3s^1$	$4s^1$	$5s^1$	$6s^1$
化合价	+1	+1	+1	+1	+1
密度/(g/cm^3)	0.535	0.971	0.862	1.532	1.873
熔点/K	453.54	370.81	336.65	311.89	301.4
沸点/K	1615	1155.9	1032.9	959	942.3
硬度	0.6	0.5	0.4	0.3	0.2
颜色和状态	银白色,质软	银白色,质软	银白色,质软	银白色,质软	银白色,质软

表 8-2　碱土金属元素的原子结构及单质的物理性质

元素名称	铍	镁	钙	锶	钡
元素符号	Be	Mg	Ca	Sr	Ba
核电荷数	4	12	20	38	56
价电子结构	$2s^2$	$3s^2$	$4s^2$	$5s^2$	$6s^2$
化合价	+2	+2	+2	+2	+2
密度/(g/m^3)	1.848	1.738	1.55	2.54	3.5
熔点/K	1551	921.8	1112	1042	998
沸点/K	3243	1363	1757	1657	1913
硬度	4	2.5	2	1.8	—
颜色	钢灰色	银白色	银白色	银白色	银白色

碱金属的密度都很小，是典型的轻金属，硬度也很小，属软金属，熔点、沸点低，其中铯的熔点最低，人体的温度即可使其熔化。而且，随着核电荷数的递增，碱金属的熔点、沸点、硬度都呈现由高到低的变化，密度则略有增大。

同周期的碱土金属和碱金属相比，密度、硬度都要大，熔点、沸点也高，但随核电荷数递增的变化规律与碱金属的变化规律不一致。

三、化学性质的比较

碱金属由于最外层只有一个价电子，在化学反应中很容易失去这个电子而形成+1价的阳离子，因此，碱金属都具有很强的化学活泼性，能与绝大多数非金属、水、酸等反应，是很强的还原剂。但是，随着核电荷数的增大，碱金属的电子层数依次增加，原子半径依次增大，失去最外层电子的倾向也依次增大，因此，碱金属的化学活泼性，即还原性顺序为：Li＜Na＜K＜Rb＜Cs。

碱土金属由于最外层有两个价电子，比碱金属最外层电子数多1个，所以同周期相比，碱土金属的化学性质没有碱金属的化学性质活泼。但碱土金属也是活泼性相当强的金属元素，并且随着核电荷数的增大，碱土金属的化学活泼性变化规律和碱金属一致，即还原性顺序为：Be＜Mg＜Ca＜Sr＜Ba。

下面从碱金属、碱土金属与非金属和水的反应来比较它们的化学性质。

1. 与非金属的反应

碱金属和碱土金属都能与大多数非金属（如氧气、卤素、硫、磷等）发生反应，表现出很强的金属性，变化规律符合主族元素的性质递变规律。

例如，在常温时，锂在空气中缓慢氧化生成氧化锂；钠在空气中很快被氧化生成氧化钠；钾在空气中迅速被氧化成氧化钾；铷和铯在空气中能自燃。

同周期的碱金属和碱土金属性质递变也符合同周期元素的性质递变规律。

例如，钠在空气中很快被氧化生成氧化钠，并且要隔绝空气存放；镁在空气中缓慢氧化成氧化镁，并且可以在空气中存放。

碱金属和碱土金属燃烧时火焰呈现出不同的颜色。

[演示实验 8-9] 把装在玻璃棒上的铂丝（也可用光亮的铁丝、镍丝或钨丝）用纯净的盐酸洗净，放在酒精灯上灼烧，当火焰与原来灯焰的颜色一致时，用铂丝分别蘸上氯化钠、氯化钾、氯化锂溶液或晶体，放在灯的外焰上灼烧，观察火焰的颜色。

每次实验完毕，都要用盐酸将铂丝小环清洗干净。在做钾的实验时，要透过蓝色的钴玻璃片（滤去黄光）。

许多金属或它们的挥发性盐在无色火焰上灼烧时会产生特殊的颜色，这种现象称为焰色反应（图8-3）。根据焰色反应所呈现的特殊颜色（表8-3），常用于分析化学上鉴别这些金属元素的存在；另外还可以制造各色焰火。

图 8-3 焰色反应

焰色反应

表 8-3 一些金属或金属离子的焰色反应的颜色

金属或金属离子	锂	钠	钾	铷	铯	钙	钡	铜
焰色反应的颜色	紫红色	黄色	紫色	紫红色	紫红色	砖红色	黄绿色	绿色

2. 与水的反应

碱金属在常温时都能与水反应，生成氢氧化物和氢气。碱金属的氢氧化物易溶于水，其水溶液都呈强碱性，都能使无色的酚酞试液变红色，且从氢氧化锂到氢氧化铯碱性依次增强。

例如，常温下，锂与水反应时比较缓慢，不熔化；钠与水能起剧烈反应；钾与水的反应比钠与水的反应更剧烈，常使生成的氢气燃烧，并发生轻微爆炸；铷和铯遇水剧烈反应，并发生爆炸。

碱土金属与水的反应比同周期的碱金属弱，生成的氢氧化物的碱性也弱。

例如，常温下，钠与水能起剧烈反应，生成的氢氧化钠是强碱；镁只能与水缓慢反应，而生成的氢氧化镁是中等强度的碱。

课堂互动

焰色反应，也称为焰色测试及焰色试验，是某种金属或它们的化合物在无色火焰中灼烧呈现特殊颜色的反应。其原理是每种元素都有其特殊的光谱。在化学上，可以用来测试某种金属是否存在于化合物中。生活中，人们在烟花中有意识加入特定金属元素，使烟花更加绚丽多彩。你还知道焰色反应有哪些实际用途吗？

拓展视野

化工巨擘侯德榜

纯碱是一种重要的化工原料。二十世纪前，我国工业用纯碱依赖从英国进口。为了发展民族工业，1917年爱国实业家范旭东在天津创办了永利碱业公司，聘请侯德榜先生担任总工程师。侯德榜先生致力于摸索索尔维法的各项技术，进行制碱工艺和设备的改进，终于获得成功，1924年8月，永利碱厂正式投产。侯德榜先生为了进一步提高NaCl的利用率，提出了新的工艺路线，不仅把NaCl原料的利用率从30％提高到98％，而且实现了制碱和制氨的结合，大大降低了生产的成本，提高了经济效益。1943年，这种制碱法被国际正式命名为"侯氏联合制碱法"，侯德榜先生也为祖国赢得了荣誉。

本章小结

一、碱金属和碱土金属

碱金属包括锂（Li）、钠（Na）、钾（K）、铷（Rb）、铯（Cs）、钫（Fr）六种金属元素，位于元素周期表的第ⅠA族。

碱土金属包括铍（Be）、镁（Mg）、钙（Ca）、锶（Sr）、钡（Ba）、镭（Ra）六种金属元素，位于元素周期表中第ⅡA族。

二、重要的碱金属元素钠

1. 钠的性质：钠的最外层只有1个电子，在化学反应中该电子很容易失去。因此，钠的化学性质非常活泼，能与氧气等许多非金属以及水等起反应。

2. 钠的重要化合物：

钠的氧化物有Na_2O和Na_2O_2；

钠的氢氧化物有NaOH；

重要的钠盐有Na_2SO_4、Na_2CO_3和$NaHCO_3$。

三、重要的碱土金属元素镁

1. 镁的性质：镁原子的最外层有两个价电子，在反应中容易失去这两个电子而成为＋2

价的阳离子。因此，镁表现出活泼的化学性质和很强的还原性。能与许多非金属、水、酸等起反应。

2. 镁的重要化合物：

镁的氧化物有 MgO；

镁的氢氧化物有 $Mg(OH)_2$；

重要的镁盐有 $MgCl_2$，$MgSO_4$，$MgCO_3$。

课后检测

一、填空题

1. Na 的原子序数为_____，位于周期表_____周期，_____族，最外层有_____个电子，容易_____电子，成为_____价离子。因此 Na 具有很强的_____性。

2. 钠在自然界里不能以_____态存在，只能以_____态存在，这是因为_____。

3. 钠的密度比水的密度_____，将钠投入水中，立即在_____与水剧烈反应，有_____放出，钠熔成_____向各个方向游动，发出_____的响声，_____逐渐缩小，最后_____，钠与水起反应的化学方程式是_____。

4. 在潜艇和消防员的呼吸面具中，Na_2O_2 所起反应的化学方程式为_____。在这个反应中，Na_2O_2 _____剂。某潜艇上有 50 人，如果每人每分钟消耗 0.80L O_2（标准状况），则一天需_____ kg Na_2O_2。

5. 检验 Na_2CO_3 粉末中是否混有 $NaHCO_3$ 的方法是_____，除去 Na_2CO_3 中混有的少量 $NaHCO_3$ 的方法是_____。

6. 与相邻的碱金属比较，碱土金属原子的最外层多了_____个电子，原子核对电子的吸引力_____，所以碱土金属的活泼性比相邻的碱金属更_____。

二、选择题

1. 金属钠比钾（　　）。
A. 金属性强　　　　B. 原子半径大　　　　C. 还原性弱　　　　D. 性质活泼

2. 在盛有氢氧化钠溶液的试剂瓶口，常看到有白色的固体物质，它是（　　）。
A. NaOH　　　　B. Na_2CO_3　　　　C. Na_2O　　　　D. $NaHCO_3$

3. 钠与水起反应的现象与以下钠的性质无关的是（　　）。
A. 钠的熔点较低　　B. 钠的密度较小　　C. 钠的硬度较小　　D. 钠是强还原剂

4. 在空气中放置少量金属钠，最终的产物是（　　）。
A. Na_2CO_3　　　　B. NaOH　　　　C. Na_2O　　　　D. Na_2O_2

三、写出下列反应的化学方程式，属于离子反应的，写出相应的离子方程式。

1. Na $\xrightarrow{①}$ Na_2O_2 $\xrightarrow{②}$ NaOH $\underset{④}{\overset{③}{\rightleftharpoons}}$ Na_2CO_3 $\xrightarrow{⑤}$ $NaHCO_3$（⑥ 从 Na 到 NaOH，⑦ 从 NaOH 到 Na_2CO_3 的另一路径）

2. Mg→MgO→$MgCl_2$→$MgCO_3$→$MgSO_4$→$Mg(OH)_2$→$MgCl_2$→Mg

四、有四种钠的化合物 A、B、C、D，根据下列反应式判断它们的化学式。

(1) A ⟶ B+CO_2↑+H_2O　　　　(2) D+CO_2 ⟶ B+O_2

(3) $D + H_2O \longrightarrow C + O_2 \uparrow$ (4) $B + Ca(OH)_2 \longrightarrow C + CaCO_3 \downarrow$

五、在实验室里加热 $NaHCO_3$，生成 Na_2CO_3、CO_2 和 H_2O，并用澄清石灰水检验生成的 CO_2。

图 8-4 装置图

1. 图 8-4 是某学生设计的装置图，有哪些错误？应该怎样改正？
2. 停止加热时，应该怎样操作？为什么？

六、Na_2O 和 Na_2O_2 均能与 CO_2 反应，但 Na_2O 与 CO_2 反应不生成 O_2（$Na_2O + CO_2 \longrightarrow Na_2CO_3$）。现有一定量的 Na_2O 和 Na_2O_2 的混合物，使其与 CO_2 充分反应时，每吸收 17.6g CO_2，即有 3.2g O_2 放出。计算该混合物中 Na_2O 和 Na_2O_2 的质量分数。

第九章
其他重要的金属元素

学习目标

知识目标
1. 掌握铝、铁单质及其重要化合物的性质。
2. 知道金属的通性及合金的基本知识。
3. 了解金属冶炼的方法及金属的回收。

能力目标
1. 能用反应方程式说明铝、铁及其化合物的性质。
2. 会用铝、铁的典型化学性质说明其主要用途。
3. 能从金属结构的角度分析金属的共性和性质的递变规律。

素质目标
1. 通过探究金属的回收和环境资源保护,增强安全、环保、节能意识。
2. 通过探索金属的冶炼,培养科学探究和创新精神。

金属元素是指那些原子半径较大,最外层电子数较少,在化学反应中较易失去电子的元素。到目前为止,自然界存在及人工合成的金属元素已达 90 余种。

金属是现代工业、农业和国防的重要结构材料,在经济建设和日常生活中广泛应用。本章将介绍几种重要的金属及其化合物。

第一节 铝

铝是自然界中分布极广的元素之一,地壳中铝的丰度为 7.35%,仅次于氧和硅,居第三位。铝的原子序数为 13,位于元属周期表第三周期,第ⅢA族。它的最外层电子构型为 $3s^2 3p^1$。在铝的化合物中,铝的化合价一般为 +3 价,是比较活泼的金属元素。因此,自然界中不存在单质铝,主要以盐的形式存在于各种矿物岩石中,如长石、云母、高岭土等。重要的铝矿石有铝土矿($Al_2O_3 \cdot 2H_2O$)、冰晶石(Na_3AlF_6),它们都是提炼铝的重要原料。

一、铝的性质和用途

1. 物理性质

铝是银白色有光泽的金属,熔点 660℃,密度 2.7g/cm³,具有良好的延展性、导热性和导电性,能代替铜用来制造电线、高压电缆、发电机等电器设备。

2. 化学性质

(1) 与氧反应 铝是一种相当活泼的金属，容易与氧发生反应，一旦与空气中的氧接触，表面立即被氧化，生成一层致密的氧化膜保护金属铝。但在高温下，铝与氧反应生成氧化铝，并放出大量的热：

$$4Al+3O_2 \xrightarrow{高温} 2Al_2O_3 + 3339kJ/mol$$

利用这个反应的高反应热，铝常被用来从其他金属氧化物中置换出金属单质，这种冶炼金属的方法称为铝热还原法，铝和金属氧化物的混合物叫铝热剂。由于铝和氧在反应过程中释放出大量的热量，可以将反应混合物加热至很高温度，致使产物金属熔化同氧化铝熔渣分层。铝热还原法常用来还原那些难以还原的高熔点金属氧化物，如 MnO_2、Cr_2O_3 等。

$$Cr_2O_3 + 2Al \longrightarrow 2Cr + Al_2O_3$$

如果将铝粉与四氧化三铁按一定比例混合组成铝热剂，用镁粉和氯酸钾组成的混合物去引燃，反应立即发生：

$$8Al + 3Fe_3O_4 \longrightarrow 4Al_2O_3 + 9Fe + 3326kJ/mol$$

由于该反应高达 3000℃，因此常用这一反应来焊接损坏的铁路钢轨，而不需要把钢轨拆除。

(2) 与非金属反应 铝在高温下也容易与卤素、硫等非金属反应。

$$2Al + 3Cl_2 \xrightarrow{高温} 2AlCl_3$$

$$2Al + 3S \xrightarrow{高温} Al_2S_3$$

(3) 与酸、碱反应

[**演示实验 9-1**] 取四支试管，分别加入 2mL 的 2mol/L 硫酸、2mol/L 盐酸、浓硫酸和浓硝酸，然后在每支试管中加入铝箔。观察四支试管有何现象并填写下表：

酸及其浓度	HCl 2mL 2mol/L	H_2SO_4 2mL 2mol/L	浓 H_2SO_4	浓 HNO_3
现象				

由此可看到，铝与稀酸反应可放出氢气：

$$2Al + 6HCl \longrightarrow 2AlCl_3 + 3H_2\uparrow$$

$$2Al + 3H_2SO_4 \longrightarrow Al_2(SO_4)_3 + 3H_2\uparrow$$

而冷的浓硫酸、浓硝酸能使铝表面被氧化，生成致密的氧化膜，这种现象叫钝化。因此可用铝制的容器盛放和装运浓硫酸和浓硝酸。

铝是两性金属。它能溶于稀酸中，形成铝盐；也能溶于强碱中，形成偏铝酸盐。

$$2Al + 2NaOH + 2H_2O \longrightarrow 2NaAlO_2 + 3H_2\uparrow$$

用 AlO_2^- 只是为了表达方便而采用的简写形式。实际上偏铝酸盐溶液中不存在 AlO_2^-，而是以 $[Al(OH)_4]^-$ 为主要存在形式。但在脱水产物或高温熔融产物中可以写成 AlO_2^-。

3. 铝的用途

铝已成为世界上最为广泛应用的金属之一。特别是近年来，铝及铝合金作为节能、降耗的环保材料，无论应用范围还是用量都在进一步扩大。尤其是在建筑业、交通运输业和包装业，这三大行业的铝消费一般占当年铝总消费量的 60% 左右。在其他消费领域，如电子电气、家用电器（冰箱、空调）、日用五金等方面的使用量和使用前景也越来越广阔。

二、铝的重要化合物

1. 氧化铝

氧化铝 Al_2O_3 俗称矾土，是一种不溶于水的白色粉末，密度 $3.97g/cm^3$，熔点 $2045℃$，具有两性，既能溶于酸，又能溶于强碱：

$$Al_2O_3 + 6HCl \longrightarrow 2AlCl_3 + 3H_2O$$
$$Al_2O_3 + 2NaOH \longrightarrow 2NaAlO_2 + H_2O$$

在自然界中以晶体状态存在的氧化铝称为刚玉。人工高温灼烧的氧化铝称为人造刚玉。刚玉的硬度很大（8.8），仅次于金刚石，熔点也很高，可做高硬度材料、研磨材料及耐火材料。刚玉由于含有不同的杂质而呈现不同的颜色。含有极微量铬的氧化物呈红色，称红宝石，含有微量铁和钛的氧化物呈蓝色，称蓝宝石。它们均是优良的抛光剂和磨料。

2. 氢氧化铝

氢氧化铝 $Al(OH)_3$ 是白色的固态物质。在铝盐溶液中加入氨水或适量的碱所得到的凝胶状白色沉淀则是无定形 $Al(OH)_3$。只有在偏铝酸盐的溶液（$[Al(OH)_4]^-$）中通入 CO_2 才得到真正的氢氧化铝白色晶体。

$$2Na[Al(OH)_4] + CO_2 \longrightarrow 2Al(OH)_3 \downarrow + Na_2CO_3 + H_2O$$

[演示实验 9-2] 取一支试管，加入 10mL 0.5mol/L $Al_2(SO_4)_3$ 溶液，逐滴加入 6mol/L $NH_3·H_2O$，生成 $Al(OH)_3$ 沉淀。将此混浊液分装在两个试管里，分别滴加 2mol/L HCl 和 6mol/L NaOH。观察沉淀是否溶解。

通过观察，两支试管的沉淀均溶解。说明氢氧化铝是一种两性氢氧化物，$Al(OH)_3$ 既能与酸反应，又能与强碱反应：

$$Al(OH)_3 + 3HCl \longrightarrow AlCl_3 + 3H_2O$$
$$Al(OH)_3 + NaOH \longrightarrow NaAlO_2 + 2H_2O$$

氢氧化铝的两性性质

[演示实验 9-3] 按照演示实验 9-2 的步骤，将生成的 $Al(OH)_3$ 沉淀分别装在另外两支洁净的试管中，一支继续滴加 6mol/L $NH_3·H_2O$，另一支通入 CO_2，观察沉淀是否溶解。

课堂互动

演示实验 9-3 的实验现象说明了什么？

氢氧化铝的两性，是由于氢氧化铝在水溶液中，可以按酸的形式电离，又可按碱的形式电离：

$$H_2O + AlO_2^- + H^+ \rightleftharpoons Al(OH)_3 \rightleftharpoons Al^{3+} + 3OH^-$$

在加酸的条件下，平衡向右移动，发生碱式电离而生成铝盐，$Al(OH)_3$ 表现为碱性；在加碱的条件下，平衡向左移动，发生酸式电离而生成偏铝酸盐。

3. 铝盐

（1）氯化铝　无水 $AlCl_3$ 是无色透明的晶体，但常常因含有 $FeCl_3$ 而呈浅黄色。它易挥发，能溶于有机溶剂如乙醇、乙醚等，在水中溶解度也较大。无水 $AlCl_3$ 极易水解，甚至在潮湿的空气里也因强烈的水解而发烟。

无水 $AlCl_3$ 是一种重要的催化剂，广泛地用作石油化工、有机合成工业的催化剂，还可用于合成药物、染料、橡胶、洗涤剂、塑料、香料等方面。

(2) 硫酸铝　无水 $Al_2(SO_4)_3$ 是白色粉末。常温下从水溶液中析出的铝盐晶体是 $Al_2(SO_4)_3 \cdot 18H_2O$。它易溶于水，由于 Al^{3+} 的水解作用，使溶液呈酸性。将等物质的量的硫酸铝和硫酸钾溶于水，蒸发、结晶，可得到一种水合复盐，称为铝钾矾 $KAl(SO_4)_2 \cdot 12H_2O$，俗称明矾，它在水溶液中可电离出两种金属阳离子：

$$KAl(SO_4)_2 \longrightarrow K^+ + Al^{3+} + 2SO_4^{2-}$$
$$Al^{3+} + 3H_2O \rightleftharpoons Al(OH)_3 + 3H^+$$

硫酸铝主要用于造纸工业和用作水处理的凝絮剂，也可用于白皮革的鞣剂，染色的媒染剂，油脂的澄清剂，石油的除臭脱色剂以及防火材料等。

氯化铝和硫酸铝都是铝的强酸盐，由于 Al^{3+} 的水解作用，使得溶液呈酸性；而铝的弱碱盐（如 Al_2S_3），水解更加明显，甚至达到几乎完全的程度。

$$2Al^{3+} + 3S^{2-} + 6H_2O \longrightarrow 2Al(OH)_3(s)\downarrow + 3H_2S(g)\uparrow$$

所以，铝的弱酸盐不能用湿法制取。保存时应密封，谨防受潮变质。

 课堂互动

在水溶液中依次加入硫酸铝和碳酸钠，它们会发生反应吗？请利用所学的知识分析一下。若反应，你能写出反应方程式吗？反应有什么现象呢？

第二节　铁

铁在地壳中的含量居第四位，丰度为 4.65%，在金属中仅次于铝，是丰度第二高的金属。铁的原子序数为 26，位于周期表第四周期，第ⅧB族。铁元素分布很广，主要矿石有：赤铁矿 Fe_2O_3、磁铁矿 Fe_3O_4、褐铁矿 $Fe_2O_3 \cdot 3H_2O$、菱铁矿 $FeCO_3$、黄铁矿 FeS_2。我国的东北、华北、华中地区都有丰富的铁矿。

一、铁的性质和用途

1. 物理性质

纯铁是银白色有光泽的金属，密度 $7.68g/cm^3$，熔点 1535℃，它除了有导电性、导热性、延展性外，还能被磁铁吸引，具有铁磁性。

2. 化学性质

铁属于中等活泼的金属。当铁参加化学反应时，不但容易失去最外层的 2 个电子，而且还能失去次外层的 1 个电子。所以，铁的化合价有 +2 价和 +3 价。

（1）与非金属的反应　常温下，铁在干燥的空气中与氧、氯、硫等典型的非金属不起显著的作用。因此，工业上常用钢瓶储藏干燥的氯气和氧气。但加热时，铁容易与氧、氯、硫等非金属反应：

$$2Fe + 3Cl_2 \xrightarrow{\triangle} 2FeCl_3$$
$$Fe + S \xrightarrow{\triangle} FeS$$

 课堂互动

铁与氯、硫反应时，为什么生成物中铁的化合价不一样呢？

通过讨论，我们知道在铁与硫的反应里，铁原子失去最外层的 2 个电子变成 +2 价的铁；在铁与氯的反应里，铁原子不仅失去最外层的 2 个电子，还失去次外层的 1 个电子，变成 +3 价的铁。这是因为氯气是一个很强的氧化剂，它夺取电子的能力比硫强的缘故。因此，铁与强氧化剂反应生成三价铁，与弱氧化剂反应生成二价铁。

（2）与酸的反应

[演示实验 9-4] 取三支试管，分别加入 5mL 2mol/L 的硫酸、2mol/L 的盐酸和浓硫酸，然后在每支试管中分别加入铁丝。观察三支试管有何现象，并填写下表：

铁与酸的反应

酸及其浓度	HCl 5mL 2mol/L	H_2SO_4 5mL 2mol/L	浓 H_2SO_4 5mL
现　象			

通过对现象的分析，说明铁能与稀盐酸、稀硫酸发生置换反应，放出氢气。而在常温下铁与浓硫酸或浓硝酸不起反应，这是由于铁与浓硫酸或浓硝酸产生钝化现象，在铁的表面生成了一层致密的保护膜。因而可用铁制品盛装和运输浓硫酸和浓硝酸。

（3）与水的反应　常温下，铁与水不反应。但高温时，铁能与水反应，生成四氧化三铁并放出氢气。

$$3Fe + 4H_2O \xrightarrow{高温} Fe_3O_4 + 4H_2 \uparrow$$

3. 铁的用途

铁是最重要的基础结构材料。其主要的用途是制造合金，铁合金的用途十分广泛，而纯铁在工业上用途甚少。

二、铁的重要化合物

1. 铁的氧化物

铁有三种氧化物，氧化亚铁（FeO）、氧化铁（Fe_2O_3）、四氧化三铁（Fe_3O_4）。

氧化亚铁是一种黑色粉末，呈碱性，不溶于水，易溶于非氧化性酸形成亚铁盐。

氧化铁是一种红色粉末，俗称铁红。它是两性偏碱性的氧化物，不溶于水，与酸反应生成铁盐。Fe_2O_3 有很强的着色力，广泛用作陶瓷、涂料的颜料，还可以作为磨光剂和某些反应的催化剂。

四氧化三铁是黑色具有磁性的物质，故又称磁性氧化铁。Fe_3O_4 不是铁的氧化物，经 X 射线研究证明，它是一种铁酸盐 $Fe(FeO_2)_2$。

2. 铁的氢氧化物

在亚铁盐和铁盐的溶液中分别加入碱，能得到相应的氢氧化物沉淀。下面做一实验，请同学们仔细观察沉淀的颜色以及形状。

[演示实验 9-5] 在编号为 Ⅰ 的试管中加入 3mL 的 $FeSO_4$ 溶液，再用滴管逐滴加入少量 NaOH 溶液；在编号为 Ⅱ 的试管中加入 3mL 的 $FeCl_3$ 溶液，再用滴管逐滴加入少量 NaOH 溶液。

观察实验现象，填写下表：

编号	试管 Ⅰ	试管 Ⅱ
现象		
离子方程式		

$Fe(OH)_2$ 是白色絮状沉淀，极不稳定，在空气中，立即被氧化为红色的 $Fe(OH)_3$。其

反应式为：
$$4Fe(OH)_2 + O_2 + 2H_2O \longrightarrow 4Fe(OH)_3$$

氢氧化亚铁和氢氧化铁沉淀都能与酸反应，分别生成亚铁盐和铁盐。氢氧化铁加热后，会失去水而生成红棕色的 Fe_2O_3 粉末。
$$2Fe(OH)_3 \xrightarrow{\triangle} Fe_2O_3 + 3H_2O$$

3. 硫酸亚铁

硫酸亚铁 $FeSO_4 \cdot 7H_2O$ 是浅绿色晶体，俗称绿矾，易溶于水，因水解而使溶液显酸性。硫酸亚铁在空气中逐渐失去结晶水而风化，变为白色粉末，并且表面容易氧化为黄褐色碱式硫酸铁 $Fe(OH)SO_4$。
$$4FeSO_4 + O_2 + 2H_2O \longrightarrow 4Fe(OH)SO_4$$

因此，绿矾在空气中不稳定而变为黄褐色，其溶液久置也常有棕色沉淀。因而保存 Fe^{2+} 盐溶液应加铁钉来防止氧化。由于 Fe^{2+} 盐溶液能被氧化，说明 Fe^{2+} 具有还原性。当 Fe^{2+} 遇见如 Cl_2、HNO_3 等氧化剂时，往往被氧化成 Fe^{3+}。
$$2Fe^{2+} + Cl_2 \longrightarrow 2Fe^{3+} + 2Cl^-$$
$$6Fe^{2+} + 8H^+ + 2NO_3^- \longrightarrow 6Fe^{3+} + 2NO + 4H_2O$$

硫酸亚铁能与碱金属或铵的硫酸盐形成复盐，最重要的复盐就是硫酸亚铁铵，俗称摩尔盐 $FeSO_4 \cdot (NH_4)_2SO_4 \cdot 6H_2O$。它比绿矾稳定得多，是分析化学中常用的还原剂，用于标定 $Cr_2O_7^{2-}$、MnO_4^-。

硫酸亚铁用途很广，它可用作木材防腐剂、织物染色时的媒染剂、净水剂及制造蓝黑墨水，在医药上可以治疗贫血，在农业上用作杀虫剂，防止大麦的黑穗病和条纹病。

4. 三氯化铁

无水三氯化铁是用氯气和铁粉在高温下直接合成的。在300℃以上升华。熔点282℃，沸点315℃，易溶于水，也容易溶解在有机溶剂（如乙醚、丙酮）中，具有明显的共价性。

带有结晶水的 $FeCl_3 \cdot 6H_2O$ 是黄棕色的层状晶体。它是将铁屑溶于盐酸，再通入氯气，经浓缩、冷却、结晶得到的。它易潮解。

三氯化铁主要用于有机染料的生产中；在某些反应中用作催化剂；因为它能引起蛋白质的迅速凝聚，所以在医药上用作伤口的止血剂；在酸性溶液中，Fe^{3+} 是较强的氧化剂，它能把 KI、H_2S、$SnCl_2$、Fe、Cu 等氧化成 I_2、S、Sn^{4+}、Fe^{2+}、Cu^{2+}。
$$2Fe^{3+} + 2I^- \longrightarrow 2Fe^{2+} + I_2$$
$$2Fe^{3+} + H_2S \longrightarrow 2Fe^{2+} + S + 2H^+$$
$$2Fe^{3+} + Sn^{2+} \longrightarrow 2Fe^{2+} + Sn^{4+}$$
$$2Fe^{3+} + Fe \longrightarrow 3Fe^{2+}$$
$$2Fe^{3+} + Cu \longrightarrow 2Fe^{2+} + Cu^{2+}$$

三氯化铁溶于水后易水解，其水解平衡如下：
$$Fe^{3+} + 3H_2O \rightleftharpoons Fe(OH)_3 + 3H^+$$

由于 Fe^{3+} 水解程度大，在配制 Fe^{3+} 溶液时，往往需要加入一定量的酸抑制水解。增大溶液的pH值，水解倾向就会增大，最后形成胶状的 $Fe(OH)_3$。在实际生产中，常利用水解的方法除去杂质铁。

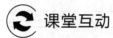
课堂互动

Fe 常见的化合价有+2和+3，你知道怎样实现 Fe^{2+} 和 Fe^{3+} 的互相转换吗？通常情况下，实验室在保存 $FeSO_4$ 的溶液中要加入铁钉，你知道为什么吗？

三、Fe^{3+} 的检验

[演示实验 9-6] 在两支试管里分别加入 2mL 0.1mol/L $FeCl_2$ 和 2mL 0.1mol/L $FeCl_3$ 溶液，各滴入几滴 0.5mol/L KSCN 溶液。观察发生的现象。

通过实验看到，在 $FeCl_3$ 的试管中，溶液由无色变成了血红色溶液，而另一支试管中没有变化。因此，可利用 Fe^{3+} 遇 KSCN 溶液显血红色来检验 Fe^{3+} 的存在。

$$Fe^{3+} + 3SCN^- \longrightarrow Fe(SCN)_3$$
$$\text{（血红色）}$$

第三节 金属的通性

金属元素是指那些价层电子数较少、在化学反应中较易失去电子的元素。到目前为止，自然界存在及人工合成的金属元素已达 90 余种。金属在经济建设中应用十分广泛。只有掌握了金属的性质，才能合理选择和使用金属材料。

金属一般分为黑色金属和有色金属。黑色金属是指铁、锰、铬及其合金，有色金属是指除铁、锰、铬及其合金以外的所有金属。

有色金属按其密度、价格、性质、在地壳中的储量及分布情况又有多种分类方法。如按密度大小可将密度大于 $4.5g/cm^3$ 的称为重金属，包括铜、镍、铅、锌、钴、锡、锑、汞等；密度小于 $4.5g/cm^3$ 的称为轻金属，包括钠、钾、镁、钙、锶等。也可按储量及分布分为稀有金属和常见金属。

一、金属的物理性质

金属具有许多独特的物理性能，如特殊的金属光泽、良好的导电性、导热性及延展性。这些特征与金属的紧密堆积结构及金属中自由电子的存在有关。

1. 金属的光泽

金属晶体中的自由电子吸收了可见光，使金属具有不透明性。当电子因吸收能量而被激发到较高能级再回到低能级时，又把一定波长的光放射出来，因而具有金属光泽。如金为黄色，铜为赤红色，铋为粉红色，铯为淡黄色，铅为灰蓝色，其他大多数金属都呈现银白色或银灰色。金属光泽只有在整块时才能表现出来。在粉末状时，金属的晶面取向杂乱，晶格排列不规则，吸收可见光后辐射不出去，因而显黑色。

2. 金属的传热导电

在外电场作用下，金属晶体中的自由电子可以定向流动而形成电流，这就是金属能导电的原因。不同的金属，其导电性能有差异。以下就是常见金属的导电性能由强到弱的排列顺序：Ag、Cu、Au、Al、Zn、Pt、Sn、Fe、Pb、Hg。可以看出，银、铜、金、铝的导电性居于前列。但由于银、金较贵，因而工农业生产和生活中常用铜和铝作导线。

金属的导电能力随温度的升高而降低。这是因为在金属晶体内，金属阳离子和金属原子不是静止的，而是在一定的小范围内振动，这种振动会阻碍自由电子的流动。当温度升高时，金属晶体中的金属阳离子和金属原子的振动加快，振幅加大，造成自由电子的运动阻力加大，所以导电能力减弱。

金属的传热性则是由于运动的电子不断地与金属原子和金属阳离子碰撞,进行能量交换,将能量迅速传到整个晶体使整块金属的温度趋于一致。

3. 金属的延展性

当金属受到外力作用时,金属晶体内各原子层间做相对移动而不破坏金属键(图9-1)。因此金属并没有断裂,表现出良好的变形性,即具有延展性。所以,金属可以压成薄片或拉成细丝,最细的金属丝直径可达 $0.2\mu m$,最薄的金属片只有 $0.1\mu m$。金属的延展性,大都随温度的升高而增大。因此,金属的锻造、拉轧等工艺往往在炽热时进行。金有很好的延展性,铂也有很好的延展性,但有少数金属如锑、铋、锰等延展性不好。

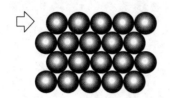 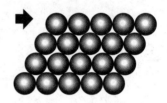

图 9-1 金属延展性示意图

金属除了有以上的共性以外,由于不同的金属其金属键强弱不同,各种金属的性质又表现出较大的差异。碱金属由于其原子半径大,成键电子数少,金属键较弱,因而熔点低、密度和硬度也较小。但第六周期的过渡金属,如钨、铼、锇、铱、铂,它们有较强的金属键,因此,这些金属的熔点高,密度和硬度均较大。其中钨的熔点最高,为 3365℃,锇的密度最大,在 20℃时其密度为 $22.57g/cm^3$。

二、金属的化学性质

金属的原子半径一般都比非金属的原子半径大,且最外层电子数也较少,因此金属元素的原子比非金属元素的原子容易失去电子,变成带有正电荷的离子。金属原子失去电子的能力各不相同。金属越容易失电子,金属越活泼,则金属性越强,还原性也越强;反之,金属越难失电子,金属越不活泼,则金属性越弱,还原性也越弱。

如碱金属中的钾、钠在空气中迅速被氧化,铜、汞在加热的条件下才能与空气中的氧反应,而金和铂在高温下也不能被氧氧化。

$$4Na + O_2 \longrightarrow 2Na_2O$$

$$2Cu + O_2 \xrightarrow{\triangle} 2CuO$$

$$Au + O_2 \xrightarrow{高温} 不反应$$

从钠、铜、金与氧的反应,得出钠失电子能力最强,金属性最强,还原性也最强;金的金属性最弱,即还原性最弱。因此可以根据金属原子失去电子的难易程度,来确定金属活性的相对强弱。按金属活性的相对大小依次排列的表叫金属活动顺序表。

K、Ca、Na、Mg、Al、Mn、Zn、Fe、Ni、Sn、Pb、H、Cu、Hg、Ag、Pt、Au
$\longrightarrow$
金属活性逐渐减小

根据此表可以知道,排在 H 以前的金属单质都能与非氧化性酸发生置换反应,放出氢气;排在 H 以后的金属单质则不能与非氧化性酸发生置换反应。另外,根据金属活动顺序表还可以知道,排在金属活动顺序表前边的金属能将其后边的金属从它们的盐溶液中置换出来。如 Zn 与 Pb^{2+} 盐、Sn 与 Cu^{2+} 盐都能发生置换反应:

$$Zn + Pb^{2+} \longrightarrow Zn^{2+} + Pb$$
$$Sn + Cu^{2+} \longrightarrow Sn^{2+} + Cu$$

以上反应说明，金属锌的还原性（失电子能力）比铅的强，锡的还原性（失电子能力）比铜的强；而铅离子的氧化性（得电子能力）比锌离子的强，铜离子的氧化性（得电子能力）比亚锡离子的强。由此可得结论：

① 金属越活泼，就越容易失去电子，也就越容易被氧化。而它的离子就越不容易获得电子，也就越不容易被还原。

② 金属越不活泼，就越不易失去电子，也就越不容易被氧化。而它的离子就越容易获得电子，也就越容易被还原。

课堂互动

1. 写出镁、铁与稀盐酸的反应。分别指出氧化剂和还原剂。
2. 将锌片放入硫酸铜溶液中，有何现象发生？将铜片放入硫酸锌溶液中，又有何现象发生？

三、金属的存在和冶炼

1. 金属的存在

金属在自然界中的分布很广，无论是矿物，还是动植物体内，或多或少都含有金属元素。它们在自然界中的存在状态和金属的化学性质密切相关。金、铂等少数化学性质不活泼的金属，在自然界中以游离态存在。其他大多数金属都以化合态存在于矿石中。

自然界中，轻金属主要以氯化物、硫酸盐、碳酸盐或磷酸盐等盐类形式存在，重金属主要以氧化物、硫化物或碳酸盐的形式存在。

重要的氧化物矿石有：赤铁矿（Fe_2O_3）、磁铁矿（Fe_3O_4）、软锰矿（MnO_2）等。

重要的硫化物矿石有：黄铁矿（FeS_2）、方铅矿（PbS）、辉铜矿（Cu_2S）、辰砂（HgS）等。

重要的碳酸盐矿石有：石灰石（$CaCO_3$）、菱铁矿（$FeCO_3$）、菱镁矿（$MgCO_3$）等。

2. 金属的冶炼

从自然界索取金属单质的过程称为金属的冶炼。一般来说，提炼金属分为三个过程：首先是矿石的富集，除去矿石中大量的脉石（石灰石、长石等），以提高矿石有效成分的含量；其次是冶炼，采用适当的还原方法使呈正氧化态的金属元素得到电子变为金属原子；最后是精炼，将冶炼出的粗金属，采用一定的方法，再进行精制，提炼纯金属。

从矿石中提炼金属的过程，就是金属离子获得电子从化合物中被还原成中性原子的过程。由于金属的化学活性不同，它的离子获得电子还原成金属原子的能力也就不同。根据金属离子获得电子的难易，工业上冶炼金属的方法有：热分解法、热还原法、电解法。

（1）**热分解法** 有些不活泼金属，可通过直接加热使其化合物分解就能制得。排在金属活动顺序表铜以后的几种不活泼金属，可用强热的方法将其从它们的氧化物或硫化物中分解出来。例如：

$$2HgO \xrightarrow{\text{强热}} 2Hg + O_2 \uparrow$$
$$2Ag_2O \xrightarrow{\text{强热}} 4Ag + O_2 \uparrow$$

（2）**热还原法** 这是最常见的从矿石中提取金属的方法。金属矿石在冶炼时，通常加入还原剂共热，使金属还原。常用的还原剂有焦炭、一氧化碳、氢气和活泼金属等。

对一些氧化物如 CuO 等，直接用碳作还原剂：

$$CuO + C \xrightarrow{加热} Cu + CO \uparrow$$

在炼铁时，主要是用 CO 作还原剂：

$$Fe_2O_3 + 3CO \xrightarrow{加热} 2Fe + 3CO_2$$

（3）电解法 此法主要用于从化合物中制取活泼金属，如铝、镁、钙、钠等。因为一般的化学还原剂不能使活泼金属离子得到电子被还原，只能采用电解这种最强有力的氧化还原手段。通常采用电解熔融盐来制取金属。例如：

$$2NaCl(熔融) \xrightarrow{电解} 2Na + Cl_2 \uparrow$$

$$2Al_2O_3(熔融) \xrightarrow{电解} 4Al + 3O_2 \uparrow$$

对于某些不活泼金属，如铜、银、金等，也常用电解其盐溶液的方法进行精炼，但要消耗大量的电能，因此成本较高。

 课堂互动

不同的金属元素，将其由化合态还原为游离态的难易程度是否相同？简要分析其中的原因。

四、合金

在工业中直接使用纯金属是很少的，因为纯金属一般质软，强度不大。如铝质轻，用于制造飞机或运输工具，但硬度不够，易变形，不能承受重量。随着生产和科学技术的不断发展，对金属材料的很多性能如耐高温、耐高压、耐腐蚀、高硬度、易熔等都提出一定的标准和要求，而纯金属的性能是很难满足的。所以工业上使用的金属材料绝大多数是合金。如黄铜是铜和锌的合金，钢是铁和碳的合金。

合金是由两种或两种以上的金属（或金属与非金属）熔合而成的具有金属特性的物质。

由于合金的内部结构和化学组成较纯金属复杂得多，因此它比纯金属具有更多优良的物理、化学或力学性能。

合金的硬度和强度一般比组成它的各成分金属的大，例如，在铜中加入 1% 的铍所得到的合金，硬度比纯铜高 7 倍。多数合金的熔点低于组成它的任何一种金属的熔点，例如锡、铋、镉、铅，熔点分别是 232℃、271℃、321℃、327℃ 而由这四种金属按 1:4:1:2 的质量比组成的伍德合金的熔点只有 67℃。合金的化学性质也与各组分纯金属不同，如镁铝性质都活泼，而组成的合金就比较稳定。

合金中各组分的比例能够在很大范围内变化，以此来调节合金的性能，这样合金才能满足工业上的各种需要，因此合金在现代工业中广泛得到应用。表 9-1 列出了几种合金的组成、性质和用途。

表 9-1 几种合金的组成、性质和用途

合金的名称	成分	特性	用途
黄铜	含铜60%，锌40%	有良好的强度和塑性、易加工、耐腐蚀	制造仪器、机器零件、日用品
青铜	含铜90%，锡10%	有良好的强度和塑性、耐磨、耐腐蚀	制造轴承、齿轮

续表

合金的名称	成分	特性	用途
镁铝合金	含铝70%～90%，含镁10%～30%	质轻,强度和硬度较大	用于火箭、飞机等航空制造业
钛合金	含钛90%,含铝6%,含钒4%	耐高温、耐腐蚀、强度高	用于宇航、飞机、造船、化学工业
镍铬合金	含镍80%,含铬20%	电阻大,高温下不易氧化	制电阻丝
合金钢	加入硅、锰、镉、镍、铝、钨、钒、钛、铜、稀土金属等	许多优良性能	工农业中广泛应用

五、金属的回收与环境资源保护

地球上的金属矿产资源是有限的，而且是不能再生的，随着人类的不断开发利用，矿产资源将会越来越少，解决这个难题最好的办法就是将废旧金属回收利用。回收的废旧金属，大部分可以重新制成金属或它们的化合物。这样做，既可以将废旧金属作为一种资源，同时又减少了废旧金属带来的环境污染。例如，在工业用的结构金属中，铝的可回收性是最高的，再生效益也是最大的。再生铝不是矿物原料，所以其冶炼加工可以节省大量的能源消耗。废铝回收再生能耗仅相当于从铝土矿开采→氧化铝提取→原铝电解→铸成锭块这一过程所需总能源的5%。也就是说，与原铝生产相比，每生产1t再生铝可以节约95%的能源，同时可节水10.05t，少用固体材料11t，少排放二氧化碳0.8t、二氧化硫0.6t。再生铝产业具有明显的节能、环保优势，是一项效益巨大的节能工程。

 拓展视野

新型净水剂——高铁酸钾

高铁酸钾（K_2FeO_4）是20世纪70年代以来开发的新型多功能水处理剂，具有杀菌、消毒、氧化、絮凝、助凝、吸附、脱色等多种功能。它的氧化能力比高锰酸盐、臭氧和氯气还要强。在整个pH范围内，它都可以去除有机物和无机污染物。它的分解产物$Fe(OH)_3$还具有较好的絮凝作用，且对水体无二次污染。因此，针对高铁酸钾的研究和应用得到了较为广泛的关注。

1. 高铁酸钾的杀菌作用

高铁酸钾的强氧化性，能够破坏细菌的细胞壁、细胞膜以及细胞结构中的酶，抑制蛋白质及核酸的合成，阻碍菌体的生长和繁殖，起到杀死细菌的作用。

2. 饮用水水源的除藻

高铁酸钾能够氧化破坏藻细胞的表面结构，造成藻细胞表面鞘套的卷绕，并可能使细胞的外鞘开裂，致使胞内物质外流。

3. 絮凝作用

高铁化合物在氧化降解有机物和微生物的过程中，FeO_4^{2-}被还原为Fe^{3+}或$Fe(OH)_3$，而Fe^{3+}或$Fe(OH)_3$是很好的絮凝剂，这说明高铁化合物水处理剂具有双重功效。

4. 氧化水中的污染物

高铁酸钾有强氧化性，可氧化水中的有机物、还原性物质，降低 BOD（生物耗氧量）、COD（化学需氧量）值。高铁酸钾对污水中的 BOD、COD 等具有良好的去除作用。

作为一种高效的净水剂和现有的净水材料相比，高铁酸钾不仅起到净水剂作用，而且还起到絮凝剂的作用，且对环境不会造成污染，能节约大量的财力，可见高铁酸钾的应用前景是非常好的。

本章小结

一、铝

1. 铝是比较活泼的金属，有亲氧性。在常温下与氧化合生成一层致密的保护膜；在高温下与氧化合放出大量的热。铝能与某些非金属反应，还能与水、酸、强碱反应放出氢气。
2. 氧化铝和氢氧化铝都是典型的两性化合物，碱性略强于酸性。
3. 可溶性的铝盐都易发生水解。硫酸铝与钾、铵的硫酸盐可形成复盐，称为矾。

二、铁

1. 铁单质是中等活泼的金属。在加热时能与活泼非金属反应，还能与酸反应，生成化合价为 +2、+3 的化合物。
2. 铁的氧化物和氢氧化物都不溶于水，易溶于酸。
3. 铁能形成铁盐（Fe^{3+}）和亚铁盐（Fe^{2+}）。Fe^{2+} 具有还原性，遇见如 Cl_2、HNO_3 等氧化剂时，往往被氧化成 Fe^{3+}；Fe^{3+} 具有较强的氧化性，遇 KI、H_2S 等还原剂时，Fe^{3+} 被还原成 Fe^{2+}。Fe^{3+} 遇 KSCN 溶液生成血红色的 $Fe(SCN)_3$，利用此现象来鉴定 Fe^{3+}。

三、金属的通性

1. 固态金属都是晶体，它是由中性原子、阳离子和自由电子按一定规律排列形成的金属晶体。
2. 金属有共同的物理性质如导电性、导热性和延展性等，这些通性均与金属晶体中自由电子的存在有密切关系。金属的化学性质，是金属单质容易失去电子变为金属阳离子。金属失电子能力越强，其化学性质越活泼，还原性也就越强。
3. 金属的冶炼是从自然界索取金属单质的过程。其本质是使矿石中的金属离子获得电子，还原成金属单质。根据金属离子获得电子的难易，工业上冶炼金属的方法有：热分解法、热还原法、电解法等。
4. 合金是由两种或两种以上的金属（或金属与非金属）熔合而成的具有金属特性的物质。合金的内部结构和化学组成较纯金属复杂得多，因此它比纯金属具有更多优良的物理、化学或力学性能。
5. 废旧金属是一种固体废弃物，会污染环境。将废旧金属作为一种资源，加以回收，既可以减少固体垃圾，防止污染，又能充分利用地球上有限的矿产资源。

课后检测

一、填空题

1. 在元素周期表中，金属元素位于每一周期的＿＿＿＿＿＿。金属原子的最外层电子数一般比较_____，和同周期非金属相比，其原子半径较_____，在化学反应中容易_____电子生成_____，金属发生_____反应，是_____剂。

2. 配制氯化亚铁溶液时，常加入一些_____，其目的是_____；配制氯化铁溶液时，需加入少量_____，其目的是_____。

3. 冶炼金属常用以下几种方法，这些方法各适宜用来冶炼哪些金属。

(1) 以 C 或 CO、H_2 作还原剂的热还原法，此法适用于_____。

(2) 电解法，此法适用于_____。

(3) 热分解法，此法适用于_____。

(4) 铝热还原法，此法适用于_____。

4. 某科研小组用高岭土（主要成分是 $Al_2O_3 \cdot SiO_2 \cdot 2H_2O$，并含有少量 CaO、$Fe_2O_3$）研制新型净水剂（铝的化合物）。其实验步骤如下：将土样和纯碱混匀，加热熔融，冷却后用冷水浸取熔块，过滤，弃残渣，滤液用盐酸酸化，经过滤，分别得沉淀和溶液，溶液即为净水剂。

(1) 写出熔融时主要成分与纯碱反应的化学方程式_____。

(2) 最后的沉淀物是_____；生成该沉淀的离子方程式是_____。

二、选择题

1. 下列关于金属特征的叙述正确的是（　　）。

A. 金属元素的原子只有还原性，离子只有氧化性

B. 金属元素在化合物中一定显正价

C. 金属元素在不同化合物中的化合价不同

D. 金属单质在常温下均是固体

2. 把镁粉中混有的少量铝粉除去，应选用的试剂是（　　）。

A. 稀盐酸　　　　B. 新制氯水　　　　C. 烧碱溶液　　　　D. 纯碱溶液

3. 下列有关纯铁的描述正确的是（　　）。

A. 熔点比生铁的低

B. 与相同浓度的盐酸反应生成氢气的速率比生铁的快

C. 在潮湿空气中比生铁容易被腐蚀

D. 在冷的浓硫酸中发生钝化

4. 实验室中要在坩埚内加热熔化氢氧化钠，下列坩埚中不可采用的是（　　）。

A. 氧化镁坩埚　　　B. 黏土坩埚　　　C. 镍坩埚　　　D. A、B、C 都不可以

5. 下列物质中属于合金的是（　　）。

A. 金　　　　B. 银　　　　C. 钢　　　　D. 水银

6. 用一定物质的量浓度的 NaOH 溶液，使相同体积的 $FeSO_4$ 溶液和 $Fe_2(SO_4)_3$ 溶液中的 Fe^{2+}、Fe^{3+} 完全沉淀。如果所用的 NaOH 溶液的体积相同，$FeSO_4$ 溶液和 $Fe_2(SO_4)_3$ 溶液中溶质的物质的量浓度之比为（　　）。

A. 1∶1　　　　B. 1∶3　　　　C. 3∶1　　　　D. 3∶2

7. 铝在人体中积累可使人慢性中毒，1989 年，世界卫生组织正式将铝确定为"食品污染源之一"而加以控制。铝在下列使用场合须加以控制的是（　　）。

(1) 制铝锭　(2) 制易拉罐　(3) 制电线电缆　(4) 制牙膏皮

(5) 用明矾净水　(6) 制炊具　(7) 用明矾和苏打作食物膨化剂

(8) 用 $Al(OH)_3$ 制成药片治胃病　(9) 制防锈油漆

A. (2)(4)(5)(6)(7)(8)   B. (2)(5)(6)(7)(9)
C. (1)(2)(4)(5)(6)(7)(8)   D. (3)(4)(5)(6)(7)(8)

8. 将表面已完全钝化的铝条，插入下列溶液中，不会发生反应的是（   ）。
A. 稀盐酸   B. 稀硝酸   C. 硝酸铜   D. 氢氧化钠

9. 下列叙述中，可以说明金属甲的活动性比金属乙的活动性强的是（   ）。
A. 在氧化还原反应中，甲原子失去的电子比乙原子失去的电子多
B. 同价态的阳离子，甲比乙的氧化性强
C. 甲能跟稀盐酸反应放出氢气而乙不能
D. 甲对应的碱为弱碱，乙对应的碱为强碱

10. 下列各物质中，不能由组成它的两种元素的单质直接化合得到的是（   ）。
A. FeS   B. $FeCl_2$ C. $FeCl_3$ D. Fe_3O_4

11. 某溶液中有 Al^{3+}、Ca^{2+}、Mg^{2+}、Fe^{2+} 四种离子，若向其中加入过量的氢氧化钠溶液，微热并搅拌，再加入过量的盐酸，溶液中大量减少的阳离子是（   ）。
A. Al^{3+} B. Ca^{2+} C. Mg^{2+} D. Fe^{2+}

12. b L 硫酸铝溶液中含有 a g Al^{3+}，则溶液中 SO_4^{2-} 的物质的量浓度为（   ）。
A. $\dfrac{3a}{2b}$ mol/L   B. $\dfrac{a}{27b}$ mol/L   C. $\dfrac{a}{18b}$ mol/L   D. $\dfrac{2a}{27\times 3b}$ mol/L

13. 检验实验室配制的 $FeCl_2$ 溶液是否氧化变质，应选用的最适宜的试剂是（   ）。
A. 稀硝酸   B. KSCN 溶液   C. 溴水   D. 酸性 $KMnO_4$ 溶液

14. 把一块铁和铝合金溶于足量的盐酸中，通入足量氯气，再加入过量的氢氧化钠溶液，过滤，把滤渣充分灼烧，得到的固体残留物恰好跟原来的合金的质量相等，则此合金中，铁、铝质量之比约为（   ）。
A. 1∶1   B. 3∶1   C. 7∶3   D. 1∶4

15. 含有 23.2g 铁的氧化物，被还原剂完全还原后可生成 16.8g 铁，则该铁的氧化物是（   ）。
A. FeO   B. Fe_2O_3 C. Fe_3O_4 D. $Fe_3O_4 \cdot H_2O$

三、选择适当的试剂和反应条件，完成下列图示中各种物质间的转化，写出全部反应的方程式。

(1)

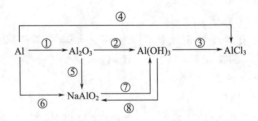

(2)

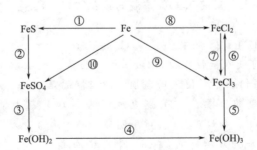

四、简答题

1. 为什么不能在水溶液中由 Fe^{3+} 盐和 KI 制得 FeI_3？
2. 为什么在硫酸铝溶液中加入硫化钠得不到 Al_2S_3？
3. 为什么 Fe 与 Cl_2 反应可得到 $FeCl_3$，而 Fe 与 HCl 作用只得到 $FeCl_2$？
4. 在 $FeCl_2$ 溶液里，加入几滴 KSCN 溶液，有何现象？如果再加入少量氯水振荡，会发生什么现象？为什么？
5. 为什么铜不与稀盐酸和稀硫酸反应？但能与浓硫酸和浓硝酸反应？
6. 铁的金属性比铜强，为什么在常温下，铁不能与浓硫酸反应而铜能反应呢？
7. 什么是合金？它与纯金属比较，有哪些特点？
8. 金属冶炼的主要原理是什么？金属冶炼一般有哪些步骤？
9. 用氯化铝溶液制取氢氧化铝，不慎将氢氧化钠溶液滴入过量，结果是析出的絮状物又溶解了。采用什么办法再使氢氧化铝析出？写出有关的离子方程式。
10. 金属回收有什么意义？

五、计算题

1. 把 100g 重的铁片浸在硫酸铜的溶液里，过一会儿取出覆盖有铜的铁片，经洗涤、干燥、重新称量，发现增加了 1.3g，计算铁片上覆盖有铜多少克？
2. 现有镁铝合金共 7mol，溶于足量的盐酸，所生成的氢气在标准状态下体积为 179.2L，则合金中镁铝的物质的量之比为多少？
3. 某高炉每天生产含铁 96% 的生铁 70t，计算需要用含 20% 杂质的赤铁矿石多少吨？
4. 某种磁铁矿样品中含 Fe_2O_3 76.0%，SiO_2 11.0%，其他不含铁的杂质 13.0%。计算这种矿石中铁的质量分数。

六、按要求写化学反应方程式

1. 向明矾溶液中逐滴加入氢氧化钡溶液过量，用化学方程式表示出沉淀物物质的量变化的特点。
2. 向氢氧化钡溶液中逐滴加入明矾溶液过量，用化学方程式表示出沉淀物种数变化的特点。

第十章 电解质溶液

学习目标

知识目标
1. 理解电解质的基本概念和盐类水解的概念及影响因素。
2. 掌握一元弱酸（碱）在水溶液中的电离平衡及溶液的pH值。

能力目标
1. 能正确书写离子方程式。
2. 会计算一元弱酸（或弱碱）的电离度和pH值。

素质目标
1. 通过探究盐类水解及影响因素，学会用内因与外因的辩证关系来分析化学问题。
2. 通过运用弱电解质的电离平衡进行相关计算，培养严谨的学习态度。

无机化学反应大多数是在水溶液中进行的，参与反应的物质主要是酸、碱、盐。酸、碱、盐都是电解质，在水溶液中能电离成自由移动的离子。因此它们在水溶液中的反应都是离子反应。本章将重点讨论电解质溶液和离子反应。

第一节 电解质溶液概述

一、电解质的基本概念

电解质溶液

1. 电解质与非电解质

在水溶液或熔融状态下，能够导电的化合物叫作电解质，不能导电的化合物叫作非电解质。酸、碱、盐是电解质，绝大多数有机物是非电解质，如乙醇、蔗糖、甘油等。

2. 电解质的电离

电解质在水溶液或熔融状态下形成自由离子的过程叫电离。在酸、碱、盐的溶液中，受水分子作用，电解质电离为阴、阳离子，离子的运动是杂乱无章的。当通电于溶液中，离子做定向运动，阴离子移向阳极，阳离子移向阴极，就会产生导电现象（图10-1）。电解质溶液导电能力的强弱是由溶液中自由离子的数目决定的。

必须指出，电解质的电离过程是在水或热的作用下发生的，并非通电后引起的。

溶剂的极性是电解质电离的一个不可缺少的条件。例如，氯化氢的苯溶液不能导电，而其水溶液可以导电。水是应用最广泛的溶剂，本章只讨论以水作溶剂的电解质溶液。

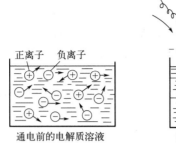

图 10-1 电解质溶液导电示意图

二、强电解质与弱电解质

不同电解质在水溶液中电离程度是不同的。

[演示实验 10-1] 用实验来比较 0.1mol/L 盐酸、NaOH 溶液、乙酸、氨水的导电能力强弱。

实验证明，这些物质的导电能力是有差异的。

电解质溶液之所以能导电，是由于溶液中有能够自由移动的离子存在，溶液的导电能力强弱与溶液中自由移动离子的多少有关，即同浓度的溶液中离子数目越多，其导电能力越强，反之，越弱。

在水溶液或熔融状态下，能完全电离的电解质称为强电解质。强酸、强碱、大多数的盐都是强电解质。其电离过程表示为：

$$HCl \longrightarrow H^+ + Cl^-$$
$$NaOH \longrightarrow Na^+ + OH^-$$

在水溶液或熔融状态下，仅部分电离的电解质称为弱电解质。弱酸、弱碱、极少数的盐属于弱电解质。其电离过程表示为：

$$NH_3 \cdot H_2O \rightleftharpoons NH_4^+ + OH^-$$

常见的弱电解质有：HAc、H_2CO_3、H_2S、HCN、HF、HClO、HNO_2、氨水、水。电解质的强弱与其物质结构有关。

第二节 离子反应与离子方程式

一、离子反应与离子方程式概述

电解质在溶液中全部或部分电离为离子，因此电解质在溶液中发生的反应实质上是电离出的离子间的反应，这类反应称为离子反应。

例如，Na_2SO_4 溶液与 $BaCl_2$ 溶液的反应，产生了 $BaSO_4$ 沉淀和 NaCl。

$$Na_2SO_4 + BaCl_2 \longrightarrow 2NaCl + BaSO_4 \downarrow$$

Na_2SO_4、$BaCl_2$、NaCl 是易溶、易电离的化合物，在溶液中以离子的形式存在。$BaSO_4$ 以固体的形式存在。因此，该反应可以表示为：

$$2Na^+ + SO_4^{2-} + Ba^{2+} + 2Cl^- \longrightarrow BaSO_4 \downarrow + 2Na^+ + 2Cl^-$$

式中 Na^+、Cl^- 反应前后不变，将它们从方程式中消去。

$$SO_4^{2-} + Ba^{2+} \longrightarrow BaSO_4 \downarrow$$

这种用实际参加反应的离子符号来表示离子反应的式子叫作离子方程式。该离子反应表示任何可溶性钡盐与硫酸或可溶性硫酸盐之间的反应。由此可见，离子方程式和一般化学方程式不同。离子反应不仅表示一定物质间的化学反应，而且可以表示同一类型的化学反应。所以，离子方程式更能说明化学反应的本质。

以 $AgNO_3$ 溶液与 $NaCl$ 溶液的反应来说明离子方程式的书写步骤。

第一步　完成化学方程式。
$$AgNO_3 + NaCl \longrightarrow AgCl \downarrow + NaNO_3$$

第二步　将反应前后易溶于水、易电离的物质写成离子形式；难溶物、难电离的物质、气体以分子式表示。
$$Ag^+ + NO_3^- + Na^+ + Cl^- \longrightarrow AgCl + Na^+ + NO_3^-$$

第三步　消去两边未参加反应的离子，即方程式两边相同数量的同种离子。
$$Ag^+ + Cl^- \longrightarrow AgCl \downarrow$$

第四步　检查离子方程式中，各元素的原子个数和电荷数是否相等。

书写离子方程式时，必须熟知电解质的溶解性和电解质的强弱，只有易溶、易电离的电解质以离子符号表示。

二、离子反应发生的条件

溶液中离子反应的发生是有条件的。例如 $NaCl$ 溶液与 KNO_3 溶液混合：
$$NaCl + KNO_3 \longrightarrow NaNO_3 + KCl$$
$$Na^+ + Cl^- + K^+ + NO_3^- \longrightarrow Na^+ + NO_3^- + K^+ + Cl^-$$

实际上，Na^+、Cl^-、K^+、NO_3^- 四种离子都没有发生变化。可见，如果反应物、生成物都是易溶、易电离的物质，在溶液中均以离子的形式存在，它们之间不可能生成新物质，实质上没有发生反应。

溶液中离子反应的条件如下。

1. 能够生成沉淀

Na_2SO_4 溶液与 $BaCl_2$ 溶液的反应，生成了 $BaSO_4$ 沉淀。
$$Na_2SO_4 + BaCl_2 \longrightarrow BaSO_4 \downarrow + 2NaCl$$

离子方程式为：
$$SO_4^{2-} + Ba^{2+} \longrightarrow BaSO_4 \downarrow$$

2. 有易挥发物产生

如 $CaCO_3$ 固体与盐酸反应，生成 CO_2 气体。
$$CaCO_3 + 2HCl \longrightarrow CaCl_2 + CO_2 \uparrow + H_2O$$

离子方程式为：
$$CaCO_3 + 2H^+ \longrightarrow Ca^{2+} + CO_2 \uparrow + H_2O$$

3. 生成水或其他弱电解质

例如，盐酸与烧碱溶液的反应，有水产生。
$$NaOH + HCl \longrightarrow NaCl + H_2O$$

离子方程式为：
$$H^+ + OH^- \longrightarrow H_2O$$

上述反应说明强酸与强碱的中和反应，实质是酸中的 H^+ 与碱中的 OH^- 之间生成难电离的 H_2O 的反应。

原来所学的复分解反应，实质就是两种电解质在溶液中相互交换离子，这类离子反应发生的条件就是复分解反应发生的条件。综上所述，离子互换反应进行的条件是生成物中有难溶物或易挥发物或弱电解质产生，否则反应不能进行。

例如，HAc 溶液与 NaOH 溶液反应

$$HAc + NaOH \longrightarrow NaAc + H_2O$$
$$HAc + OH^- \longrightarrow Ac^- + H_2O$$

HAc 是弱电解质，而产生的 H_2O 比 HAc 更难电离，所以反应能够进行。

总之，离子互换反应总是向着减小离子浓度的方向进行。

第三节　水的电离和溶液的 pH

通常认为纯水是不导电的。但如果用精密仪器检验，发现水有微弱的导电性，说明纯水有微弱的电离，所以水是极弱的电解质。

一、水的电离

水的电离平衡表示为

$$H_2O \rightleftharpoons H^+ + OH^-$$

当电离达到平衡时

$$K = \frac{[H^+][OH^-]}{[H_2O]}$$

由于只有极少部分的水分子电离，绝大多数还是以水分子形式存在，将 $c(H_2O)$ 视为常数，合并在电离常数中。由电导实验测得，在 25℃ 时 1L 纯水中约有 1×10^{-7} mol 的 H^+ 和 1×10^{-7} mol 的 OH^-，因此上式可以表示为：

$$K_w = K[H_2O] = [H^+][OH^-] = 1.0 \times 10^{-14}$$

此式表明，在一定温度下，纯水中 H^+ 浓度与 OH^- 浓度的乘积是一个常数，称为水的离子积常数（用 K_w 表示），简称为水的离子积。水的离子积随温度的变化而变化（见表 10-1），但在室温附近变化很小，一般都以 $K_w = 1.0 \times 10^{-14}$ 进行计算。

表 10-1　水的离子积与温度的关系

$t/℃$	0	10	18	22	25	40	60
$K_w/10^{-14}$	0.13	0.36	0.74	1.00	1.27	3.80	12.6

水的离子积不仅适用于纯水，对电解质的稀溶液也适用。在水中加入少量强酸时，溶液中 H^+ 浓度增加，OH^- 浓度必然减小。反之亦然。

二、溶液的酸碱性和 pH

溶液的酸碱性决定于溶液中 H^+ 和 OH^- 浓度的相对大小。

中性溶液 $[H^+] = [OH^-] = 1 \times 10^{-7}$ mol/L

酸性溶液 $[H^+] > [OH^-]$　　　$[H^+] > 1 \times 10^{-7}$ mol/L

碱性溶液 $[H^+] < [OH^-]$　　　$[H^+] < 1 \times 10^{-7}$ mol/L

因此可用 H^+ 浓度表示各种溶液的酸碱性。在溶液中 H^+ 浓度越大，溶液的酸性就越强，溶液的碱性越弱；反之，酸性越弱，溶液的碱性越强。在稀溶液中，H^+ 浓度很小，应用起来不方便，在化学上采用 H^+ 浓度的负对数所得的值来表示溶液的酸、碱性，该值记

为 pH。

$$pH = -\lg[H^+]$$

在常温下,溶液的酸碱性与 pH 的关系为:

中性溶液　pH＝7
酸性溶液　pH＜7
碱性溶液　pH＞7

注意:pH 的使用范围是 0～14。

pH 越小,表示溶液中 H^+ 浓度越大,溶液的酸性越强;pH 越大,表示溶液中 H^+ 浓度越小,而 OH^- 浓度越大,溶液的碱性越强。一些常见水溶液的 pH 见表 10-2。

表 10-2　一些常见水溶液的 pH

水溶液	pH	水溶液	pH
柠檬汁	2.2～2.4	乳酪	4.8～6.4
葡萄酒	2.8～3.8	海水	8.3
食醋	3.0	饮用水	6.5～8.0
啤酒	4～5	人的血液	7.3～7.5
番茄汁	3.5	人的唾液	6.5～7.5
牛奶	6.3～6.6	人的尿液	4.8～8.4

三、强酸、强碱溶液

强酸(或强碱)在水溶液中完全解离而给出或者接受质子,不存在解离平衡。因此,其 H^+(或 OH^-)的浓度按其完全解离的化学计量关系进行计算。例如

$$HCl + H_2O \longrightarrow H_3O^+ + Cl^-$$

或简写为　$HCl \longrightarrow Cl^- + H^+$

则　　　　　　　　　　$c_{H^+} = c_{HCl}$

又如　　　　　　　　　$KOH \longrightarrow K^+ + OH^-$

则　　　　　　　　　　$c_{OH^-} = c_{KOH}$

【例 10-1】 计算 0.01mol/L 盐酸的 pH。

解　盐酸是强电解质,在水溶液中完全电离,所以溶液中 H^+ 的浓度是 0.01mol/L。

$$pH = -\lg[H^+] = -\lg 0.01 = 2$$

答:0.01mol/L 盐酸溶液的 pH 是 2。

四、弱酸、弱碱的电离平衡

1. 电离平衡常数

弱电解质溶于水时,受到水分子作用电离为阴、阳离子。阴、阳离子碰撞时又相互吸引,重新结合成分子,因此它们的电离是一个可逆的过程。在一定条件下,当弱电解质的分子电离为离子的速率与离子结合成分子的速率相等时,未电离的分子与离子间就建立起动态平衡,这种平衡称为弱电解质的电离平衡。

以 HA 代表一元弱酸,电离平衡为

$$HA \rightleftharpoons H^+ + A^-$$

在一定温度下,其电离常数表达式为

$$K_a = \frac{[H^+][A^-]}{[HA]}$$

以 BOH 代表一元弱碱，电离平衡为
$$BOH \rightleftharpoons B^+ + OH^-$$
在一定温度下，其电离常数表达式为
$$K_b = \frac{[B^+][OH^-]}{[BOH]}$$

K_a、K_b 分别表示弱酸、弱碱的电离平衡常数，式中各浓度表示电离平衡时的相对浓度，同时应指明弱电解质的化学式。

在一定温度下，每种弱电解质都有其确定的电离常数值，一些常见弱酸、弱碱在 298.15K 时的电离平衡常数见附录一。电离平衡常数的大小表示弱电解质的电离趋势，其值越大，电离趋势越大。一般将 K_a 小于 10^{-2} 的酸称为弱酸，弱碱也可按此分类。

电离平衡常数与浓度无关，随温度的变化而变化，但由于弱电解质电离的热效应不大，温度对 K_a 和 K_b 的影响较小。

2. 电离度

对弱电解质还可以用电离度表示弱电解质电离程度的大小。当弱电解质在溶液中达到电离平衡时，溶液中已电离的弱电解质浓度和弱电解质起始浓度之比为电离度（α）。

$$\alpha = \frac{已电离的弱电解质浓度}{弱电解质的起始浓度} \times 100\% \tag{10-1}$$

在温度、浓度相同的条件下，电离度的大小表示弱电解质的相对强弱。与电离常数不同，电离度除与弱电解质的本性有关外，还与溶液的浓度有关。

3. 电离度与电离常数的关系

以一元弱酸 HA 为例，讨论这两者的关系。设 HA 溶液的起始浓度为 c mol/L，电离度为 α，则有

$$HA \rightleftharpoons H^+ + A^-$$

起始浓度/(mol/L)　　　c　　　　0　　　　0
平衡浓度/(mol/L)　　$c-c\alpha$　　$c\alpha$　　$c\alpha$

根据电离常数的表达式有

$$K_a = \frac{[H^+][A^-]}{[HA]} = \frac{c\alpha \times c\alpha}{c - c\alpha} = \frac{c\alpha^2}{1-\alpha}$$

由于弱电解质的 α 值很小，当 $\frac{c}{K_a} \geq 500$ 时，可以认为 $1-\alpha \approx 1$，此时，一元弱酸的电离度与其电离常数的关系式为

$$\alpha = \sqrt{\frac{K_a}{c}} \tag{10-2}$$

H^+ 浓度的简化计算式为

$$[H^+] = c\alpha = \sqrt{K_a c}$$

对于一元弱碱，同理可以得到类似的表达式

$$\alpha = \sqrt{\frac{K_b}{c}} \tag{10-3}$$

OH^- 浓度的简化计算式为

$$[OH^-] = \sqrt{K_b c}$$

上式表明，同一弱电解质的电离度与其相对浓度的平方根成反比，即溶液愈稀，电离度

愈大；相同浓度的不同弱电解质的电离度与电离常数的平方根成正比，即电离常数愈大，电离度愈大，该关系称为稀释定律。不同浓度的 HAc 溶液的电离度与 H^+ 浓度见表 10-3。

表 10-3　不同浓度的 HAc 溶液的电离度与 H^+ 浓度

溶液浓度/(mol/L)	0.2	0.1	0.01	0.005	0.001
电离度/%	0.943	1.34	4.24	5.85	12.4
c_{H^+}/(mol/L)	1.868×10^{-3}	1.34×10^{-3}	4.24×10^{-4}	2.94×10^{-4}	1.24×10^{-4}

从表 10-3 中可以知道，随溶液浓度的减小，HAc 的电离度增大。但溶液中 H^+ 浓度却随溶液浓度的减小而减小。

【例 10-2】 已知 25℃ 时，$K_a(HAc)=1.80\times10^{-5}$，计算 0.01mol/L HAc 溶液的电离度和 pH 值。

解　因为 $\dfrac{c}{K_a}\geqslant 500$，由式(10-2) 可得：

$$\alpha=\sqrt{\dfrac{K_a}{c}}=\sqrt{\dfrac{1.8\times10^{-5}}{0.01}}=4.24\times10^{-2}=4.24\%$$

$$[H^+]=c\alpha=0.01\times4.24\%=4.24\times10^{-4}\,(mol/L)$$

$$pH=-\lg[H^+]=-\lg(4.24\times10^{-4})=3.4$$

答：0.01mol/L HAc 溶液中电离度为 4.24%，pH 值为 3.4。

【例 10-3】 已知 25℃ 时，0.2mol/L 的氨水的电离度为 0.943%，计算该溶液中 OH^- 的浓度和电离平衡常数。

解　设电离平衡时 OH^- 的浓度为 x mol/L

	$NH_3\cdot H_2O \rightleftharpoons NH_4^+ + OH^-$
起始浓度/(mol/L)	0.2　　　　　0　　　　0
平衡浓度/(mol/L)	$0.2-x$　　　　x　　　　x

根据式(10-1)可知

$$\dfrac{x}{0.2}\times100\%=0.943\%$$

则 $x=1.9\times10^{-3}$

即 $c_{OH^-}=1.9\times10^{-3}$ mol/L

$$K_b=\dfrac{x^2}{0.2-x}=\dfrac{(1.9\times10^{-3})^2}{0.2-1.9\times10^{-3}}=1.8\times10^{-5}$$

答：氨水溶液中 OH^- 的浓度为 1.9×10^{-3} mol/L，电离平衡常数为 1.80×10^{-5}。

4. 多元弱酸的电离平衡

在水溶液中一个分子能电离出两个或两个以上 H^+ 的弱酸叫作多元弱酸。多元弱酸的电离是分步进行的。例如：

$$H_2S \rightleftharpoons H^+ + HS^- \qquad K_{a1}=9.1\times10^{-8}$$

$$HS^- \rightleftharpoons H^+ + S^{2-} \qquad K_{a2}=1.1\times10^{-12}$$

电离平衡常数表明，多级电离的电离常数是逐级减小的。因为从带负电荷的 HS^- 电离出一个正离子，要比从中性分子 H_2S 中电离出 H^+ 困难得多。所以多元弱酸溶液中 H^+ 主要来自第一步电离，可以按一元弱酸处理。

课堂互动

我们学习了弱电解质的电离,分析一下,"弱电解质溶液的导电能力一定很弱,强电解质的导电能力一定很强。"这种说法对吗?为什么?

第四节 盐类的水解

水溶液的酸碱性,取决于溶液中 H^+ 和 OH^- 浓度的相对大小。但某些盐的组成中没有 H^+ 或 OH^-,其水溶液却显示出一定的酸性或碱性。原因是盐电离的阴离子或阳离子与水电离的 H^+ 或 OH^- 结合,生成了弱酸或弱碱,使水的电离平衡发生移动,所以盐溶液表现出一定的酸性或碱性。这种盐的离子与溶液中水电离出的 H^+ 或 OH^- 作用生成弱电解质的反应,叫作盐类的水解。

盐类的水解

一、盐类水解概述

1. 强碱弱酸盐的水解

[**演示实验 10-2**] 用 pH 试纸检验 0.1mol/L NaAc 溶液的 pH。

NaAc 是由弱酸 HAc 和强碱 NaOH 反应所生成的盐,是强碱弱酸盐。在水溶液中存在如下电离

$$\begin{array}{c} NaAc \longrightarrow Na^+ + Ac^- \\ + \\ H_2O \rightleftharpoons OH^- + H^+ \\ \Updownarrow \\ HAc \end{array}$$

NaAc 的水解反应离子方程式为:

$$Ac^- + H_2O \rightleftharpoons HAc + OH^-$$

由于 Ac^- 与水电离出的 H^+ 结合而生成弱电解质 HAc,随溶液中 H^+ 浓度的减小,促使水的电离平衡向右移动,OH^- 浓度随之增大,直到建立新的平衡。所以溶液中 OH^- 浓度大于 H^+ 浓度,溶液呈碱性。即强碱弱酸盐水解呈碱性,如 NaCN、Na_2CO_3、Na_2SiO_3 等溶液均显碱性。

2. 强酸弱碱盐的水解

[**演示实验 10-3**] 用 pH 试纸检验 0.1mol/L NH_4Cl 溶液的 pH。

NH_4Cl 是由强酸 HCl 和弱碱 $NH_3 \cdot H_2O$ 反应所生成的盐,是强酸弱碱盐。在水溶液中存在如下电离

$$\begin{array}{c} NH_4Cl \longrightarrow NH_4^+ + Cl^- \\ + \\ H_2O \rightleftharpoons OH^- + H^+ \\ \Updownarrow \\ NH_3 \cdot H_2O \end{array}$$

NH_4Cl 的水解反应离子方程式为:

$$NH_4^+ + H_2O \rightleftharpoons NH_3 \cdot H_2O + H^+$$

NH_4^+ 与水电离出的 OH^- 结合生成弱电解质 $NH_3 \cdot H_2O$，随着溶液中 OH^- 浓度的减小，促使水的电离平衡向右移动，H^+ 浓度随之增大直到建立新的平衡。所以，溶液中 H^+ 浓度大于 OH^- 浓度，溶液显酸性。即强酸弱碱盐水解呈酸性，如 NH_4NO_3、$CuSO_4$、$FeCl_3$ 等溶液显酸性。

3. 弱酸弱碱盐的水解

[演示实验10-4] 用 pH 试纸检验 0.1mol/L NH_4Ac 溶液的 pH。

NH_4Ac 是由弱酸 HAc 和弱碱 $NH_3 \cdot H_2O$ 反应所生成的盐，是弱酸弱碱盐。在水溶液中存在如下电离

$$\begin{array}{c} NH_4Ac \longrightarrow NH_4^+ + Ac^- \\ +\qquad\qquad + \\ H_2O \rightleftharpoons OH^- + H^+ \\ \updownarrow\qquad\qquad \updownarrow \\ NH_3 \cdot H_2O \quad HAc \end{array}$$

NH_4Ac 的水解反应离子方程式为：

$$NH_4Ac + H_2O \rightleftharpoons NH_3 \cdot H_2O + HAc$$

由于分别形成了弱电解质 $NH_3 \cdot H_2O$、HAc，溶液中 H^+、OH^- 浓度都减小，水的电离平衡向右移动。由于生成的 $NH_3 \cdot H_2O$ 和 HAc 的电离常数很接近，溶液中 H^+、OH^- 浓度几乎相等，溶液呈中性。

对于 $HCOONH_4$ 溶液，HCOOH 的 K_a 大于 $NH_3 \cdot H_2O$ 的 K_b，$HCOONH_4$ 水解溶液呈酸性。对于 NH_4CN 溶液，HCN 的 K_a 小于 $NH_3 \cdot H_2O$ 的 K_b，NH_4CN 水解溶液呈碱性。

4. 强酸强碱盐不水解

强酸强碱盐的阴、阳离子都不能与水电离的 H^+ 和 OH^- 结合，不破坏水的电离平衡。因此，强酸强碱盐不水解，水溶液呈中性。如 KNO_3、NaCl 等。

综上所述，各类盐的水解规律概括如下：

强碱弱酸盐水解，溶液呈碱性，pH＞7；
强酸弱碱盐水解，溶液呈酸性，pH＜7。
弱酸弱碱盐的水解分三种情况：
$K_a \approx K_b$ 的盐水解，溶液呈中性，pH＝7；
$K_a > K_b$ 的盐水解，溶液呈酸性，pH＜7；
$K_a < K_b$ 的盐水解，溶液呈碱性，pH＞7。

二、影响盐类水解的因素

1. 盐的本性

影响盐类水解程度的因素首先与盐的本性，即形成盐的酸、碱的强弱有关。形成盐的弱酸、弱碱的电离常数越小，盐的水解程度越大。例如，弱酸弱碱盐易水解，而强酸强碱盐不水解。当水解产物是难溶物或易挥发物时，难溶物的溶解度越小，或者挥发物越易挥发，盐的水解程度越大。

2. 盐的浓度

同一种盐，其浓度越小，盐的水解程度越大。将溶液稀释会促进盐的水解。

3. 溶液的酸碱度

由于盐类水解使溶液呈现一定酸碱性，根据平衡移动原理，调节溶液的酸碱度，能促进

或抑制盐的水解。

实验室配制 $SnCl_2$ 溶液时，用盐酸溶解 $SnCl_2$ 固体而不是用蒸馏水作溶剂，就是用酸来抑制 Sn^{2+} 的水解。

4. 温度

盐的水解反应是酸碱中和反应的逆反应，中和反应是放热反应，则水解反应是吸热反应，故升高温度会促进水解反应的进行。例如 $FeCl_3$ 在常温下水解不明显，将其水溶液加热后水解较彻底，溶液颜色逐渐加深，并变得混浊。

三、盐类水解的应用

盐类水解在工农业生产、科学实验和日常生活中，都有广泛的应用。根据不同的要求，可以采取不同的手段来促进或抑制盐的水解。

实验室在配制 $SnCl_2$、$SbCl_3$、$Bi(NO_3)_3$ 溶液时，为抑制水解的发生，将这些盐溶解在一定浓度的 HCl 或 HNO_3 中配制。否则水解产生的难溶物，再加酸也难溶解。

$$SnCl_2 + H_2O \longrightarrow Sn(OH)Cl\downarrow + HCl$$

Fe^{3+}、Al^{3+}、Cr^{3+}、Zn^{2+}、Cu^{2+} 等易水解的盐，在制备过程中要加入一定浓度的相应酸，抑制其水解，以保证产品的纯度。

在分析化学和无机制备中常升高温度促使水解进行完全，以达到分离和合成的目的。

利用明矾作净水剂，原因是明矾电离出的 Al^{3+} 水解生成 $Al(OH)_3$ 胶体，能吸附水中的悬浮杂质，从而使水澄清。在泡沫灭火器中，分别装有 $NaHCO_3$ 饱和溶液和 $Al_2(SO_4)_3$ 饱和溶液，前者水解溶液呈碱性，后者水解呈酸性，两者混合时相互促进水解，产生 CO_2 和 $Al(OH)_3$ 胶体，喷射到着火物上，能隔绝空气达到灭火的目的。

 拓展视野

电解质溶液的导电性

电解质溶液是指溶质溶解于溶剂后完全或部分电离为离子的溶液。溶质即为电解质。具有导电性是电解质溶液的特性，酸、碱、盐溶液均为电解质溶液。电解质溶液是靠电解质电离出来的带正电荷的阳离子和带负电荷的阴离子，在外电场作用下定向地向对应电极移动并在其上放电。电解质导电属于离子导电，其大小随温度升高而增大。离子导电必定在电极界面发生电解作用，引起物质（相关电解质）变化。通常依靠自由电子导电的金属导体为第一类导体，而称电解质溶液和熔体为第二类导体。

影响导电性的主要因素有电离度、电导、离子淌度、离子迁移数、离子活度和离子强度。

电离度　达到电离平衡时，已电离的电解质分子数与其总分子数之比，以百分数表示。电离度大，表示电离生成的离子多，导电能力强。在一定温度下，电解质的电离度随其浓度的减小而增大。电离度、浓度和电离常数之间的定量关系由奥斯特瓦尔德稀释定律确定。实验表明，电离度很小的弱电解质，能很好地服从稀释定律，强电解质则基本上不服从稀释定律，因为强电解质实际上是几乎完全电离的。溶液中不存在电离平衡问题。由于强电解质溶液（除非无限稀释溶液）中存在强烈的离子相互作用，强电解质电离度并不反映其电离的真实情况。因而，称强电解质的电离度为表观电离度。

电导 电阻的倒数,与电工学上电导的一般含义一致。电解质溶液的电导有两种表示方法:电导率和摩尔电导率。

离子淌度 二电极间电位梯度为 1V/cm 时离子的移动速度,又称离子绝对移动速度。离子淌度随溶液浓度增大而减小,随温度升高而增大。电解质的离子淌度越大,其当量电导也越大。

离子迁移数 某种离子迁移所输送的电量,占通过溶液总电量的分数,又称离子输电分数。两种淌度差别很大的离子,其迁移数相差也很大。工业电解中,可根据淌度大小,判断该种离子传导电量多少和电极附近浓度变化情况,作为控制电解条件的根据。

离子活度 修正后的离子浓度,又叫有效浓度,等于离子的实际浓度与活度系数的乘积。活度系数则等于活度与浓度之比。除极稀溶液之外,由于溶液中离子之间及与溶剂分子之间存在着复杂的相互作用,使得离子的浓度不等同于活度,即活度系数不等于1。引进离子活度概念,即以离子活度代替离子浓度,就可以使只适用于理想溶液的一些热力学公式也能用于实际溶液中。

离子强度 溶液中所有各种离子的浓度乘其价数平方之总和的一半。离子平均活度系数随离子强度增大而减小,而且离子的价数越高,减小就越多。离子强度在一定程度上反映了离子间相互作用的强弱。

常见的电解质如下:

强电解质

强酸:HCl、HBr、HI、H_2SO_4、HNO_3、$HClO_3$、$HClO_4$ 等。

强碱:NaOH、KOH、$Ba(OH)_2$、$Ca(OH)_2$ 等。

绝大多数可溶性盐:如 NaCl、$(NH_4)_2SO_4$、$Fe(NO_3)_3$ 等。

弱电解质

弱酸:HF、HClO、H_2S、H_2SO_3、H_3PO_4、H_2CO_3 等。

弱碱:$NH_3·H_2O$、$Fe(OH)_3$、$Al(OH)_3$、$Cu(OH)_2$ 等。

少数盐:$HgCl_2$、乙酸铅等。

水(极弱的电解质)。

本章小结

一、电解质的基本概念

1. 电解质与非电解质:在水溶液或熔化状态下,能够导电的化合物叫电解质,不能导电的化合物叫非电解质。

2. 强电解质与弱电解质:在水溶液或熔融状态下,能完全电离的电解质称为强电解质,仅部分电离的电解质称为弱电解质。

二、弱电解质的电离平衡

1. 在一定条件下,当弱电解质的分子电离为离子的速率与离子结合成分子的速率相等时,未电离的分子与离子间就建立起动态平衡,这种平衡称为电离平衡。

2. 弱电解质的电离程度的大小可以用电离平衡常数和电离度表示。前者只与温度有关,后者与温度、浓度有关。

3. 稀释定律：在一定温度下，同一弱电解质的电离度与其浓度的平方根成反比，即溶液愈稀，电离度愈大。

三、离子反应和离子方程式

电解质在溶液中进行的反应就是离子间的反应，可以用离子方程式表示。

离子反应进行的条件就是使溶液中离子浓度降低。

四、盐类的水解

盐的离子与溶液中水电离出的 H^+ 或 OH^- 作用生成弱电解质的反应，叫作盐类的水解。

强碱弱酸盐水解呈碱性；强酸弱碱盐水解呈酸性；弱酸弱碱盐的水解结果要根据弱酸、弱碱的电离常数决定。

盐类的水解受到盐的本性、溶液的浓度、溶液的酸碱度、温度的影响。

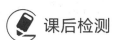 课后检测

一、填空题

1. NaCl 是 _____ 电解质，在水中能 _____ 电离，其电离方程式为 _____ 。

2. 在 $NH_3 \cdot H_2O$ 溶液中加入酚酞呈 _____ 色，再加入 NH_4Cl 固体后，溶液又呈 _____ 色，其原因是 _____ 。

3. 在一定温度下，弱电解质的分子电离为 _____ 的速率等于 _____ 的速率时，未电离的 _____ 和 _____ 之间建立起了 _____ 平衡。

4. 浓度为 0.1mol/L 的盐酸、乙酸、氢氧化钠、氨水四种溶液的 pH 从小到大的顺序为 _____ 。

5. 在纯水中加入少量盐酸，其 pH 会 _____ ；若加入少量 NaOH，其 pH 会 _____ 。

6. 写出下列电解质的电离方程式：
$KClO_3$ _____ $NH_3 \cdot H_2O$ _____
$Al_2(SO_4)_3$ _____ HF _____

7. 写出下列弱电解质的电离平衡常数表达式：
HCN _____ $NH_3 \cdot H_2O$ _____

二、选择题

1. 下列物质属于强电解质的是（ ）。
A. $BaSO_4$ B. 氨水   C. HCN   D. HClO

2. 盐酸与乙酸相比，正确的说法是（ ）。
A. 盐酸的酸性比乙酸弱
B. 盐酸的酸性比乙酸强
C. 两者酸性强弱无法比较
D. 在浓度相同时，盐酸的酸性比乙酸强

3. A、B、C 三种溶液，A 溶液的 pH 为 4，B 溶液中 $[H^+]=1\times 10^{-3}$ mol/L，C 溶液中 $[OH^-]=1\times 10^{-12}$ mol/L，则三种溶液的酸性由强到弱的顺序为（ ）。
A. A、B、C   B. C、A、B   C. B、A、C   D. C、B、A

4. 为抑制 $(NH_4)_2SO_4$ 的水解，采用的方法是（ ）。
A. 加硫酸   B. 加 NaOH   C. 升温   D. 加水稀释

5. 促进 $FeCl_3$ 水解采用的方法是（ ）。
A. 升温   B. 降温   C. 加碱   D. 加盐酸

三、计算题

1. 计算 0.1mol/L H_2SO_4 溶液和 0.1mol/L HAc 溶液的 H^+ 浓度。

2. 计算 0.02mol/L $NH_3 \cdot H_2O$ 中 OH^- 的浓度和电离度。

3. 已知 0.1mol/L HAc 溶液的电离度为 1.34%，求其电离常数。

4. 在 1L、0.2mol/L 的某弱电解质溶液中，有 0.15mol 溶质电离为离子。计算该电解质的电离度。

5. 计算下列溶液中各离子的浓度：

0.01mol/L H_2SO_4 0.05mol/L NaOH   0.3mol/L $CaCl_2$

6. 0.2mol/L 甲酸溶液的电离度为 3.2%，计算甲酸的电离常数和溶液中的 H^+ 浓度。

7. 计算下列溶液的 pH：

0.25mol/L NaOH   0.2mol/L HCl   0.05mol/L $NH_3 \cdot H_2O$ 0.5mol/L HCN

8. 将下列 pH 换算为 H^+ 浓度：

pH=4.5   pH=8.3   pH=7.4

9. 将 2mL、14mol/L HNO_3 溶液稀释至 500mL。计算稀释后的溶液 pH。取 100mL 该溶液中和至 pH=7，需要加入多少克 KOH？

四、简答题

1. 强电解质与弱电解质有什么区别？

2. 下列各组物质能否发生反应？能反应的写出离子方程式。

①$CuSO_4$ 溶液和 NaOH 溶液 ②Na_2CO_3 溶液和盐酸 ③KOH 溶液和硝酸溶液 ④KBr 溶液和 $AgNO_3$ 溶液 ⑤HAc 溶液和氨水 ⑥硫酸和 $BaCl_2$ 溶液 ⑦Na_2SO_4 溶液和 KCl 溶液 ⑧盐酸和 $NaNO_3$ 溶液

3. 实验室如何配制 Na_2S、$FeSO_4$、$FeCl_3$ 溶液？

4. 氨水和乙酸的导电能力都较弱，但将两者混合后，导电能力会增强，为什么？

5. 使用的泡沫灭火器中盛装的是 $Al_2(SO_4)_3$ 和 $NaHCO_3$ 两种溶液，从水解的角度说明泡沫灭火器的原理。

6. 配平下列反应方程式：

$Cu + H_2SO_4(浓) \longrightarrow CuSO_4 + SO_2 + H_2O$

$Cu + HNO_3 \longrightarrow Cu(NO_3)_2 + NO + H_2O$

$(NH_4)_2Cr_2O_7 \longrightarrow N_2 + Cr_2O_3 + H_2O$

$Cl_2 + NaOH \longrightarrow NaClO + NaCl + H_2O$

$KMnO_4 + H_2O_2 + H_2SO_4 \longrightarrow MnSO_4 + K_2SO_4 + O_2 + H_2O$

$MnO_2 + HCl \longrightarrow MnCl_2 + Cl_2 + H_2O$

第十一章
酸碱平衡与酸碱滴定

学习目标

知识目标
1. 掌握酸碱质子理论及酸碱平衡，能够比较酸碱性的强弱。
2. 掌握缓冲溶液的性质及作用，了解常用的缓冲溶液。
3. 了解指示剂的变色原理及变色范围，掌握指示剂的选择原则。

能力目标
1. 能熟练使用滴定管、移液管和吸量管等各种仪器。
2. 会配制不同 pH 的缓冲溶液。
3. 会制备常用的酸碱标准滴定溶液。

素质目标
1. 通过探究指示剂变色的实质，学会从生活中的细微处探究并发现真理。
2. 在判断酸碱滴定过程溶液的酸性碱性时，养成细致认真的实验态度和实事求是的科学精神。

第一节 酸碱质子理论

人类很早就发现并使用了酸和碱。盐酸、硫酸、硝酸等强酸是炼金术士在公元 1100～1600 年间发现的。但是当时人们并不知道酸、碱的组成以及酸碱反应的实质。酸碱的电离理论是 1884 年瑞典科学家阿伦尼乌斯从他的电离学说观点出发提出的，故称为阿伦尼乌斯酸碱理论（简称阿氏理论）。阿伦尼乌斯电离理论认为：在水中能电离出的阳离子全部都是 H^+ 的化合物为酸，能电离出的阴离子全部都是 OH^- 的化合物为碱。H^+ 是酸的特征，OH^- 是碱的特征。这一理论揭示了酸碱的本质，但其主要缺点是把酸和碱限制在以水为溶剂的系统。1923 年，布朗斯特和劳里提出了酸碱质子理论。这个理论克服了阿氏理论的局限性，它不仅适用于以水为溶剂的系统，而且适用于非水系统和无溶剂系统，大大地扩大了酸碱的范围。

一、酸碱概念

质子理论认为：凡能给出质子（H^+）的物质都是酸；凡能接受质子的物质都是碱。如 HCl、NH_4^+、HSO_4^-、$H_2PO_4^-$ 等都是酸，因为它们都能给出质子；Cl^-、NH_3、HSO_4^-、SO_4^{2-}、$NaOH$ 等都是碱，因为它们都能接受质子。

$$酸 \rightleftharpoons 碱 + H^+$$

$$NH_4^+ \rightleftharpoons NH_3 + H^+$$
$$H_2CO_3 \rightleftharpoons HCO_3^- + H^+$$
$$HCO_3^- \rightleftharpoons CO_3^{2-} + H^+$$
$$[Fe(H_2O)_6]^{3+} \rightleftharpoons [Fe(OH)(H_2O)_5]^{2+} + H^+$$

这种对应关系称为共轭酸碱对，右边的碱是左边的酸的共轭碱，左边的酸是右边碱的共轭酸。

可见，在酸碱质子理论中，酸和碱可以是中性分子，也可以是阳离子或阴离子；有的物质在某个共轭酸碱对中是碱，而在另一共轭酸碱对中却是酸，如 HCO_3^- 等；酸和碱不是对立的两类物质，其区别仅在于对质子亲和力的不同。

二、酸碱反应

按照酸碱质子理论，中和反应、酸碱电离及盐的水解等反应均可以表示为两个共轭酸碱对之间的质子传递，即称为**酸碱反应**。

质子理论认为，酸碱反应的实质是酸碱之间的质子转移，质子从一种酸转移给另一种非共轭碱。因此，反应可在水溶液中进行，也可在非水溶剂或气相中进行。其反应结果就是各反应物分别转化为各自的共轭碱和共轭酸。

以 HF 在水中的电离反应为例：

半反应1：　　　　　　　　$HF(酸1) \rightleftharpoons F^-(碱1) + H^+$

半反应2：　　　　　　　　$H^+ + H_2O(碱2) \rightleftharpoons H_3O^+(酸2)$

总反应：　　　　　　　　　$HF + H_2O \rightleftharpoons F^- + H_3O^+$
　　　　　　　　　　　　　（酸1）（碱2）　（碱1）（酸2）

其结果是质子从 HF 转移到 H_2O，此处溶剂 H_2O 起着碱的作用，有它存在，HF 的电离才得以实现。H^+ 不能在水中单独存在，而是以水合质子 $H_9O_4^+$ 形式存在，此处简化成 H_3O^+，为了书写方便，通常也将其写成 H^+，以上反应式则简化为

$$HF \rightleftharpoons F^- + H^+$$

对于碱在水溶液中的电离，则溶剂 H_2O 作为酸参加了反应，以 NH_3 为例：

半反应1：　　　　　　　　$NH_3(碱1) + H^+ \rightleftharpoons NH_4^+(酸1)$

半反应2：　　　　　　　　$H_2O(酸2) \rightleftharpoons OH^-(碱2) + H^+$

总反应：　　　　　　　　　$NH_3 + H_2O \rightleftharpoons NH_4^+ + OH^-$
　　　　　　　　　　　　　（碱1）（酸2）　（酸1）　（碱2）

OH^- 也不能单独存在，也是以水合离子形式存在，一般记作 $H_7O_4^-$，此处以其简化形式 OH^- 表示。

从上述 HF、NH_3 的电离反应可见，溶剂 H_2O 既可以给出质子又能接受质子，所以水是一种两性溶剂。

由于两性作用，在 H_2O 分子之间也可以发生质子转移反应：

$$H_2O(酸1) + H_2O(碱2) \rightleftharpoons OH^-(碱1) + H_3O^+(酸2)$$

水合质子 H_3O^+ 常简写为 H^+，故：

$$H_2O \rightleftharpoons OH^- + H^+$$

上述反应称为水的质子自递反应，该反应的平衡常数称为水的质子自递常数，又称水的离子积。即：

$$K_w = [H^+][OH^-] \tag{11-1}$$

由实验测出，纯水在298K时，H^+和OH^-的浓度都是10^{-7}mol/L。代入上式得：
$$K_w=[H^+][OH^-]=10^{-7}\times10^{-7}=10^{-14}$$

第二节 缓冲溶液

溶液的酸碱度是影响化学反应的重要因素之一。许多化学反应，特别是生物体内的化学反应，常常需要在一定的pH条件下才能正常进行。例如，人体血液的pH保持在7.35～7.45，才能维护机体的酸碱平衡。若超出这个范围，机体的生理功能就会失调而导致疾病。怎样才能维持溶液的pH范围呢？这就是缓冲溶液的功能。

一、同离子效应

[**演示实验11-1**] 在两支试管中分别加入2mL 0.1mol/L HAc溶液和两滴甲基橙，观察溶液的颜色。向其中一支试管中加入少量NaAc固体，振荡使其溶解，对比两支试管中溶液颜色的差异。

同离子效应

$$HAc \rightleftharpoons H^+ + Ac^-$$
$$NaAc \longrightarrow Na^+ + Ac^-$$

在HAc溶液中加入NaAc后，增大了溶液中Ac^-浓度，使HAc的电离平衡向左移动，HAc的电离度降低，溶液中H^+浓度减小，溶液的颜色变浅。

同离子效应实验

这种在弱酸或弱碱溶液中，加入与弱酸或弱碱含有相同离子的易溶强电解质，使弱酸或弱碱的电离度降低的现象，称为同离子效应。

二、缓冲溶液与缓冲作用原理

1. 缓冲溶液概述

能够抵抗外加少量酸、碱或稀释作用，而本身pH不发生显著变化的作用称为缓冲作用。具有缓冲作用的溶液称为缓冲溶液，其原理就是同离子效应。

缓冲溶液

为了说明缓冲的作用，可以分析表11-1的数据。

表11-1 缓冲溶液数据

纯水或溶液	加少量强酸(碱)	pH	ΔpH
纯水 1L	不加	7	—
	0.01mol HCl 气体	2	−5
	0.01mol NaOH 固体	12	+5
0.1mol NaCl(1L)	不加	≈7	—
	0.01mol HCl 气体	2	−5
	0.01mol NaOH 固体	12	+5
0.1mol HAc- 0.1mol NaAc(1L)	不加	4.75	—
	0.01mol HCl 气体	4.66	−0.09
	0.01mol NaOH 固体	4.84	+0.09

表 11-1 中数据表明，向纯水和 NaCl 溶液中加入少量酸或碱后，其 pH 值会显著变化。HAc-NaAc 组成的缓冲溶液可以维持 pH 值的相对稳定。

2. 缓冲原理

控制溶液反应的 pH 范围的缓冲溶液一般由弱酸及其盐、弱碱及其盐组成。例如 HAc-NaAc、$NH_3 \cdot H_2O$-NH_4Cl 等组成的保持不同 pH 的缓冲溶液。

以 HAc-NaAc 缓冲溶液为例说明缓冲原理。

NaAc 为强电解质，在溶液中全部电离成 Na^+ 和 Ac^-。HAc 为弱电解质，在溶液中部分电离。由于 HAc 受 NaAc 产生 Ac^- 的同离子效应的影响，其电离平衡向左移动，使溶液中存在大量的 HAc 分子，并有大量的 Ac^-。

当加入少量强酸时，H^+ 浓度增加，溶液中存在的大量 Ac^- 生成 HAc，使 HAc 的电离平衡向左移动。达到新的平衡时，溶液 H^+ 浓度没有明显增加，pH 值无明显降低，Ac^- 起到抗酸作用，称抗酸成分。

当加入少量强碱时，OH^- 浓度增加，溶液中存在的 HAc 与 OH^- 结合成 H_2O，使 HAc 的电离平衡向右移动，即 HAc 能把加入的 OH^- 的相当大一部分消耗掉。达到新的平衡时，H^+ 浓度不会明显降低，pH 值无明显增加。HAc 起到抗碱作用，称抗碱成分。

任何缓冲溶液中，既有抗酸成分，又有抗碱成分。但是，任何缓冲溶液的缓冲能力都是有限的，若向其中加入大量的强酸或强碱，或加大量的水稀释，缓冲溶液的缓冲能力将丧失。

缓冲溶液的应用很广泛，维持生物体正常的生理活动、物质的分离提纯、物质的分析检验等，需要控制溶液的 pH，这都需要选择不同的缓冲溶液来维持。

 课堂互动

分析 $NH_3 \cdot H_2O$-NH_4Cl 组成的缓冲溶液中，抗酸成分是什么？抗碱成分是什么？

3. 缓冲溶液 pH 计算

缓冲溶液本身具有的 pH 值称为缓冲 pH 值。对于控制溶液酸度的一般缓冲溶液，共轭酸组分的浓度都很大，所以对计算结果一般不要求十分准确，故可采用近似式来计算其 pH。

现以 HA 代表弱酸，MA 代表其弱酸盐，HA-MA 组成的缓冲溶液为例。推导缓冲溶液的 pH 值计算公式。设：平衡时 $[H^+]=x$。

$$HA \rightleftharpoons H^+ + A^-$$

起始相对浓度 $c_{酸}$ 0 $c_{盐}$

平衡相对浓度 $c_{酸}-x$ x $c_{盐}+x$

由于同离子效应的存在，平衡时

$$[HA]=c_{酸}-x \approx c_{酸}$$

$$[A^-]=c_{盐}+x \approx c_{盐}$$

$$K_a = \frac{[H^+][A^-]}{[HA]}$$

$$[H^+]=K_a \frac{[HA]}{[A^-]} \approx K_a \frac{c_{酸}}{c_{盐}}$$

$$-\lg[H^+]=-\lg K_a - \lg \frac{c_{酸}}{c_{盐}}$$

$$pH = pK_a - \lg \frac{c_{酸}}{c_{盐}}$$

式中，$c_{酸}$ 和 $c_{盐}$ 为缓冲溶液中的弱酸和弱酸盐的起始浓度。

由弱碱及其盐组成的缓冲溶液 pH 计算公式可用类似方法求得：

$$pOH = pK_b - \lg \frac{c_{碱}}{c_{盐}}$$

其 pH 则为：

$$pH = pK_w - pK_b - \lg \frac{c_{碱}}{c_{盐}}$$

以上是计算弱酸及其共轭碱缓冲系统水溶液中 H^+ 平衡浓度的近似公式，以及由弱碱及其共轭酸组成的缓冲系统中 H^+ 平衡浓度的计算。

【例 11-1】 若混合 10.00mL 0.4250mol/L NH_3 溶液与 10.00mL 0.2250mol/L HCl 溶液，试计算混合溶液的 pH。

解 由附录一查得，$NH_3 \cdot H_2O$ 的 $K_b = 1.8 \times 10^{-5}$，则其共轭酸 NH_4^+ 的

$$K_a = K_w/K_b = 10^{-14}/1.8 \times 10^{-5} = 5.6 \times 10^{-10}$$

混合反应后，过量 NH_3 有剩余，则 NH_3 与生成的 NH_4^+ 构成缓冲溶液

$$c_a = 0.2250 \times 10.00/(10.00 + 10.00) = 0.1125 (mol/L)$$

$$c_b = (0.4250 - 0.2250) \times 10.00/(10.00 + 10.00) = 0.1000 (mol/L)$$

如稀释倍数过高，共轭酸碱对各自的电离度改变较大，则会影响共轭酸碱对的浓度比值，致使 pH 发生较大变化。

$$[H^+] = K_a \frac{c_a}{c_b} = 5.6 \times 10^{-10} \times 0.1125/0.1000 = 6.3 \times 10^{-10}$$

$$pH = -\lg(6.3 \times 10^{-10}) = 9.20$$

【例 11-2】 预配制 pH=4.00 浓度为 1.0mol/L 的缓冲溶液 1.0L，HAc 和 NaAc 各需多少克？

已知 $K_a = 1.8 \times 10^{-5}$，$pK_a = 4.74$。

解 $c_{HAc} + c_{NaAc} = 1.0 mol/L$，则 $c_{HAc} = 1.0 mol/L - c_{NaAc}$

pH=4 根据 $pH = pK_a + \lg \frac{c_{B^-}}{c_{HB}}$

$$4 = 4.74 + \lg[c_{NaAc}/(1.0 mol/L - c_{NaAc})]$$

$$c_{NaAc} = 0.15 mol/L$$

所以需 HAc 的质量为：$m = (1 - 0.15) mol/L \times 60 g/mol \times 1L = 51g$

需 NaAc 的质量为：$m = 0.15 mol/L \times 82.034 g/mol \times 1L = 12g$

4. 缓冲容量和缓冲范围

缓冲容量 β(mol/L)：衡量缓冲溶液缓冲能力的大小。

$$\beta = \frac{db}{dpH} = \frac{da}{dpH}$$

意义：使 1L 溶液的 pH 增加 dpH 单位时所需强碱 db(mol)，或使 1L 溶液的 pH 减小 dpH 单位时所需强酸 da(mol)。显然，β 愈大，缓冲容量也愈大。

缓冲容量与缓冲组分的总浓度及共轭酸和共轭碱的浓度比值有关。缓冲组分的总浓度越大，缓冲容量越大，缓冲组分的总浓度通常为 0.01～1mol/L，共轭酸和共轭碱的浓度比通常为（1:10）～（10:1）。将 c（共轭酸）:c（共轭碱）=1:10 或 10:1 代入缓冲溶液 pH 计算公式，得到 pH=pK_a±1，这就是缓冲溶液的有效缓冲范围。

例如，HAc-NaAc 缓冲溶液，pK_a(HAc)=4.75，其缓冲范围为 pH=3.75～5.75。NH$_4$Cl-NH$_3$ 缓冲溶液，pK_a(NH$_4^+$)=9.26，其缓冲范围为 pH=8.26～10.26。c_a:c_b=1:1 时，缓冲容量最大，此时 pH=pK_a。

5. 缓冲溶液的选择和配制

缓冲溶液的作用很大，分析化学中缓冲溶液的使用非常广泛，缓冲溶液选择的主要原则为：

① 对分析过程无干扰。

② 所需控制的 pH 值应在缓冲溶液的有效缓冲范围之内，由弱酸及其共轭碱组成缓冲溶液，其有效缓冲范围为 pH=pK_a±1，选择时 pK_a 值应尽量与所需控制的 pH 值一致，即 pK_a=pH。

③ 缓冲溶液应有足够的缓冲容量。

④ 缓冲溶液应价廉易得，避免对环境造成污染。

缓冲溶液的配制方法一般有以下几种：

① 弱酸-弱酸盐，如 HAc-NaAc；

② 弱碱-弱碱盐，如 NH$_3$·H$_2$O-NH$_4$Cl；

③ 酸式盐-次级盐，如 NaH$_2$PO$_4$-Na$_2$HPO$_4$。

第三节　酸碱滴定

滴定分析法主要有酸碱滴定法、配位滴定法、氧化还原滴定法和沉淀滴定法等。每一种分析方法有其各自的特点，有时同一种物质能用多种方法测定，因此实际分析工作中，应根据待测组分的性质、含量以及试样的组成和对分析结果准确度的要求等选用适当的分析方法进行测定。

酸碱滴定法是以酸、碱之间的质子转移反应为基础的滴定分析方法，适于水溶液和非水溶液系统中酸、碱物质或通过一定的化学反应能转化为酸、碱的物质含量的测定，故在化学、化工、生物、医药、食品、环境、冶金、材料、农业等领域有着广泛的应用。

一、酸碱指示剂

借助于颜色的改变来指示溶液的酸碱性的物质叫作酸碱指示剂。酸碱指示剂通常是有机弱酸或弱碱，当溶液的 pH 改变时，其本身结构发生变化而引起颜色改变。

1. 酸碱指示剂变色原理

酸碱滴定法一般都需要用指示剂来确定反应的终点。这种指示剂通常称为酸碱指示剂。 酸碱指示剂通常为有机的弱酸或弱碱，它的酸式与其共轭碱式具有不同结构，因而呈现不同颜色。当溶液的 pH 改变时，指示剂失去质子由酸式变为碱式，或得到质子由碱式转为酸式，结构发生变化，从而引起颜色的变化。例如甲基橙（MO）是一种有机弱碱，其变色反应如下：

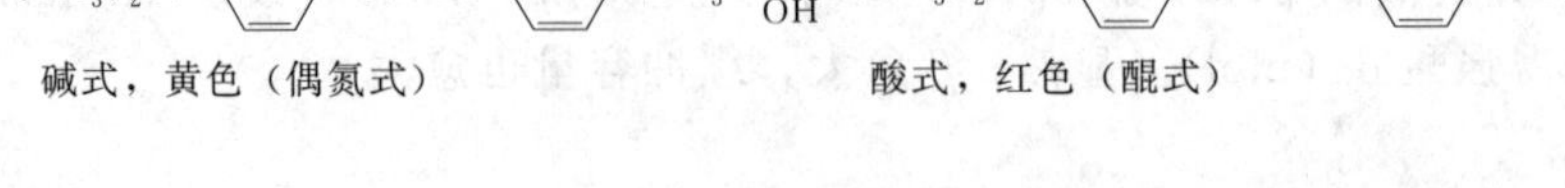

(CH$_3$)$_2$N—〇—N=N—〇—SO$_3^-$ $\xrightleftharpoons[\text{OH}^-]{\text{H}^+}$ (CH$_3$)$_2$N$^+$=〇=N—NH—〇—SO$_3^-$

　　　碱式，黄色（偶氮式）　　　　　　　　　酸式，红色（醌式）

由平衡关系可以看出,增大酸度,甲基橙以醌式(双极离子形式)存在,溶液呈红色;降低酸度,甲基橙以偶氮式存在,溶液显黄色。

如酚酞(PP),在酸性溶液中无色,在碱性溶液中转化为醌式后显红色。

2. 指示剂的变色范围

指示剂的酸式 HIn(甲色)和碱式 In⁻(乙色)在溶液中达到平衡:

$$HIn \rightleftharpoons H^+ + In^-$$

$$K_{HIn} = \frac{[H^+][In^-]}{[HIn]}$$

K_{HIn} 是指示剂的电离常数,由指示剂本身决定,对于给定的指示剂为常数,可见指示剂颜色的变化完全由溶液的 pH 决定。溶液颜色取决于 $[In^-]/[HIn]$ 比值。当 $[In^-]/[HIn]=1$,$pH=pK_{HIn}$ 指示剂的酸式体与碱式体浓度相等,溶液呈其酸式色和碱式色的中间色。因此,称此时的 pH 值为酸碱指示剂的理论变色点。

人眼对颜色过渡变化的分辨能力是有限度的,当某种颜色占一定优势之后,就再观察不出色调的变化。根据人眼对颜色的敏感度,一般来说,若指示剂的酸式色与碱式色浓度相差10倍后,就只能看到浓度大的那种的颜色,即

当 $[HIn]/[In^-] \geqslant 10$,即 $pH \leqslant pK_{HI}-1$ 时,只能看到酸式色 [HIn]。

当 $[HIn]/[In^-] \leqslant 1/10$,即 $pH \geqslant pK_{HI}+1$ 时,只能看到碱式色 [In⁻]。

当 $10 \geqslant [HIn]/[In^-] \geqslant 1/10$ 时,看到的是它们的混合颜色。在此范围溶液对应的 pH 为 $pK_{HI}-1$ 至 $pK_{HIn}+1$。$pH=pK_{HIn}\pm 1$ 称为指示剂理论变色的 pH 范围,简称指示剂理论变色范围。

指示剂的变色范围(指从一色调改变至另一色调)不是根据 pK_a 计算出来的,而是依靠人眼观察出来的。由于人眼对各种颜色的敏感度不同,加上两种颜色互相影响,所以实际观察结果彼此常有差别。例如,甲基橙的变色范围,有报道分别为 3.1~4.4、3.2~4.5 和 2.9~4.3 等。甲基橙、甲基红、酚酞、石蕊是几种常用的酸碱指示剂,它们的变色范围见表 11-2。

表 11-2 常见酸碱指示剂的变色范围

指示剂	pH 变色范围		
甲基橙	<3.1 红色	3.1~4.4 橙色	>4.4 黄色
甲基红	<4.4 红色	4.4~6.2 橙色	>6.2 黄色
石蕊	<5.0 红色	5.0~8.0 紫色	>8.0 蓝色
酚酞	<8.0 无色	8.0~10 粉红	>10.0 红色

用酸碱指示剂可以粗略地测定溶液的酸碱性,在化工生产和科研中有广泛的应用。需要精确测定溶液的酸碱性时,可用各种类型的酸度计。

3. 影响指示剂变色范围的因素

(1) 指示剂的用量 指示剂用量过多,会使终点变色迟钝,且指示剂本身也会多消耗滴定剂;用量太少,颜色变化不明显。因此,在不影响变色敏锐的前提下,尽量少用指示剂。一般分析中 2~4 滴(建议取下限)为宜。

(2) 温度 温度的变化会引起指示剂电离常数和水的质子自递常数发生变化,因而指示剂的变色范围亦随之改变,对碱式指示剂的影响较对酸式指示剂更为明显。一般酸碱滴定都在室温下进行,若有必要加热煮沸,也须在溶液冷却后再滴定。

(3) 中性电解质 中性电解质的存在增大了溶液的离子强度,使得指示剂的电离常数发

生改变,从而影响其变色范围,此外,电解质的存在还影响指示剂对光的吸收,使其颜色的强度发生变化,因此滴定中不宜有大量中性电解质存在。

（4）溶剂　不同的溶剂具有不同的介电常数和酸碱性,因而影响指示剂的电离常数和变色范围。

4. 混合指示剂

一般单一指示剂的变色范围较宽,变色不敏锐,且变色过程有过渡色,不易辨别颜色的变化。有时需要变色范围很小的指示剂,则用混合指示剂,混合指示剂是利用颜色互补的原理。混合指示剂具有变色范围窄、变色明显的特点。常见的混合指示剂配制有两种方法：

双指示剂法滴定

（1）两种指示剂按一定比例混合　如酸标准溶液滴定 $Na_2B_4O_7$ 时,常用甲基红（4.4~6.2）与溴甲酚绿（3.8~5.4）,混合后,酸式色为酒红色（红稍带黄）,碱式色为绿色。当 pH=5.1 时,甲基红的橙色与溴甲酚绿（蓝略带绿）互补为灰色。

（2）在某种指示剂中加入一种惰性染料　以惰性染料作为背衬,也是由于两种颜色叠合,而出现变色点或较窄变色范围。例如,中性红（6.8~8.0）与亚甲基蓝混合,在 pH=7.0 时呈紫蓝色,只有 0.2pH 变色范围,比单独使用中性红的变色范围要窄得多。

二、酸碱滴定法

酸碱滴定演示动画

酸碱滴定法是利用酸碱间的反应来测定物质含量的方法。在酸碱滴定中,最重要的是要估计被测物质能否被准确滴定,滴定过程中溶液 pH 的变化情况如何,怎样选择最合适的指示剂来确定滴定终点等。根据酸碱平衡原理,通过具体计算滴定过程中 pH 随滴定剂体积增加而变化的情况,可以清楚地回答这些问题。

作为滴定分析的化学反应必须满足以下几点：

① 反应要有确切的定量关系,即按一定的反应方程式进行并且反应进行得完全；
② 反应要迅速完成,对反应速度慢的反应有加快反应速度的措施；
③ 主反应不受共存物的干扰,或有消除干扰的措施；
④ 有确定理论终点的方法。

（一）强酸与强碱的滴定

现以 0.1000mol/L NaOH 滴定 20.00mL 0.1000mol/L HCl 溶液为例,讨论强碱滴定强酸的情况。

被滴定的 HCl 溶液,起始 pH 值较低,随着 NaOH 的加入,中和反应不断进行,溶液的 pH 值不断升高。当加入的 NaOH 物质的量恰好等于 HCl 物质的量时,中和反应恰好进行完全,滴定达到化学计量点。超过化学计量点,继续加入 NaOH 溶液,pH 值继续升高。为了了解整个滴定过程的详细情况,分四个阶段讲述如下。

1. 滴定前

溶液的 pH 值取决于 HCl 的起始浓度,$[H^+]=0.1000mol/L$。
$$pH=-lg[H^+]=1.00$$

2. 滴定开始到化学计量点前

溶液的 pH 值由剩余 HCl 的物质的量决定。
$$[H^+]=\frac{(V_{HCl}-V_{NaOH})c_{HCl}}{V_{HCl}+V_{NaOH}}$$

当加入 NaOH 19.98mL（即计量点前 -0.1% 相对误差）时,未中和的 HCl 为 0.02mL,此时溶液中 $[H^+]$ 为：

$$[H^+] = \frac{(20.00-19.98) \times 0.1000}{20.00+19.98} = 5.00 \times 10^{-5} (\text{mol/L})$$

$$pH = 4.30$$

3. 计量点时

化学计量点时，加入 NaOH 为 20.00mL，此时 HCl 全部被中和，此时溶液中 $[H^+]$ 由 H_2O 的电离决定。

$$[H^+] = 1.00 \times 10^{-7} \text{mol/L}$$

$$pH = 7.00$$

4. 化学计量点后

此时溶液的 pH 值根据过量的 NaOH 的量决定。

$$[OH^-] = \frac{(V_{NaOH}-V_{HCl})c_{NaOH}}{V_{HCl}+V_{NaOH}}$$

如果加入 NaOH 20.02mL（即计量点后，相对误差为 +0.1%）时，NaOH 过量 0.02mL，此时溶液 $[OH^-]$ 为：

$$[OH^-] = \frac{(20.02-20.00) \times 0.1000}{20.00+20.02} = 5.00 \times 10^{-5} (\text{mol/L})$$

$$pOH = 4.30$$

$$pH = 9.70 \quad (pH = 14.00-4.30 = 9.70)$$

用类似的方法可以计算出滴定过程中各点的 pH，数据列于表 11-3。

表 11-3 用 NaOH(0.1000mol/L) 滴定 20.00mL HCl(0.1000mol/L) 溶液

加入的 NaOH		剩余的 HCl		$[H^+]$	pH
%	mL	%	mL		
0	0	100	20.0	1.0×10^{-1}	1.00
90.0	18.00	10.0	2.00	5.0×10^{-3}	2.30
99.9	19.80	1.00	0.20	5.0×10^{-4}	3.30
99.9	19.98	0.10	0.02	5.0×10^{-5}	4.30
100.0	20.00	0	0	1.0×10^{-7}	7.00

加入的 NaOH		过量的 NaOH		$[OH^-]$	pH
%	mL	%	mL		
100.1	20.02	0.1	0.02	5.0×10^{-5}	9.70
101.0	20.20	1.0	0.20	5.0×10^{-4}	10.70

以表 11-3 中 NaOH 加入量为横坐标，溶液的 pH 值为纵坐标，作 pH-V 曲线，即为强碱滴定强酸的滴定曲线。如图 11-1 所示。

从表 11-3 和图 11-1 可以看出，从滴定开始到加 NaOH 溶液 19.98mL 时，溶液的 pH 值改变了 3.30 个 pH 单位，但在 19.98~20.02mL，即在化学计量点前后由剩余的 0.1% HCl 未中和到 NaOH 过量 0.1%，相对误差在 -0.1%~+0.1%，溶液的 pH 值有一个突变，从 4.30 增加到 9.70，变化了 5.4 个 pH 单位，曲线呈现近似垂直的一段。这一 pH 突变段被称为滴定突跃，突跃所在的 pH 范围称为滴定突跃范围。

滴定突跃有重要的实际意义，它是指示剂的选择依据。凡是变色范围全部或部分落在突跃范围内的指示剂，滴定的相对误差在 -0.1%~+0.1%，都可以被选为该滴定的指示剂。如酚酞、甲基红、甲基橙都能保证终点误差在 ±0.1% 以内。其中甲基橙的变色范围（pH

3.1~4.4）只有 0.1 个 pH 单位被包括在突跃范围（pH 4.30~9.70）内，但只要将滴定终点控制在溶液从橙色变到黄色就符合要求。

酸碱的浓度可以改变滴定突跃范围的大小。从图 11-2 可以看出，若用 0.01mol/L、0.1mol/L、1mol/L 三种浓度的标准溶液进行滴定，滴定突跃的 pH 范围分别为 5.30~8.70、4.30~9.70、3.30~10.70。溶液浓度越大，突跃范围越大，可供选择的指示剂越多；溶液浓度越小，突跃范围越小，指示剂的选择就受到限制。如用 0.01mol/L 强碱溶液滴定 0.01mol/L 强酸溶液，由于其突跃范围减小到 pH5.30~8.70，就不能使用甲基橙指示终点。应该指出的是，分析工作者可根据分析结果准确度的要求（±0.1%或±0.2%）确定滴定突跃范围和选择合适的指示剂。

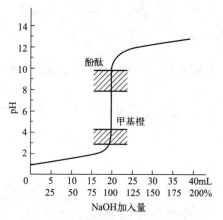

图 11-1　0.1000mol/L NaOH 溶液
滴定 0.1000mol/L HCl 溶液的滴定曲线

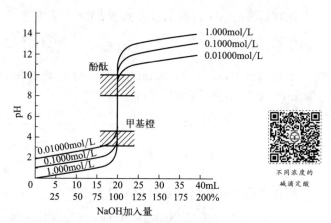

图 11-2　不同浓度 NaOH 溶液
滴定不同浓度 HCl 溶液的滴定曲线

（二）强碱（酸）滴定弱酸（碱）

以 0.1000mol/L NaOH 滴定 20.00mL 0.1000mol/L HAc 为例来讨论滴定过程中溶液的 pH 值的变化情况，然后绘出滴定曲线。

1. 滴定前（$V_{NaOH}=0$）

溶液的组成为 HAc，$c_{HAc}=0.1000$mol/L，因此溶液的 [H^+] 由 HAc 电离所决定。$c/K_a=0.1000/(1.8\times10^{-5})>500$，$cK_a>20K_w$

$$[H^+]=\sqrt{1.8\times10^{-5}\times0.1000}=1.34\times10^{-3}(mol/L) \qquad pH=2.87$$

2. 滴定开始到化学计量点前

滴加 NaOH 后与 HAc 作用生成 NaAc，同时溶液中还有剩余的 HAc，因此，溶液的组成是未反应的 HAc 和反应产物 Ac^-，组成一个缓冲体系，故溶液中的酸度可按缓冲溶液公式进行计算：

$$OH^- + HAc \rightleftharpoons Ac^- + H_2O$$

此时溶液为缓冲体系：

$$pH = pK_a + \lg\frac{c_{Ac^-}}{c_{HAc}}$$

当滴入 19.98mL NaOH，即相对误差为 −0.1% 时

$$c_{HAc} = \frac{0.02 \times 0.10}{20.00 + 19.98} = 5.0 \times 10^{-5} (mol/L)$$

$$c_{Ac^-} = \frac{19.98 \times 0.10}{20.00 + 19.98} = 5.0 \times 10^{-2} (mol/L)$$

$$pH = pK_a + \lg \frac{c_{Ac^-}}{c_{HAc}} = 7.74$$

3. 化学计量点

已滴入 NaOH 20.00mL，这时 NaOH 恰好与 HAc 全部反应生成 NaAc，溶液组成为 NaAc。由于 Ac^- 是 HAc 的共轭碱，故溶液的 pH 可根据溶液中 Ac^- 电离平衡进行计算：0.05mol/L Ac^- 溶液的水解

$$\frac{c_{Ac^-}}{K_b} = \frac{0.05000}{5.6 \times 10^{-10}} > 500$$

$$c_{Ac^-} K_b \gg 20 K_w$$

$$[OH^-] = \sqrt{cK_b} = \sqrt{0.05000 \times 5.6 \times 10^{-10}} = 5.3 \times 10^{-6} (mol/L)$$

$$pH = 8.73 (此时溶液呈弱碱性)$$

4. 化学计量点后

过量的 NaOH 抑制了 Ac^- 的水解：

$$Ac^- + H_2O \rightleftharpoons HAc + OH^-$$

pH 决定于过量的 NaOH 浓度，当滴入 20.02mL NaOH 溶液时，即相对误差为 +0.1% 时：

$$[OH^-] = \frac{0.1000 \times 0.02}{20.00 + 20.02} = 5.0 \times 10^{-5} (mol/L)$$

$$pH = 9.70$$

对整个过程逐一计算（见表 11-4）并作图，就得到这一滴定类型的滴定曲线（见图 11-3）。

表 11-4 用 NaOH（0.1000mol/L）滴定 20.00mL HCl（0.1000mol/L）溶液

NaOH 加入量		剩余的 HAc		pH
%	mL	%	mL	
0	0	100	20.0	
50	10.00	50	10.00	
90	18.00	10	2.00	
99.0	19.80	1	0.20	
99.9	19.98	0.1	0.02	7.74
100	20.00	0	0	8.70 计量点

NaOH 加入量		过量的 NaOH		pH
%	mL	%	mL	
100.1	20.02	0.1	0.02	9.70 计量点后
101.0	20.20	1	0.20	10.70

从表 11-4 和图 11-4 可以看出，强碱滴定弱酸有如下特点。

① 滴定曲线起点高因弱酸电离度小，溶液中的 $[H^+]$ 低于弱酸初始浓度。因此用 NaOH 滴定 HAc，不同于滴定 HCl，滴定的曲线开始不在 pH=1 处，而在 pH=2.88 处。

② 滴定曲线的形状不同。从滴定曲线可知，滴定过程中的 pH 的变化不同于强碱滴定强酸，开始时溶液 pH 变化快，其后变化稍慢，接近于化学计量点时又逐渐加快。

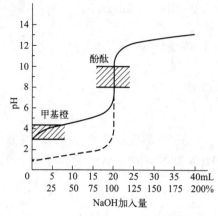 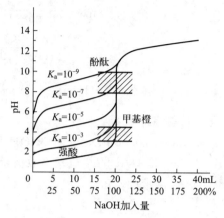

图 11-3　0.1000mol/L NaOH 溶液滴定 0.1000mol/L HAc 溶液的滴定曲线

图 11-4　不同浓度 NaOH 溶液滴定不同强度弱酸的滴定曲线

③ 滴定突跃范围小。从表 11-4 可知,滴定突跃范围 pH 值为 7.74～9.70,小于强碱滴定强酸滴定突跃范围的 pH 4.30～9.70。在化学计量点时由于 Ac^- 显碱性,滴定的 pH 值不在 7,而在偏碱性区。显然在酸性区内变色的指示剂如甲基橙、甲基红等都不能使用,所以此滴定宜选用酚酞或百里酚酞作指示剂。

突跃范围的大小不仅取决于弱酸的强度 K_a,还和其浓度(c)有关。一般来说,当 $cK_a \geqslant 10^{-8}$ 时,滴定突跃可大于或等于 0.3 个 pH 单位,人眼能够辨别出指示剂颜色的改变,滴定就可以直接进行,这时终点误差也在允许的 ±0.1% 以内。同样,只有满足 $cK_b \geqslant 10^{-8}$ 时才能以强酸滴定弱碱。因此,cK_a(或 cK_b)$\geqslant 10^{-8}$,是一元弱酸(或一元弱碱)能否被准确滴定的依据。

 拓展视野

酸碱体质理论,一场伪科学骗局

科学思想是重要的精神力量,只有尊重科学,相信科学,社会才能进步。我们在学习酸碱平衡的时候,不免会想到人体酸碱性的言论。2018 年,美国"体质酸碱性理论的创始人"罗伯特·欧·杨承认"酸碱体质理论"是个骗局,是因为这一理论完全忽略了人体自身的酸碱调节功能。在这之前,市场上打着"酸性体质有害身体健康"的口号进行保健品销售,甚至以此来进行癌症等疾病的治疗,同时还有人以此为噱头销售人体调节酸碱性仪器等。如果有人听信"酸性体质论",按该理论提出的碱性食谱来安排饮食的话,长此以往必然导致人体营养失衡,甚至可能会疾病缠身。实际上,国内医学界专家对"酸碱体质理论"进行过批驳,认为此理论没有科学依据,属于伪科学。对于人体酸碱度,医学界普遍的解释是:人体自身具有酸碱调节功能,由呼吸系统和泌尿系统等多个系统所完善的酸碱调节系统,使得人体的酸碱度完全处于一个相对的稳态,以作为人体酸碱平衡的指标"血液 pH 值"为例,必然处在 7.35 至 7.45 的略碱性数值中。一旦人体的酸碱平衡出现紊乱,超过了这一范围,就成为了病态,比如酸中毒或碱中毒,需要进行相应的诊断治疗。人体的不同部分酸碱性并不相同,但整体的酸碱环境非常稳定,其 pH 值不会因为饮食而改变。对新时代的大学生来说，我们更应该以科学的眼光看待事情，树立正确的人生观、价值观和世界观，形成"普及科学知识、弘扬科学精神、传播科学思想、倡导科学方法"的良好氛围。

本章小结

一、酸碱质子理论

凡是能够给出质子的物质都是酸，又称为质子酸；凡是能够接受质子的物质都是碱，又称为质子碱。

酸给出质子生成相应的碱，而碱结合质子后又生成相应的酸，酸与碱之间的这种依赖关系称共轭关系，相应的一对酸碱被称为共轭酸碱对。

物质给出质子的能力越强，酸性就越强，反之就越弱；物质接受质子的能力越强，碱性就越强，反之越弱。酸碱电离常数 K 值的大小，可以定量地说明酸碱的相对强弱。

二、缓冲溶液

1. 同离子效应：在弱酸或弱碱溶液中，加入与弱酸或弱碱含有相同离子的易溶强电解质，使弱酸或弱碱的电离度降低的现象。

2. 缓冲溶液是一种能够抵抗外加少量强酸、强碱或稀释作用，而能维持溶液 pH 基本不变的溶液。缓冲溶液保持 pH 不变的作用称为缓冲作用，其原理就是同离子效应。

任何缓冲溶液中，既有抗酸成分，又有抗碱成分。

三、酸碱滴定

1. 酸碱指示剂的作用原理：酸碱指示剂本身通常是结构比较复杂的有机弱酸或有机弱碱。当溶液的 pH 值改变时，指示剂失去质子或接受质子，伴随着质子的转移，指示剂的结构发生变化，从而使溶液呈现不同的颜色。

2. 酸碱滴定法：利用酸碱间的反应来测定物质含量的方法。

课后检测

一、填空题

1. 向 0.1mol/L NaAc 溶液中加入 1 滴酚酞试液时，溶液呈_____色；当把溶液加热至沸腾时，溶液的颜色将_____，这是因为_____。

2. 在纯水中加入少量酸后，水的离子积_____ 1×10^{-14}，pH _____ 7。

3. HAc 的共轭碱为_____，OH^- 的共轭酸为_____。

4. 最理想的指示剂应是恰好在_____时变色的指示剂。

5. 用强碱滴定一元弱酸时，使弱酸能被准确滴定的条件是_____。

6. 在酸碱滴定中，指示剂的选择是以_____为依据的。

二、选择题

1. OH^- 的共轭酸是（　　）。
A. H^+ 　　　　　　B. H_2O 　　　　　　C. H_3O^+ 　　　　　　D. O^{2-}

2. 在下列各组酸碱组分中，不属于共轭酸碱对的是（　　）。

A. HAc-NaAc B. H_3PO_4-$H_2PO_4^-$
C. $^+NH_3CH_2COOH$-$NH_2CH_2COO^-$ D. H_2CO_3-HCO_3^-

3. 根据酸碱质子理论，正确的说法是（　　）。
A. 酸愈强，则其共轭碱愈弱 B. 水中存在的最强酸是 H_3O^+
C. H_3O^+ 的共轭碱是 OH^- D. H_2O 的共轭碱仍是 H_2O

4. 下列说法正确的是（　　）。
A. 某溶液中滴入甲基橙显黄色，则溶液的 pH 一定大于 7
B. 在 pH 值小于 8 的溶液中滴入酚酞时，溶液一定显红色
C. 某溶液的 pH 值为 7，滴入紫色石蕊试液时显红色
D. 滴入酚酞显红色的溶液一定呈碱性

5. 浓度相同的下列物质水溶液的 pH 最高的是（　　）。
A. NaCl　　　　B. NH_4Cl　　　　C. $NaHCO_3$　　　　D. Na_2CO_3

6. 六亚次甲基四胺 $[(CH_2)_6N_4]$ 缓冲溶液的缓冲 pH 范围是（　　）。（已知六亚次甲基四胺 $pK_b = 8.85$）
A. 4～6　　　　B. 6～8　　　　C. 8～10　　　　D. 9～11

三、简答题

1. 何谓滴定终点？何谓终点误差？
2. 试述滴定终点与化学计量点的区别。
3. 什么叫缓冲作用，缓冲溶液组成如何？试举两种缓冲溶液。

四、计算题

1. 在 0.10mol/L $NH_3 \cdot H_2O$ 溶液中，加入固体 NH_4Cl，使其浓度为 0.10mol/L，求 H^+ 浓度。
2. 欲配制 0.1000mol/L 的碳酸钠标准滴定溶液 500mL，问应称取基准碳酸钠多少克？
3. 在室温下，H_2CO_3 饱和溶液浓度为 0.040mol/L，求室温下，H_2CO_3 饱和溶液中的 pH 近似值。

第十二章
沉淀溶解平衡与沉淀滴定

学习目标

知识目标
1. 理解沉淀溶解平衡的建立及平衡的移动。
2. 掌握溶度积的概念和溶度积规则。
3. 理解莫尔法、福尔哈德法的测定原理、滴定条件及其应用范围。

能力目标
1. 能够利用溶度积（溶解度）计算溶解度（溶度积）。
2. 能利用溶度积规则解释沉淀生成（或溶解）现象和分离某些离子（或进行沉淀转化）。
3. 能应用莫尔法、福尔哈德法对待测离子进行测定分析。

素质目标
1. 通过减小沉淀溶解度、提高纯度的学习，鼓励和培养大胆探索、坚持不懈，勇于创新的精神。
2. 通过沉淀滴定相关知识的探究，引入工业污水处理中酸度的控制等案例，提升遵纪守法、专业自信以及爱岗敬业的基本素养。

第一节 难溶电解质的沉淀溶解平衡

一、沉淀溶解平衡与溶度积常数

任何电解质在水溶液中都有一定的溶解度，只是溶解的程度不同，有的电解质易溶于水中，如 NaCl、KNO_3 等；有的电解质难溶于水，如 AgCl、$BaSO_4$、$Mg(OH)_2$ 等。**绝对不溶的电解质是不存在的，人们通常把溶解度小于 0.01g/100g 水的物质称为难溶电解质。** 难溶电解质在水中的溶解能力虽差，但溶解的部分可认为是完全电离的，且以水合离子形式存在，不存在电解质分子；而电离的离子相互碰撞又能重新结合形成沉淀，因而在水中建立一个沉淀溶解平衡。下面先来了解难溶物质的溶度积和溶解度。

将难溶电解质晶体 AgCl 置于水中，有两个变化过程同时存在：与水接触的固体表面上 Ag^+ 与 Cl^- 受水分子的吸引和碰撞，逐渐离开晶体表面扩散到水中，成为能自由运动的水合离子，这个过程称为溶解；同时，已溶解的 Ag^+ 与 Cl^- 在溶液中相互碰撞，重新结合成 AgCl 晶体，这个过程称为沉淀或结晶。

一定温度下，当溶解速率等于沉淀生成速率时，未溶解的固体和已溶解的离子之间建立了动态平衡，溶液中 Ag^+ 与 Cl^- 的浓度不再改变，这种平衡称为沉淀溶解平衡，此时的溶液为饱和溶液。即建立下列动态平衡：

$$AgCl(s) \underset{沉淀}{\overset{溶解}{\rightleftharpoons}} Ag^+(aq) + Cl^-(aq)$$

根据平衡原理，其平衡常数为 $K_{sp} = [Ag^+][Cl^-]$。

式中，$[Ag^+]$、$[Cl^-]$ 为 Ag^+、Cl^- 的浓度；K_{sp} 称为溶度积常数，简称溶度积❶，它表示在一定温度下，难溶电解质的饱和溶液中，电离出的各离子浓度幂次方的乘积为一常数。与其他平衡常数一样，溶度积常数也只与难溶电解质的本性和温度有关，与溶液中的离子浓度无关。

K_{sp} 值的大小反映了难溶电解质的溶解能力，K_{sp} 越大，溶液中离子浓度越大，难溶物质越易溶解。

对于一般的难溶电解质 A_mB_n，在一定温度下达到沉淀溶解平衡时，其溶度积常数可表示为：

$$A_mB_n(s) \rightleftharpoons mA^{n+}(aq) + nB^{m-}(aq)$$

$$K_{sp} = [A^{n+}]^m [B^{m-}]^n$$

例如：
$$Mn(OH)_2 \rightleftharpoons Mn^{2+}(aq) + 2OH^-(aq)$$

$$K_{sp} = [Mn^{2+}][OH^-]^2$$

上面的溶度积常数表达式是在没有其他因素的影响下，难溶电解质在水中溶解部分完全电离成简单离子，不存在未电离分子，离子之间的相互作用影响很小，可以忽略不计，离子的浓度近似等于离子的活度，在这种条件下存在上述关系。但实际上，有许多难溶物质在水中并不能完全电离，仍有未电离分子存在，如一些难溶的氢氧化物 $Al(OH)_3$、$Fe(OH)_3$ 等，在它们的溶液中，除了 Fe^{3+}、Al^{3+} 和 OH^- 外，还有其他一些离子与其共存，像 $Fe(OH)_2^+$、$Fe(OH)^{2+}$、FeO^+ 等，同时离子之间也会产生相互作用，因此上述的关系式是一个不精确的计算式。为了简便起见，一般情况下不考虑这些因素的影响。

二、溶度积及其应用

1. 溶度积与溶解度的相互换算

溶度积 K_{sp} 和溶解度的大小都表示难溶电解质的溶解能力，它们之间既有联系，又有不同点，溶度积是与温度有关的一个常数，而溶解度除与温度有关外，还与溶液中离子的浓度大小有关。溶解度一般用 S 表示，单位换算成 mol/L。溶度积与溶解度之间可以相互换算。对于相同类型的电解质，溶度积愈大的溶解度也愈大；但对于不同类型的电解质，不能通过溶度积的数据直接比较溶解度的大小。

AB 型的难溶电解质其溶解度（S）在数值上等于其溶度积的平方根。即

$$S = \sqrt{K_{sp}}$$

【例 12-1】 已知 $BaSO_4$ 在 298.15K 时的溶度积为 1.08×10^{-10}，求在该温度下它的溶解度。

解 设 $BaSO_4$ 的溶解度（S）为 x(mol/L)，在其饱和溶液中存在下列平衡：

$$BaSO_4 \rightleftharpoons Ba^{2+}(aq) + SO_4^{2-}(aq)$$

平衡时浓度/(mol/L) x x

---

❶ 当忽略量纲时，宜写作 $K_{sp}^{\ominus}$。

即：
$$K_{sp}=[Ba^{2+}][SO_4^{2-}]$$
$$K_{sp}=x^2$$
所以
$$S=x=\sqrt{K_{sp}}$$
$$=1.04\times10^{-5}\ (mol/L)$$

所以，在该温度下 $BaSO_4$ 溶解度为 1.04×10^{-5} mol/L。

由上面的例子可看出，相同类型的难溶电解质的 K_{sp} 越小，溶解度越小，越难溶于水；反之 K_{sp} 越大，溶解度越大。

如：$K_{sp}(AgCl)=1.8\times10^{-10}$；$K_{sp}(AgBr)=5.0\times10^{-13}$；$K_{sp}(AgI)=8.3\times10^{-17}$。

因为：$K_{sp}(AgCl)>K_{sp}(AgBr)>K_{sp}(AgI)$，所以溶解度：$S(AgCl)>S(AgBr)>S(AgI)$。

注意：不同类型的难溶电解质，不能简单地根据 K_{sp} 大小，判断难溶电解质溶解度的大小。例如 A_2B 型（AB_2 型）的难溶电解质其溶解度（S）在数值上与其溶度积的关系为：
$$K_{sp}=4S^3$$

【**例 12-2**】 已知 298.15K 时 Ag_2CrO_4 在水中的溶解度为 6.5×10^{-5} mol/L。求在此温度下它的溶度积。

解 在其饱和溶液中存在平衡如下：
$$Ag_2CrO_4 \rightleftharpoons 2Ag^+(aq)+CrO_4^{2-}(aq)$$

平衡浓度/(mol/L)　　　　　　2S　　　　　S

则　　$K_{sp}=(2S)^2 S=4S^3=4\times(6.5\times10^{-5})^3=1.1\times10^{-12}$

所以，在此温度下 Ag_2CrO_4 的溶度积为 1.1×10^{-12}。

2. 溶度积规则

难溶电解质的沉淀溶解平衡是一个动态平衡，如果条件改变，平衡就会发生移动。通过改变条件如控制离子的浓度，可以使平衡向着人们需要的方向转化。

例如，在一定的条件下，Ba^{2+} 与 CO_3^{2-} 反应可以生成 $BaCO_3$ 沉淀，该反应的离子方程式如下：
$$Ba^{2+}(aq)+CO_3^{2-}(aq)\rightleftharpoons BaCO_3\downarrow$$

当 $BaCO_3$ 固体与溶液中的 Ba^{2+} 和 CO_3^{2-} 之间建立平衡时，溶液中的 Ba^{2+} 和 CO_3^{2-} 的浓度的数值一定，该溶液为 $BaCO_3$ 的饱和溶液，则有 $K_{sp}=[Ba^{2+}][CO_3^{2-}]$。

若采取措施使溶液中的 $[Ba^{2+}]$ 或 $[CO_3^{2-}]$ 增大，这样 $[Ba^{2+}][CO_3^{2-}]>K_{sp}$，平衡就向生成 $BaCO_3$ 沉淀一方移动，生成 $BaCO_3$ 沉淀。随着 $BaCO_3$ 沉淀的生成，溶液中 Ba^{2+} 和 CO_3^{2-} 的浓度逐渐减小，当 Ba^{2+} 浓度和 CO_3^{2-} 浓度乘积等于 $BaCO_3$ 的 K_{sp} 时，体系达到了一个新的平衡状态。

若在上述含有 $BaCO_3$ 沉淀的溶液中，逐滴加入 HCl 溶液，可以发现有气泡不断放出，降低 CO_3^{2-} 浓度，使 $[Ba^{2+}][CO_3^{2-}]<K_{sp}$，平衡会向 $BaCO_3$ 溶解方向移动，直到 Ba^{2+} 浓度和 CO_3^{2-} 浓度乘积等于 $BaCO_3$ 的溶度积时，溶解过程才停止。

对于任一难溶电解质 A_mB_n 的沉淀溶解平衡，用下式表示：
$$A_mB_n(s)\rightleftharpoons mA^{n+}(aq)+nB^{m-}(aq)$$

引入离子积（Q_c），在任意条件下则有：

$$Q_c = [A^{n+}]^m [B^{m-}]^n$$

通过比较溶度积 K_{sp} 与溶液中有关离子的离子积 Q_c 的相对大小，可以判断难溶电解质在给定条件下沉淀能否生成或溶解。

① 若 $Q_c > K_{sp}$，则溶液过饱和，有沉淀析出，直至溶液饱和，达到新的平衡；

② 若 $Q_c = K_{sp}$，则溶液饱和，沉淀与溶解处于平衡状态；

③ 若 $Q_c < K_{sp}$，则溶液未饱和，无沉淀析出，若加入过量难溶电解质，难溶电解质溶解直至溶液饱和。

【例 12-3】 将等体积的 4×10^{-3} mol/L 的 $AgNO_3$ 和 4×10^{-3} mol/L K_2CrO_4 混合，有无 Ag_2CrO_4 沉淀产生？已知 $K_{sp}(Ag_2CrO_4) = 1.12 \times 10^{-12}$。

解 等体积混合后，浓度为原来的一半。

$$c_{Ag^+} = 2 \times 10^{-3} \text{ mol/L}; c_{CrO_4^{2-}} = 2 \times 10^{-3} \text{ mol/L}$$

$$\begin{aligned} Q_c &= c_{Ag^+}^2 \cdot c_{CrO_4^{2-}} \\ &= (2 \times 10^{-3})^2 \times 2 \times 10^{-3} \\ &= 8 \times 10^{-9} > K_{sp\,CrO_4^{2-}} \end{aligned}$$

所以有沉淀析出。

3. 溶度积规则的应用

(1) 控制条件就可以分离不同的离子　如果溶液中同时含有数种离子，当加入某种试剂时，它可能与溶液中的几种离子都发生反应而产生沉淀；沉淀不是同时发生，离子积 Q_c 的数值首先达到溶度积的难溶电解质先析出沉淀，离子积 Q_c 的数值后达到溶度积的就后析出沉淀。按照满足沉淀反应的先后顺序沉淀，这一过程称为分步沉淀。利用分步沉淀可以达到分离离子的目的。

例如，在含有浓度都为 0.0100 mol/L I^- 和 Cl^- 的溶液中逐滴加入 $AgNO_3$ 试剂，首先生成的是溶度积较小的 AgI 的黄色沉淀，然后才出现溶度积较大的 AgCl 白色沉淀 $[K_{sp}(AgCl) = 1.8 \times 10^{-10} > K_{sp}(AgI) = 8.3 \times 10^{-17}]$。

(2) 沉淀转化　有些沉淀既不溶于水也不溶于酸，还无法用配位溶解和氧化还原溶解的方法把它直接溶解。在含有沉淀的溶液中，加入适当的试剂，与某一离子结合，使沉淀转化为更难溶的物质，然后使其溶解。这种把一种沉淀转化为另一种沉淀的过程称为沉淀的转化。沉淀的转化是一种难溶电解质转化为另一种难溶电解质的过程，其实质是沉淀-溶解平衡的移动。难溶物的溶解度相差越大，这种转化的趋势越大。如在 $AgNO_3$ 和 K_2CrO_4 的混合溶液中逐滴加入 NaCl 溶液，边加边振荡，沉淀由红变白。

在 ZnS 沉淀上滴加 $CuSO_4$ 溶液，白色 ZnS 就会转化为黑色的 CuS 沉淀。

因为 FeS、MnS、ZnS 的 K_{sp} 远大于 CuS、HgS、PbS 的 K_{sp}，利用沉淀转化原理，在工业废水的处理过程中，常用 FeS、MnS、ZnS 等难溶物作为沉淀剂除去废水中的 Cu^{2+}、Hg^{2+}、Pb^{2+} 等重金属离子。

例如，$K_{sp}(CaSO_4) = 9.1 \times 10^{-6} > K_{sp}(CaCO_3) = 2.8 \times 10^{-9}$，为了除去附在锅炉内壁锅垢的主要成分 $CaSO_4$，可以借助于 Na_2CO_3，通过沉淀转化使之转变成疏松且可溶于酸的 $CaCO_3$。达到除垢的目的。

$$CaSO_4 \rightleftharpoons Ca^{2+} + SO_4^{2-}$$
$$+$$

$$Na_2CO_3 \longrightarrow CO_3^{2-} + 2Na^+$$
$$\downarrow$$
$$CaCO_3$$

溶度积较大的难溶性电解质转化为溶度积较小的难溶性电解质。因此，对于相同类型的难溶电解质可以直接利用溶度积比较沉淀的转化，由较大的转化为较小的沉淀，两种沉淀的溶度积（或溶解度）的差别愈大，沉淀转化得愈完全。

 课堂互动

什么叫溶度积、离子积？离子积与溶度积有何区别？

三、影响沉淀反应的因素

影响沉淀-溶解的因素很多，如同离子效应、盐效应、酸效应、配位效应等。此外，温度、介质、沉淀结构和颗粒大小等对沉淀的溶解也有影响。现分别进行讨论。

1. 同离子效应对沉淀反应的影响

在难溶电解质溶液中加入含有与难溶电解质共同离子的可溶强电解质，而使该难溶电解质的溶解度降低，这一现象称为同离子效应。

【例 12-4】 求 25℃时，Ag_2CrO_4
① 在纯水中的溶解度；
② 在 0.01mol/L K_2CrO_4 中的溶解度；
③ 在 0.01mol/L $AgNO_3$ 溶液中的溶解度。
已知 $K_{sp}(Ag_2CrO_4) = 1.12 \times 10^{-12}$

解 设 Ag_2CrO_4 的溶解度分别为 S_1、S_2、S_3
$$K_{sp}(Ag_2CrO_4) = (2S_1)^2 S_1$$
$$= (2S_2)^2 (0.01 + S_2)$$
$$= (0.01 + 2S_3)^2 S_3$$

所以 $S_1 = 6.5 \times 10^{-5}$ mol/L
$S_2 = 5.0 \times 10^{-6}$ mol/L
$S_3 = 1.1 \times 10^{-10}$ mol/L

因此 $S_1 > S_2 > S_3$

可见由于同离子效应，难溶电解质的溶解度降低了。

在实际分析中，常加入过量沉淀剂，利用同离子效应，使被测组分沉淀完全。但沉淀剂过量太多，可能引起盐效应、酸效应及配位效应等副反应，反而使沉淀的溶解度增大，沉淀溶解。因此，沉淀剂应适量，一般过量 50%～100%，如果沉淀剂是不易挥发的，则以过量 20%～30% 为宜。另外，洗涤时，也要用含相同离子的稀溶液进行洗涤，以减少沉淀的溶解损失。

2. 盐效应

在难溶电解质溶液中，加入不含有共同离子的可溶强电解质，而使难溶电解质溶解度增大，这种现象称盐效应。再如，以饱和 $BaSO_4$ 溶液中加入 KNO_3 为例：

盐效应

KNO_3 在溶液中完全电离为 K^+ 和 NO_3^-，结果使溶液中的离子总数骤增，由于 SO_4^{2-} 和 Ba^{2+} 被众多的异号离子（K^+ 和 NO_3^-）所包围，Ba^{2+} 和 SO_4^{2-} 的活度降低，相互碰撞形成沉淀的概率减小，沉淀溶解度平衡破坏，因而平衡向溶解方向移动，增大了沉淀的溶解度。一般来说，组成沉淀的离子电荷越高，加入的其他盐类的离子电荷越大，盐效应的影响越大。利用同离子效应降低沉淀的溶解度时，应考虑盐效应的影响，即沉淀剂不能过量太多。

3. 酸效应

酸度对沉淀溶解的影响是比较复杂的，这里只讨论通过控制 pH 可使某些难溶的氢氧化物和弱酸盐沉淀或溶解，达到分离的目的。

要使沉淀完全，除了选择并加入适当过量的沉淀剂外，对于某些沉淀反应（如生成难溶弱酸盐和难溶氢氧化物等的沉淀反应）还必须控制溶液的 pH，才能确保沉淀完全。沉淀反应没有一种是绝对完全的。通常认为残留在溶液中的离子浓度小于 $1×10^{-5}$ mol/L 时，该离子已被沉淀完全。

现以生成金属氢氧化物为例，在 $M(OH)_n$ 型难溶氢氧化物的多相离子平衡中：

$$M(OH)_n(s) \rightleftharpoons M^{n+}(aq) + nOH^-(aq)$$

若 $c_{M^{n+}} = 1 mol/L$，则氢氧化物开始沉淀时 OH^- 的最低浓度为：

$$c_{OH^-} > \sqrt[n]{K_{sp}[M(OH)_n]}$$

M^{n+} 沉淀完全[溶液 $c_{M^{n+}} = 10^{-5}$ mol/L]时，OH^- 的最低浓度为：

$$c_{OH^-} \geq \sqrt[n]{\frac{K_{sp}[M(OH)_n]}{10^{-5}}}$$

同理，各种不同溶度积的难溶性弱酸盐（如硫化物）开始沉淀和沉淀完全反应的 pH 也是不同的。调节溶液的 pH，可使溶液中某些金属离子沉淀为氢氧化物（或硫化物），某些金属离子仍留于溶液中，从而达到分离、提纯的目的。

例如，对含有杂质 Fe^{3+} 的 $ZnSO_4$ 溶液，若单纯考虑除 Fe^{3+}，则 pH 值越高，Fe^{3+} 被除去得越完全，但实际上 pH 值不能大于 5.7，否则 Zn^{2+} 沉淀为 $Zn(OH)_2$，所以一般控制 pH 值在 3~4 之间除去杂质 Fe^{3+}。

4. 配位效应

进行沉淀反应时，若溶液中存在能与构晶离子生成可溶性配合物的配位剂，则可使沉淀溶解度增大，这种现象称为配位效应。

配位剂主要来自两方面，一是沉淀剂本身就是配位剂，二是加入的其他试剂。

例如，用 Cl^- 沉淀 Ag^+ 时，得到 AgCl 白色沉淀，若向此溶液加入氨水，则因 Ag^+ 与 NH_3 配位形成 $[Ag(NH_3)_2]^+$，使 AgCl 的溶解度增大。如果在沉淀 Ag^+ 时，加入过量的 Cl^-，则 Cl^- 能与 AgCl 沉淀进一步形成 $[AgCl_2]^-$ 和 $[AgCl_3]^{2-}$ 等配离子，也使 AgCl 沉淀逐渐溶解。这时 Cl^- 沉淀剂本身就是配位剂。由此可见，在用沉淀剂进行沉淀时，应严格控制沉淀剂的用量，同时注意外加试剂的影响。

配位效应使沉淀的溶解度增大的程度与沉淀的溶度积、配位剂的浓度和形成配合物的稳定常数有关。沉淀的溶度积越大，配位剂的浓度越大，形成的配合物越稳定，沉淀就越容易溶解。

综上所述，在实际工作中应根据具体情况来考虑哪种效应是主要的。对无配位反应的强酸盐沉淀，主要考虑同离子效应和盐效应，对弱酸盐或难溶盐的沉淀，多数情况主要考虑酸效应。对于有配位反应且沉淀的溶度积又较大，易形成稳定配合物时，应主要考虑配位效应。

5. 其他影响因素

除上述因素外，温度、溶剂、沉淀颗粒大小及沉淀时间都对沉淀的溶解度有影响。

（1）**温度的影响** 沉淀的溶解一般是吸热过程，随温度升高，溶解度增大。因此，对于一些在热溶液中溶解度较大的沉淀，在过滤洗涤时必须在室温下进行。对于一些溶解度小，冷时又较难过滤和洗涤的沉淀，则采用趁热过滤，并用热的洗涤液进行洗涤。

（2）**溶剂的影响** 无机物沉淀大部分是离子型化合物，它们在有机溶剂中的溶解度一般比在纯水中的溶解度要小，因此沉淀时加入有机溶剂如乙醇、丙酮等，以减小沉淀的溶解损失。

（3）**沉淀颗粒大小和结构的影响** 晶体颗粒越小，其总表面积越大，溶解度越大。与大晶体相比，由于小晶体有较多的角、边和表面，处于这些位置的离子受晶体内离子的吸引力小，又受到溶剂分子的作用，很容易进入溶液中。因此，小颗粒沉淀的溶解度比大颗粒沉淀的溶解度大。

（4）**沉淀时间** 形成沉淀的时间越长，沉淀的晶体结构会发生变化，从而影响溶解度。

 课堂互动

铁锈是一种难溶电解质，如何利用溶解平衡来清除铁锈？请列举一个实际应用的例子，并解释其原理。

第二节 沉淀滴定法

一、滴定分析对沉淀反应的要求

沉淀滴定法是以沉淀反应为基础的一种滴定分析方法。沉淀反应很多，但能用于满足沉淀分析的并不多，这是由沉淀滴定的条件决定的，反应必须符合下列几个条件：

① 沉淀反应的速度要快，并按一定的化学计量关系进行；
② 生成的沉淀应具有恒定的组成，而且溶解度必须很小；
③ 用适当的方法指示化学计量点；
④ 沉淀的吸附现象不影响滴定终点的确定。

目前用得较广的是生成难溶银盐的反应，例如：

$$Ag^+ + Cl^- \Longrightarrow AgCl\downarrow$$
$$Ag^+ + SCN^- \Longrightarrow AgSCN\downarrow$$

这种利用生成难溶银盐反应的测定方法称为银量法，银量法可以测定 Cl^-、Br^-、I^-、Ag^+、SCN^- 等及含卤素的一些有机化合物，如水中的有机氯化物、残留的有机氯农药等，它主要应用于化学和冶金行业。

根据滴定方式、滴定条件和选用指示剂的不同，银量法可分为莫尔法、福尔哈德法、法扬斯法。

莫尔法演示动画

二、莫尔法

1. 测定原理

莫尔法是在中性或弱碱性介质中，以 K_2CrO_4 作指示剂的一种银量法。莫尔法可用于测定 Cl^-、Br^- 和 Ag^+，但不能用于测定 I^- 和 SCN^-，因为 AgI、AgSCN 的吸附能力太强，滴定到终点时有部分 I^- 或 SCN^- 被吸附，将引起较大的负误差。

如用 $AgNO_3$ 标准溶液滴定 Cl^- 的反应。根据分步沉淀的原理，由于 AgCl 的溶解度小于 Ag_2CrO_4 的溶解度，所以在滴定时，首先析出 AgCl 白色沉淀，当滴定到化学计量点附近时，溶液中析出砖红色 Ag_2CrO_4 沉淀，表示滴定终点达到。

$$Ag^+ + Cl^- \Longrightarrow AgCl \downarrow$$
白色

终点
$$2Ag^+ + CrO_4^{2-} \Longrightarrow Ag_2CrO_4 \downarrow$$
砖红色

2. 滴定条件

(1) **指示剂用量** K_2CrO_4 指示剂本身呈黄色，它的多少会直接影响对终点的判断及滴定误差的大小。为了获得比较准确的分析结果，应严格控制 CrO_4^{2-} 浓度。AgCl 和 Ag_2CrO_4 的溶度积是：

$$K_{sp} = [Ag^+][Cl^-] = 1.8 \times 10^{-10}$$
$$K_{sp} = [Ag^+]^2[CrO_4^{2-}] = 1.1 \times 10^{-12}$$

根据溶度积原理，在化学计量点要有 Ag_2CrO_4 沉淀析出，则：

$$[Ag^+] = [Cl^-] = \sqrt{1.8 \times 10^{-10}} = 1.34 \times 10^{-5} (mol/L)$$

$$[CrO_4^{2-}] = \frac{K_{sp}(Ag_2CrO_4)}{[Ag^+]^2} = \frac{1.1 \times 10^{-12}}{1.8 \times 10^{-10}} = 6.1 \times 10^{-3} (mol/L)$$

以上计算表明，在化学计量点时，恰好析出 Ag_2CrO_4 沉淀所需 CrO_4^{2-} 的浓度为 6.1×10^{-3} mol/L。由于 K_2CrO_4 溶液呈黄色，要在黄色存在下观察到微量砖红色 Ag_2CrO_4 沉淀是比较困难的，所以实际采用的 CrO_4^{2-} 浓度比理论计算量要低一些，一般滴定溶液中所含指示剂 K_2CrO_4 浓度以约 5×10^{-3} mol/L 为宜。为使 Ag_2CrO_4 沉淀恰好在化学计量点时产生，需要控制溶液中 CrO_4^{2-} 的浓度。如果 K_2CrO_4 指示剂的浓度过高或过低，Ag_2CrO_4 沉淀析出就会提前或滞后。

(2) **溶液的酸度** 莫尔法滴定所需的酸度适宜条件为中性或弱碱性，合适的酸度条件是 pH = 6.5 ~ 10.5。在酸性溶液中，CrO_4^{2-} 会有以下反应，致使 CrO_4^{2-} 浓度降低，影响 Ag_2CrO_4 沉淀的形成，降低了指示剂的灵敏度。

$$4H^+ + 4CrO_4^{2-} \Longrightarrow 2HCrO_4^- + Cr_2O_7^{2-} + H_2O$$

如果溶液的碱性太强，将会有黑褐色 Ag_2O 沉淀析出，增加了 $AgNO_3$ 的用量，影响分析结果的准确度。

$$2Ag^+ + 2OH^- \Longrightarrow 2AgOH \downarrow \longrightarrow Ag_2O \downarrow + H_2O$$

若试液为强酸性或强碱性，可先用酚酞作指示剂，用稀 NaOH 或稀 H_2SO_4 调节酸度，然后再滴定。

(3) **不能在氨性溶液中进行滴定** 因为易生成 $Ag(NH_3)_2^+$，会使 AgCl 沉淀溶解，故不能在氨性溶液中进行滴定。有氨存在时控制溶液的 pH = 6.5 ~ 7.2 为宜。

$$AgCl + 2NH_3 \Longrightarrow Ag(NH_3)_2^+ + Cl^-$$

(4) **干扰离子** 除去或掩蔽凡能与 CrO_4^{2-} 生成沉淀的阳离子如 Ba^{2+}、Pb^{2+}、Hg^{2+} 等，对于能与 Ag^+ 生成沉淀的阴离子如 PO_4^{3-}、AsO_4^{3-}、S^{2-}、$C_2O_4^{2-}$ 等，以及在中性或弱碱性溶液中发生水解的离子如 Fe^{3+}、Al^{3+}、Sn^{2+} 等，都会干扰测定，滴定前应先除去或掩蔽。

(5) 应在室温及振荡下进行滴定分析 在室温下进行滴定,可以避免 Ag_2CrO_4 沉淀溶解度增大,并降低指示剂的灵敏度。充分振荡可以减少 AgCl 沉淀对 Cl^- 的吸附作用,提高分析结果的准确度。

3. 应用范围

莫尔法为直接滴定,方法简单。在 Cl^- 测定中应用较广,如海盐、奶油盐分、皮蛋盐分、罐头食品盐含量、味精、面粉 NaCl 含量分析。莫尔法局限性是仅能在中性弱碱性介质中应用,使其应用范围有限,莫尔法只能用于测定 Cl^-、Br^-,不能测定 I^-、SCN^-。

 课堂互动

莫尔法测氯时,为什么溶液的 pH 值须控制在 6.5～10.5?

三、福尔哈德法

1. 测定原理

用铁铵矾作指示剂,在 HNO_3 介质中进行滴定,分直接滴定法和返滴定法两种。

(1) 直接滴定法 在含有 Ag^+ 的硝酸待测溶液中加入适量的铁铵矾指示剂,用 NH_4SCN 标准溶液滴定,先析出白色的 AgSCN 沉淀,到达化学计量点时,稍微过量的 NH_4SCN 就与 Fe^{3+} 生成红色 $FeSCN^{2+}$,指示滴定终点到达。其反应为:

$$Ag^+ + SCN^- \rightleftharpoons AgSCN\downarrow$$
$$\text{白色}$$
$$Fe^{3+} + SCN^- \rightleftharpoons FeSCN^{2+}$$
$$\text{红色}$$

(2) 返滴定法 向待测试液中加入过量的 $AgNO_3$ 标准溶液,待 $AgNO_3$ 与被测物质反应完全后,剩余的 Ag^+ 再用 NH_4SCN 标准溶液回滴,以铁铵矾为指示剂,滴定到溶液浅红色出现时为终点。如 Cl^- 的测定,反应如下:

$$Ag^+(\text{过量}) + Cl^- \rightleftharpoons AgCl\downarrow$$
$$\text{白色}$$
$$Ag^+(\text{剩余量}) + SCN^- \rightleftharpoons AgSCN\downarrow$$
$$\text{白色}$$
$$Fe^{3+} + SCN^- \rightleftharpoons FeSCN^{2+}$$
$$\text{红色}$$

由于 AgCl 的溶解度大于 AgSCN,所以在测定 Cl^- 时,返滴到等量点后,将会发生沉淀的转化:

$$AgCl + SCN^- \rightleftharpoons AgSCN\downarrow + Cl^-$$

为此需防止沉淀的转化,较简便的办法是加入 1～2mL 密度大于水又不与水互溶的有机试剂,如硝基苯、1,2-二氯乙烷等,用力振荡以包裹 AgCl 沉淀,使之与溶液隔离。

2. 滴定条件

(1) 福尔哈德法适于在酸性溶液中进行 在中性或碱性溶液中,Fe^{3+} 将生成红棕色的 $Fe(OH)_3$ 沉淀,降低了溶液中 Fe^{3+} 的浓度。另外 Ag^+ 在碱性溶液中生成褐色的 Ag_2O 沉淀,影响滴定终点的确定。溶液的酸度也不宜过高,否则会使 SCN^- 浓度降低,同样也会影响滴定终点的确定。所以,溶液适宜的酸度为 0.1～1mol/L。

（2）指示剂用量　通常 Fe^{3+} 的浓度一般为 0.015mol/L，由此引起的误差很小，小于 0.1%，符合滴定分析要求。

（3）充分摇动，减少吸附　直接滴定法测定 Ag^+，生成的 AgSCN 沉淀具有强烈的吸附作用，所以会有部分 Ag^+ 被吸附，这样就使指示剂过早显色，使测定结果偏低。因此，滴定时必须充分摇动溶液，使被吸附的 Ag^+ 及时释放出来。

（4）预先分离出干扰离子　一些强氧化剂，氮的低价氧化物及铜盐、汞盐等能与 SCN^- 反应，干扰测定，应预先分离。

3. 应用范围

福尔哈德法最大特点是在酸性溶液中滴定，免除了许多离子的干扰，扩大了应用范围和提高了选择性，许多弱酸性离子 PO_4^{3-}、CrO_4^{2-} 不再干扰测定。在农业上也常用此法测定有机氯农药，如六六六和 DDT（双对氯苯基三氯乙烷）等。

四、法扬斯法

1. 测定原理

法扬斯法是以吸附指示剂确定滴定终点的一种银量法。

吸附指示剂是一类有机染料，它的阴离子在溶液中易被带正电荷的胶状沉淀吸附，吸附后结构改变，从而引起溶液颜色的变化，指示滴定终点的到达。

现以 $AgNO_3$ 标准溶液滴定 Cl^- 为例，说明指示剂荧光黄的作用原理。

荧光黄是一种有机弱酸，用 HFI 表示，在水溶液中可电离为荧光黄阴离子 FI^-，呈黄绿色：

$$HFI \rightleftharpoons FI^- + H^+$$

在化学计量点前，生成的 AgCl 沉淀在过量的 Cl^- 溶液中，AgCl 沉淀吸附 Cl^- 而带负电荷，形成的 (AgCl)·Cl^- 不吸附指示剂阴离子 FI^-，溶液呈黄绿色。达化学计量点时，微过量的 $AgNO_3$ 可使 AgCl 沉淀吸附 Ag^+，形成 (AgCl)·Ag^+ 而带正电荷，此带正电荷的 (AgCl)·Ag^+ 吸附荧光黄阴离子 FI^-，结构发生变化使溶液呈现粉红色，即整个溶液由黄绿色变成粉红色，指示终点的到达。

$$(AgCl)·Ag^+ + FI^- \xrightarrow{吸附} (AgCl)·Ag·FI$$
$$\text{黄绿色} \qquad\qquad \text{粉红色}$$

2. 使用吸附指示剂的注意事项

为了使终点变色敏锐，应用吸附指示剂时需要注意以下几点。

（1）保持沉淀呈胶体状态　由于吸附指示剂的颜色变化发生在沉淀微粒表面上，因此，应尽可能使卤化银沉淀呈胶体状态，具有较大的表面积。为此，在滴定前应将溶液稀释，并加糊精或淀粉等高分子化合物作为保护剂，以防止卤化银沉淀凝聚。

（2）控制溶液酸度　常用的吸附指示剂大多是有机弱酸，而起指示剂作用的是它们的阴离子。酸度大时，H^+ 与指示剂阴离子结合成不被吸附的指示剂分子，无法指示终点。酸度的大小与指示剂的电离常数有关，电离常数大，酸度可大些。例如荧光黄其 $pK_a \approx 7$，适用于 pH=7～10 的条件下进行滴定，若 pH<7 荧光黄主要以 HFI 形式存在，不被吸附。

（3）被滴物质浓度要适当　Cl^- 在 0.005mol/L 以上；Br^-、I^-、SCN^- 浓度低至 0.001mol/L 时仍可准确滴定。

（4）避免强光照射　卤化银沉淀对光敏感，易分解析出银使沉淀变为灰黑色，影响滴定终点的观察，因此在滴定过程中应避免强光照射。

(5) **吸附指示剂的选择** 沉淀胶体微粒对指示剂离子的吸附能力,应略小于对待测离子的吸附能力,否则指示剂将在化学计量点前变色。但不能太小,否则终点出现过迟。卤化银对卤化物和几种吸附指示剂的吸附能力的次序如下:

$$I^- > SCN^- > Br^- > 曙红 > Cl^- > 荧光黄$$

因此,滴定 Cl^- 不能选曙红,而应选荧光黄。表 12-1 中列出了几种常用的吸附指示剂及其应用。

表 12-1 常用的吸附指示剂及其应用

指示剂	K_a	被测定离子	滴定剂	满足介质条件 pH
荧光黄	10^{-7}	Cl^-、Br^-、I^-	$AgNO_3$	7~10(一般 7~8)
二氯荧光黄	10^{-4}	Cl^-、Br^-、I^-	$AgNO_3$	4~10(一般 5~8)
曙红	10^{-2}	Br^-、I^-、SCN^-	$AgNO_3$	2~10(一般 3~8)
溴甲酚绿	10^{-5}	Ag^+、SCN^+	$AgNO_3$、$NaCl$	4~5
甲基紫	10^{-4}	Ag^+	$NaCl$、$NaBr$	酸性溶液
溴酚蓝	10^{-4}	Hg^{2+}	Cl^-、Br^-	酸性溶液

【例 12-5】 称取 NaCl 基准试剂 0.1820g,溶解后加入 $AgNO_3$ 标准溶液 45.00mL。过量的 $AgNO_3$ 用 17.05mL KSCN 溶液滴定至终点。已知 19.50mL $AgNO_3$ 溶液与 20.00mL KSCN 溶液完全作用。计算(1)c_{AgNO_3};(2)c_{KSCN}。

解 (1) 17.05mL KSCN 溶液相当于 $AgNO_3$ 溶液的体积为:

$$17.05 \times \frac{19.50}{20.00} = 16.62 \text{(mL)}$$

与 NaCl 作用的 $AgNO_3$ 溶液体积为:

$$45.00 - 16.62 = 28.38 \text{(mL)}$$

$$c_{AgNO_3} = \frac{m_{NaCl}}{M_{NaCl} V_{AgNO_3}}$$

$$= \frac{0.1820}{58.44 \times 28.38} = 0.1097 \text{(mol/L)}$$

(2) $$c_{KSCN} = \frac{c_{AgNO_3} V_{AgNO_3}}{V_{KSCN}} = \frac{0.1097 \times 19.50}{20.00} = 0.1070 \text{(mol/L)}$$

拓展视野

溶洞奇观的形成

当我们走进溶洞,看到各种千奇百怪、形态各异的洞内景象时,不禁会在赞叹之余,对这些神奇的景观感到不解。其实,溶洞的形成是石灰岩地区地下水长期溶蚀的结果,石灰岩里不溶性的碳酸钙受水和二氧化碳的作用,能转化为微溶性的碳酸氢钙。由于石灰岩层各部分含石灰质多少不同，被侵蚀的程度不同，就逐渐被溶解分割成互不相依、千姿百态、陡峭秀丽的山峰和奇异景观的溶洞。溶有碳酸氢钙的水，当从溶洞顶滴到洞底时，由于水分蒸发或压力减小，以及温度的变化，都会使二氧化碳溶解度减小而析出碳酸钙沉淀。这些沉淀经过千百万年的积聚，渐渐形成了钟乳石、石笋等。洞顶的钟乳石与地面的石笋连接起来，就会形成奇特的石柱。

在自然界，溶有二氧化碳的雨水，会使石灰石构成的岩层部分溶解，使碳酸钙转变成可溶性的碳酸氢钙，当受热或压力突然减小时，溶解的碳酸氢钙会分解重新变成碳酸钙沉淀。大自然经过长期和多次重复上述反应，从而形成各种奇特壮观的溶洞。

本章小结

一、沉淀溶解平衡常数——溶度积

1. 定义 在一定温度下，难溶性物质的饱和溶液中，存在沉淀溶解平衡，其平衡常数叫溶度积常数。

2. 表达式 即：
$$A_mB_n(s) \rightleftharpoons mA^{n+}(aq) + nB^{m-}(aq)$$
$$K_{sp} = [A^{n+}]^m[B^{m-}]^n$$

3. 意义 反映了物质在水中的溶解能力。对于阴阳离子个数比相同的电解质，K_{sp} 数值越大，电解质在水中的溶解能力越强。

4. 影响因素 与难溶电解质的性质和温度有关，而与沉淀的量和溶液中离子的浓度无关。

二、溶度积规则

对于任一难溶电解质 A_mB_n 的沉淀溶解平衡，用下式表示：
$$A_mB_n(s) \rightleftharpoons mA^{n+}(aq) + nB^{m-}(aq)$$

引入离子积（Q_c），在任意条件下则有：
$$Q_c = [A^{n+}]^m[B^{m-}]^n$$

通过比较溶度积 K_{sp} 与溶液中有关离子的离子积 Q_c 的相对大小，可以判断难溶电解质在给定条件下沉淀能否生成或溶解。

1. 若 $Q_c > K_{sp}$，则溶液过饱和，有沉淀析出，直至溶液饱和，达到新的平衡；

2. 若 $Q_c = K_{sp}$，则溶液饱和，沉淀与溶解处于平衡状态；

3. 若 $Q_c < K_{sp}$，则溶液未饱和，无沉淀析出，若加入过量难溶电解质，难溶电解质溶解直至溶液饱和。

三、影响沉淀反应的因素

影响沉淀-溶解的因素很多，如同离子效应、盐效应、酸效应、配位效应等。此外，温度、介质、沉淀结构和颗粒大小等对沉淀的溶解也有影响。

四、沉淀滴定法

1. 莫尔法 以 K_2CrO_4 为指示剂，在中性、弱碱性介质中（pH 为 6.5~10.5），$AgNO_3$ 为滴定剂，利用分步沉淀原理。

$$Ag^+ + Cl^- \rightleftharpoons AgCl\downarrow$$
$$\text{白色}$$

终点
$$2Ag^+ + CrO_4^{2-} \rightleftharpoons Ag_2CrO_4 \downarrow$$
砖红色

2. 福尔哈德法　用铁铵矾作指示剂，在 HNO_3 介质中进行滴定，分直接滴定法和返滴定法两种。

直接滴定法　滴定反应式如下
$$Ag^+ + SCN^- \rightleftharpoons AgSCN \downarrow$$
白色

$$Fe^{3+} + SCN^- \rightleftharpoons FeSCN^{2+}$$
红色

返滴定法　先加一定量过量的 $AgNO_3$，然后以铁铵矾为指示剂，用 NH_4SCN 标准溶液返滴过量的 $AgNO_3$。

$$Ag^+ + Cl^- \rightleftharpoons AgCl \downarrow$$
过量　　　　白色

$$Ag^+ + SCN^- \rightleftharpoons AgSCN \downarrow$$
剩余量　　　白色

$$Fe^{3+} + SCN^- \rightleftharpoons FeSCN^{2+}$$
红色

课后检测

一、填空题

1. 同离子效应使难溶电解质的溶解度_____。
2. 沉淀滴定法是以_____为基础的滴定分析方法，最常用的是利用_____的反应进行滴定的方法，即为_____法。
3. 莫尔法是以_____为指示剂，用_____标准溶液进行滴定的银量法。
4. 返滴定法测卤化物或硫氰酸盐时，应先加入一定量过量的_____标准溶液，再以_____为指示剂，用_____标准溶液回滴剩余的_____。
5. 莫尔法测 Cl^- 达化学计量点时，稍过量的_____生成_____沉淀，使溶液呈现_____，指示滴定终点到达。
6. 福尔哈德法是以_____作指示剂的银量法。该方法分为_____法和_____法，测定 Ag^+ 时应采用_____直接滴定_____法。

二、选择题

1. 福尔哈德法的指示剂是（　　）。
A. $K_2Cr_2O_7$　　　B. K_2CrO_4　　　C. Fe^{3+}　　　D. SCN^-
2. 测定 $FeCl_3$ 中 Cl^- 含量时，选用（　　）指示剂指示终点。
A. $K_2Cr_2O_7$　　　　　　　　　　　　B. K_2CrO_4
C. $NH_4Fe(SO_4)_2 \cdot 12H_2O$　　　　D. NH_4SCN
3. 已知 $K_b(NH_3) = 1.8 \times 10^{-5}$，$M_{CdCl_2} = 183.3 g/mol$，$Cd(OH)_2$ 的 $K_{sp} = 2.5 \times 10^{-14}$。现往 40mL 0.3mol/L 氨水与 20mL 0.3mol/L 盐酸的混合溶液中加入 0.22g $CdCl_2$ 固体，达到平衡后则（　　）。
A. 生成 $Cd(OH)_2$ 沉淀　　　　　　B. 无 $Cd(OH)_2$ 沉淀
C. 生成碱式盐沉淀　　　　　　　　D. $CdCl_2$ 固体不溶

4. 测定 SCN^- 含量时，选用（　　）指示剂指示终点。
　A. $K_2Cr_2O_7$　　　　　　　　　　　B. K_2CrO_4
　C. $NH_4Fe(SO_4)_2 \cdot 12H_2O$　　　　　D. NH_4SCN

5. 测定 Ag^+ 含量时，选用（　　）标准溶液作滴定剂。
　A. NaCl　　　B. $AgNO_3$　　　C. NH_4SCN　　　D. Na_2SO_4

6. 已知 $K_{sp}(AgCl)=1.77\times10^{-10}$，AgCl 在 0.01mol/L NaCl 溶液中的溶解度为（　　）mol/L。
　A. 1.77×10^{-10}　　B. 1.33×10^{-5}　　C. 0.001　　D. 1.77×10^{-8}

7. 在一混合离子的溶液中，$c_{Cl^-}=c_{Br^-}=c_{I^-}=0.0001$ mol/L，若滴加 1.0×10^{-5} mol/L $AgNO_3$ 溶液，则出现沉淀的顺序为（　　）。
　A. AgBr＞AgCl＞AgI　　　　　B. AgI＞AgCl＞AgBr
　C. AgI＞AgBr＞AgCl　　　　　D. AgCl＞AgBr＞AgI

8. 下列各沉淀反应，哪个不属于银量法？（　　）
　A. $Ag^+(aq)+Cl^-(aq)=\!\!=\!\!=AgCl(s)$　　B. $Ag^+(aq)+SCN^-(aq)=\!\!=\!\!=AgSCN(s)$
　C. $2Ag^+(aq)+S^{2-}(aq)=\!\!=\!\!=Ag_2S(s)$　D. $Ag^+(aq)+I^-(aq)=\!\!=\!\!=AgI(s)$

9. 莫尔法滴定时，所用的指示剂为（　　）。
　A. NaCl　　　B. K_2CrO_4　　　C. Na_3AsO_4　　　D. 荧光黄

10. 用莫尔法测定时，干扰测定的阴离子是（　　）。
　A. Ac^-　　　B. NO_3^-　　　C. $C_2O_4^{2-}$　　　D. SO_4^{2-}

11. 微溶化合物 AB_2C_3 在溶液中的电离平衡是：$AB_2C_3 \rightleftharpoons A+2B+3C$。今用一定方法测得 C 浓度为 3.0×10^{-3} mol/L，则该微溶化合物的溶度积是（　　）。
　A. 2.91×10^{-15}　　B. 1.16×10^{-14}　　C. 1.1×10^{-16}　　D. 6×10^{-9}

12. CaF_2 沉淀的 $K_{sp}=2.7\times10^{-11}$，CaF_2 在纯水中的溶解度（mol/L）为（　　）。
　A. 1.9×10^{-4}　　B. 9.1×10^{-4}　　C. 1.9×10^{-3}　　D. 9.1×10^{-3}

三、判断题

1. $CaCO_3$ 和 PbI_2 的溶度积非常接近，皆约为 10^{-8}，故两者饱和溶液中，Ca^{2+} 及 Pb^{2+} 的浓度近似相等。（　　）

2. 用水稀释 AgCl 的饱和溶液后，AgCl 的溶度积和溶解度都不变。（　　）

3. 在常温下，Ag_2CrO_4 和 $BaCrO_4$ 的溶度积分别为 2.0×10^{-12} 和 1.6×10^{-10}，前者小于后者，因此 Ag_2CrO_4 要比 $BaCrO_4$ 难溶于水。（　　）

4. 为使沉淀损失减小，洗涤 $BaSO_4$ 沉淀时不用蒸馏水，而用稀 H_2SO_4。（　　）

5. 一定温度下，AB 型和 AB_2 型难溶电解质，溶度积大的，溶解度也大。（　　）

6. 向 $BaCO_3$ 饱和溶液中加入 Na_2CO_3 固体，会使 $BaCO_3$ 溶解度降低，溶度积减小。（　　）

7. 同类型的难溶电解质，K_{sp} 较大者可以转化为 K_{sp} 较小者，如二者 K_{sp} 差别越大，转化反应就越完全。（　　）

四、简答题

1. 比较莫尔法和福尔哈德法的异同点。
2. 简述同离子效应。
3. 什么叫沉淀滴定法？
4. 沉淀滴定法所用的沉淀反应必须具备哪些条件？

五、计算题

1. 已知室温下 $BaCO_3$、$BaSO_4$ 的 K_{sp} 分别为 5.1×10^{-9}、1.1×10^{-10}，现欲使 $BaCO_3$ 固体转化为 $BaSO_4$ 时，所加 Na_2SO_4 溶液的浓度至少为多少？

2. 称取可溶性氯化物试样 0.2266g 用水溶解后，加入 0.1121mol/L $AgNO_3$ 标准溶液 30.00mL。过量的 Ag^+ 用 0.1185mol/L NH_4SCN 标准溶液滴定，用去 6.50mL，计算试样中氯的质量分数。

3. 称取纯 NaCl 0.1169g，加水溶解后，以 K_2CrO_4 为指示剂，用 $AgNO_3$ 标准溶液滴定时共用去 20.00mL，求该 $AgNO_3$ 溶液的浓度。

4. 称取烧碱样品 5.0380g 溶于水中，用硝酸调 pH 值后，定容于 250.00mL 容量瓶中，摇匀。吸取 25.00mL 置于锥形瓶中，加入 25.00mL 0.1043mol/L $AgNO_3$ 溶液，沉淀完全后，加入 5mL 邻苯二甲酸二丁酯，用 0.1015mol/L NH_4SCN 溶液回滴 Ag^+，用去 21.45mL，计算烧碱中 NaCl 的质量分数。

第十三章 配位平衡与配位滴定

学习目标

知识目标
1. 掌握配位化合物的基本概念、组成、命名和化学式的写法。
2. 理解 EDTA 滴定法原理。

能力目标
1. 能够熟练准确找出配位化合物中的中心离子、配体、配位原子和配位数,并进行命名。
2. 能够计算出配合物溶液中各离子的浓度。

素质目标
1. 通过利用化学平衡的知识分析理解配位平衡的知识应用能力,培养知识迁移能力和创新精神。
2. 通过配位滴定学习,培养学生精益求精的工匠精神和团队协作意识。

第一节 配位化合物

配位化合物(简称配合物)是一类组成复杂的化合物。配合物的存在极为广泛,就配合物的数量来说超过一般无机化合物。历史上有记载的人类第一个发现的配合物,就是亚铁氰化铁(普鲁士蓝——1704 年普鲁士人在染料作坊中,为了寻找蓝色染料,用捕获的野兽的皮毛等与碳酸钠一起放在大铁锅中强烈煮沸,最后得到了一种蓝色的物质),化学式为 $Fe_4[Fe(CN)_6]_3$。

配合物的研究在分析化学、生物化学、有机化学、催化动力学、电化学及结构化学等方面都有着重要的理论意义和实际意义。目前配位化学已经发展成为一门独立的学科。本章将对配合物的有关知识做一简单的介绍。

一、配合物的定义

我们通过演示实验来了解配位化合物。

[演示实验 13-1] 取两支试管分别加入 2mL $CuSO_4$ 溶液。

在第一支试管中滴加少量 1mol/L 的 NaOH 溶液,立即出现蓝色沉淀。这表明溶液中有 Cu^{2+} 存在。离子方程式为:

$$Cu^{2+} + 2OH^- \longrightarrow Cu(OH)_2 \downarrow$$

$[Cu(NH_3)_4]SO_4$
配合物

在第二支试管中，先加入适量的 2mol/L $NH_3·H_2O$ 溶液，出现蓝色沉淀，继续滴加 $NH_3·H_2O$ 溶液至沉淀消失，继续加入 $NH_3·H_2O$ 至溶液呈深蓝色溶液。这种深蓝色溶液是什么？溶液中是否还有 Cu^{2+} 存在？

将上述深蓝色溶液分成两份，一份滴加少量 0.1mol/L 的 $BaCl_2$ 溶液，立即出现白色沉淀，这表明溶液中有大量的 SO_4^{2-} 存在；一份滴加少量 1mol/L 的 NaOH 溶液，没有出现蓝色 $Cu(OH)_2$ 沉淀，这表明溶液中没有 Cu^{2+} 存在。

经过分析证实，在这种深蓝色的溶液中，生成了一种稳定的复杂离子：

$$Cu^{2+} + 4NH_3 \longrightarrow [Cu(NH_3)_4]^{2+}$$

这种复杂离子叫铜氨配离子，为深蓝色，它在溶液和晶体中都能稳定存在。在 $[Cu(NH_3)_4]^{2+}$ 中，Cu^{2+} 和 NH_3 分子之间是靠配位键结合而成的。配位键是一种特殊的共价键，是由一个原子或离子单方面提供电子对而与另一个原子或离子共用所形成的化学键。能形成配位键的双方，一方能提供孤对电子，而另一方能接受这一对孤对电子。配位键用"→"表示，例如 Cu^{2+} 与 NH_3 分子形成的配位键可表示为：

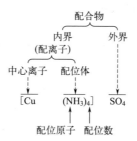

这种由阳离子（或原子）和一定数目的中性分子或阴离子以配位键结合形成的能稳定存在的复杂离子或分子，叫作配离子或配分子。配离子有配阳离子和配阴离子。如 $[Cu(NH_3)_4]^{2+}$ 是配阳离子，$[HgI_4]^{2-}$ 是配阴离子，$[Ni(CO)_4]$ 是配分子。

含有配离子的化合物称为配位化合物，简称配合物。如 $[Cu(NH_3)_4]SO_4$、$K_2[HgI_4]$、$H_2[PtCl_6]$ 等都是配合物。

二、配合物的组成

配合物一般由内界和外界组成。内界是配合物的特征部分，它是由中心离子（或原子）和配位体组成的配离子（或配分子），写化学式时，要用方括号括起来；外界为一般离子。配分子只有内界，没有外界。例如 $[Ni(CO)_4]$。

```
                    配合物
                ┌─────┴─────┐
              内界         外界
           (配离子)
        ┌─────┴─────┐
     中心离子    配位体
        │          │         │
      [Cu      (NH_3)_4]    SO_4
                 │    │
              配位原子 配位数
```

1. 中心离子（或原子）

中心离子（或原子）也叫配合物的形成体，是配合物的核心部分，是孤对电子的接受体。常见的中心离子大都是过渡金属离子，如 Fe^{2+}、Fe^{3+}、Cr^{3+}、Co^{3+}、Ni^{2+}、Cu^{2+}、Ag^+、Zn^{2+}、Hg^{2+} 等。

2. 配位体

配位体（简称配体）是配离子内与中心离子结合的负离子或中性分子。配位体中直接与中心离子（或原子）结合的原子叫作配位原子。如 $[Cu(NH_3)_4]^{2+}$ 中的 NH_3 是配位体，

NH_3 中的 N 原子是配位原子;$[CoCl_2(NH_3)_4]^+$ 中的 NH_3、Cl^- 是配位体,N、Cl 是配位原子。

在形成配合物时,由配位原子提供孤对电子与中心离子(或原子)形成配位键。因此,配位原子是孤对电子的直接给予者。常见的配位原子有 N、O、S 等。常见的配位体有 NH_3、H_2O、Cl^-、I^-、CN^-、SCN^- 等。

只含一个配位原子的配体称为单齿配体,如 X^-(卤素离子)、OH^-、CN^-、SCN^-。由单齿配体与中心离子直接配位形成的配合物,称为简单配合物。例如 $[Cu(NH_3)_4]SO_4$、$K_2[HgI_4]$、$H_2[PtCl_6]$。含有两个或两个以上的配位原子的配体称为多齿配体,如乙二胺 $NH_2CH_2CH_2NH_2$(en)、草酸根 $C_2O_4^{2+}$、乙二胺四乙酸(EDTA)。中心离子与多齿配体形成的具有环状结构的配合物,称为螯合物,见图 13-1。

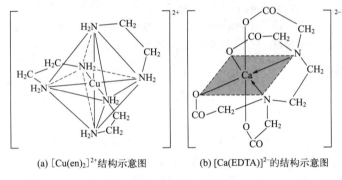

(a) $[Cu(en)_2]^{2+}$ 结构示意图   (b) $[Ca(EDTA)]^{2-}$ 的结构示意图

图 13-1 螯合物结构示意图

3. 配位数

中心离子(或原子)的配位数是中心离子(或原子)以配位键结合的配位原子的总数。对于单齿配体,配位数等于配体个数,如 $[Cu(NH_3)_4]SO_4$ 中的配位数是 4;对于多齿配体,配位数等于同中心离子(或原子)配位的原子数目,如 $[CoCl_2(en)_2]^+$ 中配体数是 4,而 Co^{3+} 的配位数是 $2×1+2×2=6$。

目前已知,配位数有 2、3、4、…、12。最常见的是 2、4、6。每一种金属离子都有其特征的配位数,一些离子的常见配位数见表 13-1。

表 13-1 一些离子的常见配位数

配位数	金属阳离子
2	Ag^+、Cu^+、Au^+
4	Cu^{2+}、Zn^{2+}、Hg^{2+}、Ni^{2+}、Co^{2+}、Pt^{2+}
6	Fe^{2+}、Fe^{3+}、Co^{2+}、Co^{3+}、Cr^{3+}、Al^{3+}、Ca^{2+}

4. 配离子的电荷

配离子的电荷数是中心离子的电荷数和配位体电荷数的代数和。例如:

$[Cu(NH_3)_4]^{2+}$ 配离子的电荷数 $=(+2)+0×4=+2$

$[CoCl_2(NH_3)_4]^+$ 配离子的电荷数 $=(+3)+(-1)×2+0×4=+1$

由于整个配合物是电中性的,因此,也可从配合物外界离子的电荷来确定配位离子的电荷。这种方法对于有变价的中心离子所形成的配离子电荷的推算更为方便。

课堂互动

配合物中配离子是带电荷的,是不是说明配离子中的中心离子或配位体也一定带有电荷?为什么?

三、配合物的命名

配合物的命名主要是遵循系统命名法。系统命名法包括两部分:内界(配离子)与外界。内界的命名是关键,其顺序是:

配位体数(用一、二、三……表示)→配位体名称→"合"→中心离子(或原子)名称→中心离子化合价[用(Ⅰ)、(Ⅱ)、(Ⅲ)等罗马数字表示]→"离子"。例如:

$[Cu(NH_3)_4]^{2+}$ 　　　　　四氨合铜(Ⅱ)离子(俗称铜氨配离子)

$[Ag(NH_3)_2]^+$ 　　　　　　二氨合银(Ⅰ)离子(俗称银氨配离子)

$[Al(OH)_4]^-$ 　　　　　　　四羟基合铝(Ⅲ)离子

$[Fe(CN)_6]^{3-}$ 　　　　　　六氰合铁(Ⅲ)离子(俗称铁氰根配离子)

$[Fe(CN)_6]^{4-}$ 　　　　　　六氰合铁(Ⅱ)离子(俗称亚铁氰根配离子)

配分子是电中性,命名时不必写"离子"二字。例如:

$[Ni(CO)_4]$ 　　　　　　　　四羰基合镍

配合物按组成特征不同也有"酸""碱""盐"之分。其命名方法遵循一般无机化合物的命名原则。如表 13-2 所示。

表 13-2　配合物的命名原则

配合物	命名	配合物的组成特征
配位酸	某酸	内界为配阴离子,外界为氢离子
配位碱	氢氧化某	内界为配阳离子,外界为氢氧根
配位盐	某化某	内界为配阳离子,酸根为简单离子
	某酸某	酸根为复杂离子或配离子

如 $H_2[PtCl_6]$ 命名为六氯合铂(Ⅳ)酸;$[Zn(NH_3)_4](OH)_2$ 命名为氢氧化四氨合锌(Ⅱ);$[Ag(NH_3)_2]Cl$ 命名为氯化二氨合银(Ⅰ)。

有的配合物至今还沿用一些历史流传下来的习惯命名和俗名,如 $K_4[Fe(CN)_6]$ 命名为六氰合铁(Ⅱ)酸钾,习惯叫亚铁氰化钾,俗名黄血盐;$K_3[Fe(CN)_6]$ 命名为六氰合铁(Ⅲ)酸钾,习惯叫铁氰化钾,俗名赤血盐。

练一练

命名下列各配合物:

(1) $(NH_4)_3[SbCl_6]$

(2) $[Co(en)_3]Cl_3$

(3) $[Cr(H_2O)_4Br_2]Br \cdot 2H_2O$

(4) $[Fe(CO)_5]$

(5) $[CoCl(SCN)(en)_2]NO_2$

(6) $[CrCl_2(H_2O)_4]Cl$

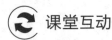

金属离子形成配离子后,有哪些改变?

第二节 配合物在水溶液中的稳定性

一、配位平衡及平衡常数

配合物的配离子与外界是以离子键结合的,与强电解质相似,在水溶液中完全电离为配离子和外界离子,如:

$$[Cu(NH_3)_4]SO_4 \longrightarrow [Cu(NH_3)_4]^{2+} + SO_4^{2-}$$

而中心离子与配位体之间是以配位键结合的,与弱电解质相似,在水溶液中只是部分电离,如:

$$[Cu(NH_3)_4]^{2+} \rightleftharpoons Cu^{2+} + 4NH_3$$

对于不同的配离子,电离的程度不同。与酸碱平衡相似,为定量描述不同配离子在溶液中的电离程度,一般用配合物的稳定常数($K_稳$)或不稳定常数($K_{不稳}$)来表示,❶ 即:

$$Cu^{2+} + 4NH_3 \rightleftharpoons [Cu(NH_3)_4]^{2+} \quad K_稳 = \frac{[Cu(NH_3)_4^{2+}]}{[Cu^{2+}][NH_3]^4}$$

$$[Cu(NH_3)_4]^{2+} \rightleftharpoons Cu^{2+} + 4NH_3 \quad K_{不稳} = \frac{[Cu^{2+}][NH_3]^4}{[Cu(NH_3)_4^{2+}]}$$

其中,$K_稳$值越大,说明配位反应的完成程度越大,所形成的配离子越稳定;反之,$K_{不稳}$值越大,所形成的配离子越不稳定。显然$K_稳$与$K_{不稳}$互为倒数关系:

$$K_稳 = \frac{1}{K_{不稳}}$$

与多元弱酸、碱的电离相似,配离子的生成或电离也是逐级进行的,因此在溶液中存在一系列的配位平衡,其对应的稳定常数,称为逐级稳定常数,用$K_{稳_1}$、$K_{稳_2}$、…、$K_{稳_n}$表示。

二、配离子稳定常数的应用

1. 比较同类型配合物的稳定性

对于同类型配合物,稳定常数$K_稳$较大,其配合物稳定性较高。但不同类型配合物的稳定性则不能仅用$K_稳$比较。

【例 13-1】 比较下列两配合物的稳定性:

$[Ag(CN)_2]^-$ $K_稳 = 10^{18.74}$

$[Ag(NH_3)_2]^+$ $K_稳 = 10^{7.23}$

由稳定常数可知 $[Ag(CN)_2]^-$ 比 $[Ag(NH_3)_2]^+$ 稳定。

---

❶ 当忽略量纲后,写为$K_稳^\ominus$、$K_{不稳}^\ominus$。

2. 计算配合物溶液中有关离子浓度

【例 13-2】 计算溶液中与 1.0×10^{-4} mol/L $[Cu(NH_3)_4]^{2+}$ 和 1.0mol/L NH_3 处于平衡状态时游离 Cu^{2+} 的浓度。

解 设平衡时 $[Cu^{2+}]=x$ (mol/L)

$$Cu^{2+}+4NH_3 \rightleftharpoons [Cu(NH_3)_4]^{2+}$$

平衡浓度/(mol/L)　　　x　　　1.0　　1.0×10^{-4}

已知 $[Cu(NH_3)_4]^{2+}$ 的 $K_稳=2.09\times10^{13}$
将上述各项代入累积稳定常数表示式：

$$K_稳=\frac{[Cu(NH_3)_4^{2+}]}{[Cu^{2+}][NH_3]^4}=$$

$$\frac{1.0\times10^{-4}}{x\times(1.0)^4}=2.09\times10^{13}$$

$$x=4.8\times10^{-18} \text{mol/L}$$

本例中因有过量 NH_3 存在，且 $[Cu(NH_3)_4]^{2+}$ 的累积稳定常数 $K_稳$ 又很大，故忽略了配离子的电离。

3. 判断配离子与沉淀之间转化的可能性

配离子与沉淀之间的转化，主要取决于配离子的稳定性和沉淀的溶解度。配离子和沉淀都是向着更稳定的方向转化。

【例 13-3】 在 1L $[Cu(NH_3)_4]^{2+}$ 溶液中（$c_{Cu^{2+}}$ 为 4.8×10^{-16} mol/L），加入 0.01mol NaOH，问有无 $Cu(OH)_2$ 沉淀生成？

解 当加入 0.01mol NaOH 后，溶液中的 $c_{OH^-}=0.01$ mol/L，已知 $Cu(OH)_2$ 的 $K_{sp}=2.2\times10^{-20}$。

该溶液中有关离子浓度的乘积为：

$$c_{Cu^{2+}}c_{OH^-}^2/(c^\ominus)^3=4.8\times10^{-16}\times(10^{-2})^2=4.8\times10^{-20}$$

$$K_{sp}[Cu(OH)_2]=2.2\times10^{-20}<4.8\times10^{-20}$$

答：加入 0.01mol NaOH 后有 $Cu(OH)_2$ 沉淀生成。

第三节　EDTA 配位滴定法

一、 EDTA 与金属离子的配位反应

EDTA 是一个配位能力非常强的六齿螯合剂，为书写方便习惯上用 H_4Y 表示。由于 EDTA 在水中的溶解度很小（室温下，每 100mL 水中只能溶解 0.02g），故实际上常用其二钠盐（$Na_2H_2Y\cdot 2H_2O$），也简写为 EDTA。后者溶解度较大（室温下，每 100mL 水中能溶解 11.2g），饱和水溶液的浓度可达 0.3mol/L。在水溶液中，乙二胺四乙酸具有以下结构：

$$\begin{array}{c} \text{HOOCH}_2\text{C} \qquad\qquad\qquad \text{CH}_2\text{COO}^- \\ \diagdown \overset{+}{\text{NH}} - \overset{\text{H}_2}{\text{C}} - \overset{\text{H}_2}{\text{C}} - \overset{+}{\text{NH}} \diagup \\ {}^-\text{OOCH}_2\text{C} \qquad\qquad\qquad \text{CH}_2\text{COOH} \end{array}$$

它几乎能与所有的金属离子形成 1∶1 的稳定螯合物。一般配位反应进行得很快,形成的螯合物大多带电荷,因此能在水溶液中进行。

EDTA 与金属离子的主反应方程式如下:

$$M + Y \rightleftharpoons MY$$

该反应的平衡常数为

$$K_{MY} = \frac{[MY]}{[M][Y]}$$

 课堂互动

从 EDTA 与金属离子的配合物的稳定常数列表中,你能得出什么结论呢?

一些金属离子与 EDTA 生成的螯合物 MY 的稳定常数见附录三。

二、EDTA 配位滴定的基本原理

配位滴定法是以配位反应为基础的滴定分析方法。它是用配位剂作为标准溶液直接或间接滴定被测物质。在滴定过程中通常需要选用适当的指示剂来指示滴定终点。现在所说的配位滴定一般就是指 EDTA 滴定。

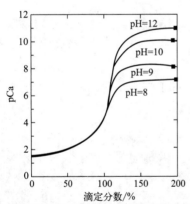

图 13-2 0.0100mol/L EDTA 滴定 20.00mL、0.0100mol/L Ca^{2+} 的滴定曲线

以 pCa 对 EDTA 的滴定分数作图即可得 pH=10.00 时的滴定曲线。滴定的突跃范围为 5.30~7.24,滴定突跃较大,可以准确滴定。同理也可作其他 pH 值时的滴定曲线,如图 13-2 所示。

由图 13-2 可见,用 EDTA 滴定某一金属离子时,滴定突跃范围大小与溶液酸度有关。在一定酸度范围内,酸度越低 $K_\text{稳}$ 值越大,配合物越稳定,突跃范围越大;反之,酸度越高突跃范围越小。由此可见,在配位滴定中,选择并控制溶液的酸度具有很重要的作用。在滴定的适宜酸度范围内,酸度适当低一点,突跃适当大一些,将有利于提高滴定的准确性。

还应指出,滴定突跃范围大小还与辅助配位剂的存在有关。若存在配位效应,则随辅助配位剂浓度的增大,金属离子的有效浓度将减小,滴定突跃范围将会变小。

三、金属指示剂

金属指示剂

配位滴定中的指示剂是用来指示溶液中金属离子浓度的变化情况,所以称为金属离子指示剂,简称金属指示剂。例如金属指示剂铬黑 T(以 In 表示),铬黑 T 能与金属离子形成较为稳定的红色配合物,而铬黑 T 本身呈蓝色。反应式如下:

$$\underset{\text{蓝色}}{M} + \underset{\text{}}{In} \rightleftharpoons \underset{\text{红色}}{MIn}$$

滴定时,加入少量铬黑 T,由于生成了红色的配合物,此时待测溶液显红色;随着

EDTA 的加入，EDTA 与金属离子发生配位反应；到达等当点时，与指示剂配位的金属离子被 EDTA 夺走，使溶液的颜色由红色变为蓝色，滴定终点时的反应如下：

$$MIn + Y \rightleftharpoons MY + In$$
　　红色　　　　　蓝色

一般来说，金属指示剂应该具备下列条件：①滴定的 pH 范围内，游离的指示剂颜色同金属离子与指示剂形成配合物的颜色应显著不同；②金属离子与指示剂的配合物 MIn 的稳定性要适当；③金属离子与指示剂的配合物 MIn 应易溶于水。

金属指示剂在使用中存在的问题如下：

① 指示剂的封闭现象。如发生封闭作用的离子是被测离子，一般利用返滴定法来消除干扰。

② 指示剂的僵化现象。可加入适当的有机溶剂促进难溶物的溶解，或将溶液适当加热以加快置换速度而消除。

③ 指示剂的氧化变质现象。常将指示剂配成固体混合物或加入还原性物质，或临用时配制。

四、配位滴定法的应用示例

以水中钙镁及总硬度的测定为例。硬度是工业用水的重要指标，如锅炉给水，经常要进行硬度分析，为水的处理提供依据。测定水的总硬度就是测定水的 Ca^{2+}、Mg^{2+} 总含量。一般采用配位滴定法，即在 pH = 10 的氨缓冲溶液中，以铬黑 T 作指示剂，用 EDTA 标准溶液直接滴定，至溶液由酒红色变为纯蓝色为终点。滴定时，水中存在的少量 Fe^{3+}、Al^{3+} 等干扰离子用三乙醇胺掩蔽，Cu^{2+}、Pb^{2+} 等重金属离子用 KCN、Na_2S 掩蔽。

配位滴定法的应用实例

拓展视野

中国配位化学的奠基人——戴安邦

戴安邦先生（1901—1999 年）是我国著名的无机化学家、化学教育家、配位化学的开拓者和奠基者，是中国化学会（1932 年）和《化学》杂志（《化学通报》前身）（1934 年）的创始人之一，担任《化学》杂志的总编辑兼总经理达 17 年之久。新中国成立前担任金陵大学化学研究所主任（1934 年）、化学系主任（1938—1949 年）。新中国成立后任南京大学化学系主任（1952—1985 年）、先后兼任南京大学络合物研究室主任（1963 年）、配位化学研究所所长（1978 年），并负责创建南京大学配位化学国家重点实验室（1988 年）。1980 年当选为中国科学院学部委员（院士）直至去世。先生一生经历了整个 20 世纪所发生的重大历史事件，饱经岁月沧桑，他始终如一，孜孜不倦，呕心沥血。他在国内开拓配位化学研究领域，建立配位化学研究所和配位化学国家重点实验室，培养了众多配位化学人才，使我国配位化学及无机化学在国际上占有重要地位，被誉为我国配位化学的开拓者和奠基人。他治学严谨，"勤学习、深思考、自强不息"是他的治学格言，"立身首先是品德，人生价值在奉献"是他的为人准则。"解决实际问题，推动科学发展"是他的科研思想。先生一生为后人作出了榜样，为配位化学发展奉献了一生。

本章小结

1. 配位化合物结构和命名

（1）配位化合物的结构　配合物一般由内界和外界组成。内界是由中心离子（或原子）和配位体组成的配离子（或配分子），写化学式时，要用方括号括起来；外界为一般离子。配分子只有内界，没有外界。

（2）配位化合物的命名　配合物的命名主要是遵循系统命名法。系统命名法包括两部分：内界（配离子）与外界。内界的命名是关键，其顺序是：配位体数（用一、二、三……表示）→配位体名称→"合"→中心离子（或原子）名称→中心离子化合价[用（Ⅰ）、（Ⅱ）、（Ⅲ）等罗马数字表示]→"离子"。其命名方法遵循一般无机化合物的命名原则。

2. 配合物稳定性

（1）稳定常数　$K_{稳} = \dfrac{1}{K_{不稳}}$；$K_{稳} = K_{稳_1} K_{稳_2} K_{稳_3} \cdots K_{稳_n}$。

（2）稳定常数的应用　同类配合物稳定性比较：$K_{稳}$ 大配合物稳定。

有关浓度计算：根据 $K_{稳}$ 进行计算。

转化的可能性：比较 $K_{稳A}$ 和 $K_{稳B}$。

3. EDTA 滴定

（1）EDTA 与金属 M 的反应　主反应：

$$M + Y \rightleftharpoons MY$$

（2）金属指示剂

$$\text{原理：} MIn + Y \rightleftharpoons MY + In$$
$$\qquad\quad\text{红色}\qquad\qquad\quad\text{蓝色}$$

条件：MIn 与 In 颜色显著不同；MIn 的稳定性要适当；MIn 易溶于水。

（3）应用示例　水中钙镁及总硬度的测定。

课后检测

一、填空题

1. 中心离子位于配离子的_____。常见的中心离子是_____元素的离子。

2. 配位体中具有_____、直接与_____结合的原子叫配位原子。如 NH_3 中的_____原子是配位原子。在配离子中与中心离子直接结合的_____数目叫_____的配位数。

3. 配合物在水溶液中全部电离成_____，而配离子在水溶液中_____电离，存在着_____平衡。在 $[Ag(NH_3)_2]^+$ 水溶液中的电离平衡式为_____。

4. 配位数相同的配离子，若 $K_{稳}$ 愈_____或 $K_{不稳}$ 愈_____，则该配离子愈稳定，若 $K_{不稳}$ 值愈大，表示该配离子电离程度愈_____。

5. $K_{稳}$ 值越大，表明配合物越_____；$K_{不稳}$ 值越大，表明配合物越_____，对于_____，可根据 $K_{稳}$ 与 $K_{不稳}$ 比较其稳定性。

6. 在 $AgNO_3$ 溶液中加入 NaCl 溶液，产生_____（写化学式）沉淀，反应的离子方程式为_____。静置片刻，弃去上面清液，在沉淀中加入过量氨水，沉淀溶解，生成了_____（写化学式），反应的离子方程式为_____。

7. 乙二胺四乙酸_____溶于水，而乙二胺四乙酸二钠_____溶于水，故 EDTA 标准溶液多用_____试剂配制。

8. 配位滴定法是_____为基础的滴定分析法。本法中应用最广泛的配位试剂是以_____为代表的氨羧配位剂。

二、选择题

1. AgCl 在下列哪种溶液中（浓度均为 1mol/L）溶解度最大？（　　）
   A. 氨水　　　　　B. $Na_2S_2O_3$　　　　C. KI　　　　D. NaCN
2. 一般情况下，EDTA 与金属离子形成的配位化合物的配位比是（　　）。
   A. 1∶1　　　　B. 2∶1　　　　C. 1∶3　　　　D. 1∶2
3. 用 EDTA 直接滴定有色金属离子 M，终点所呈现的颜色是（　　）。
   A. 游离指示剂的颜色　　　　　　B. EDTA-M 配合物的颜色
   C. 指示剂-M 配合物的颜色　　　　D. 上述 A＋B 的混合色
4. 以下有关 EDTA 的叙述错误的是（　　）。
   A. 酸度高时，EDTA 可形成六元酸
   B. 在任何水溶液中，EDTA 总以六种型体存在
   C. pH 不同时，EDTA 的主要存在型体也不同
   D. 在 pH 不同时，EDTA 各型体浓度比不同
5. 以下关于 EDTA 标准溶液制备叙述错误的是（　　）。
   A. 使用 EDTA 基准试剂，可以用直接法制备标准溶液
   B. 标定条件与测定条件应尽可能接近
   C. 配位滴定所用蒸馏水，必须进行质量检查
   D. 标定 EDTA 溶液需用二甲酚橙为指示剂

三、判断题

1. 配合物在水溶液中可以全部电离为外界离子和配离子，配离子也能全部电离为中心离子和配位体。（　　）
2. 当配离子转化为沉淀时，难溶电解质的溶解度愈小，则愈易转化。（　　）
3. 一种配离子在任何情况下都可以转化为另一种配离子。（　　）
4. 由于配离子的生成，使金属离子的浓度发生改变，从而改变了其电极电位，所以配离子的生成对氧化还原反应有影响。（　　）
5. 只要金属离子能与 EDTA 形成配合物，就能用 EDTA 直接滴定。（　　）
6. 配位滴定曲线滴定突跃的大小取决于配合物条件稳定常数和被滴定金属离子浓度。（　　）

四、简答题

1. 命名下列配位化合物
   (1) $[Ag(NH_3)_2]NO_3$　　　(2) $K_4[Fe(CN)_6]$　　　(3) $K_3[Fe(CN)_6]$
   (4) $H_2[PtCl_6]$　　　(5) $[Zn(NH_3)_4](OH)_2$　　　(6) $[Co(NH_3)_6]Cl_3$
2. 无水 $CrCl_3$ 和氨作用能形成两种配合物，组成相当于 $CrCl_3 \cdot 6NH_3$ 及 $CrCl_3 \cdot 5NH_3$。加入 $AgNO_3$ 溶液能从第一种配合物水溶液中将几乎所有的氯沉淀为 AgCl，而从第二种配合物水溶液中仅能沉淀出相当于组成中含氯量 2/3 的 AgCl，加入 NaOH 并加热时两种溶液都无味。试从配合物的形式推算出它们的内界和外界，并指出配离子的电荷数、中心离子的氧化数和配合物的名称。
3. 写出下列配合物的化学式
   (1) 二硫代硫酸合银（Ⅰ）酸钠　　　(2) 三硝基三氨合钴（Ⅲ）
   (3) 氯化二氯三氨一水合钴（Ⅲ）　　(4) 二氯二羟基二氨合铂（Ⅳ）
   (5) 硫酸一氯一氨二（乙二胺）合铬（Ⅲ）

(6) 二氯一草酸根一(乙二胺)合铁(Ⅲ)离子

4. EDTA 与金属离子的配合物有何特点?

五、计算题

1. 在含有 2.5×10^{-3} mol/L $AgNO_3$ 和 0.41mol/L NaCl 溶液里,如果不使 AgCl 沉淀生成,溶液中最少应加入 CN^- 浓度为多少?[已知 $K_{稳}([Ag(CN)_2]^-)=1.26\times10^{21}$,$K_{sp}(AgCl)=1.56\times10^{-10}$]

2. 0.1mol/L $AgNO_3$ 溶液 50mL,加入相对密度为 0.932 的含氨 18.24% 的氨水 30mL 后,加水稀释至 100mL,求此溶液中 $[Ag^+]$、$[Ag(NH_3)_2^+]$ 和 $[NH_3]$。[已知 $K_{稳}([Ag(NH_3)_2]^+)=1.7\times10^7$]

第十四章 氧化还原反应与氧化还原滴定

 学习目标

知识目标
1. 掌握氧化还原反应的概念、方程式的配平和氧化还原平衡。
2. 掌握原电池的组成、原理、电极反应、电极电势和能斯特方程。

能力目标
1. 能设计简单的原电池和正确使用、维护常见的电池。
2. 能进行高锰酸钾法和碘量法等几种常见的氧化还原滴定操作。

素质目标
1. 通过对原电池知识的学习，提高能源危机和绿色化工意识，进一步提升社会责任感。
2. 通过设计简单的原电池和电解池的实验，培养学生勇于创新，积极探索的科学精神。

第一节 氧化还原反应

人们最初对氧化还原反应的认识是，将与氧化合的反应叫作氧化反应，失去氧的反应叫作还原反应。随着对原子结构认识的深入，对氧化还原反应的本质有了进一步的认识。是否得氧或失氧，并不是氧化还原反应的本质特征。因此，需要将氧化还原反应的概念进行扩展。

一、氧化反应与还原反应

下面从化合价的升降角度来分析氢气还原氧化铜这一反应。

$$\text{CuO} + \text{H}_2 \longrightarrow \text{Cu} + \text{H}_2\text{O}$$

（化合价降低，被还原：CuO→Cu；化合价升高，被氧化：H$_2$→H$_2$O）

反应中，CuO 失去氧变成 Cu，铜的化合价由 +2 价降低为 0 价，即 CuO 被还原；同时，H$_2$ 得到氧，氢的化合价由 0 价升高为 +1 价，即 H$_2$ 被氧化。

在钠与氯气的反应中，钠失去了一个电子成为 Na$^+$，化合价从 0 价升高为 +1 价，即钠被氧化。氯得到电子成为 Cl$^-$，化合价从 0 价降低为 -1 价，氯被还原。

$$2\text{Na} + \text{Cl}_2 \longrightarrow 2\text{NaCl}$$

（化合价升高，被氧化：Na→NaCl；化合价降低，被还原：Cl$_2$→NaCl）

从化合价升降的角度来分析大量的氧化还原反应可以得出：凡是元素化合价在反应前后有变化的化学反应就是氧化还原反应。其中，物质所含元素化合价升高的反应是氧化反应，所含元素化合价降低的反应是还原反应。元素化合价升降的原因是它们的原子或离子失去或得到电子。因此，氧化还原反应是具有电子得失的反应，其中物质失去电子的反应是氧化反应，物质得到电子的反应是还原反应。

又如：

$$\underset{\text{化合价降低，被还原}}{\overset{\text{化合价升高，被氧化}}{H_2 + Cl_2 \longrightarrow 2HCl}}$$

在这个反应中，氯气与氢气化合生成共价化合物 HCl，不是由于电子的得失，而是共用电子对的偏移，于是氢原子显正电性，氯原子显负电性，发生了化合价的升降，这样的反应也属于氧化还原反应。因此，将凡是有电子的得失或共用电子对的偏移的反应叫作氧化还原反应。其本质是发生了电子的转移，而元素化合价的升降是氧化还原反应的特征。没有化合价变化的就是非氧化还原反应。

二、氧化剂与还原剂

在氧化还原反应中，得到电子或电子对偏向的物质是氧化剂；失去电子或电子对偏离的物质是还原剂。如 Na 与 Cl_2 反应，钠失去电子，Na 是还原剂；氯得到电子，Cl_2 是氧化剂。

由于氧化剂在氧化还原反应中，总是得到电子，本身被还原，即化合价降低，所以氧化剂中起氧化作用的元素一定具有较高或最高的化合价。

常见的氧化剂有：活泼的非金属单质、Na_2O_2、H_2O_2、HClO、$KClO_3$、HNO_3、$KMnO_4$、浓 H_2SO_4、$K_2Cr_2O_7$、MnO_2 等。

由于还原剂在氧化还原反应中，总是失去电子，本身被氧化，即化合价升高，所以还原剂中起还原作用的元素一定具有较低或最低化合价。

常见的还原剂有：活泼的金属单质、C、H_2、H_2S、HI、CO 等。

因此处于中间价态的物质，在反应中既可作氧化剂，又可作还原剂。如 SO_2、H_2SO_3 及盐、HNO_2 及盐、H_2O_2、Fe^{2+} 等。

$$Zn + FeCl_2 \longrightarrow Fe + ZnCl_2$$
$$Cl_2 + 2FeCl_2 \longrightarrow 2FeCl_3$$

氧化剂、还原剂的强弱取决于得失电子的难易，而不是得失电子的多少。

氧化还原反应是化学中最重要的反应形式，事实上整个化学的发展就是从氧化还原反应开始的。据估计，化工生产中约 50% 以上的反应都涉及氧化还原反应。

三、氧化还原反应方程式的配平

氧化还原反应往往比较复杂，用观察法不容易配平。根据氧化还原反应的实质或特征，可以通过分析电子转移或化合价的升降来配平氧化还原反应。这里只介绍化合价升降法配平氧化还原反应。

1. 配平氧化还原反应方程式的原则

① 在氧化还原反应中，氧化剂得到电子的总数等于还原剂失去电子的总数。

② 反应前后各元素原子的总数相等。

2. 配平氧化还原反应方程式的步骤

① 正确地写出反应物和生成物的化学式，并标出参加氧化还原反应的元素的正、负化合价。

② 求出化合价升高数值与降低数值的最小公倍数，找出使其得失电子总数相等应乘以的最简系数，此系数即为氧化剂和还原剂的系数。

③ 用观察法配平化学式中其他元素的原子个数，即物质化学式前的系数，若系数中有分数出现，则需化成最简整数比，电子转移总数也应作相应比例变化。配平后注明必要的反应条件（如↑、↓、△、催化剂等）。

离子-电子法配平的经验规则见表 14-1。

表 14-1　离子-电子法配平的经验规则

介质种类	反应物中	
	多一个氧原子[O]	少一个氧原子[O]
酸性介质	$+2H^+ \xrightarrow{结合[O]} +H_2O$	$+H_2O \xrightarrow{提供[O]} +2H^+$
碱性介质	$+H_2O \xrightarrow{结合[O]} +2OH^-$	$+2OH^- \xrightarrow{提供[O]} +H_2O$
中性介质	$+H_2O \xrightarrow{结合[O]} +2OH^-$	$+H_2O \xrightarrow{提供[O]} +2H^+$

【例 14-1】 配平 MnO_2 与盐酸的反应

$$MnO_2 + HCl \longrightarrow MnCl_2 + Cl_2 + H_2O$$

解　（1）$MnO_2 + HCl \longrightarrow MnCl_2 + Cl_2 + H_2O$

（2）$MnO_2 + HCl \longrightarrow MnCl_2 + Cl_2 + H_2O$　（化合价升高 1，化合价降低 2）

（3）$MnO_2 + HCl \longrightarrow MnCl_2 + Cl_2 + H_2O$　（化合价升高 1×2，化合价降低 2×1）

（4）$MnO_2 + 4HCl \longrightarrow MnCl_2 + Cl_2\uparrow + 2H_2O$

【例 14-2】 配平 NH_3 与 O_2 的反应

$$NH_3 + O_2 \longrightarrow NO + H_2O$$

解　（1）$NH_3 + O_2 \longrightarrow NO + H_2O$

（2）$NH_3 + O_2 \longrightarrow NO + H_2O$　（化合价升高，化合价降低）

（3）$NH_3 + O_2 \longrightarrow NO + H_2O$　（化合价升高 5×4，化合价降低 2×2×5）

（4）$4NH_3 + 5O_2 \longrightarrow 4NO + 6H_2O$

第二节 电化学基础

一、原电池

1. 原电池概述

[**演示实验 14-1**] 将 Zn 片放入 $CuSO_4$ 溶液中,可以观察到什么现象?按图 14-1 装置所示来连接,又会发生什么情况呢?

通过实验可以观察到以下现象:

(1) 电流计指针发生偏转,说明金属导线上有电流通过。根据指针偏转方向,可知电子流动的方向是从锌片经过导线流向铜片。所以,锌片是负极,铜片是正极。

(2) 铜片上有金属铜沉积上去,锌片不断溶解。

(3) 取出盐桥,电流计指针回到零点;放入盐桥,电流计指针偏转。

说明:U 形管中装有用饱和 KCl 溶液和琼脂制成的冻胶,称为盐桥。通过盐桥,Cl^- 向锌盐溶液运动,K^+ 向铜盐溶液运动,保持溶液电荷平衡,使反应能继续进行。

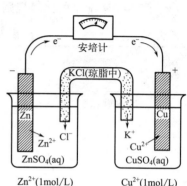

图 14-1 铜锌原电池的装置图

对上述现象做如下分析:

负极　$Zn - 2e^- \longrightarrow Zn^{2+}$

正极　$Cu^{2+} + 2e^- \longrightarrow Cu$

以上两个反应的总反应为:

$$Zn + Cu^{2+} \longrightarrow Zn^{2+} + Cu$$

这样由于电子的定向运动,从而产生了电流,实现了化学能向电能的转化。这种借助于氧化还原反应,将化学能转变为电能的装置叫作原电池。从理论上讲,任何一个氧化还原反应都能组成原电池。事实上,将两种不同金属插入同一种电解质溶液中,就组成了一个原电池。

负极(氧化反应)　　　　$Zn - 2e^- \rightleftharpoons Zn^{2+}$

正极(还原反应)　　　　$Cu^{2+} + 2e^- \rightleftharpoons Cu$

电池反应(氧化还原反应)　$Zn + Cu^{2+} \rightleftharpoons Zn^{2+} + Cu$

电池符号:$(-)\ Zn(s)|ZnSO_4(1mol/L)\ ||\ CuSO_4(1mol/L)|Cu(s)\ (+)$

电池符号书写有如下规定:

① 一般把负极写在左边,正极写在右边。

② 用"|"表示物质间有一界面;不存在界面用","表示;用"‖"表示盐桥。

③ 用化学式表示电池物质的组成,并要注明物质的状态,而气体要注明其分压,溶液要注明其浓度。如不注明,一般指 1mol/L 或 100kPa。

④ 对于某些电极的电对自身不是金属导电体时,则需外加一个能导电而又不参与电极反应的惰性电极,通常用铂作惰性电极。

> 课堂互动

写出下列电池反应对应的电池符号。
(1) $2Fe^{3+} + 2I^- \longrightarrow 2Fe^{2+} + I_2$
(2) $Zn + 2H^+ \longrightarrow Zn^{2+} + H_2 \uparrow$

2. 原电池电动势

用导线连接原电池的两极时有电流通过，说明两极之间有电位差。原电池正负极之间的平衡电位差就是原电池的电动势。

$$E_{电池} = \varphi_{正极} - \varphi_{负极}$$

原电池的电动势大小不仅与电池反应中各物质的本性有关，还与溶液的浓度和温度等因素有关。在标准状态下测得的电动势称为标准电动势（$E^{\ominus}_{电池}$）。标准状态是指电池反应中的液体或固体都是纯净物，溶液中的离子浓度为1mol/L，气体的分压为100kPa。

3. 电极电位

(1) 电极电位的产生　当把金属浸入其盐溶液时，则会出现两种倾向：一种是金属表面的原子以离子形式进入溶液（金属越活泼或溶液中金属离子浓度越小，这种倾向越大）；另一种是溶液中的金属离子沉积在金属表面上（金属越不活泼或溶液中金属离子浓度越大，这种倾向就越大）。某种条件下达到暂时的平衡：

$$M(s) \rightleftharpoons M^{n+} + ne^-$$

由于双电层的存在，使金属与溶液之间产生了电位差，这个电位差叫作金属的电极电位（图14-2），用符号 E 表示，单位为伏特。电极电位的大小主要取决于电极材料的本性，同时还与溶液浓度、温度、介质等因素有关。

(2) 标准氢电极和标准电极电位

$$2H^+ + 2e^- \rightleftharpoons H_2(g)$$

在298K时不断通入标准压力的纯氢气流，使铂片电极上吸附氢气达到饱和，被铂片吸附的氢气与 H^+ 浓度为1mol/L溶液间的电位差就是标准氢电极的电极电位，电化学上规定为零，即 $E^{\ominus}_{H^+/H_2} = 0.00V$。在原电池中，当无电流通过时，两电极之间的电位差称为电池的电动势，用 E 表示；当两电极均处于标准状态时称为标准电动势，用 $E^{\ominus}$ 表示。见图14-3。

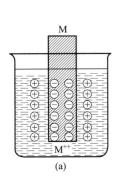
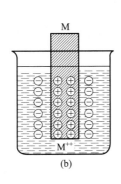

图14-2　金属的电极电位

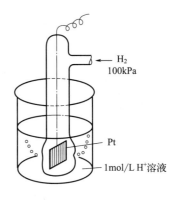

图14-3　标准氢电极电位

在 298.15K，用标准氢电极与其他各种标准状态下的电极组成电池，从而得到各种电极的标准电极电位。

【例 14-3】 欲测定锌电极的标准电极电位，可组成原电池：

(−) Zn|ZnSO$_4$(1.0mol/L) ∥ H$^+$(1.0mol/L)|H$_2$,($p^\ominus$)|Pt(+)

因为：$E^\ominus_{电池}=\varphi^\ominus_{正极}-\varphi^\ominus_{负极}=\varphi^\ominus_{H^+/H_2}-\varphi^\ominus_{Zn^{2+}/Zn}=0.763V$

所以：$\varphi^\ominus_{Zn^{2+}/Zn}=-0.763V$

课堂互动

如何测定铜电极的标准电极电位。

4. 影响电极电位的因素——能斯特（Nernst）方程

电极电位值的大小不仅取决于电对的本性，还与温度和溶液中的离子浓度、气体的分压有关。对某个电极，电极电位与浓度的关系为：

$$a\ 氧化型(Ox)+ne^- \rightleftharpoons b\ 还原型(Red)$$

$$E=E^\ominus+\frac{RT}{nF}\ln\frac{c^a_{氧化型}}{c^b_{还原型}}$$

式中 E——任一温度浓度时的电极电位，V；

n——电极反应中电子的化学计量数；

F——法拉第常数，96486C/mol；

$E^\ominus$——电对的标准电极电位，V；

R——摩尔气体常数，8.314J/(mol·K)。

当温度为 298.15K 时，能斯特方程式为：

$$E=E^\ominus+\frac{0.0592}{n}\lg\frac{c^a_{氧化型}}{c^b_{还原型}}$$

应用能斯特方程时须注意：

① 如果电对中某一物质是固体、纯液体或水溶液中的 H$_2$O，它们的浓度为常数，不写入能斯特方程式中。

② 如果电对中某一物质是气体，其浓度用相对分压代替。

【例 14-4】 计算锌在 [Zn^{2+}]=0.001mol/L 的溶液中的电极电位。

解 电极反应为   Zn^{2+} +2e$^-$ ⟶ Zn

应用能斯特方程 $E=E^\ominus-(0.0592\div2)\times\lg(1/[Zn^{2+}])$

$=-0.763-0.0296\lg1000$

$=-0.852(V)$

5. 电极电位的应用

（1）判断氧化剂和还原剂的相对强弱 $E^\ominus$ 值大，电对中氧化态物质的氧化能力强，是强氧化剂；而对应的还原态物质的还原能力弱，是弱还原剂。$E^\ominus$ 值小，电对中还原态物质的还原能力强，是强还原剂；而对应氧化态物质的氧化能力弱，是弱氧化剂。

【例 14-5】 比较标准态下,下列电对物质氧化能力的相对大小。

$E^{\ominus}_{Cl_2/Cl^-}=1.36V \quad E^{\ominus}_{Br_2/Br^-}=1.07V \quad E^{\ominus}_{I_2/I^-}=0.53V$

解 1.36V 最大,所以 Cl_2 的氧化能力最强;
0.53V 最小,所以 I_2 的氧化能力最弱。

(2) 判断氧化还原反应进行的方向　通过比较电极电位的大小,可以判断氧化还原反应进行的方向:

① 当 $E>0$,即 $E_{(+)}>E_{(-)}$ 时,则反应正向自发进行;
② 当 $E=0$,即 $E_{(+)}=E_{(-)}$ 时,则反应处于平衡状态;
③ 当 $E<0$,即 $E_{(+)}<E_{(-)}$ 时,则反应逆向自发进行。

【例 14-6】 判断反应 $Pb^{2+}+Sn \rightleftharpoons Pb+Sn^{2+}$ 在标准状态时的反应方向。

解 查表可知:

$$\varphi^{\ominus}_{Pb^{2+}/Pb}=-0.126V$$
$$\varphi^{\ominus}_{Sn^{2+}/Sn}=-0.136V$$
$$\varphi^{\ominus}_{Sn^{2+}/Sn}>\varphi^{\ominus}_{Pb^{2+}/Pb}$$

故反应向左进行。

课堂互动

判断反应 $Pb^{2+}+Sn \rightleftharpoons Pb+Sn^{2+}$ 在标准状态时及 $c_{Pb^{2+}}=0.1mol/L$、$c_{Sn^{2+}}=2mol/L$ 时的反应方向。

二、化学电源

化学电源又称化学电池,是将化学能直接转化为电能的装置。将电池作为实用的化学电源,要具备一些特定的条件,如电压较高、电池反应要迅速、电容量较大、便于携带等。下面简要介绍几种常用电池。

1. 锌锰电池

这是常用的干电池,构造见图 14-4。以锌片制成圆筒作为负极,用 MnO_2 和碳粉插在圆筒中央作为正极,用 NH_4Cl、$ZnCl_2$ 和淀粉混合成糊状物作为电解液。

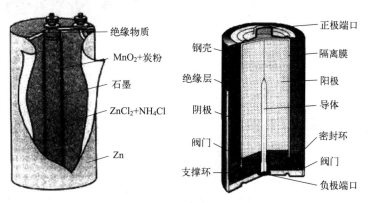

图 14-4　锌锰干电池

负极　$Zn - 2e^- \longrightarrow Zn^{2+}$

正极　$2NH_4^+ + 2e^- \longrightarrow 2NH_3 + H_2$

干电池的电压约为 1.5V，价格低廉，携带方便，应用广泛。它只能一次性使用，忌曝晒、忌潮湿。

2. 氧化银电池

这是一种小型电池，构造见图 14-5，广泛用于计算器、电子表等，是一次性电池，电压约为 1.5V。正极是 Ag_2O，负极是 Zn，反应在碱性电解质中进行。

负极　$Zn + 2OH^- - 2e^- \longrightarrow Zn(OH)_2$

正极　$Ag_2O + H_2O + 2e^- \longrightarrow 2Ag + 2OH^-$

3. 铅蓄电池

铅蓄电池是一种充电时起电解作用、放电时起原电池作用的可储存能量的装置。铅蓄电池构造见图 14-6，电极都是由两组铅锑合金板组成的。在一组格板的孔穴中填充了 PbO_2 作为正极，另一组格板的孔穴中填充海绵状金属铅作为负极。电极浸在 30% H_2SO_4 溶液中。

电池放电时发生的反应为：

负极　$Pb + SO_4^{2-} - 2e^- \longrightarrow PbSO_4$

正极　$PbO_2 + 4H^+ + SO_4^{2-} + 2e^- \longrightarrow PbSO_4 + 2H_2O$

充电时，电源正极与蓄电池中进行氧化反应的阳极连接，负极与进行还原反应的阴极连接。充电反应为：

阳极　$PbSO_4 + 2H_2O - 2e^- \longrightarrow PbO_2 + 4H^+ + SO_4^{2-}$

阴极　$PbSO_4 + 2e^- \longrightarrow Pb + SO_4^{2-}$

该电池的电压约为 2V，可以反复充电和放电，能多次使用。当铅蓄电池中的 H_2SO_4 的密度降到 $1.15g/cm^3$ 时，应停止使用，进行充电后再用，否则会导致电极损坏。

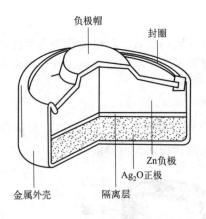

图 14-5　氧化银电池

图 14-6　铅蓄电池

第三节　氧化还原滴定

一、氧化还原滴定曲线

氧化还原滴定过程中，随着滴定剂的加入，溶液中的氧化剂和还原剂的浓度逐渐变化，有关电对电极电位也随之变化，以溶液体系的电位为纵坐标，以所滴定的百分数为横坐标，绘制出的曲线称为氧化还原滴定曲线。

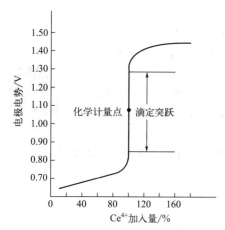

图 14-7 用 0.1000mol/L Ce(SO_4)$_2$ 溶液在 0.5mol/L H_2SO_4 溶液中滴定 0.1000mol/L $FeSO_4$ 的滴定曲线

图 14-7 为 0.1000mol/L Ce(SO_4)$_2$ 溶液在 0.5mol/L H_2SO_4 溶液中滴定 0.1000mol/L $FeSO_4$ 的滴定曲线。化学计量点附近体系的电位有明显的突跃，突跃范围为 0.86～1.3V，化学计量点的电位恰好处于滴定突跃的中间。

二、氧化还原滴定法指示剂

1. 自身指示剂

以滴定剂本身的颜色变化就能指示滴定终点的物质称为自身指示剂，例如，用 $KMnO_4$ 作标准溶液滴定到化学计量点时，只要稍过量，$KMnO_4$ 就可使溶液呈粉红色确定滴定终点，$KMnO_4$ 就是自身指示剂。

2. 专属指示剂

能与氧化剂或还原剂产生特殊颜色以确定滴定终点的试剂称为专属指示剂。例如，碘量法中，可溶性淀粉与碘（I^- 存在）形成深蓝色的吸附化合物，由蓝色的出现或消失来确定滴定终点，淀粉就是碘量法的专属指示剂。

3. 氧化还原指示剂

这类指示剂本身是氧化剂或还原剂，其氧化态与还原态具有不同的颜色。在滴定过程中，因被氧化或被还原而发生颜色变化从而指示终点。

$$InOx + ne^- \rightleftharpoons InRed$$
氧化态颜色　还原态颜色

由能斯特方程式得：$E_{In} = E_{In}^{\ominus} + \dfrac{0.0592}{n} \lg \dfrac{c_{InOx}}{c_{InRed}}$

氧化还原指示剂的变色范围是：$E_{In} = E_{In}^{\ominus} \pm \dfrac{0.0592}{n}$

氧化还原指示剂的选择原则：指示剂变色的电位范围全部或部分落在滴定曲线突跃范围内。

三、常用的氧化还原滴定法

1. 高锰酸钾法

高锰酸钾法是以高锰酸钾标准溶液为滴定剂的氧化还原滴定法。由于 $KMnO_4$ 在强酸性溶液中的氧化能力强，且生成的 Mn^{2+} 接近无色，便于终点的观察，所以高锰酸钾滴定多在强酸性溶液中进行，所用的强酸是 H_2SO_4，不能用 HCl 和 HNO_3。

高锰酸钾法的优点：氧化能力强，不需另加指示剂，应用范围广。

（1）$KMnO_4$ 标准溶液的配制　由于 $KMnO_4$ 试剂中常含有少量的 MnO_2 和杂质，而且蒸馏水中也常含有微量还原性物质，故不能用直接法配制标准溶液。通常先配成一近似浓度的溶液，将溶液加热至沸并保持微沸 1h，放置 2～3d，使溶液中存在的还原性物质完全氧化。再将过滤后的 $KMnO_4$ 溶液储于棕色的试剂瓶中，最后进行标定。

（2）KMnO$_4$ 标准溶液的标定　标定 KMnO$_4$ 溶液浓度的基准物质有：H$_2$C$_2$O$_4$·2H$_2$O、Na$_2$C$_2$O$_4$、FeSO$_4$·7H$_2$O、(NH$_4$)$_2$C$_2$O$_4$、As$_2$O$_3$ 和纯铁丝等。其中 Na$_2$C$_2$O$_4$ 较为常用。

$$2MnO_4^- + 5C_2O_4^{2-} + 16H^+ \Longrightarrow 2Mn^{2+} + 10CO_2\uparrow + 8H_2O$$

这一反应为自动催化反应，为了使该反应能定量进行，应注意以下几个条件：
① 温度：75～85℃时趁热滴定。
② 酸度：为了使滴定反应能够定量进行，溶液应保持足够的酸度。一般在开始滴定时，溶液的酸度为 0.5～1mol/L H$^+$，滴定终了时，酸度为 0.2～0.5mol/L H$^+$。
③ 滴定速度：慢、快、慢。
④ 滴定终点：滴定时溶液中出现的浅红色在半分钟内不褪色，便可认定已达滴定终点。

应用示例

1. 直接滴定法测定 H$_2$O$_2$ 的含量

在酸性溶液中 H$_2$O$_2$ 是强氧化剂，但遇到强氧化剂 KMnO$_4$ 时，又表现为还原剂。因此，可以在酸性溶液中用 KMnO$_4$ 标准溶液直接滴定测得 H$_2$O$_2$ 的含量，以 KMnO$_4$ 自身为指示剂。测定过程主要反应方程式为：

$$5H_2O_2 + 2MnO_4^- + 6H^+ \Longrightarrow 2Mn^{2+} + 5O_2\uparrow + 8H_2O$$

根据 $M(1/2H_2O_2)$ 和 $c(1/5KMnO_4)$ 以及滴定中消耗 KMnO$_4$ 的体积计算 H$_2$O$_2$ 的含量。

2. 间接滴定法测定 Ca^{2+}

测定钙的方法很多，快速的方法是配位滴定法，较准确的方法是本实验采用的 KMnO$_4$ 法。利用 KMnO$_4$ 法测定钙的含量，只能采用间接法测定。将样品用酸处理成溶液，使 Ca^{2+} 溶解在溶液中。Ca^{2+} 在一定条件下与 C$_2$O$_4^{2-}$ 作用，形成白色 CaC$_2$O$_4$ 沉淀。过滤洗涤后再将 CaC$_2$O$_4$ 沉淀溶于热的稀 H$_2$SO$_4$ 中。用 KMnO$_4$ 标准溶液滴定与 Ca^{2+} 1∶1 结合的 C$_2$O$_4^{2-}$ 含量。其反应式如下：

$$Ca^{2+} + C_2O_4^{2-} \Longrightarrow CaC_2O_4\downarrow$$
$$CaC_2O_4 + 2H^+ \Longrightarrow Ca^{2+} + H_2C_2O_4$$
$$5H_2C_2O_4 + 2MnO_4^- + 6H^+ \Longrightarrow 2Mn^{2+} + 10CO_2\uparrow + 8H_2O$$

2. 重铬酸钾法

重铬酸钾法是以 K$_2$Cr$_2$O$_7$ 为标准溶液的氧化还原滴定法。K$_2$Cr$_2$O$_7$ 不能自身指示终点，一般采用二苯胺磺酸钠作指示剂，在酸性溶液中，K$_2$Cr$_2$O$_7$ 与还原剂作用被还原为 Cr^{3+}，半反应为：

$$Cr_2O_7^{2-} + 14H^+ + 6e^- \Longrightarrow 2Cr^{3+} + 7H_2O \quad \varphi^{\ominus} = 1.33V$$

由于其氧化能力比 KMnO$_4$ 低，因此选择性较高，应用不及 KMnO$_4$ 广泛。其优点是 K$_2$Cr$_2$O$_7$ 容易提纯，可直接配制标准溶液；K$_2$Cr$_2$O$_7$ 标准溶液非常稳定，可以长期保存；室温下 K$_2$Cr$_2$O$_7$ 不与 Cl$^-$ 作用，故可在 HCl 溶液中滴定 Fe^{2+}；但当 HCl 浓度太大或将溶液煮沸时，K$_2$Cr$_2$O$_7$ 也能部分地被 Cl$^-$ 还原。

应用示例

铁矿石中全铁的测定

重铬酸钾测铁法是铁矿中全铁含量测定的标准方法。矿样一般用 HCl 加热分解,移取试样溶液 25.00mL 于锥形瓶中,加 8mL 浓 HCl 溶液,加热近沸,加入 6 滴甲基橙,趁热边摇动锥形瓶边逐滴加入 100g/L $SnCl_2$ 还原 Fe^{3+}。溶液由橙变红,再慢慢滴加 50g/L $SnCl_2$ 至溶液变为淡粉色,再摇几下直至粉色褪去。立即流水冷却,加 50mL 蒸馏水,20mL 硫磷混酸,4 滴二苯胺磺酸钠,立即用 $K_2Cr_2O_7$ 标准溶液滴定到稳定的紫红色为终点,平行测定 3 次,计算矿石中铁的含量(质量分数)。测定过程中主要反应如下:

$$2Fe^{3+} + Sn^{2+} \longrightarrow 2Fe^{2+} + Sn^{4+}$$

$$6Fe^{2+} + Cr_2O_7^{2-} + 14H^+ \longrightarrow 6Fe^{3+} + 2Cr^{3+} + 7H_2O$$

淡绿色　橙红色　　　　　黄色　　绿色

3. 碘量法

(1) 方法特点　碘量法是以 I_2 的氧化性和 I^- 的还原性为基础的滴定分析方法。由于固体 I_2 在水中的溶解度很小(0.0013mol/L)且易挥发,所以将 I_2 溶解在 KI 溶液中。其电极反应式为:

$$I_2 + 2e^- \rightleftharpoons 2I^- \quad \varphi^{\ominus} = 0.53V$$

I_2 是较弱的氧化剂,只能滴定较强的还原剂,称为直接碘量法,也叫碘滴定法,是用 I_2 标准溶液直接滴定还原性物质;而 I^- 则是中等强度的还原剂,可以间接测定多种氧化剂,称为间接碘量法,也叫滴定碘法,是利用 I^- 作还原剂,在一定的条件下,与氧化性物质作用,定量地析出 I_2,然后用 $Na_2S_2O_3$ 标准溶液滴定 I_2,从而间接地测定氧化性物质的含量。碘量法采用淀粉作为指示剂,直接滴定时,终点时溶液是蓝色;间接滴定时,溶液的蓝色消失,表示到达终点。

注意:淀粉溶液必须新鲜配制,在间接碘量法中,淀粉指示剂应在滴定临近终点时加入,否则大量的 I_2 与淀粉结合,不易与 $Na_2S_2O_3$ 反应,将会给滴定带来误差。

(2) 标准溶液的配制和标定

① $Na_2S_2O_3$ 溶液的配制和标定。配制 $Na_2S_2O_3$ 标准溶液时应先煮沸蒸馏水,除去水中的 CO_2 及杀灭微生物,加入少量 Na_2CO_3 使溶液呈微碱性,以防止 $Na_2S_2O_3$ 分解。日光能促使 $Na_2S_2O_3$ 分解,所以 $Na_2S_2O_3$ 溶液应储存于棕色瓶中,放置暗处,经一两周后再标定。长期保存的溶液,在使用时应重新标定。标定 $Na_2S_2O_3$ 溶液常用 $K_2Cr_2O_7$、$KBrO_3$、KIO_3 等基准物质。

② I_2 溶液的配制和标定。用升华法制得的纯 I_2,可以直接配制 I_2 的标准溶液;市售的 I_2 含有杂质,采用间接法配制 I_2 标准溶液。标定 I_2 溶液的浓度,可用升华法精制的 As_2O_3(俗称砒霜,剧毒!)作基准物质。但一般用已经标定好的 $Na_2S_2O_3$ 标准溶液来标定。

应用示例

直接碘量法测定维生素 C

维生素 C 又称抗坏血酸,分子式为 $C_6H_8O_6$,分子量为 176.1232g/mol。维生素 C 具有还原性,可被 I_2 定量氧化,因而可用 I_2 标准溶液直接滴定。其滴定反应式为:

$$C_6H_8O_6 + I_2 \longrightarrow C_6H_6O_6 + 2HI$$

由于维生素C的还原性很强，较易被溶液和空气中的氧氧化，在碱性介质中这种氧化作用更强，因此滴定宜在酸性介质中进行，以减少副反应的发生。考虑到I^-在强酸性溶液中也易被氧化，故一般选在pH=3~4的弱酸性溶液中进行滴定。

 应用示例

间接碘量法测定胆矾中的铜

在以硫酸或HAc为介质的酸性溶液中(pH=3~4)Cu^{2+}与过量的I^-作用生成不溶性的CuI沉淀并定量析出I_2：

$$2Cu^{2+} + 4I^- \longrightarrow 2CuI\downarrow + I_2$$

生成的I_2用$Na_2S_2O_3$标准溶液滴定，以淀粉为指示剂，滴定至溶液的蓝色刚好消失即为终点。

$$I_2 + 2S_2O_3^{2-} \longrightarrow 2I^- + S_4O_6^{2-}$$

由于CuI沉淀表面吸附I_2，故分析结果偏低，为了减少CuI沉淀对I_2的吸附，可在大部分I_2被$Na_2S_2O_3$溶液滴定后，再加入KSCN，使CuI沉淀转化为更难溶的CuSCN沉淀。

$$CuI + SCN^- \longrightarrow CuSCN\downarrow + I^-$$

CuSCN吸附I_2的倾向较小，因而可以提高测定结果的准确度。

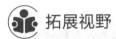 拓展视野

南孚坚守匠心精神，打造高质量电池产品

南孚电池秉持匠心精神，在碱性电池领域走过数十个年头，创造了连续29年销量遥遥领先的辉煌成绩。

匠心精神在于专注和专研，南孚从匠心精神中汲取这种最朴素的力量，在技术研发和产品创新之路上心无旁骛地勇往直前。2021年，南孚重磅推出性能优越的南孚聚能环3代电池。南孚聚能环3代采用创新结构、高能量密度新材料以及聚能新配方。相比上一代，聚能环3代电量增加30%，刷新了耐用新纪录。此外，南孚聚能环3代还采用抗老化新型密封圈、防腐镀镍精钢外壳，升级防漏防爆配方以及新工艺，让用户可以使用得更放心、更安心。

创立以来，南孚坚持对产品研发的所有生产环节秉持精益求精的态度，正是这种严苛、专注让南孚将碱性电池的电量上升到一个全新的高度。择一事终一生，不为繁华易匠心。南孚电池以匠心精神为起点，为用户带来优质电池，为自身创造美好未来。

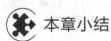 本章小结

一、氧化还原反应

1. 基本概念

氧化，失去电子（化合价升高）的过程；还原，得到电子（化合价降低）的过程。氧化还原电对Zn^{2+}/Zn。

2. 离子电子配平法

得失电子相等,各元素原子总数相等。

二、原电池

1. 定义:将化学能转化为电能的装置,可自发进行。
2. 电池负极:电子流出(氧化反应),$Zn-2e^- \rightleftharpoons Zn^{2+}$;电池正极:获得电子(还原反应),$Cu^{2+}+2e^- \rightleftharpoons Cu$。
3. 电池符号:$(-) Zn(s)|ZnSO_4(c_1) \| CuSO_4(c_2)|Cu(s)(+)$
4. 电池电动势:$E_{电池}=\varphi_{正极}-\varphi_{负极}$

三、电极电位

1. 金属的电极电位:$\varphi=\varphi_{金属表面的电位}-\varphi_{溶液本身的电位}$
2. 标准电极电位:标准氢电极与待测电极组成原电池测定。
3. 能斯特方程:$E=E^{\ominus}+\dfrac{0.0592}{n}\lg\dfrac{c^a_{氧化型}}{c^b_{还原型}}$
4. 电极电位的应用:φ 较小为负极,φ 较大为正极;φ 较大氧化态氧化能力强,φ 较小还原态还原能力强。$E>0$ 自发进行,$E<0$ 不能自发进行。

四、化学电源

锌锰电池、氧化银电池、铅蓄电池。

五、氧化还原滴定法

高锰酸钾法:利用自身指示剂,间接法配制标准溶液,如测定钙。
重铬酸钾法:利用氧化还原指示剂,直接法配制标准溶液,如铁矿石中全铁的测定。
碘量法:利用专属指示剂,间接法配制标准溶液,如铜合金中铜的测定。

课后检测

一、填空题

1. 氧化还原反应中,获得电子的物质是_____剂,自身被_____;失去电子的物质是_____剂,自身被_____。
2. Cu-Zn 原电池的电池符号是_____,其正极半反应式为_____,负极半反应式为_____,原电池反应为_____。
3. 原电池的两极分别称_____极和_____极,电子流出的一极称_____极,电子流入的一极称_____极,在_____极发生氧化反应,在_____极发生还原反应。
4. 在氧化还原反应中,氧化剂是 $\varphi^{\ominus}$ 值_____的电对中的_____态物质,还原剂是 $\varphi^{\ominus}$ 值_____的电对中的_____态物质。
5. 当溶液的条件改变时,电对的_____将受到影响,从而氧化还原反应的方向也可能_____。
6. 能在氧化还原滴定中化学计量点附近_____以指示_____的物质称为氧化还原滴定指示剂,它包括_____、_____和_____三种类型。
7. 在常用指示剂中,$KMnO_4$ 属于_____指示剂;可溶性淀粉属于_____指示剂;二苯胺磺酸钠和邻二氮菲-亚铁盐属于_____指示剂。
8. 高锰酸钾是以_____作标准溶液的氧化还原滴定法,该法通常是在_____性下,以_____为指示剂进行滴定。
9. 重铬酸钾法是以_____为标准溶液的氧化还原滴定法,本方法总是在

_____性溶液中进行。

二、选择题

1. 下列反应中,属于氧化还原反应的是(   )。
   A. 硫酸与氢氧化钡溶液的反应　　　　　B. 石灰石与稀盐酸的反应
   C. 二氧化锰与浓盐酸在加热条件下反应　　D. 乙酸钠的水解反应

2. 单质 A 和单质 B 化合成 AB(其中 A 显正价),下列说法正确的是(   )。
   A. B 被氧化　　　　　　　　　　　　　B. A 是氧化剂
   C. A 发生氧化反应　　　　　　　　　　D. B 具有还原性

3. 对于原电池的电极名称,叙述中有错误的是(   )。
   A. 电子流入的一极为正极　　　　　　　B. 发生氧化反应的一极是正极
   C. 电子流出的一极为负极　　　　　　　D. 比较不活泼的金属构成的一极为正极

4. 根据下列反应:
$$2FeCl_3 + Cu \longrightarrow 2FeCl_2 + CuCl_2$$
$$2Fe^{3+} + Fe \longrightarrow 3Fe^{2+}$$
$$2KMnO_4 + 10FeSO_4 + 8H_2SO_4 \longrightarrow 2MnSO_4 + 5Fe_2(SO_4)_3 + K_2SO_4 + 8H_2O$$
判断电极电位最大的电对为(   )。
   A. Fe^{3+}/Fe^{2+}　　　B. Cu^{2+}/Cu　　　C. MnO_4^-/Mn^{2+}　　　D. Fe^{2+}/Fe

5. 在含有 Cl^-、Br^-、I^- 的混合溶液中,欲使 I^- 氧化成 I_2,而 Br^-、Cl^- 不被氧化,根据 $\varphi^\ominus$ 值大小,应选择下列氧化剂中的(   )。
   A. $KMnO_4$　　　B. $K_2Cr_2O_7$　　　C. $(NH_4)_2S_2O_8$　　　D. $FeCl_3$

6. 在酸性溶液中和标准状态下,下列各组离子可以共存的是(   )。
   A. MnO_4^- 和 Cl^-　　　　　　　　　　B. Fe^{3+} 和 Sn^{2+}
   C. NO_3^- 和 Fe^{2+}　　　　　　　　　　D. I^- 和 Sn^{4+}

7. 利用标准电极电位表判断氧化反应进行的方向,正确的说法是(   )。
   A. 氧化态物质与还原态物质起反应
   B. $\varphi^\ominus$ 较大电对的氧化态物质与 $\varphi^\ominus$ 较小电对的还原态物质起反应
   C. 氧化性强的物质与氧化性弱的物质起反应
   D. 还原性强的物质与还原性弱的物质起反应

8. 下列说法正确的是(   )。
   A. 电对的电位越低,其氧化型的氧化能力就越强
   B. 电对的电位越高,其氧化型的氧化能力就越强
   C. 一般氧化剂可以氧化电位比它高的还原剂
   D. 一般还原剂可以还原电位比它低的氧化剂

9. 在酸性溶液中,以 $KMnO_4$ 溶液滴定草酸盐时,滴定速度应该(   )。
   A. 滴定开始时速度快　　　　　　　　　B. 开始时缓慢进行,以后逐渐加快
   C. 开始时快,以后逐渐缓慢　　　　　　D. 始终缓慢进行

10. $K_2Cr_2O_7$ 法常用指示剂为(   )。
    A. $Cr_2O_7^{2-}$　　　　　　　　　　　　B. CrO_4^{2-}
    C. Cr^{3+}　　　　　　　　　　　　　　D. 二苯胺磺酸钠

三、判断题

1. MnO_4^- 中,Mn 和 O 的化合价分别为 +8 和 -2。　　　　　　　　　　　　　(   )

2. 根据标准电极电位判定 $I_2+Sn^{2+}\rightleftharpoons 2I^-+Sn^{4+}$ 反应只能逆向进行。（　）
3. 根据标准电极电位判定 $SnCl_2+HgCl_2\rightleftharpoons SnCl_4+Hg$ 反应能自发向右进行。
（　）
4. 当溶液中酸度增大时，$KMnO_4$ 的氧化能力也会增大。（　）
5. 间接碘量法的终点是从蓝色变为无色。（　）
6. 用于 $K_2Cr_2O_7$ 法中的酸性介质只能是硫酸，不能是盐酸。（　）
7. 从能斯特方程我们知道，电极电位仅与浓度和气体的分压有关。（　）
8. 标定高锰酸钾标准溶液一般选用 $Na_2C_2O_4$ 作基准物质。（　）
9. 自身指示剂是利用被滴定物质本身的颜色变化来指示终点的。（　）
10. 一般氧化剂可以氧化电位比它高的还原剂。（　）

四、简答题

1. 用离子-电子法配平下列反应式
（1）$MnO_4^-+Cl^-\longrightarrow Mn^{2+}+Cl_2\uparrow$（酸性介质）
（2）$Cr^{3+}+PbO_2\longrightarrow Cr_2O_7^{2-}+Pb^{2+}$（酸性介质）
（3）$CrO_4^{2-}+H_2SnO_2^-\longrightarrow CrO_2^-+HSnO_3^-$（碱性介质）
（4）$H_2O_2+CrO_2^-\longrightarrow CrO_4^{2-}$（碱性介质）

2. 将铁片和锌片分别浸入稀硫酸中，它们都被溶解，并放出氢气。如果将两种金属同时浸入稀硫酸中，两端用导线连接，这时有什么现象发生？是否两种金属都溶解了？氢气在哪一片金属上析出？试说明理由。
3. 常用氧化还原滴定法有哪几类？这些方法的基本反应是什么？
4. 氧化还原滴定中的指示剂分为几类？各自如何指示滴定终点？
5. 电解的原理是什么？
6. 金属防腐常用的方法有哪些？

五、计算题

1. 计算在 1mol/L HCl 溶液中，当 $[Cl^-]=1.0mol/L$ 时，Ag^+/Ag 电对的条件电极电位。
2. 计算在 1.5mol/L HCl 介质中，当 $c_{Cr(Ⅵ)}=0.10mol/L$，$c_{Cr(Ⅲ)}=0.020mol/L$ 时 $Cr_2O_7^{2-}/Cr^{3+}$ 电对的电极电位。
3. 对于氧化还原反应 $BrO_3^-+5Br^-+6H^+\rightleftharpoons 3Br_2+3H_2O$
（1）求此反应的平衡常数。
（2）计算当溶液的 pH=7.0，$[BrO_3^-]=0.10mol/L$，$[Br^-]=0.70mol/L$ 时，游离溴的平衡浓度。
4. 用 30.00mL 某 $KMnO_4$ 标准溶液恰能氧化一定的 $KHC_2O_4\cdot H_2O$，同样质量的 $KHC_2O_4\cdot H_2O$ 又恰能与 25.20mL 浓度为 0.2012mol/L 的 KOH 溶液反应。计算此 $KMnO_4$ 溶液的浓度。
5. 已知电对 Sn^{4+}/Sn^{2+} 的 $\varphi^{\ominus}=0.154V$，当 $[Sn^{4+}]=1.00\times 10^{-4}mol/L$，$[Sn^{2+}]=1.00\times 10^{-4}mol/L$ 时，该电对的电位 φ 是多少？
6. 计算 $c_{H_2SO_4}=1mol/L$ H_2SO_4 溶液中，Pb^{2+}/Pb 电对的电位为 −0.405V 时，溶液中 Pb^{2+} 的浓度是多少？

第十五章 化学分析法

📖 **学习目标**

知识目标
1. 理解准确度与精密度的概念。
2. 掌握有效数字及运算规则。
3. 知道滴定分析的条件与滴定方式以及重量分析法的分类、特点及应用。

能力目标
1. 能正确记录实验中的数据。
2. 会分析实验中误差产生的主要原因及减小误差应采取的方法。
3. 熟练掌握滴定分析和重量分析操作技能。

素质目标
1. 通过深刻理解和实践验证化学分析法中"量"的概念的重要性,培养实事求是、一丝不苟的职业素质。
2. 通过滴定分析等实验操作,树立高度的社会责任感,提高动手实践能力,全面提升劳动素养。

第一节 定量分析基础

一、定量分析中的误差

定量分析的任务是要准确地解决"量"的问题,但是定量分析中的误差是客观存在的,因此,必须寻找产生误差的原因并设法减小,从而提高分析结果的可靠程度,另外还要对实验数据进行科学的处理,写出合乎要求的分析报告。

(一)误差及其产生的原因

误差及其产生原因

在任何一种测量中,无论所用仪器多么精密,方法多么完善,实验者多么细心,所得结果常常都不能完全一致而会有一定的误差或偏差。严格地说,误差是实验测量值(包括间接测量值)与真实值(客观存在的准确值)的差别。根据误差的种类性质以及产生的原因,可将误差分为系统误差、随机误差。

1. 系统误差

系统误差也称为可定误差,指由某种确定原因所引起的误差。系统误差具有"单向性",即误差的大小及其方向恒定,重复测定重复出现。系统误差主要有以下几种:

(1)方法误差 由于分析方法本身引起的误差,即由于选用的分析方法不恰当或设计的实验方法不完善所造成的，这种误差对测定结果的影响通常较大。如重量分析中沉淀的溶解损失；滴定分析中滴定终点与计量点不相符合。

（2）仪器误差　来源于仪器本身不够准确。如天平臂长不等，砝码磨损，移液管、滴定管、容量瓶等体积不够准确等。

（3）试剂误差　由于试剂不纯所引起的误差。来源于空白试验试剂或蒸馏水含有被测组分或干扰的杂质。

（4）操作误差　由于分析工作者的操作所引起的误差。主要由分析工作者所掌握的分析操作与规范的分析操作有差距，以及分析工作者本身的一些主观因素所致。例如，试样不具有代表性、分解不完全、反应条件控制不当等。

2. 随机误差

随机误差又称为偶然误差或不可定误差，是由某些偶然因素所引起的误差。主要是由于测定过程中一系列有关因素微小的随机波动所致，因此其大小和方向都不固定。随机误差的影响虽然不一定很大，但它在分析操作中却是无法避免、不可消除的。

随机误差具有"相互抵偿性"，这一现象说明其服从统计规律：大误差出现的概率小，小误差出现的概率大，绝对值相同的正、负随机误差出现的概率大致相等。因此通过增加平行测定次数，有可能使大部分偶然误差相互抵消，从而将随机误差控制到很低（图 15-1）。

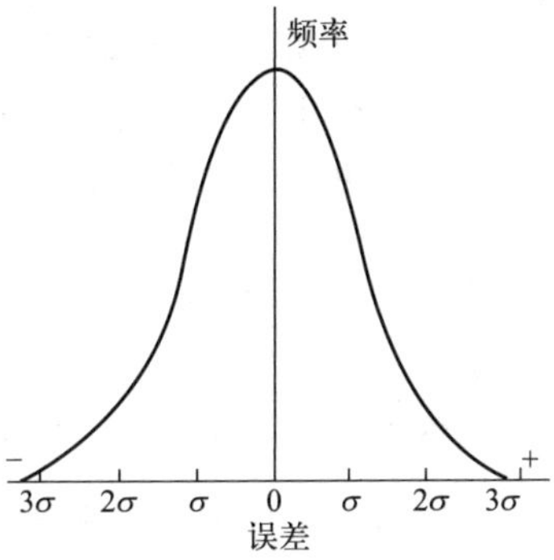

除系统误差和随机误差外，在分析过程中还存在着一种与事实不符的情况，它往往是由于操作者粗心大意、过度疲劳或操作不正确等原因引起的错误，称为过失误差。例如操作中试样的损失、加错试剂、看错数据等。过失误差无规则可寻，只要加强责任感、多方警惕、细心操作，过失误差是可以避免的。

图 15-1　随机误差正态分布曲线

（二）测量值的准确度与精密度

1. 准确度与误差

分析结果与真实值接近程度称为准确度。准确度的高低用误差来衡量。误差是测定值（x）与真实值（T）之差。测量值的误差有两种表示方法：绝对误差和相对误差。

绝对误差：
$$E = x - T \tag{15-1}$$

相对误差：
$$E_r = \frac{E}{T} \times 100\% \tag{15-2}$$

误差越小，表示分析结果的准确度越高；反之，误差越大，准确度就越低。

相对误差表示误差在测定结果中所占的百分率。若绝对误差相同，真实值越大，则相对误差越小。

分析天平称量两物体的质量为 1.6380g 和 0.1637g，假定两者的真实质量分别为 1.6381g 和 0.1638g，则两者称量的绝对误差分别为：

$$(1.6380 - 1.6381)g = -0.0001g$$
$$(0.1637 - 0.1638)g = -0.0001g$$

两者称量的相对误差分别为：

$$\frac{-0.0001}{1.6381} \times 100\% = -0.006\%$$

$$\frac{-0.0001}{0.1638}\times 100\% = -0.06\%$$

示例结果显示绝对误差虽然相同，但相对误差却相差 10 倍，称量物体质量较大时，相对误差较小，称量准确度较高。因此用相对误差表示测定结果的准确度更确切。

绝对误差和相对误差有正有负，即误差有偏高和偏低。

2. 精密度与偏差

要确定一个测定值的准确度，先要知道其误差或相对误差。要求出误差必须知道真实值，但是真实值通常是不知道的。在实际工作中人们常用标准方法通过多次重复测定，所求出的算术平均值作为真实值。

精密度是指在相同条件下多次重复测定结果彼此相符合的程度。精密度的大小用偏差表示，偏差越小说明精密度越高。偏差有绝对偏差和相对偏差。

绝对偏差：
$$d_i = x_i - \bar{x} \tag{15-3}$$

相对偏差：
$$d_r = \frac{d_i}{\bar{x}} \times 100\% \tag{15-4}$$

从上式可知，绝对偏差是指单项测定与平均值的差值。相对偏差是指绝对偏差在平均值中所占的百分率。由此可知绝对偏差和相对偏差只能用来衡量单次测定结果对平均值的偏离程度。为了更好地说明精密度，在一般分析工作中常用平均偏差表示。

平均偏差：
$$\bar{d} = \frac{|d_1| + |d_2| + |d_3| + \cdots + |d_n|}{n} \tag{15-5}$$

相对平均偏差：
$$\bar{d}_r = \frac{\bar{d}}{\bar{x}} \times 100\% \tag{15-6}$$

平均偏差是代表一组测量值中任意数值的偏差。所以平均偏差不计正负。平均偏差小，表明这一组分析结果的精密度好。

在统计方法处理数据时，常用标准偏差 S 来衡量一组测定值的精密度。与平均偏差相似，标准偏差代表一组测定值中任何一个数据的偏差。

标准偏差：
$$S = \sqrt{\frac{\sum(x_i - \bar{x})^2}{n-1}} = \sqrt{\frac{\sum d_i^2}{n-1}}$$

3. 准确度与精密度的关系

准确度是表示测定值与真实值的符合程度，反映了测量的系统误差和偶然误差的大小。精密度是表示平行测定结果之间的符合程度，与真实值无关，反映了测量的偶然误差的大小。

因此，精密度高并不一定准确度也高，准确度高只能说明测定结果的偶然误差较小，只有在消除了系统误差之后，精密度好，准确度才高。

4. 提高分析结果准确度的方法

在定量分析过程中，误差是不可避免的，为了获得准确的分析结果，在分析过程中，必须十分重视系统误差的检验和消除，以及随机误差的减小，以提高分析结果的准确度。造成系统误差的原因是多方面的，根据具体情况可采用不同的方法加以校正。一般系统误差可用下面的方法进行检验和消除。

（1）对照试验　在相同的条件下，用标准试样（已知含量的准确值）与被测试样同时进行，以校正测定过程中的系统误差。也可以对同一试样用其他可靠的分析方法与所采用的分析方法进行对照，以检验是否存在系统误差。

(2) 空白试验 不加试样但完全照测定方法进行操作的试验，消除由干扰杂质或溶剂对器皿腐蚀等所产生的系统误差。所得结果为空白值，需扣除。若空白值过大，则需提纯试剂或更换容器。

(3) 校准仪器 消除因仪器不准引起的系统误差。主要校准砝码、容量瓶、移液管，以及容量瓶与移液管的配套校准。

(4) 校正方法 某些由于分析方法引起的系统误差可用其他方法直接校正。

例如，重量分析法测定水泥熟料中 SiO_2 含量，可用分光光度法测定滤液中的硅，将结果加到重量分析数据中，可消除由于沉淀的溶解损失而造成的系统误差。

随机误差是由偶然性的不固定的原因造成的。在分析过程中始终存在，是不可消除的，但可通过增加平行测定次数减小随机误差。在消除系统误差的前提下，平行测定次数越多，平均值越接近真实值。在化学分析中，对同一试样，通常要求平行测定 3～4 次，以获得较准确的分析结果。

二、有效数字及其运算规则

在定量分析中，为了获得准确的分析结果，还必须注意正确合理地记录和计算。因此需要了解有效数字及其运算规则。

1. 有效数字

有效数字是在分析工作中实际测量到的数字，除最后一位是可疑值外，其余的数字都是确定的。有效数字不仅反映了数量的大小，也反映了测量的精密程度。例如，用万分之一的分析天平称得的坩埚的质量为 18.4285g，有 6 位有效数字。前五位是确定的，最后一位是不确定的可疑的数字。体积测量值 25.00mL 和 25.0mL，虽数值相同，但精密程度相差 10 倍。前者是用移液管准确移取或由滴定管中放出，而后者则是由量筒量取。可见多一位或少一位"0"，从数字角度关系不大，但精密程度相差 10 倍。

2. 有效数字的修约

在测量时，各个测量值的有效数字位数可能不同，在进行具体的数字运算前，按照一定的规则确定一致的位数，然后舍去某些数字后多余的尾数的过程称为数字修约。有效数字修约的规则为"四舍六入五成双"。即测量值中被修约的那个数等于或小于 4 时舍弃，等于或大于 6 时进位。等于 5 且 5 后无数或为零时，若进位后测量值的末位数成偶数，则进位；若进位后测量值的末位数成奇数，则舍弃。若 5 后还有非零数，则进位。

【例 15-1】 将下列数据修约为四位有效数字：
　　3.2724→3.272　　5.3766→5.377　　4.28152→4.282　　2.86250→2.862

3. 运算规则

(1) 加减法 几个数字相加或相减时，它们的和或差的有效数字的保留应以小数点后位数最少（即绝对误差最大）的数为准，将多余的数字修约后再进行加减运算。

【例 15-2】 0.0121，25.64，1.05782 三数相加。

不正确的计算	正确的计算
0.0121	0.01
25.64	25.64
+ 1.05782	+ 1.06
26.70992	26.71

（2）乘除法　几个数相乘或相除时，它们的积或商的有效数字的保留应以有效数字位数最少（相对误差最大）的数为准，将多余的数字修约后再进行乘除。

【例 15-3】　0.0121，25.64，1.05782 三数相乘。

因为 0.0121 的有效数字位数最少（三位），相对误差最大，故应以此数为准，将其他各数修约为三位，然后相乘得：

$$0.0121 \times 25.6 \times 1.06 = 0.328$$

 课堂互动

指出下列数据的有效数字位数：
1.8904；3.500；0.004583；0.8700；4.98×10^4；pH＝4.56。

第二节　滴定分析法概述

滴定分析法是将一种已知准确浓度的试剂溶液即标准溶液，通过滴定管滴加到待测组分的溶液中，直到标准溶液和待测组分恰好完全定量反应为止。这时加入标准溶液物质的量与待测组分物质的量符合反应式的化学计量关系，然后根据标准溶液的浓度和所消耗的体积，算出待测组分的含量。这一类分析方法称为滴定分析法。滴加的溶液称为滴定剂，滴加溶液的操作过程称为滴定。当滴加的标准溶液与待测组分恰好定量反应完全时的一点，称为化学计量点。通常利用指示剂颜色的突变或仪器测试来判断化学计量点的到达，而停止滴定操作的一点称为滴定终点。实际分析操作中滴定终点与理论上的化学计量点常常不能恰好吻合，它们之间往往存在很小的差别，由此而引起的误差称为终点误差。

滴定分析法是分析化学中重要的一类分析方法，它常用于测定含量≥1％的常量组分。此方法快速、简便、准确度高，在生产实际和科学研究中应用非常广泛。

一、滴定分析法的分类

滴定分析法主要包括酸碱滴定法、配位滴定法、氧化还原滴定法及沉淀滴定法等。

酸碱滴定法是以酸碱反应为基础的滴定分析方法。它不仅能用于水溶液体系，也可用于非水溶液体系，故酸碱滴定法是滴定分析中广泛应用的方法之一。

配位滴定法是以配位反应为基础的滴定分析方法，亦称络合滴定法。

氧化还原滴定法是以氧化还原反应为基础的滴定分析法。氧化还原滴定法能直接或间接测定许多无机物或有机物。

沉淀滴定法是以沉淀反应为基础的一类滴定分析方法。虽然许多化学反应能生成沉淀，但符合滴定分析要求，适用于沉淀滴定法的沉淀反应并不多。目前应用最多的是生成难溶银盐的反应。

二、滴定分析的条件与滴定方式

1. 滴定反应的条件

适用于滴定分析法的化学反应必须具备下列条件：

① 反应必须定量地完成。即反应按一定的反应式进行完全，通常要求达到 99.9％以上，无副反应发生。这是定量计算的基础。

② 反应速率要快。对于速率慢的反应，应采取适当措施提高反应速率。
③ 能用比较简便的方法确定滴定终点。
凡能满足上述要求的反应均可用于滴定分析。

2. 滴定方式

(1) 直接滴定法　用标准溶液直接进行滴定，利用指示剂或仪器测试指示化学计量点到达的滴定方式，称为直接滴定法。通过标准溶液的浓度及所消耗滴定剂的体积，计算出待测物质的含量。例如，用 HCl 溶液滴定 NaOH 溶液，用 $K_2Cr_2O_7$ 溶液滴定 Fe^{2+} 等。直接滴定法是最常用和最基本的滴定方式。如果反应不能完全符合上述滴定反应的条件时，可以采用下述几种方式进行滴定。

(2) 返滴定法　通常是在待测试液中准确加入适当过量的标准溶液，待反应完全后，再用另一种标准溶液返滴剩余的第一种标准溶液，从而测定待测组分的含量，这种方式称为返滴定法。例如，Al^{3+} 与乙二胺四乙酸二钠盐（简称 EDTA）溶液反应速率慢，不能直接滴定，常采用返滴定法，即在一定的 pH 条件下，于待测的 Al^{3+} 试液中加入过量的 EDTA 溶液，加热至 50~60℃，促使反应完全。溶液冷却后加入二甲酚橙指示剂，用标准锌溶液返滴剩余的 EDTA 溶液，从而计算试样中铝的含量。

(3) 置换滴定法　此方法是先加入适当的试剂与待测组分定量反应，生成另一种可被滴定的物质，再用标准溶液滴定反应产物，然后由滴定剂消耗量，反应生成的物质与待测组分的关系计算出待测组分的含量，这种方法称为置换滴定法。例如，用 $K_2Cr_2O_7$ 标定 $Na_2S_2O_3$ 溶液的浓度时，是以一定量的 $K_2Cr_2O_7$ 在酸性溶液中与过量 KI 作用，析出相当量的 I_2，以淀粉为指示剂，用 $Na_2S_2O_3$ 溶液滴定析出的 I_2，进而求得 $Na_2S_2O_3$ 溶液的浓度。

(4) 间接滴定法　某些待测组分不能直接与滴定剂反应，但可通过其他化学反应，间接测定其含量。例如，溶液中 Ca^{2+} 没有氧化还原的性质，但利用它与 $C_2O_4^{2-}$ 作用形成 CaC_2O_4 沉淀，过滤后，加入 H_2SO_4 使沉淀物溶解，用 $KMnO_4$ 标准溶液与 $C_2O_4^{2-}$ 作用，采用氧化还原滴定法可间接测定 Ca^{2+} 的含量。

由于返滴定法、置换滴定法、间接滴定法的应用，更加扩展了滴定分析的应用范围。

三、标准溶液及基准物质

1. 标准溶液

标准溶液，已知准确浓度的溶液，又称滴定剂。
标准溶液的配制方法一般有两种，即直接法和间接法。

(1) 直接法　准确称取一定量的基准物质，溶解后定量转移入容量瓶中，加蒸馏水稀释至一定刻度，充分摇匀。根据称取基准物的质量和容量瓶的容积，计算其准确浓度。

(2) 间接法　对于不符合基准物质条件的试剂，不能直接配制成标准溶液，可采用间接法。即先配制近似于所需浓度的溶液，然后用基准物质或另一种标准溶液来标定它的准确浓度。例如，HCl 易挥发且纯度不高，只能粗略配制成近似浓度的溶液，然后以无水碳酸钠为基准物质，标定 HCl 溶液的准确浓度。

2. 基准物质

能用于直接配制或标定标准溶液的物质，称为基准物质。在实际应用中大多数标准溶液是先配制成近似浓度，然后用基准物质来标定其准确的浓度。

基准物质应符合下列要求：

① 物质必须具有足够的纯度，其纯度要求≥99.9%，通常用基准试剂或优级纯物质。
② 物质的组成（包括其结晶水含量）应与化学式相符合。
③ 试剂性质稳定。
④ 基准物质的摩尔质量应尽可能大，这样称量的相对误差就较小。

能够满足上述要求的物质称为基准物质。在滴定分析法中常用的基准物质有邻苯二甲酸氢钾（$KHC_8H_4O_4$）、$Na_2B_4O_7 \cdot 10H_2O$、无水 Na_2CO_3、$CaCO_3$、锌、铜、$K_2Cr_2O_7$、KIO_3、As_2O_3、$NaCl$ 等。

第三节 重量分析法

重量分析法是以测定重量的方法来确定被测组分含量的定量分析法。它通常是通过物理方法或化学反应将试样中待测组分与其他组分分离，以称量质量的方法称得待测组分或它的难溶化合物的质量，计算出待测组分在试样中的含量。

一、重量分析法的分类和特点

根据被测组分与试样中其他组分分离手段的不同，重量分析法一般分为下列三种方法。

1. 沉淀法

沉淀法是重量分析法中的主要方法。这种方法是利用沉淀反应使被测组分以难溶化合物的形式沉淀出来，然后将沉淀过滤、洗涤、烘干或灼烧，最后称重，计算其含量。例如测定试样中 SO_4^{2-} 含量时，加入过量的 $BaCl_2$ 溶液，使之生成 $BaSO_4$ 沉淀，根据所得沉淀的质量，即可求出试样中 SO_4^{2-} 的含量。

2. 挥发法

这种方法适用于挥发性组分的测定。一般是通过加热或其他方法使试样中的挥发性组分汽化逸出，然后根据试样质量的减少值计算出该组分的含量；或者在该组分逸出时选择一种吸收剂将它吸收，然后根据吸收剂的增重量来计算被测组分的含量。例如在食品、发酵、造纸、精细化工等行业各种产品的水分测定常用此法。

3. 电解法

利用电解原理使被测离子在电极上析出，然后根据电极的增重量来计算被测组分的含量。

重量分析法是经典的化学分析法，其特点是准确度高，因为该法使用分析天平直接通过称量而得到分析结果，不需要标准试样或基准物比较，误差来源少，常量组分测定结果的准确度可达 0.1%~0.2%。其缺点是操作手续烦琐，耗时长，灵敏度低，不适用于微量组分的测定。

在重量分析法中，以沉淀法应用较多，所以本章主要介绍沉淀法。

在利用沉淀法进行重量分析时，通过往试液中加入适当的沉淀剂使被测组分沉淀出来，沉淀析出的形式称为沉淀式；沉淀经过过滤、洗涤、烘干或灼烧后，得到组成恒定的用于称量时的形式，称为称量式。由称量式的化学组成和质量，可计算出被测组分的含量。

由于在烘干或灼烧过程中可能发生化学变化，所以，沉淀式和称量式可能相同，也可能不同。例如：

$$Fe^{3+} \longrightarrow \underset{\text{沉淀式}}{Fe(OH)_3} \longrightarrow \underset{\text{称量式}}{Fe_2O_3}$$

$$Ba^{2+} \longrightarrow \underset{\text{沉淀式}}{BaSO_4} \longrightarrow \underset{\text{称量式}}{BaSO_4}$$

二、重量分析对沉淀式和称量式的要求

沉淀式和称量式在重量分析中起着不同的作用，所以有不同的具体要求。

1. 重量分析对沉淀式的要求

① 沉淀的溶解度必须很小，这样才能保证被测组分沉淀完全，通常要求沉淀溶解损失不超过 0.0002g。

② 沉淀必须纯净，尽量避免混入杂质。

③ 沉淀应易于过滤和洗涤。因此，在进行沉淀操作时，要控制条件，尽量获得粗大的晶形沉淀。如果是无定形沉淀，应注意掌握好沉淀条件，尽可能获得结构紧密的沉淀。

④ 沉淀应易于转化为称量式。

2. 重量分析对称量式的要求

① 称量式必须有确定的化学组成，否则无法计算分析结果。

② 称量式要有足够的稳定性，不受空气中水分、CO_2、O_2 等的影响。

③ 称量式的摩尔质量要大，被测组分在称量式中的含量要小，这样可提高分析结果的准确度。

课堂互动

沉淀形式和称量形式有何区别？试举例说明之。

三、重量分析基本操作技术

重量分析应用最广的是沉淀法，其基本操作包括样品的溶解、沉淀、过滤、洗涤、干燥和灼烧等步骤，分别介绍如下。

1. 试样的称取和溶解

（1）试样的称取　沉淀重量法中称取试样量要适当，称样太多沉淀量大，造成过滤洗涤困难，称样太少造成误差较大，降低分析结果的准确度。对于晶形沉淀，其沉淀称量式的质量在 0.5g 左右为好；对于非晶形沉淀，其沉淀称量式的质量在 0.2~0.5g 为好。而试样的称取量可根据沉淀称量式的质量估算出来，再进行称取。

称样方法可采用减量法或直接称量法。

（2）试样的溶解　根据试样的性质，可用水、酸或其他溶剂溶解。一般情况下应先考虑用水溶解，水不溶时再选用其他溶剂。

样品置于烧杯中，配好合适的玻璃棒和表面皿。溶解时，将溶剂沿杯壁倒入或者沿玻璃棒下端流入杯中，边加边搅拌，待试样溶解后，盖上表面皿。

如果试样溶解时有气体产生，应先在试样中加少量的水，使之润湿，然后盖上表面皿，从烧杯嘴处滴加溶剂，待试样与溶剂作用完全后，用洗瓶冲洗表面皿并使之流入烧杯内，盖上表面皿。

若试样需要加热促其溶解，应注意温度不可太高，以防溶液溅失。

2. 沉淀的产生

根据溶度积原理，如果溶液中离子浓度的乘积大于该化合物在一定温度下的溶度积时，

溶液中将有沉淀产生，因此生成沉淀的基本条件是：

$$[M^+][A^-] > K_{sp}$$

根据沉淀的物理性质，沉淀一般可分为晶形沉淀和非晶形沉淀（又称无定形沉淀）两大类。$BaSO_4$、CaC_2O_4 等通常是晶形沉淀；而 $Fe(OH)_3$、$Al(OH)_3$ 等往往是非晶形沉淀。生成沉淀的类型决定于物质本身的性质，同时也与沉淀条件有密切的关系。

在沉淀形成过程中，溶液中的离子以较大的速度互相结合成为微小的晶核，这种作用速度称为聚集速度；与此同时又以静电引力使离子按一定顺序排列于晶格内，这种作用速度称为定向速度。当聚集速度大于定向速度时，离子很快聚集起来形成晶核，但却又来不及按一定的顺序排列于晶格内，因此得到的是无定形沉淀。反之当聚集速度小于定向速度时，离子聚集成晶核的速度慢，因此晶核的数量就少，相应的溶液中的离子的数量就多，此时就有足够的离子按一定顺序排列于晶格内，使晶体长大，这时得到的是晶形沉淀。由此可见，沉淀条件的不同，所获得的沉淀的形状也不同。

3. 沉淀剂的选择与用量

（1）沉淀剂的选择　选择沉淀剂，确定用什么沉淀反应，是沉淀分离的关键。选择沉淀剂应注意下列几个方面。

① 生成沉淀的溶解度应该很小，沉淀反应才能完全。如沉淀 SO_4^{2-}，SO_4^{2-} 生成的难溶化合物有 $CaSO_4$、$SrSO_4$、$PbSO_4$ 和 $BaSO_4$，其中 $BaSO_4$ 的溶解度最小，所以常选用钡盐作沉淀剂。

② 沉淀剂本身溶解度应较大。例如沉淀 SO_4^{2-} 可以用的钡盐有 $BaCl_2$ 和 $Ba(NO_3)_2$，在同一温度下 $BaCl_2$ 的溶解度比 $Ba(NO_3)_2$ 大得多，因此都选用 $BaCl_2$ 而不用 $Ba(NO_3)_2$。沉淀剂的溶解度大，容易洗涤除去。

③ 沉淀剂应具有较好的选择性和特效性，即在含有多种离子的试液中，它只沉淀某一种离子。例如在含镍的试液中沉淀 Ni^{2+}，选用特效沉淀剂丁二酮肟，它在氨性溶液中与 Ni^{2+} 生成组成一定、溶解度小又易于分离的红色絮状沉淀，铁离子等虽有干扰，但可用掩蔽剂消除。

④ 形成的沉淀应具有易于分离和洗涤的良好结构。晶形沉淀带入杂质少，也便于过滤和洗涤，因此应尽可能选用能形成较粗晶形沉淀的沉淀剂。例如沉淀 Al^{3+}，若选用氨水作沉淀剂，则形成非晶形的 $Al(OH)_3$ 沉淀，过滤和洗涤都比较困难。若选用 8-羟基喹啉作沉淀剂，则形成结构较好的晶形沉淀 8-羟基喹啉铝，易过滤和洗涤，因此常选用 8-羟基喹啉作 Al^{3+} 的沉淀剂。

⑤ 生成的沉淀分子量应较大。因为称量式分子量大，称量式的质量也较大，带来的称量误差就比较小。用有机沉淀剂所得的沉淀，烘干后称量，其称量式的分子量一般都较大。

⑥ 沉淀剂应是易挥发或易灼烧除去的物质。这样，沉淀中带有的沉淀剂即使未洗净，也可以借烘干或灼烧除去。一些铵盐和有机沉淀剂都能满足这项要求。

从对沉淀剂的要求来看，许多有机沉淀剂的选择性和特效性高，形成的沉淀组成固定，结构较好，易于分离和洗涤，称量式分子量也较大，因此在沉淀重量分析中，有机沉淀剂的应用日益广泛，如用丁二酮肟沉淀 Ni^{2+}、用四苯硼钠沉淀 K^+ 等都是目前常用的测定方法。

（2）沉淀剂的用量　沉淀剂的用量由试液中待测组分的含量来决定，而组分的含量是由试样的量决定的。下面通过例题来计算取样量和沉淀剂用量。

【例 15-4】 欲测定 $BaCl_2 \cdot 2H_2O$ 中 Ba 的含量,如果灼烧后的沉淀 $BaSO_4$ 质量为 0.40g,应称取试样多少克?

解 $\quad\quad\quad\quad BaCl_2 \cdot 2H_2O \quad\quad\quad\quad BaSO_4$

$\quad\quad\quad\quad\quad\quad 244 \quad\quad\quad\quad\quad\quad\quad\quad 233$

$\quad\quad\quad\quad\quad\quad\; x \quad\quad\quad\quad\quad\quad\quad\quad 0.40g$

$$x = \frac{0.40 \times 244}{233} = 0.42(g)$$

【例 15-5】 测定 $BaCl_2 \cdot 2H_2O$ 中 Ba 的含量时,若称取试样 0.5g,计算所需 1mol/L H_2SO_4 的体积。

$\quad\quad\quad\quad BaCl_2 \cdot 2H_2O + H_2SO_4 \longrightarrow BaSO_4 + 2HCl + 2H_2O$

$\quad\quad\quad\quad\quad\quad 244 \quad\quad\quad\quad 98$

$\quad\quad\quad\quad\quad\quad 0.5g \quad\quad\quad\; x$

$$x = \frac{98 \times 0.5}{244} = 0.2(g)$$

1mol/L H_2SO_4 即 1000mL 中含有 H_2SO_4 98g,即:

$$\frac{98}{1000}V = 0.2$$

$$V = 2mL$$

加入的沉淀剂要过量,一般按理论值过量 50%～100%。

4. 沉淀的过滤和洗涤

欲使沉淀与母液分离,通常采用过滤技术。在重量分析中,对于需要灼烧的沉淀常用定量滤纸过滤;而对于过滤后只需烘干即可称量或热稳定性差的沉淀,则可采用微孔玻璃坩埚过滤。

(1) 用滤纸过滤

① 滤纸的选择。在重量分析中,常选用定量滤纸(或称无灰滤纸)进行过滤。滤纸有不同的规格,使用时应根据沉淀的性质选择适当的滤纸。如 $BaSO_4$、$CaC_2O_4 \cdot 2H_2O$ 等细晶形沉淀,应选用"慢速"滤纸过滤;$Fe_2O_3 \cdot nH_2O$ 为胶状沉淀,应选用"快速"滤纸过滤;$MgNH_4PO_4$ 等粗晶形沉淀,应选用"中速"滤纸过滤。滤纸的大小应根据沉淀量的多少而定,一般要求沉淀的总体积不得超过滤纸的锥体高度的 1/3。

② 漏斗的选择。用于重量分析的漏斗应该是长颈漏斗(见图 15-2),漏斗的大小应与滤纸的大小相匹配,即滤纸上沿应低于漏斗上沿 0.5～1cm。滤纸在使用前应洗净。

③ 滤纸的折叠。折叠滤纸前手要洗净、擦干,以免弄脏滤纸。滤纸一般按四折法折叠。如图 15-3 所示。折叠方法是先将滤纸对折,然后再对折但不要折死,将折好的滤纸放入洁净的漏斗中展开,观察折好的滤纸是否与漏斗内壁紧密贴合,若未贴合紧密可以适当改变滤纸折叠角度,直至与漏斗贴紧后把第二次的折边折死。见图 15-3。取出滤纸,将半边为三层滤纸的外层撕下一角,可使该处的内层滤纸更好地贴合在漏斗上。撕下来的滤纸角,保留用于擦拭烧杯内残留的沉淀。

④ 做水柱。滤纸放入漏斗后,用手按紧使之密合,然后用洗瓶加水润湿全部滤纸。用手指轻压滤纸赶去滤纸与漏斗壁间的气泡,然后加水至滤纸边缘,此时漏斗颈内应全部充满水,形成水柱。滤纸上的水已全部流尽后,漏斗颈内的水柱应仍能保住,这样,由于液体的

重力可起抽滤作用,加快过滤速度。

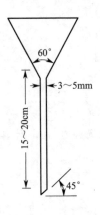

图15-2 漏斗

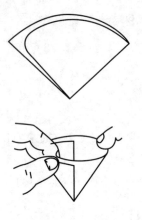

图15-3 滤纸的折叠

若不能形成水柱,可用手指堵住漏斗颈下口,稍掀起三层滤纸的一边,用洗瓶向滤纸和漏斗间的空隙内加水,直到漏斗颈及锥体的一部分被水充满,然后边按紧滤纸边慢慢松开下面堵住出口的手指,此时水柱应该形成。如仍不能形成水柱,或水柱不能保持,而漏斗颈又确已洗净,则是因为漏斗颈太粗。实践证明,漏斗颈太大的漏斗,是做不出水柱的,应更换漏斗。

将做好水柱的漏斗垂直放在漏斗架上,下边用一个洁净的烧杯承接滤液,漏斗出口斜嘴的长边紧贴烧杯壁。漏斗位置的高低,以过滤过程中漏斗颈的出口不接触滤液为度。

⑤ 过滤。沉淀采用倾泻法过滤,其操作方法是将沉淀用的烧杯稍倾斜(烧杯嘴向下)静置,待沉淀澄清后将上层母液分次沿玻璃棒倾入漏斗中。见图15-4。

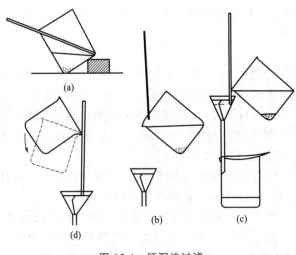

图15-4 倾泻法过滤

过滤时,左手拿玻璃棒垂直地立在滤纸的三层一边的上方,尽可能接近滤纸,但不要与滤纸接触;右手拿烧杯使杯嘴贴着玻璃棒,慢慢地将烧杯倾斜使上层清液沿玻璃棒倒入漏斗中,尽量不要搅起烧杯中的沉淀。每次倾入溶液的液面不要超过滤纸锥体的2/3,以免少量沉淀因毛细管作用而超过滤纸的上缘使沉淀损失。当倾注暂停时,将烧杯沿玻璃棒上提并逐渐扶正烧杯,待玻璃棒上的溶液流完后,再提起玻璃棒并轻轻地将玻璃棒放回烧杯中,要注意不能将玻璃棒靠在烧杯嘴上,也不要将烧杯中的沉淀搅起。如此重复操作,直至上层清液倾完为止。

⑥ 初步洗涤。用倾泻法将清液转移后,应在烧杯中对沉淀进行初步洗涤。洗涤时,沿烧杯内壁四周每次注入10～20mL洗涤液,充分搅拌,静置,待沉淀沉降后,用倾泻法过滤。此阶段洗涤次数根据沉淀的类型而定,晶形沉淀洗涤3～4次,无定形沉淀洗涤5～6次。每次应尽可能把洗涤液倾尽,再加第二份洗涤液。

⑦ 沉淀转移。沉淀用倾泻法洗涤后,再加入少量洗涤液,搅拌均匀后立即将悬浮液倾

入漏斗中。如此反复几次后即可将绝大部分沉淀转移到漏斗中,然后将玻璃棒横在烧杯口上,玻璃棒的下端超出烧杯嘴2～3cm,用左手食指压住玻璃棒上端,拇指在前、其余手指在后拿起烧杯,放在漏斗上方,倾斜烧杯使玻璃棒的下端指向三层滤纸的一边,用洗瓶冲洗烧杯壁上残留的沉淀,使之全部转移到漏斗中。见图15-5。

若还有少量的沉淀黏附在烧杯壁上,可用前面撕下的滤纸角擦净烧杯中的沉淀,最后将滤纸角放入漏斗中。

⑧ 最后洗涤。沉淀全部转移到滤纸上后,需将沉淀做最后的洗涤,以除去沉淀表面吸附的杂质和残留的母液。洗涤方法是从滤纸边缘稍下开始,螺旋形向底部移动冲洗沉淀,如图15-6所示。如此反复洗涤几次,直到洗净为止。

图15-5 最后少量沉淀的冲洗

为了提高洗涤效率,常采用"少量多次"的洗涤方法,即同样量的洗涤液分多次洗涤可以达到较好的洗涤效果。洗涤次数一般都有规定,例如洗涤8～10次或规定洗至流出液无Cl^-为止等。当洗涤7～8次后要进行检查。如洗涤液中Cl^-可用$AgNO_3$液滴检查,若无AgCl沉淀出现,证明洗涤干净。

(2) 用微孔玻璃坩埚(漏斗)过滤 有些沉淀不能与滤纸一起灼烧,因其易被还原,如AgCl沉淀。有些沉淀不需灼烧,只需烘干即可称量,如丁二肟镍、磷钼酸喹啉沉淀等,但也不能用滤纸过滤,因为滤纸烘干后,重量改变很多,遇此类情况时,应用微孔玻璃坩埚(或微孔玻璃漏斗)过滤。如图15-7所示。

图15-6 洗涤沉淀

(a) 微孔玻璃坩埚 (b) 微孔玻璃漏斗

图15-7 微孔玻璃坩埚和漏斗

过滤方法:将已洗净、烘干且恒重的微孔玻璃坩埚(或漏斗)置于干燥器中备用。过滤时将微孔玻璃坩埚(漏斗)装在抽滤瓶上,用水泵减压抽滤,用倾泻法进行过滤。其沉淀的过滤、洗涤、转移等操作方法与滤纸过滤方法相同。

微孔玻璃坩埚(漏斗)耐酸不耐碱,因此,不可过滤强碱性溶液。

5. 沉淀的包裹、烘干和灼烧

为了除去沉淀中的水分,一般将沉淀放在坩埚中进行烘干、灼烧和称量。

(1) 坩埚的准备 将洗净并经干燥的空坩埚放入马弗炉。

第一次灼烧,一般在800～950℃下灼烧半小时。待其红热状态消失后,将坩埚放入干燥器内冷却至室温,取出称量。在同样条件下再灼烧、冷却、称量。第二次灼烧15～20min。如果前后两次称量结果之差不大于0.2mg,即可认为空坩埚已达"恒重"。否则还需再灼烧,至恒重为止。

空坩埚灼烧的温度和时间、冷却的时间等条件,应与装有沉淀时相同。

(2)沉淀的包裹 用顶端细而圆的玻璃棒,从滤纸的三层处,小心地把滤纸和沉淀从漏斗中取出。若是晶形沉淀,可按图15-8(1)所示包裹沉淀。包好沉淀后,放入已恒重的坩埚内,滤纸层数较多的一边向上,可使滤纸灰化较容易。

若是无定形沉淀,因沉淀量较多,可把滤纸的边缘向内折,把锥体敞口封上,如图15-8(2)所示。然后小心取出,倒转过来,尖头向上,放入已恒重的坩埚内。

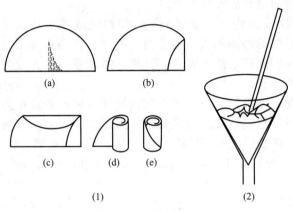

图 15-8 沉淀的包裹

(3)沉淀的烘干和灼烧 在250~1200℃高温下的处理称为灼烧,在100~250℃的处理称为烘干。烘干的目的是除去水分和部分易挥发物;沉淀灼烧的目的是烧去滤纸,去除洗涤剂,将沉淀烧成符合要求的称量形式。最后灼烧温度的限度以低于沉淀的热分解温度100℃以上为原则。

① 烘干。烘干适用于沉淀式和称量式相同的沉淀,凡是用微孔玻璃坩埚(或漏斗)过滤的沉淀均应用烘干方法处理。

操作方法是:将微孔玻璃坩埚(或漏斗)连同沉淀放在表面皿上,然后放入烘箱中,根据沉淀的性质确定烘干温度。一般第一次烘干时间要长些,约2h,第二次烘干时间为45~60min,根据沉淀的性质具体处理。沉淀烘干后,取出坩埚(或漏斗)置于干燥器中,待冷却到室温后称量。反复烘干、称重,直至恒重为止。

② 灼烧。灼烧适用于沉淀式需经过高温处理才能转化为称量式的沉淀。凡是用滤纸过滤的沉淀均应用灼烧的方法处理。

操作方法是:将盛有沉淀的坩埚用坩埚钳夹住上部边缘,在电炉上低温加热,将沉淀和滤纸烘干。沉淀烘干后,仍在低温下继续加热,使滤纸慢慢炭化、灰化。在此过程必须防止滤纸着火,否则会使沉淀颗粒随火焰分散。如果滤纸着火,应迅速离开热源,盖上坩埚盖,使火焰自熄。绝对不允许用嘴吹灭。当滤纸停止冒烟完全灰化后,应尽快将坩埚放入高温炉中,盖上坩埚盖(稍留有缝隙),在所需温度下灼烧沉淀。一般第一次灼烧时间为30~45min,第二次灼烧时间为15~20min。每次灼烧完毕从炉内取出后,都需在空气中稍冷,再移入干燥器中。沉淀冷却到室温后称量,然后再灼烧、冷却、称量,直至恒重。

③ 干燥器的使用方法。干燥器是具有磨口盖子的密闭厚壁玻璃器皿,常用于保存干坩埚、称量瓶、试样等物。它的磨口边缘涂一薄层凡士林,使之能与盖子密合。

干燥器中带孔的瓷板将干燥器分为上、下两室,上室放被干燥的物体,下室盛放干燥剂。干燥剂不宜过多,约占下室的一半即可,否则可能沾污被干燥的物体,影响分析结果。

最常用的干燥剂有变色硅胶、无水氯化钙、分子筛等。硅胶是硅酸凝胶,烘干除去大部分水分后,得到白色多孔的固体,具有高度的吸附能力。为了便于观察,将硅胶放在钴盐溶液中浸泡,使之呈粉红色,烘干后变为蓝色。蓝色的硅胶具有吸附能力,当硅胶变为粉红色时,表示已经失效,应重新烘干至蓝色后方可使用。

使用干燥器时应注意:启盖时,左手扶住干燥器,右手握住盖上的圆球,向前推开器盖,不可向上提起,见图 15-9。搬动干燥器时,要用双手拿住,并用两个大拇指压住盖沿,防止盖子滑下打碎,见图 15-10。

图 15-9 干燥器启盖的方法

图 15-10 搬移干燥器的方式

6. 沉淀的纯化

在沉淀称量法中,当沉淀从溶液中析出时,常常夹杂少量杂质而影响分析结果的准确度,杂质混入沉淀主要是由于共沉淀和后沉淀造成的。

(1) **共沉淀现象** 当沉淀从溶液中析出时,溶液中其他可溶性组分被沉淀带下来而混入沉淀之中的现象称为共沉淀现象。例如,用 H_2SO_4 沉淀 Ba^{2+} 时,若溶液中含有杂质 $FeCl_3$,则生成的 $BaSO_4$ 沉淀常夹杂有 $Fe_2(SO_4)_3$,沉淀灼烧后因含 Fe_2O_3 而显棕黄色。共沉淀是沉淀称量法中最重要的误差来源之一,引起共沉淀的原因有下列几种。

① 表面吸附。处于沉淀表面的离子,特别是在结晶棱边和顶角的离子,由于离子电荷的作用力未完全平衡,强烈吸引溶液中带相反电荷的离子,使沉淀表面上吸附一层杂质。吸附杂质的量与溶液中杂质的浓度有关,浓度越大,吸附的量越多。另外沉淀的表面积越大,吸附量越多;溶液的温度升高,吸附量减少。

② 生成混晶。如果杂质离子的半径与被测离子相近,电荷又相同,它们极易生成混晶。如 $BaSO_4$ 和 $PbSO_4$ 的晶体结构相同,Pb^{2+} 就可能混入 $BaSO_4$ 晶格中,与 $BaSO_4$ 生成混晶而被共沉淀。生成混晶后,杂质不易除去。

③ 吸留。吸留是指在沉淀过程中,如果沉淀剂加入过快,沉淀生成迅速,沉淀表面吸附的杂质离子来不及离开就被包围在沉淀内部的现象。被吸留的杂质在陈化过程中可以除去。

(2) **后沉淀现象** 沉淀析出后,在放置过程中,溶液中可溶或微溶的杂质又沉淀到原沉淀上面,这种现象称为后沉淀。例如,在含有少量 Mg^{2+} 的 $CaCl_2$ 溶液中,加入 $H_2C_2O_4$ 沉淀剂时,由于 CaC_2O_4 的溶解度比 MgC_2O_4 的溶解度小,CaC_2O_4 析出沉淀,而 MgC_2O_4 当时未析出,但在放置过程中,沉淀表面吸附 $C_2O_4^{2-}$ 而使表面的 $C_2O_4^{2-}$ 浓度增大,再吸附 Mg^{2+},于是表面上有 MgC_2O_4 沉淀析出。

(3) **沉淀的纯化** 为了获得比较纯净的沉淀,即减少共沉淀和后沉淀现象所带入的杂质,可采取下列措施:

① 选择适当的分析程序和沉淀方法。当测定样品中的少量组分时,不要首先沉淀主要组分,否则会给少量组分的测定带来误差。

② 改变杂质的存在形式。SO_4^{2-} 沉淀为 $BaSO_4$ 时,若有 Fe^{3+} 存在,可将 Fe^{3+} 还原成

Fe^{2+}，或者加入 EDTA 使 Fe^{3+} 成为配合物，都能大大减少共沉淀现象。

③ 降低易被吸附离子的浓度。为减小杂质浓度，一般都是在稀溶液中进行沉淀。

④ 进行再沉淀。将沉淀过滤、洗涤后重新溶解，再进行第二次沉淀。第二次沉淀时杂质的量大为降低，共沉淀和后沉淀现象减少，这种做法对除去吸留杂质非常有效。

四、重量分析结果计算

重量分析对沉淀式和称量式的要求

重量分析中，被测组分的含量是根据样品的质量和沉淀（称量式）的质量计算求得的，即

$$w_B = \frac{m_B F}{m} \times 100\%$$

式中　m_B——称量式的质量，g；

m——样品的质量，g；

F——换算系数，是被测组分摩尔质量与称量式的摩尔质量之比。

例如，欲采用重量分析法测定试样中硫含量或镁含量，操作过程如下：

$$S \longrightarrow SO_4^{2-} \xrightarrow{BaCl_2} BaSO_4 \downarrow \xrightarrow{800℃} \boxed{BaSO_4}$$
待测组分　　试液　　沉淀剂　　沉淀式　　　　称量式

$$Mg \longrightarrow Mg^{2+} \xrightarrow{(NH_4)_2HPO_4} MgNH_4PO_4 \cdot 6H_2O \xrightarrow{1100℃} \boxed{Mg_2P_2O_7}$$
待测组分　　试液　　沉淀剂　　　沉淀式　　　　　　称量式

通过简单的化学计算，即可求出待测组分的质量：

$$m_S = m_{BaSO_4} \times \frac{M_S}{M_{BaSO_4}}$$

$$m_{Mg} = m_{Mg_2P_2O_7} \times \frac{2M_{Mg}}{M_{Mg_2P_2O_7}}$$

式中，m_{BaSO_4}、$m_{Mg_2P_2O_7}$ 为称量式的质量，随试样中 S、Mg 含量的不同而变化；M_S/M_{BaSO_4} 和 $2M_{Mg}/M_{Mg_2P_2O_7}$ 为待测组分与称量式的摩尔质量的比值，是个常数，称为化学因数（或称换算因数），用 F 表示。在计算化学因数时，要注意使分子与分母中待测元素的原子数目相等，所以在待测组分的摩尔质量和称量式的摩尔质量之前有时需乘以适当的系数。分析化学手册中可以查到各种常见物质的化学因数。

【例 15-6】　称取某铁矿石试样 0.2500g，经处理后，沉淀形式为 $Fe(OH)_3$，称量形式为 Fe_2O_3，质量为 0.2490g，计算矿样中 Fe 和 Fe_3O_4 的质量分数。

解　计算 Fe 含量时，因为称量式为 Fe_2O_3，1mol 称量式相当于 2mol 待测组分，所以

$$w_{Fe} = \frac{0.2490g \times \frac{2M_{Fe}}{M_{Fe_2O_3}}}{0.2500g} \times 100\%$$

$$= \frac{0.2490g \times \frac{2 \times 55.85g/mol}{159.7g/mol}}{0.2500g} \times 100\% = 69.66\%$$

计算试样中 Fe_3O_4 的含量，因为 1mol 称量式 Fe_2O_3 相当于 2/3mol 待测组分 Fe_3O_4，所以

$$w_{Fe_3O_4} = \frac{0.2490\text{g} \times \dfrac{2M_{Fe_3O_4}}{3M_{Fe_2O_3}}}{0.2500\text{g}} \times 100\%$$

$$= \frac{0.2490\text{g} \times \dfrac{2 \times 231.54\text{g/mol}}{3 \times 159.7\text{g/mol}}}{0.2500\text{g}} \times 100\% = 96.27\%$$

拓展视野

间接重量法测定花生壳中菲丁含量

菲丁（植酸钙）是一种重要的化工原料，可用来生产植酸和肌醇（环己六醇）。近年来，由于人们对肌醇的需求量不断增大，刺激了菲丁生产的迅速增加，使得传统的菲丁生产原料——米糠及麸皮原料短缺、价格大幅度上涨，导致菲丁生产成本上升。我国是花生生产大国，若菲丁含量适当，则以其为原料进行生产是切实可行的。

方法原理：用盐酸溶液从花生壳粉中浸出菲丁，在酸性介质中能与三价铁盐定量沉淀，其沉淀形式为$[(C_6H_6)(OH)H_3(PO_4)_5]_3Fe_7$，沉淀过程不受其他物质如磷的干扰，因此，可向酸浸液中加入过量三价铁盐，过滤生成菲丁铁盐沉淀物。向滤液中加入稀氨水溶液，使溶液呈弱碱性，过量的三价铁离子形成氢氧化物沉淀，将沉淀灼烧成Fe_2O_3，定量分析已消耗的铁，然后间接计算出菲丁含量。

分析方法：先将花生壳洗净、烘干，然后粉碎至粒径不大于1mm，然后称取花生壳粉100g，放入800mL烧杯中，加入500mL 0.1mol/L的盐酸溶液，将烧杯置于50℃水浴锅中，并不断搅拌；8h后进行过滤。取三份100mL滤液分别置于三个200mL烧杯中，各加50mL三氯化铁溶液，在100℃水浴锅中加热20min，使沉淀完全；然后转入200mL容量瓶，加水稀释至刻度，过滤沉淀；取滤液100mL置于200mL烧杯中，在80℃水浴中加热，滴加1:1氨水溶液至pH为10左右，边加边搅拌，静置10～15min，待沉淀物下沉后，再滴加数滴氨水于上层清液中，观察是否有沉淀生成。若无沉淀，表明已作用完全，趁热用定量滤纸过滤，再用稀氨水溶液洗涤沉淀4～5次，至洗出液中不含氯离子为止（取2mL洗出液于10mL试管中，加稀硝酸酸化后，滴加2滴硝酸银溶液，观察有无白色沉淀生成）。将滤纸和沉淀物一起取出，放入已烘至恒重的坩埚中，置于恒温干燥箱中干燥，然后将坩埚移入马弗炉中在900℃下灼烧30min，冷却后称其重量，直至恒重，由此即可计算出花生壳中菲丁的含量。

本章小结

一、误差的分类
(1) 系统误差（可测误差）特点：单向性，可测性。
(2) 系统误差可以分为下列几种：方法误差、仪器误差、试剂误差和操作误差。
(3) 偶然误差（随机误差）的特点：随机性、符合正态分布。

二、误差和偏差的表示方法
1. 准确度与误差

(1) 绝对误差：$E = x - T$（有正、负之分）

(2) 相对误差：$E_r = \dfrac{E}{T} \times 100\%$

2. 精密度与偏差

(1) 绝对偏差和相对偏差

绝对偏差：$d_i = x_i - \bar{x}$

相对偏差：$d_r = \dfrac{d_i}{\bar{x}} \times 100\%$

(2) 平均偏差

$$\bar{d} = \dfrac{|d_1| + |d_2| + |d_3| + \cdots + |d_n|}{n}$$（没有正负之分）

相对平均偏差（$\bar{d}_r$）。即：$\bar{d}_r = \dfrac{\bar{d}}{\bar{x}} \times 100\%$

(3) 标准偏差

$$S = \sqrt{\dfrac{\sum(x_i - \bar{x})^2}{n-1}} = \sqrt{\dfrac{\sum d_i^2}{n-1}}$$

三、有效数字的运算规则

1. "四舍六入五成双"的规则：测量值中被修约的那个数等于或小于 4 时舍弃，等于或大于 6 时进位。等于 5 且 5 后无数或为零时，若进位后测量值的末位数成偶数，则进位；若进位后测量值的末位数成奇数，则舍弃。若 5 后还有非零数，则进位。

2. 加减法：几个数据相加或相减时，它们的和或差的有效数字的保留，应该以小数点后位数最少的数字为准。

3. 乘除法：有效数字的保留应该以有效数字位数最少的为准。

四、滴定分析法

1. 滴定分析法主要的类型：酸碱滴定法、配位滴定法、氧化还原滴定法及沉淀滴定法等。

2. 滴定分析法滴定方式：直接滴定法、返滴定法、置换滴定法、间接滴定法。由于返滴定法、置换滴定法、间接滴定法的应用，更加扩展了滴定分析的应用范围。

3. 基准物质：能用于直接配制或标定标准溶液的物质。

4. 标准溶液的配制方法：直接法和间接法。

五、重量分析法

1. 重量分析法类型：沉淀法、挥发法、电解法。

2. 沉淀式和称量式：在利用沉淀法进行重量分析时，通过往试液中加入适当的沉淀剂使被测组分沉淀出来，沉淀析出的形式称为沉淀式；沉淀经过过滤、洗涤、烘干或灼烧后，得到组成恒定的用于称量时的形式，称为称量式。沉淀形式和称量形式可能相同，也可能不同。

3. 沉淀法的基本操作：样品的溶解、沉淀、过滤、洗涤、干燥和灼烧等步骤。

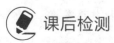
课后检测

一、填空题

1. 有效数字由全部_____数字和最后一位_____数字组成，它们共同决定了有效数字的位数。有效数字修约应遵循的原则是_____。若将 2.4510 修约为两位有效数字，则应为_____。

2. 在滴定分析中，已知准确浓度的溶液是_____，它的配制方法有_____和_____。

二、选择题

1. 下列哪项属于系统误差？（   ）
   A. 滴定管第四位读数不准确　　　　　　B. 基准物含杂质
   C. 称量时天平有微小波动　　　　　　　D. 试样撒落

2. 在下列方法中可以减小分析中偶然误差的是（   ）。
   A. 增加平行试验的次数　　　　　　　　B. 进行对照试验
   C. 进行空白试验　　　　　　　　　　　D. 进行仪器的校正

3. 对同一样品分析，采取相同的分析方法，测得的结果依次为 31.27%、31.26%、31.28%，其第一次测定结果的相对偏差是（   ）。
   A. 0.03%　　　　B. 0.00%　　　　C. 0.06%　　　　D. -0.06%

4. 下列四个数据中修改为四位有效数字后为 0.5624 的是（   ）。
   (1) 0.56235　　(2) 0.562349　　(3) 0.56245　　(4) 0.562451
   A. (1), (2)　　　B. (3), (4)　　　C. (1), (3)　　　D. (2), (4)

5. 下列各数中，有效数字位数为四位的是（   ）。
   A. $[H^+] = 0.0003\ mol/L$　　　　　　　B. $pH = 8.89$
   C. $c_{HCl} = 0.1001\ mol/L$　　　　　　　D. $4000\ mg/L$

6. 算式 $(30.582 - 7.43) + (1.6 - 0.54) + 2.4963$ 中，绝对误差最大的数据是（   ）。
   A. 30.582　　　B. 7.43　　　C. 1.6　　　D. 0.54

7. 在同样的条件下，用标样代替试样进行的平行测定叫作（   ）。
   A. 空白试验　　B. 对照试验　　C. 回收试验　　D. 校正试验

8. 滴定分析中，一般利用指示剂颜色的突变来判断化学计量点的到达，在指示剂变色时停止滴定的这一点称为（   ）。
   A. 化学计量点　　B. 滴定　　C. 滴定终点　　D. 滴定误差

9. 以下试剂能作为基准物质的是（   ）。
   A. 优级纯的 NaOH　　　　　　　　　B. 光谱纯的 Co_2O_3
   C. 100℃ 干燥过的 CaO　　　　　　　D. 99.99% 纯锌

10. 定量分析工作要求测定结果的误差（   ）。
    A. 越小越好　　　　　　　　　　　　B. 等于零
    C. 没有要求　　　　　　　　　　　　D. 在允许误差范围内

三、简答题

1. 基准试剂 (1) $H_2C_2O_4 \cdot 2H_2O$ 因保存不当而部分分化；(2) Na_2CO_3 因吸潮带有少量湿存水。
   用 (1) 标定 NaOH [或用 (2) 标定 HCl] 溶液的浓度时，结果是偏高还是偏低？
   用此 NaOH(HCl) 溶液测定某有机酸（有机碱）的摩尔质量时结果偏高还是偏低？

2. 重量分析法的基本原理是什么？有何优点和缺点？

3. 重量分析对沉淀形式和称量形式各有什么要求？

四、计算题

1. 标定浓度约为 0.1 mol/L 的 NaOH，欲消耗 NaOH 溶液 20 mL 左右，应称取基准物

质 $H_2C_2O_4 \cdot 2H_2O$ 多少克？其称量的相对误差能否达到 0.1%？若不能，可以用什么方法予以改善？若改用邻苯二甲酸氢钾为基准物，结果又如何？

2. 如果分析天平的称量误差为 ± 0.2mg，拟分别称取试样 0.1g 和 1g 左右，称量的相对误差各为多少？这些结果说明了什么问题？

3. 测定某铜矿试样，其中铜的质量分数为 24.87%、24.93% 和 24.69%，真值为 25.06%，计算：(1) 测定结果的平均值；(2) 绝对误差；(3) 相对误差。

4. 称取过磷酸钙试样 0.4891g，经处理后得到 0.1136g $Mg_2P_2O_7$。试计算试样中 P_2O_5 和 P 的百分含量。

5. 称取某可溶性盐 0.1666g，用 $BaSO_4$ 重量法测定其含硫量，称得 $BaSO_4$ 沉淀为 0.1491g，计算试样中 SO_3 的质量分数。

6. 含硫 36% 的黄铁矿，用重量法测定其中的硫，欲得 0.50g 左右的 $BaSO_4$ 沉淀，应称取试样多少克？

第十六章 仪器分析法

学习目标

知识目标
1. 掌握光吸收的基本定律。
2. 理解有色物质对光的选择性吸收、显色反应及吸光度测量条件的选择方法。
3. 知道气相色谱法的定量和定性的方法。

能力目标
1. 能熟练使用分光光度计。
2. 会测定物质的吸收曲线。
3. 能描述气相色谱仪各组分部件及其作用。

素质目标
1. 正确认识仪器分析法对生活、生产的重要性,强化对健康、安全、环境的意识。
2. 深刻认识到科学仪器设备是科学研究和技术创新的基石,激发刻苦锤炼本领与科技创新精神。

第一节 吸光光度法

基于物质对光的选择性吸收而建立的分析方法称为吸光光度法,包括比色法、可见分光光度法及紫外分光光度法等。本节重点讨论可见光区的吸光光度法。

许多物质是有颜色的,例如高锰酸钾在水溶液中呈深紫色,Cu^{2+} 在水溶液中呈现蓝色。有些溶液颜色的深浅与这些物质的浓度有关。溶液愈浓,颜色愈深。因此,可以用比较颜色的深浅来测定物质的浓度,这种测定方法就称为比色分析法。随着近代测试仪器的发展,目前已普遍地使用分光光度计进行比色分析,应用分光光度计的分析方法称为分光光度法。这种方法具有灵敏、准确、快速及选择性好等特点。

通常吸光光度法所测试液的浓度下限达 $10^{-5} \sim 10^{-6}$ mol/L,因而它具有较高的灵敏度,适用于微量组分的测定。另外,吸光光度法测定迅速,仪器操作简单,价格便宜,应用广泛,几乎所有的无机物质和许多有机物质的微量成分都能用此法进行测定。因此吸光光度法对生产或科研都有极其重要的意义。

一、物质对光的选择性吸收

1. 光的基本性质

光是一种电磁波,具有波动性和微粒性。光的波动性可用波长 λ、频率 v、光速 c、波数（cm^{-1}）等参数来描述：

$$\lambda v = c$$
$$波数 = 1/\lambda = v/c$$

光具有粒子性，光是由光子组成的，光子具有能量，其能量与频率或波长的关系为：

$$E = hv = hc/\lambda$$

式中，h 为普朗克（Planck）常数，$h = 6.626 \times 10^{-34}$ J·s。

可见，不同波长的光具有不同的能量，光的波长越短（频率越高），其能量越大。具有相同能量（相同波长）的光为单色光，由不同能量（不同波长）的光组合在一起的光称为复合光。光按照波长长短的顺序范围成谱就得到电磁波或光谱。见表 16-1。

表 16-1 电磁波谱区域

波谱区名称		波长范围
γ射线		0.005～0.14nm
X射线		0.001～10nm
光学光谱区	远紫外光	10～200nm
	近紫外光	200～400nm
	可见光	400～750nm
	近红外光	0.75～2.5μm
	中红外光	2.5～50μm
	远红外光	15～1000μm
微波		0.1～100cm
射频（无线电波）		1～1000m

当一束白光（由各种波长的光按一定比例组成）如日光或白炽灯光等通过某一有色溶液时，一些波长的光被溶液吸收，另一些波长的光则透过。透射光（或反射光）刺激人眼而使人感觉到颜色的存在。人眼能感觉到的光称为可见光。白光是复合光，让一束白光通过分光元件，它将分解成红、橙、黄、绿、青、蓝、紫等各种颜色的光。当一束白光作用于某一物质时，若该物质对可见光区各波段的光全部吸收，则物质呈黑色；若该物质对可见光区各波段的光都不吸收，即入射光全部透过，则物质呈透明无色；若物质吸收了某一波段的光，而让其余波段的光都透过，则物质呈吸收光的互补色光。图 16-1 中处于直线关系的两种颜色的光即为互补色光，例如绿色光和紫色光互补，黄色光和蓝色光互补。

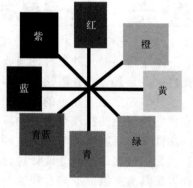

图 16-1 有色光的互补色

2. 物质对光选择性吸收的原因

当一束光照射到某物质或其溶液时，组成该物质的分子发生碰撞，光子的能量就转移到分子，使这些粒子由最低能态（基态）跃迁到较高能态（激发态），发生了能级跃迁，这个作用叫作物质对光的吸收。但是，并不是任何一种波长的光照射到物质上都能够被物质吸收，只有当照射光的能量与物质分子的某一能级恰好相等时，才有可能发生能级跃迁，与此能量相应的那种波长的光才能被吸收。或者说，能被吸收的光的波长必须符合公式：

$$\Delta E = hv = hc/\lambda$$

物质的分子具有不连续的量子化能级，仅当照射光光子的能量（$h\nu$）与被照射物质粒子的基态和激发态能量之差相当时才能发生吸收。不同的物质微粒由于结构不同而具有不同的量子化能级，其能量差也不相同。所以物质对光的吸收具有选择性。

3. 吸收光谱（吸收曲线）

任何一种溶液对不同波长光的吸收程度是不一样的。若以不同波长的光照射某一溶液，并测量每一波长下溶液对光的吸收程度（即吸光度 A），以吸光度为纵坐标，相应波长为横坐标，所得 A-λ 曲线，称为吸收曲线。图 16-2 清楚地描述了不同浓度下，高锰酸钾溶液的吸收曲线。

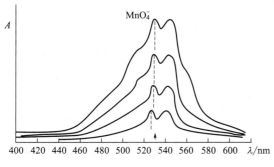

图 16-2　高锰酸钾水溶液的吸收曲线

从图 16-2 中可以看出：

① 同一种吸光物质对不同波长的光吸收程度不同。吸光度最大处对应的波长称为最大吸收波长，常用 λ_{max} 表示。

② 同一种物质浓度不同，其吸收曲线形状相似，λ_{max} 不变。光吸收曲线与物质特性有关，不同物质其吸收曲线的形状和 λ_{max} 各不相同。因此根据这个特性可以提供物质的结构信息，并作为物质定性分析的依据之一。

③ 不同浓度的同一种物质，在一定波长下吸光度随溶液浓度的增大而增大，此特性可作为物质定量分析的依据。

④ 在 λ_{max} 处吸光度随浓度变化的幅度最大，所以测定最灵敏。吸收曲线是定量分析中选择入射光波长的重要依据。

 课堂互动

什么叫选择吸收？它与物质的分子结构有什么关系？

二、光吸收的基本定律

1. 朗伯-比尔定律

吸光光度法的定量依据是朗伯-比尔定律。该定律是由实验观察得到的。当一束平行单色光通过液层厚度为 b 的有色溶液时，溶质吸收了光能，光的强度就要减弱。溶液的浓度愈大，通过的液层厚度愈大，入射光愈强，则光被吸收得愈多，光强度的减弱也愈显著。描述它们之间定量关系的定律称为朗伯-比尔定律。

早在 1729 年布格就首先发现物质对光的吸收与吸光物质的厚度有关。1760 年朗伯进一步研究指出，如果物质的浓度一定，则光的吸收程度与液层的厚度成正比，这个关系称为朗伯定律，用下式表示：

$$A = \lg \frac{I_0}{I} = K_1 b \tag{16-1}$$

式中，I_0 为入射光强度。

1852 年比尔进行了大量研究工作指出：如果吸收池厚度一定，吸光强度与物质浓度成正比，这种关系称为比尔定律。如下式：

$$A = \lg \frac{I_0}{I} = K_2 c \tag{16-2}$$

式中　c——有色溶液的浓度；

　　　K_2——比例常数。

将朗伯定律与比尔定律合并起来，就称为朗伯-比尔定律。用下式表示

$$A = \lg \frac{I_0}{I} = abc \tag{16-3}$$

式中，比例常数 a 称为吸光系数。A 为无量纲，通常 b 以 cm 为单位，则 a 的单位为 L/(g·cm)。如果 c 以 mol/L 为单位，则此时的吸光系数称为摩尔吸光系数，用符号 ε 表示，单位为 L/(mol·cm)。于是式(16-3)可改写为：

$$A = \varepsilon b c \tag{16-4}$$

ε 是吸光物质在特定波长和溶剂情况下的一个特征常数，数值上等于 1mol/L 吸光物质在 1cm 光程中的吸光度，是吸光物质吸光能力的量度。它可作为定性鉴定的参数，也可用以估量定量方法的灵敏度：ε 值愈大，方法的灵敏度愈高。由实验结果计算 ε 时，常以被测物质的总浓度代替吸光物质的浓度，这样计算的 ε 值实际上是表观摩尔吸光系数。ε 与 a 的关系为：

$$\varepsilon = Ma \tag{16-5}$$

式中，M 为物质的摩尔质量。

式(16-3)和式(16-4)是朗伯-比尔定律的数学表达式。其物理意义为：当一束平行单色光通过单一均匀的、非散射的吸光物质溶液时，溶液的吸光度与溶液浓度和液层厚度的乘积成正比。此定律不仅适用于溶液，也适用于其他均匀非散射的吸光物质（气体或固体），是各类吸光光度法定量分析的依据。

透光度 T 是透射光强度 I 与入射光强度 I_0 之比，即：

$$T = \frac{I}{I_0}$$

$$A = \lg \frac{1}{T} \tag{16-6}$$

【例 16-1】 某有色溶液在 2cm 吸收池中，测得 $T=50\%$，若改用 1cm 的吸收池，其 T 和 A 各为多少？

解　先求有色溶液在 2cm 吸收池中吸光度 A

$$A = -\lg T = -\lg 50\% = 0.30$$

由于吸光度与液层厚度成正比，可求得厚度为 1cm 时吸光度

$$A = 0.30/2 \times 1 = 0.15 = -\lg T$$

$$T = 71\%$$

【例 16-2】 已知含 Fe^{2+} 浓度为 500g/L 的溶液，用邻二氮菲比色测定铁，比色皿厚度为 2cm，在波长 508nm 处测得吸光度 $A=0.19$，计算摩尔吸收系数。

解　　$$c_{Fe} = \frac{500 \times 10^{-6}}{55.85} = 9.0 \times 10^{-6} \text{ (mol/L)}$$

$$\varepsilon = \frac{A}{bc} = \frac{0.19}{2 \times 9.0 \times 10^{-6}} = 1.1 \times 10^4 [\text{L/(mol·cm)}]$$

2. 偏离比尔定律的原因

当入射光波长及吸收池光程一定时，吸光度 A 与吸光物质的浓度 c 呈线性关系。以某物质的标准溶液浓度 c 为横坐标，以吸光度 A 为纵坐标，绘出 A-c 曲线，称为标准曲线。

在相同条件下测定待测溶液的吸光度，即可通过标准曲线求得待测溶液的浓度。

但在实际工作中，特别是在溶液浓度较高时，常会出现标准曲线不呈直线的现象，这种现象称为偏离朗伯-比尔定律，如图 16-3 所示。引起这种偏离的因素很多，但基本上可分为以下几个方面。

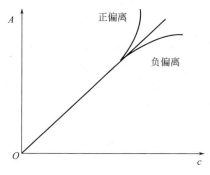

图 16-3　朗伯-比尔定律的偏离示意图

(1) 比尔定律的局限性　朗伯-比尔定律的基本条件是假设吸光粒子是独立的，彼此间无相互作用，因此稀溶液能很好地服从该定律。在高浓度时由于吸光粒子间的平均距离减小，以至于每个粒子都可影响其临近粒子的电荷分布，这种相互作用可使它们的吸光能力发生改变。由于相互作用的程度与浓度有关，随浓度增大，吸光度与浓度间的关系就偏离线性关系。所以一般认为朗伯-比尔定律仅在稀溶液（$c<10^{-2}\,\text{mol/L}$）的情况下才适用。

(2) 非单色光引起的偏离　吸收定律成立的前提条件之一是入射光为单色光，但目前仪器所提供的入射光难以获得真正的纯单色光。由于物质对不同波长光的吸收程度不同，因而导致对朗伯-比尔定律的正或负偏离。

(3) 溶液本身发生化学变化　溶液中存在着解离、缔合、互变异构、配合物的形成等化学平衡，化学平衡与浓度、pH 等其他条件密切相关。不同条件可导致吸光质点浓度变化，吸光性质发生变化而偏离朗伯-比尔定律。例如，在铬酸盐或重铬酸盐溶液中存在下列平衡：

$$2CrO_4^{2-} + 2H^+ \rightleftharpoons Cr_2O_7^{2-} + H_2O$$

溶液中 CrO_4^{2-}、$Cr_2O_7^{2-}$ 的颜色不同，吸光性质也不相同。用吸光光度法测定 CrO_4^{2-}、$Cr_2O_7^{2-}$ 的含量时，溶液浓度及 pH 的改变都会导致平衡移动而发生对朗伯-比尔定律的偏离。

 课堂互动

维生素 B_{12} 的水溶液在 361nm 处的质量吸光系数为 207，用 1cm 吸收池测得某维生素 B_{12} 溶液的吸光度是 0.414，求该溶液的浓度。

三、光度分析法及仪器

1. 目视比色法

用眼睛比较溶液颜色的深浅以测定物质含量的方法，称为目视比色法。常用的目视比色法是标准系列法。这种方法就是使用一套由同种材料制成的、大小形状相同的平底玻璃管（称为比色管），于管中分别加入一系列不同量的标准溶液和待测液，在实验条件相同的情况下，再加入等量的显色剂和其他试剂，稀释至一定刻度（比色管容量有 10mL、25mL、50mL、100mL 等几种），然后从管口垂直向下观察，比较待测液与标准溶液颜色的深浅。若待测液与某一标准溶液颜色深度一致，则说明两者浓度相等，若待测液颜色介于两标准溶液之间，则取其算术平均值作为待测液浓度。

目视比色法的主要缺点是准确度不高，如果待测液中存在第二种有色物质，甚至会无法进行测定。另外，由于许多有色溶液颜色不稳定，标准系列不能久存，经常需在测定时配制，比较麻烦。虽然可采用某些稳定的有色物质（如重铬酸钾、硫酸铜和硫酸钴等）配制永久性标准系列，或利用有色塑料、有色玻璃制成永久色阶，但由于它们的颜色与试液的颜色往往有差异，也需要进行校正。

尽管目视比色法存在上述缺点，但因其设备简单，操作简便，比色管内液层厚使观察颜色的灵敏度较高，且不要求有色溶液严格服从比尔定律，因而它广泛应用于准确度要求不高的常规分析中。

2. 紫外-可见分光光度计基本构造

通常，将使用光电比色计测定溶液的吸光度以进行定量分析的方法称为光电比色法。使用分光光度计进行测定的方法称为分光光度法。两种方法的测定原理是相同的，所不同的仅在于获得单色光的方法不同，前者采用滤光片，后者采用棱镜或光栅等单色器。由于两者均基于吸光度的测定，所以它们统称为光度分析法。

光度法与目视比色法比较，具有下列优点：

① 使用仪器代替人眼进行测量，消除了人的主观误差，从而提高了准确度。

② 测定溶液中有其他有色物质共存时，可以选择适当的单色光和参比溶液来消除，因而可提高选择性。

③ 在分析大批试样时，使用标准曲线法可简化手续，加快分析速度。

紫外-可见分光光度计（简称分光光度计）是指在紫外及可见光区用于测定溶液吸光度的分析仪器。目前，紫外-可见分光光度计的型号较多，但它们的基本构造都相似，都由光源、单色器、吸收池、检测器和信号显示系统五大部分组成，其组成示意图见图16-4。

图 16-4　紫外-可见分光光度计基本组成部分示意图

由光源发出的光，经单色器获得一定波长单色光照射到样品溶液，被吸收后，经检测器将光强度变化转变为电信号变化，并经信号指示系统调制放大后，显示或打印出吸光度 A（或透射比 T），完成测定。

（1）光源　光源的作用是供给符合要求的入射光。

分光光度计对光源的要求是：在使用波长范围内提供连续的光谱，光强应足够大，有良好的稳定性，使用寿命长。实际应用的光源一般分为紫外光源和可见光源。

① 可见光源。钨丝灯是最常用的可见光源，它可发射波长为 $320\sim2500$nm 范围的连续光谱，其中最适宜的适用范围为 $360\sim760$nm，除用作可见光源外，还可用作近红外光源。为了保证钨丝灯发光强度稳定，需要采用稳压电源供电，也可用 12V 直流电源供电。

目前，不少分光光度计已采用卤钨灯代替钨丝灯，如 7230 型、754 型分光光度计等。所谓卤钨灯是在钨丝中加入适量的卤化物或卤素，灯泡用石英制成。它具有较长的寿命和较高的发光效率。

② 紫外光源。紫外光源多为气体放电光源，如氢、氘、氙放电灯等。其中应用最多的是氢灯及其同位素氘灯，其使用波长范围为 $185\sim375$nm。为了保证发光强度稳定，也要用稳压电源供电。氘灯的光谱分布与氢灯相同，但光强比同功率氢灯要大 $3\sim5$ 倍，寿命比氢灯长。

近年来，具有高强度和高单色性的激光已被开发用作紫外光源。已商品化的激光光源有氩离子激光器和可调谐染料激光器。

（2）单色器　单色器的作用是把光源发射的连续光谱分解成单色光，并能准确方便地

"取出"所需要的某一波长的光,它是分光光度计的心脏部位。

单色器主要由狭缝、色散元件和透镜系统组成,如图 16-5 所示。其中色散元件是关键部件,色散元件是棱镜和反射光栅或两者的组合,它能将连续光谱色散成为单色光。狭缝和透镜系统主要用来控制光的方向,调节光的强度和"取出"所需要的单色光,狭缝对单色器的分辨率起重要作用,它对单色光的纯度在一定范围内起着调节作用。

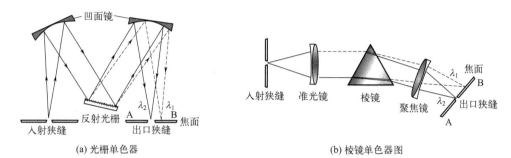

图 16-5　单色器结构示意图

① 棱镜单色器。棱镜单色器是利用不同波长的光在棱镜内折射率不同将复合光色散为单色光的。棱镜色散作用的大小与棱镜制作材料及几何形状有关。常用的棱镜用玻璃或石英制成。可见分光光度计可以采用玻璃棱镜,但玻璃吸收紫外线,所以不适用于紫外光区。紫外-可见分光光度计采用石英棱镜,它适用于紫外、可见整个光谱区。

② 光栅单色器。光栅作为单色元件具有不少独特的优点。光栅可以定义为一系列等宽、等距离的平行狭缝。光栅的色散原理是以光的衍射现象和干涉现象为基础的。常用的光栅单色器为反射光栅单色器,它又分为平面反射光栅和凹面反射光栅两种,其中最常用的是平面反射光栅。由于光栅单色器的分辨率比棱镜单色器分辨率高(可达±0.2nm),而且它可用的波长范围也比棱镜单色器宽。因此,目前生产的紫外-可见分光光度计大多采用光栅作为色散元件。近年来,光栅的刻制复制技术不断改进,其质量也不断提高,因而其应用日益广泛。

值得提出的是:无论何种单色器,出射光光束常混有少量与仪器所指示波长十分不同的光波,即"杂散光"。杂散光会影响吸光度的正确测量,其产生的主要原因是光学部件和单色器的外壁、内壁的反射和大气或光学部件表面上的尘埃的散射等。为了减少杂散光,单色器用涂以黑色的罩壳封起来,通常不允许任意打开罩壳。

(3) 吸收池　吸收池又叫比色皿,是用于盛放待测溶液并决定透光液层厚度的器件,如图 16-6 所示。

吸收池一般为长方体(也有圆鼓形或其他形状,长方体最普遍),其底及两侧面为毛玻璃,另两面为光学透光面。

根据光学透光面的材质,吸收池有玻璃吸收池和石英吸收池两种。玻璃吸收池用于可见光区测定。若在紫外光区测定,则必须使用石英吸收池。

吸收池的规格是以光程为标志的。紫外-可见分光光度计常用的吸收池规格有:0.5cm、1.0cm、2.0cm、3.0cm、5.0cm 等。

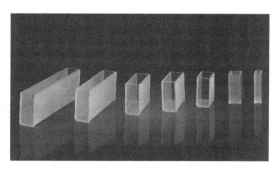

图 16-6　各类比色皿

由于一般商品吸收池的光程精度往往不是很高，与其标示值有微小误差，即使是同一个厂家出品的同规格的吸收池也不一定完全能够互换使用。所以，仪器出厂前吸收池都经过配套，在使用时不应混淆其配套关系。实际工作中，为了消除误差，在测量前还必须对吸收池进行配套性检验，使用吸收池过程中，也应特别注意保护两个光学面。为此，必须做到：

① 拿取吸收池时，只能用手指接触两侧的毛玻璃面，不可接触光学面。

② 不能将光学面与硬物或脏物接触，只能用擦镜纸或丝绸擦拭光学面。

③ 凡含有腐蚀玻璃的物质（如 F^-、$SnCl_2$、H_3PO_4 等）的溶液，不得长时间盛放在吸收池中。

④ 吸收池使用后应立即用水冲洗干净。有色污染物可以用 3mol/L HCl 和等体积乙醇的混合液浸泡洗涤。生物样品、胶体或其他在吸收池光学面上形成薄膜的物质要用适当的溶剂洗涤。

⑤ 不得在火焰或电炉上进行加热或烘烤吸收池。

（4）检测器 检测器又称接收器，其作用是对透过吸收池的光作出响应，并把它转变成电信号输出，其输出信号的大小与透过光的强度成正比。

常用的检测器有光电池、光电管、光电倍增管等，它们都是基于光电效应原理制成的。作为检测器，对光电转换器的要求是：光电转换有恒定的函数关系，响应灵敏度要高、速度要快、噪声低、稳定性高，产生的电信号易于检测放大等。

目前，紫外-可见分光光度计广泛使用光电倍增管作检测器。它是一个非常灵敏的光电器件，可以把微弱的光转换成电流。它是利用二次电子发射以放大光电流，放大倍数可达到 10^8 倍。

（5）信号显示器 它的作用是放大信号并以一定的方式指示或记录下来。常用的信号指示装置有直读检流计、点位调节指零装置以及数字显示或自动记录装置等。很多型号的分光光度计装配有微处理机，一方面可以对分光光度计进行操作控制，另一方面可以进行数据处理。

低档仪器：刻度显示；中高档仪器：数字显示，自动扫描记录。

四、显色反应及其影响因素

显色反应及其影响因素

1. 显色反应

在可见分光光度定量分析过程中，许多物质本身往往没有颜色或颜色很浅，无法直接进行测定，需要事先通过适当的化学处理，使该物质转变为能对可见光产生较强吸收的有色物质，然后进行光度测定。将待测组分转化为有色物质的反应称为显色反应，与待测组分形成有色物质的试剂称为显色剂。因此，选择合适的显色反应，严格控制反应条件是十分重要的实验技术。显色反应一般可用下式表示：

$$M \;+\; R \longrightarrow MR$$
待测组分　显色剂　有色配合物

为了获得一个灵敏度高、选择性好的显色反应，需了解显色反应的要求和掌握显色反应的条件。应用于光度分析的显色反应必须符合下列条件。

① **灵敏度高**。光度法一般用于微量组分的测定，因此，选择灵敏的显色反应是应考虑的主要方面。摩尔吸光系数 ε 大小是显色反应灵敏度高低的重要标志，因此应当选择生成的有色物质的 ε 较大的显色反应。一般来说，当 ε 值为 $10^4 \sim 10^5 \text{L/(mol·cm)}$ 时，可认为该反应灵敏度较高。

② **选择性好**。选择性好指显色剂仅与一个组分或少数几个组分发生显色反应。仅与某

一种离子发生反应者称为特效的（或专属的）显色剂。这种显色剂实际上是不存在的，但是干扰较少或干扰易于除去的显色反应是可以找到的。

③ 显色剂在测定波长处无明显吸收。这样，试剂空白值小，可以提高测定的准确度。

④ 反应生成的有色化合物组成恒定，化学性质稳定。这样，可以保证至少在测定过程中吸光度基本上不变，否则将影响吸光度测定的准确度及再现性。

2. 显色剂

显色剂分为无机显色剂和有机显色剂。

（1）**无机显色剂** 许多无机试剂能与金属离子起显色反应，如与氨水反应生成深蓝色的配离子。但无机显色剂与金属离子生成的化合物不够稳定，灵敏度和选择性也不高，应用已不多。尚有实用价值的仅有硫氰酸盐、钼酸铁及过氧化氢。

（2）**有机显色剂** 大多数有机显色剂与金属离子生成极其稳定的螯合物，显色反应的选择性和灵敏度都较无机显色反应高，因而它广泛应用于吸光光度分析中。根据实践得知：分子中含有一个或一个以上的某些不饱和基团（共轭体系）的有机化合物，往往是有颜色的，这些基团称为发色团（或生色团）。如偶氮基（—N=N—）、醌基、亚硝基（—N=O）等基团都是发色团。

另外一些基团，如—NH_2、—NR_2、—OH、—OR、—SH、—Cl 及—Br 等，本身没有颜色，这些基团称为助色团。

3. 影响显色反应的因素

吸光光度法是测定显色反应达到平衡后溶液的吸光度，因此要能得到准确的结果，必须从研究平衡着手，了解影响显色反应的因素，控制适当的条件，使显色反应完全和稳定。现对显色的主要条件讨论如下。

（1）**显色剂用量** 配制一系列被测元素浓度相同显色剂用量不同的溶液，分别测其吸光度，作 A-c_R 曲线，找出曲线平台部分，选择一合适用量即可。如图 16-7 所示，图(a)，在 ab 这一段，吸光度趋于稳定，因此显色剂用量在 $a \sim b$ 间选择；图（b），在 $a'b'$ 这一段范围内，吸光度值比较稳定，因此要严格控制显色剂用量的大小；对于图（c），显色剂用量增加，吸光度也随之增加，没有稳定区域，因此建议最好更换显色剂，否则也必须严格控制显色剂用量。

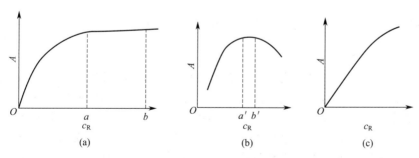

图 16-7 显色剂用量影响

（2）**酸度** 多数显色剂是有机弱酸或弱碱，介质的 pH 直接影响显色剂的解离程度，从而影响显色反应的完全程度。对于形成多级配合物的显色反应来说，pH 变化可生成具有不同配位比的配合物，产生颜色的变化。在实际分析工作中，常通过实验来选择显色反应的适宜酸度。具体做法是：固定溶液中待测组分和显色剂的浓度，改变溶液（通常用缓冲溶液控制）的 pH，分别测定在不同 pH 溶液中的吸光度 A，如图 16-8 所示，作 A-pH 曲线，由曲线上选择合适的 pH 范围。

(3) **显色温度** 显色反应一般在室温下进行，有的反应则需要加热，以加速显色反应进行完全。有的有色物质当温度偏高时又容易分解。为此，对不同的反应，应通过实验找出各自适宜的温度范围。

(4) **显色时间** 大多数显色反应需要经一定的时间才能完成。时间的长短又与温度的高低有关。有的有色物质在放置时，受到空气的氧化或发生光化学反应，会使颜色减弱。因此必须通过实验，作出在一定温度下

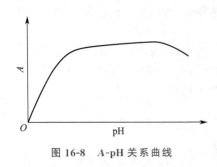

图 16-8 A-pH 关系曲线

（一般是室温下）的吸光度-时间关系曲线，求出适宜的显色时间。

五、吸光度测量条件的选择

吸光度测量条件的选择

为使光度法有较高的灵敏度和准确度，除了要注意选择和控制适当的显色条件外，还必须选择和控制适当的吸光度测量条件，主要应考虑如下几点。

1. 入射光波长的选择

入射光的波长应根据吸收光谱曲线，以选择溶液具有最大吸收时的波长为宜，如图 16-9 所示。这是因为在此波长处摩尔吸光系数值最大，使测定有较高的灵敏度，同时，在此波长处的一个较小范围内，吸光度变化不大，不会造成对比尔定律的偏离，使测定有较高的准确度。但如果最大吸收时的波长处有共存组分干扰时，则应考虑选择灵敏度稍低但能避免干扰的入射光波长。

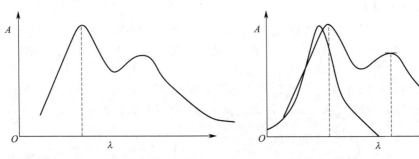

图 16-9 测量波长的选择

2. 参比溶液的选择

在分光光度分析中测定吸光度时，由于入射光的反射，以及溶剂、试剂等对光的吸收会造成透射光通量的减弱。为了使光通量的减弱仅与溶液中待测物质的浓度有关，需要选择合适组分的溶液作为参比溶液，先以它来调节透射比 100%（$A=0$），然后再测定待测溶液的吸光度。这实际上是以通过参比池的光作为入射光来测定试液的吸光度。这样就可以消除显色溶液中其他有色物质的干扰，抵消吸收池和试剂对入射光的吸收，比较真实地反映了待测物质对光的吸收，因此也就比较真实地反映了待测物质的浓度。

也就是说，实际上是以通过参比皿的光强度作为入射光强度。这样测得的吸光度比较真实地反映了待测物质对光的吸收，也就能比较真实地反映待测物质的浓度。因此在光度分析中，参比溶液的作用是非常重要的。一般选择参比溶液的原则如下：

① 当待测溶液、显色剂及所有的其他试剂在测定波长处无吸收时，可用纯溶剂（如去离子水）作参比溶液，简称溶剂参比或溶剂空白。

② 当显色剂或其他试剂在测定波长处有吸收，可按照与显色反应相同的条件（只是不加试液），同样加入显色剂和其他试剂作参比溶液，称为试剂参比或试剂空白。

③ 当显色剂和其他试剂在测定波长处无吸收，而待测溶液中存在的干扰离子有吸收时，应采用不加显色剂的待测溶液作参比溶液。

④ 若显色剂与待测溶液中的其他组分也发生反应，并且反应产物对所选用的入射光波长也有吸收，则可将一份待测溶液加入适当的掩蔽剂，将待测组分掩蔽起来，使之不发生显色反应，然后按操作步骤，加入显色剂及其他试剂，以此作为参比溶液。

六、吸光光度法的应用

吸光光度法的应用

吸光光度法主要应用于微量组分的测定，也能用于常量组分及多组分分析以及研究化学平衡、配合物的组成等。下面简要地介绍有关这些方面的应用。

1. 单组分的定量分析

（1）吸光系数法（绝对法） 在测定条件下，如果待测组分的吸光系数已知，可以通过测定溶液的吸光度，直接根据朗伯-比尔定律，求出组分的浓度或含量。

（2）标准对照法 预先配制浓度已知的标准溶液，要求其浓度 c_s 与待测试液浓度 c_x 接近。在相同条件下，平行测定样品溶液和标准溶液的吸光度 A_x 和 A_s，由 c_s 可计算试样溶液中被测物质的浓度 c_x。

$$A_s = kbc_s \quad A_x = kbc_x$$
$$c_x = A_x c_s / A_s$$

标准对照法只适用单个标准，因其误差的偶然因素较多，往往不是很可靠。

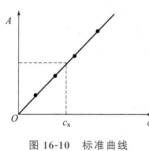

图 16-10 标准曲线

（3）标准曲线法 这是实际分析工作中最常用的一种方法。配制一系列浓度不同的标准溶液，以不含被测组分的溶液为参比溶液，分别测定其吸光度，以吸光度 A 为纵坐标，浓度 c 为横坐标，绘制吸光度-浓度曲线，称为标准曲线（也叫工作曲线或校正曲线）。在相同条件下测定样品溶液的吸光度，从标准曲线上找出与之对应的未知组分的浓度。如图 16-10 所示。

2. 多组分的同时测定

应用分光光度法，常常可能在同一试样溶液中不进行分离而测定一个以上的组分。假定溶液中同时存在两种组分 x 和 y，它们的吸收光谱一般有如下两种情况，如图 16-11 所示。

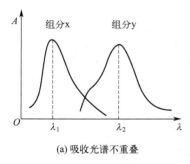
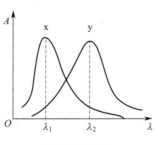

(a) 吸收光谱不重叠　　　　(b) 吸收光谱重叠

图 16-11 混合物的紫外吸收光谱

① 若各组分的吸收曲线互不重叠，则可在各自最大吸收波长处分别进行测定。这本质

上与单组分测定没有区别。

② 吸收光谱重叠。找出两个波长，在该波长下，两组分吸光度差值 ΔA 较大，在波长为 λ_1 和 λ_2 时测定吸光度 A_1 和 A_2，由吸光度值的加和性得联立方程：

$$A_1 = \varepsilon_{x_1} b c_x + \varepsilon_{y_1} b c_y$$
$$A_2 = \varepsilon_{x_2} b c_x + \varepsilon_{y_2} b c_y$$

式中，c_x、c_y 分别为 x 和 y 的浓度；ε_{x_1}、ε_{y_1} 分别为 x 和 y 在波长 λ_1 时的摩尔吸光系数；ε_{x_2}、ε_{y_2} 分别为 x 和 y 在波长 λ_2 时的摩尔吸光系数。

摩尔吸光系数值，可用 x 和 y 的纯溶液在两种波长处测得，解联立方程可求出 c_x 和 c_y 值。

原则上对任何数目的组分都可以用此方法建立方程求解，在实际应用中通常仅限于两个或三个组分的体系。如能利用计算机解多元联立方程，则不会受到这种限制。

3. 示差吸光光度法

普通分光光度法一般只适于测定微量组分，当待测组分含量较高时，将产生较大的误差，需采用示差吸光光度法。示差吸光光度法不是以空白溶液作为参比溶液，而是采用比待测溶液浓度稍低的标准溶液作参比溶液，测出待测溶液的吸光度，从测得的吸光度求出它的浓度。

设待测溶液浓度为 c_x，标准溶液浓度为 c_s ($c_s < c_x$)。则

$$A_x = \varepsilon b c_x$$
$$A_s = \varepsilon b c_s$$
$$\Delta A = A_x - A_s = \varepsilon b (c_x - c_s) = \varepsilon b \Delta c$$

具体做法是：先用已知浓度的标准溶液，加入各种试剂后作为参比溶液，调节其吸光度值为零，那么测得的试液吸光度 A 值，实际上是两者之差 ΔA，它与两者浓度差 Δc 成正比。这时可以把以该已知浓度的标准溶液为参比溶液的标准曲线作为 ΔA 对 Δc 的工作曲线，即

$$c_x = c_s + \Delta c$$

由于用已知浓度的标准溶液作参比溶液，如果此参比溶液透射比为 10%（以空白试液作参比），现调至 100% ($A = 0$)，即意味着将仪器透射比标尺扩展了 10 倍，如图 16-12 所示。

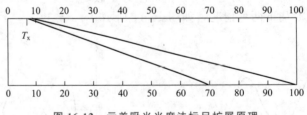

图 16-12　示差吸光光度法标尺扩展原理

七、紫外-吸收分光光度法的应用

紫外-吸收分光光度法的应用

紫外-吸收分光光度法是基于物质对紫外区域的光的选择吸收的分析方法。本方法的原理与可见光分光光度法基本相同。定量分析的基础仍然是朗伯-比尔定律。利用最大吸收波长 λ_{max} 及吸收峰的形状可以进行物质的定性分析或分子结构的推测，许多有机化合物能吸收紫外光区域的光，但饱和烃基化合物的吸收位于

远紫外区，常用的紫外分光光度计测不出它们的吸收峰。因此，大部分吸收光谱的研究都在 200～400nm 的近紫外波长区域进行。含有双键、三键或氮、硫等杂原子的化合物在近紫外区有吸收峰。利用这些化合物的 λ_{max} 可以进行定性分析或分子结构的推测。但紫外吸收光谱的吸收峰一般比较宽而平缓，因此特征性较差，在分子结构推测方面所能提供的信息不如红外吸收光谱、质谱和核磁共振等方法多，但能与上述方法互相补充和验证。紫外-吸收分光光度法也有其特有的优点。一是本法灵敏度高。某些物质在紫外区有强烈吸收，例如含有 π 键电子及共轭双键的化合物。在紫外区的摩尔吸光系数可达 10^4 甚至 10^5 数量级，即使含量很低，也能用紫外-吸收分光光度法检出或定量测定。二是本法所用仪器相对来说较为简单，测量准确度也较高。因此紫外-吸收分光光度法的应用相当广泛。

1. 纯度检查

主要用于检查对光没有特征吸收的化合物中的具有特征吸收的杂质。例如检查乙醇中醛的量，可用蒸馏水作参比溶液，在 270～290nm 处测量吸光度，如在 280nm 处有吸收，表示有醛存在。

2. 未知样品的鉴定

利用吸收峰的位置可以鉴定未知样品。例如不干性油是饱和脂肪酸酯或虽不是饱和体但是双键不相共轭，吸收峰一般在 210nm 以下。干性油含有共轭双键，吸收峰移至 210nm 以上，含有的共轭双键越多，吸收峰红移越远。

3. 定量测定

许多在紫外光区域有特征吸收的有机物都可以进行测定，显然在测定的浓度范围内应符合朗伯-比尔定律，纯物质在 λ_{max} 处有较高的吸光度。

4. 分子量的测定

有机物吸收光谱的产生，主要在于分子中有生色基团。因此，同样浓度的溶液，由于生色基团在分子中所占的比例不同，对光的吸收情况也就不同，根据这个原理可测定有机物的分子量。

5. 结构的测定

例如己二酮-2,5（Ⅰ）和己二酮-3,4（Ⅱ），用化学方法只能测出它们各有两个羰基。但其中一个在 270nm 处有最大吸收。它与丙二酮的位置相同而强度大 1 倍，因而确定是化合物Ⅰ。而另一个在 400nm 处有最大吸收，因而判定两个羰基处于共轭位置，所以应是化合物Ⅱ。

紫外分光光度计的结构基本上和可见分光光度计相同，但棱镜和吸收池都采用能透过紫外光的石英，光源用能发射紫外光的氘灯或氢灯。

第二节　气相色谱分析法

一、气相色谱法分离原理

气相色谱法是用气体作流动相的色谱方法。按固定相的性质，气相色谱法属于柱色谱法，又分为填充柱色谱法和毛细管柱色谱法。按固定相所处状态，分为气固色谱法和气液色谱法两类。按分离过程的物理化学原理，可分为吸附及分配色谱法，气固色谱法多属于吸附色谱法，气液色谱法属于分配色谱法。

气相色谱从 1952 年被 A. J. P. Martin（英国）等发明至今，已迅速发展成为一种对复杂物质进行分离分析的技术。该分析技术已广泛应用于石油工业、化学工业、环境保护、农业、食品检测、生物、宇宙航空等各个分析领域。

气相色谱法的分离过程中，试样各组分的分离是在气相色谱柱中进行的，由于固定相的不同，其分离有两种情况。

1. 气固色谱

气固色谱固定相一般是一种多孔性的且具有大的比表面积的吸附剂，流动相是载气。当试样由载气流带入色谱柱时，各组分立即被吸附剂所吸附。因为载气是不断流过吸附剂的，某些被吸附着的组分又会被载气洗脱下来。洗脱的组分随载气继续前进时，又被前面的吸附剂吸附，这样反复进行吸附和洗脱。由于被测物质各组分的性质不同，它们在吸附剂中的吸附能力也不同，难被吸附的组分容易洗脱逐渐走在前面，易被吸附的组分不易洗脱在后面，经过一段时间后，试样中各组分彼此分离。

理解这一分离过程的原理可从如下几个方面理解：

① 固体吸附剂的作用。对组分有吸附性能。

② 不同组分的作用。被吸附、洗脱能力不同，即具有不同的分配系数。

③ 载气的作用。使各组分不断接触新鲜固体吸附剂，不断被吸附；已吸附组分的固定相，又不断接触新鲜载气，使被吸附的组分又不断地被洗脱。这种反复多次的吸附－洗脱的分配平衡，是对组分之间分配系数微小差别的放大，从而达到好的分离效果。

④ 吸附平衡常数（分配系数）。在气固色谱分离过程中，各组分都是以一定的规律分配在固体吸附剂和载气中。在一定的温度、压力下，当组分在气固之间处于平衡状态时，每单位质量固定相所吸附的组分量与单位体积载气中组分含量之比为常数，该常数即为吸附平衡常数，又称分配系数。

2. 气液色谱

固定相为惰性固体物质表面涂渍液体物质的液膜，流动相为载气。当载气携带试样进入色谱柱与固定液接触时，气相中的被测组分便溶解在固定液中，载气连续流经色谱柱，某些溶解在固定液中的被测组分又挥发到气相中去。随着载气的流动挥发到气相中的被测组分又会溶解在前面的固定液中。这样多次反复地溶解、挥发、再溶解、再挥发。由于各组分在固定液中的溶解能力不同，溶解度大的组分停留在色谱柱中的时间长，往前移动慢，溶解度小的组分停留在色谱柱中的时间短，往前移动快，经过一定时间后混合物便分离为各单组分。

综上所述，气相色谱法分离原理是利用试样中各组分在气相和固定相间的分配系数不同，当汽化后的试样被载气带入色谱柱中运行时，组分就在其中的两相间进行反复多次分配，由于固定相对各组分的吸附或溶解能力不同，因此各组分在色谱柱中的运行速度就不同，经过一定的柱长后，便彼此分离，按顺序离开色谱柱进入检测器，产生的样品信号经放大后，在记录器上描绘出各组分的色谱峰。

这一分离过程的原理可从如下几个方面理解：

① 固定液的作用。对组分有溶解性能。

② 不同组分的作用。溶解度、挥发度不同，即具有不同的分配系数。

③ 载气的作用。使各组分不断接触新鲜固定液，不断溶解；已溶解饱和的固定液，又不断接触新鲜载气，使解吸作用也不断进行，使被溶解的组分又不断地挥发。这种反复多次的溶解－解吸分配平衡，是对组分之间分配系数微小差别的放大，从而达到好的分离效果。

④ 分配系数。分配系数又称平衡常数。在气液色谱分离过程中，各组分都是以一定的规律分配在固定液和载气中。在一定的温度、压力下，当组分在气液之间处于平衡状态时，

每毫升固定液中溶解的某组分质量（g）与每毫升载气中所含某组分质量（g）之比为常数，该常数即为分配平衡常数，又称分配系数。

二、气相色谱仪及其使用技术

气相色谱仪是完成气相色谱分离分析和制备的仪器装备。国内外生产的气相色谱仪器种类繁多，性能和应用范围千差万别。从用途上看，气相色谱仪大致可分为三类：实验室分析用的多性能色谱仪；用于指示和控制生产流程的工业色谱仪；制备纯物质用的小型和大型制备色谱仪。尽管各种型号的气相色谱仪外形和构造有所不同，但它们的基本结构是相同的。

气相色谱仪及其使用1

气相色谱仪及其使用2

（一）气相色谱仪的主要组成部分及其功能

气相色谱仪是以气体为流动相，具有连续运行的管道密闭系统，整个气相色谱仪由载气系统、进样系统、检测系统、温度控制系统、信号记录或微机数据处理系统五部分组成。载气系统包括气源、净化干燥管和载气流速控制；进样系统包括进样器及汽化室；色谱柱有填充柱（填充固定相）或毛细管柱（内壁涂有固定液）；检测器有多种，以热导检测器或氢火焰检测器最为常见；记录系统包括放大器、记录仪或数据处理仪；温度控制系统包括柱室、汽化室及检测器的温度控制。色谱柱是色谱仪的核心部件。

1. 载气系统

气相色谱分析中作为流动相的气体称载气。常用载气有氢气、氮气、氦气、氩气和空气等。这些气体除空气可用空压机供给、氢气用氢气发生器供给外，一般都用钢瓶作为载气源。载气通常要经过净化、稳压控制和调节流量几个环节。

（1）载气的减压与净化　为了将瓶内的压力降到使用压力，在瓶出口处可安装减压阀，减压阀由两压力表构成：一表指示瓶内压力；另一表指示载气的压力。载气内常含少量水分，长期使用会影响固定相的活性和寿命，降低分离效率，所以必须除去。除水装置用内装干燥剂的净化管。常用干燥剂有硅胶或4A、5A分子筛，相对湿度大于40%时用硅胶后串接5A分子筛的柱管。若使用氢火焰离子化检测器可允许有少量水或一些永久性气体（如N_2、H_2、O_2等）存在，但要求将载气、燃气、助燃气中的烃类除去，此时净化管内可装活性炭除烃。净化管两端需填脱脂棉除去灰尘。

（2）载气的稳定和载气流量的调节及测量　载气流速大小对测定有影响，要求流量稳定，所以通常用稳压阀调节压力，针形阀控制流量。气相色谱仪中气体的流量一般很小，多用转子流量计控制，转子流量计结构见图16-13。它由上口稍大下口稍小的玻璃管和一个能够旋转的转子构成。当气体自下而上流经管时，转子底部和顶部所受压力不同（即由于浮力的作用）使转子升起。加大气量转子上升，使转子与玻璃壁间隙增大（即环隙增大），减低环隙流速，缩小了转子顶底之间的压差，当该压差恰能抵消转子重量时，转子即处平衡位置，根据转子所处的高度确定流量的大小。

载气流量常受温度和压力的影响，所以转子流量计所示的流量需用皂膜流量计或电子流量计装于色谱柱后进行校正。皂膜流量计结构如图16-14所示，它用一根有刻度的玻璃管（也可用碱式滴定管改装），下接一个橡皮帽，内装肥皂水。载气从玻璃三通管通入，当需要测量时，用手挤压橡皮帽使肥皂水液面上升，载气流遇到肥皂水即产生皂膜随气流上升，记下皂膜通过刻度管所需的时间（用秒表）下通过的载气流量。

电子质量流量计能自动判别载气类型〔目前能识别三种气体：氮气（空气）、氢气和氩气〕。通气后能快速自动显示气体的类型、流量，流量显示范围0.1～100mL/min。可以十分方便地测量气相色谱技术中载气、分流气、尾吹气等气体流量。

2. 进样系统

进样就是把被测的气体、液体样品快速而定量地加到色谱柱上进行色谱分离。对于气体样品，进样器通常用六通阀或医用注射器，样品通过进样口注入，由载气带入色谱柱。对于液体样品则用微量注射器通过隔膜注入。微量注射器有 $1\mu L$、$5\mu L$、$10\mu L$、$50\mu L$、$100\mu L$ 几种，$1\mu L$ 等于千分之一毫升。进样系统的主要部件是汽化室。进样口下端为汽化室，见图 16-15。进样器除六通阀和注射器外，为了满足样品快速、大批量分析的实际需要，常需要采用先进的自动进样器。

图 16-13 转子流量计

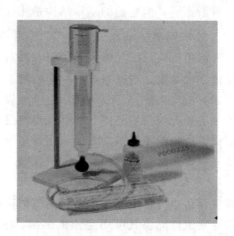
图 16-14 皂膜流量计

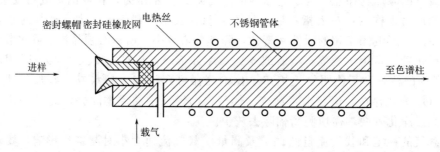
图 16-15 进样口与汽化室

3. 分离系统

分离系统的核心是色谱柱，其功能是将多组分样品分离为单个组分。色谱柱有两种柱型。

(1) 填充色谱柱　填充柱的内径一般为 3～6mm，长 1～10m，可由不锈钢、铜、玻璃和聚四氟乙烯材料制成。柱子的形状有 U 形和螺旋形两种，分离效果基本相同，如图 16-16 所示。

(2) 毛细管色谱柱　毛细管色谱柱又名空心柱，内径 0.2～0.5mm，长 30～50m，可由不锈钢或玻璃制成。不锈钢耐高温，机械强度高，使用较广。玻璃毛细管柱经济，使用性能良好，效能高，但易折断，使用时要特别小心，见图 16-17。毛细管柱是在内壁涂一层固定液，或者涂一层已有固定液的载体（约 0.1mm 厚），将混合组分分离主要靠固定液。

4. 检测系统

混合组分经色谱柱分离以后，按次序先后进入检测器。检测器的作用是将各组分在载气中的浓度变化转变为电信号，然后对被分离物质的组成和含量进行鉴定和测量，检测器是色谱仪的"眼睛"。目前检测器的种类繁多，最常用的检测器为热导池检测器和氢火焰离子化检测器。

(1) 热导池检测器　热导池检测器（TCD）是应用最早的检测器，它结构简单，灵敏度适宜，稳定性较好，而且对所有物质都能产生信号，是目前应用最广的一种通用检测器，几乎任何一台气相色谱仪都备有这种检测器。

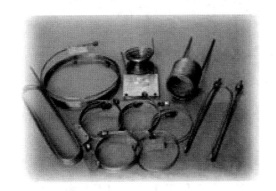
图 16-16　填充色谱柱

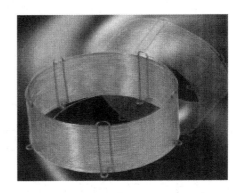
图 16-17　毛细管色谱柱

① 热导池结构。热导池由池体和热敏元件及放大器构成，有双臂热导池和四臂热导池两种，见图 16-18。热导池池体用不锈钢或铜制成，双臂热导池具有两个大小、形状完全对称的孔道，孔径为 3~4mm，每一孔道中装有一根热敏元件，热敏元件常用钨丝，其特点是它的电阻随温度变化而灵敏改变，即温度系数较大。一臂连在色谱柱之后，称为测量臂；另一臂连在色谱柱之前只让载气通过，称为参考臂。四臂热导池具有四根相同的金属钨丝，灵敏度比双臂热导池约高一倍，所以目前大多采用四臂热导池。

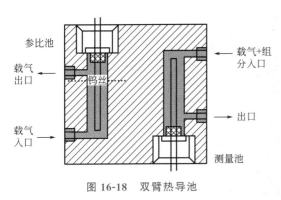
图 16-18　双臂热导池

② 检测原理。热导池检测器是基于气体成分的变化引起热导率变化这一物理特性来设计的。载气中组分的变化，引起热敏电阻丝上温度的变化，温度的变化再引起电阻的变化，根据电阻值变化大小间接测定组分含量。在热传导过程中，不同的固体，其热传导速率不同；同样，不同气体其热传导速率也不同。在热力学中用热导率的大小来表示此性质。传热快的热导率大，热导率用 λ 表示。对于双臂热导池，两臂的热丝与两个阻值相等的固定电阻 R_1、R_2 组成惠斯通电桥用于测量。池体中的两组钨丝构成平衡电桥中的两个电阻 $R_参$、$R_测$，见图 16-19。不同的气体有不同的热导率。钨丝通电，加热与散热达到平衡后，两臂电阻值：

$R_参 = R_测$，$R_1 = R_2$，则 $R_参 R_2 = R_测 R_1$。无电压信号输出，记录仪走直线（基线）。进样后，载气携带试样组分流过测量臂，而这时参考臂流过的仍是纯载气，使测量臂的温度改变，引起电阻的变化，测量臂和参考臂的电阻值不等，产生电阻差。$R_参 \neq R_测$，则 $R_参 R_2 \neq R_测 R_1$。这时电桥失去平衡，图 16-19 中电桥 a、b 两端存在着电位差，有电压信号输出。信号与组分浓度相关。记录仪记录下组分浓度随时间变化的峰状图形。

③ 影响热导池检测器灵敏度的因素

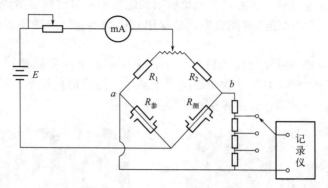

图 16-19 双臂热导池测量电桥线路

a. 桥电流。增加桥电流，可提高热导池检测器的灵敏度，检测器的响应值 $S \propto I^3$，但电流不能太大，否则稳定性下降，基线不稳。桥电流太高时，还可能造成钨丝烧坏。

b. 池体温度。池体温度与钨丝温度相差越大，越有利于热传导，检测器的灵敏度也就越高，但池体温度不能低于分离柱温度，以防止试样组分在检测器中冷凝。

c. 载气种类。载气与试样的热导率相差越大，在检测器两臂中产生的温差和电阻差也就越大，检测灵敏度越高。载气的热导率大，传热好，通过的桥电流也可适当加大，则检测灵敏度进一步提高。一般多选用 N_2。

（2）氢火焰离子化检测器　氢火焰离子化检测器（FID）对大多数有机化合物有很高的灵敏度，比一般热导池的灵敏度高 2～3 个数量级，所以适宜测定痕量有机物，是目前最常用的质量型检测器。氢火焰离子化检测器具有结构简单、稳定性好、灵敏度高、响应迅速等特点。但是它对无机物不产生信号，同时检测时样品被破坏。

氢火焰离子化检测器由池体、发射极、收集极组成。如图 16-20 所示。

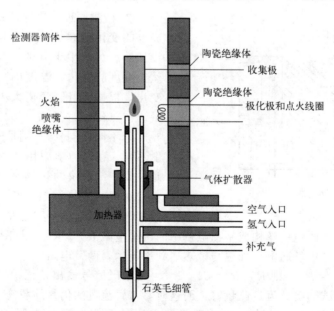

图 16-20　氢火焰离子化检测器示意图

被测组分由载气携带从色谱柱流出，与氢气混合一起进入离子室，由毛细管喷嘴喷出。氢气在空气的助燃下（事先用点火极点燃火焰），进行燃烧，温度能达 2000℃ 左右，在火焰的激发下,被测有机组分电离为正离子和电子。离子室内有收集极和极化极,电极加有150~300V直流电压,这个电压称极化电压。电离出来的正离子奔向收集极(负极),电子奔向极化极(正极),产生了微电流,微电流大小与被测组分有定量关系。氢火焰的电离效率很低,大约每50万个碳原子中有一个碳原子被电离,因此产生的电流很微弱,不能直接送入记录器,需经微电流放大器放大后,再送入记录仪上记录其色谱峰。

5. 温度控制系统

温度控制系统是气相色谱仪的重要组成部分,温度影响色谱柱的选择性和分离效率,影响检测器的灵敏度和稳定性。所以色谱柱、检测器、汽化室都要进行温度控制。三者最好分别恒温,但不少气相色谱仪的色谱柱、检测器置于同一恒温室中,效果也很好。汽化室的温度控制是为了使液体或固体样品迅速完全汽化,汽化室的温度要高于样品的沸点,但温度不能过高,否则会使样品组分分解。

(1) 色谱柱温度　色谱柱工作所要求的环境温度,靠色谱恒温箱来保证。它一般采用空气浴加热,由鼓风电机强制空气对流,保持温度均匀。色谱柱恒温箱内温度改变时,热敏元件(如铂电阻温度计)即把温度变化信号输送到控制单元,进而调节加热电阻丝的电流,达到控温的目的。国产气相色谱仪多采用可控硅温度控制器连续控温,如100型和SP-2305型等气相色谱仪所用的控温器就是这种类型。

在某些情况下,如果色谱柱仅在某一温度条件下难以对样品中各组分进行分离,就需要采用程序升温法来控制色谱恒温箱按给定的程序升温,则需要有程序升温控制系统。

(2) 检测器温度　检测器大都对温度变化很敏感,其环境温度应精确控制。目前,除部分色谱仪把检测器置于色谱恒温箱内,使检测器与柱温保持一致外,大多数都把检测器单独放在检测器室内,由单独的温度控制器加以控温,一般控制精度为±0.1℃。对于程序升温操作,检测器室温度一般选在最高柱温下工作。

(3) 汽化室的温度　要求足以使试样能瞬间汽化而又不分解,因此它的温度控制也很重要。汽化室加热丝的电流常靠色谱仪上的"汽化室温度调节器"来控制。一般情况下,控制汽化室温度比柱温高5~50℃。

6. 记录或微机处理数据系统

记录仪是最基本的色谱记录单元。以前,色谱仪采用自动平衡电子差计长条图纸记录仪,在等速移动记录纸上记录检测器输出的电压随时间的变化值,描绘样品各组分的电压-时间曲线色谱图。

现代气相色谱仪都配备有微机数据处理系统,属智能型气相色谱仪。计算机成为色谱仪的控制单元和数据记录处理中心。它能记录色谱数据、描绘色谱图并进行运算。作为常规分析,包括保留时间、峰高、峰面积的记录和各种定量计算,柱参数(如理论塔板数等)计算。计算机控制自动进样、柱温、检测器工作参数和结果的显示、打印等。计算机控制色谱仪大大提高色谱分析效率和准确度。

N2000色谱数据工作站是目前国内应用范围最广的色谱数据处理软件,它具有性能稳定、计算准确、操作方便等特点,可应用于科研、医药、商检、环境和生命科学等,适用于气相色谱、液相色谱、毛细管电泳、薄层色谱、超临界流体色谱等各种色谱的数据处理和控制。

(二) 气相色谱仪的使用技术

1. 气相色谱仪的使用方法

不同种类的气相色谱仪,其使用方法具体有所不同,但都包括仪器的调试、色谱测定、分析判断数据、操作条件和数据参数的修正、关机等步骤。

（1）仪器的调试

① 用500V兆欧表，分别对恒温箱、检测室、汽化室检查对地绝缘情况，4000Ω以上为符合要求。

② 色谱系统检漏。在系统内通入载气，将压力调至使用压力的2～3倍，然后直接将肥皂液涂在各接头处，观察有无气泡出现，若有气泡，则证明该处漏气，查出漏气的地方后排除漏气，必要时更换密封件。对氢火焰气相色谱仪，当N_2、H_2、空气都试漏完毕后，关闭H_2和空气，只开载气N_2。

③ 测定流量。用皂膜流量计测定载气的流量，利用限流阀调节两气路流量为30～50mL/min。

④ 色谱条件设置。对于热导池气相色谱仪：打开电源开关和热导池开关，首先设置柱温、检测器温度和汽化室温度。当温度恒定后，再进一步调节载气流速。然后设置热丝电流即桥流（热丝电流的设置要根据色谱仪说明书规定的条件去设置），同时开启记录仪或色谱数据处理机，并根据分析测试要求设置各个参数。任何情况下，都必须通入载气后再设置热丝电流。

对于氢火焰气相色谱仪：柱温、检测器温度和汽化室温度的设置和热导池气相色谱仪相似，但检测器的温度必须高于110℃。当温度恒定后，先打开H_2阀，再打开空气阀，稍停片刻，按动点火按钮进行点火。同时调节气体流速。氢火焰气相色谱仪用N_2作载气，用H_2作燃气，空气作助燃气，气体流速的设置较复杂，需根据具体分析要求设置合理的N_2、H_2、空气流速。一般三种气体的流速比为：$H_2：N_2：空气=1：（1～1.5）：10$。同时开启记录仪或色谱数据处理机。

（2）色谱测定　待仪器稳定半小时，基线平直后，即可进样分析。对于热导池气相色谱仪，液体试样进样量1～2μL，气体试样1～2mL。对于氢火焰气相色谱仪，液体试样进样量0.1～0.2μL，气体试样0.1～0.2mL。

（3）分析判断数据　对记录的色谱图进行观察：各组分是否都流出、分析流出时间是否太长、各组分的峰分离情况及峰大小等。

（4）操作条件和数据参数的修正　从分析判断数据，可找出色谱条件或设置的参数不合适的地方，然后重新进行修正和设置。

（5）关机　分析结束后，一般按开机的逆顺序关机。按菜单上的"结束返回"后关掉微机电源开关。关掉温控部件的柱加热、气加热、检测器加热开关，使柱温降至室温，使检测器温度降至100℃以下后，关掉各自电源开关（对于热导池气相色谱仪要先关断桥流开关，再关断电源）。最后再关掉气源。

2. 气相色谱仪的使用注意事项与维护

① 仪器应在规定的环境条件下工作，实验室内要通风良好，不应有易燃、易爆或腐蚀性气体。

② 每次开机前进行以下检查

a. 压力表指示的供气压力是否正确，气体过滤器是否失效。

b. 电源电压是否符合说明书要求，仪器高温部位是否放置有易燃易爆物品。

c. 各连接线路接头是否脱落或松动，各控温设定值是否正确。

③ 任意一种检测器启动前，应先通上载气。使用氢火焰离子化检测器时，热导池电源应处于关的位置。

④ 不论柱温、检测器温度还是汽化室温度，原则上最好遵循从低温到高温的操作。

⑤ 使用氢火焰离子化检测器时，应先使检测室、柱箱升温，在温度稳定后再通氢气进行点火，并保证火焰要点着。

⑥ 分析工作中应注意以下事项

a. 建立工作报告，对样品来源、分析工具、操作者、仪器运行状况、分析时间等作完整记录，以备拷贝。

b. 定期活化色谱柱，定期检漏。

c. 杜绝分析来源不明的样品，杜绝明火，严禁抽烟。

三、色谱常用术语

1. 色谱流出曲线

被分析试样从进样开始，经色谱分离，到组分全部流过检测器，得到一条信号随时间变化的曲线。如图 16-21 所示。

2. 色谱相关术语

（1）基线　操作条件稳定后，无样品通过检测器时所反映的信号-时间曲线。稳定基线是一条水平直线。如图 16-21 中 OD 即为流出曲线的基线。

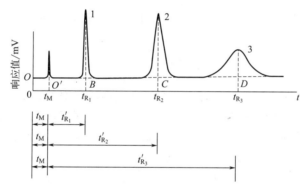

图 16-21　色谱流出曲线及保留时间

（2）保留值

① 死时间(t_M)。从进样开始到惰性组分（不被固定相吸附或溶解的空气、甲烷）从柱中流出，呈现浓度极大值所需要的时间。如图 16-21 中 OO' 所示的距离。

② 保留时间(t_R)。组分从进样开始到色谱柱后出现待测组分信号极大值所需要的时间。如图 16-21 中 $O'B$ 所示的距离。

③ 调整保留时间(t'_R)。扣除死时间后的组分的保留时间。如图 16-21 中 $O'B$ 所示的距离。$t'_R = t_R - t_M$。

④ 相对保留值(r_{is})。一定实验条件下组分 i 与另一标准组分 s 的调整保留时间之比：

$$r_{is} = \frac{t'_{R_i}}{t'_{R_s}} = \frac{V'_{R_i}}{V'_{R_s}} \tag{16-7}$$

⑤ 选择性因子(α)。相邻两组分的调整保留值之比：

$$\alpha = \frac{t'_{R_1}}{t'_{R_2}} = \frac{V'_{R_1}}{V'_{R_2}} \tag{16-8}$$

α 数值的大小反映了色谱柱对难分离物质的分离选择性，α 值越大，相邻两组分色谱峰相距越远，色谱柱的分离选择性越高。当 α 接近于 1 或等于 1 时，说明相邻两组分色谱峰重合。

⑥ 分配系数(K)。在一定温度和压力下，组分在流动相与固定相之间达到平衡时，组分分配在固定相中的平均浓度(c_s)与分配在流动相中的平均浓度(c_m)的比值称为分配系数，常用K表示。

$$K = \frac{\text{组分在固定相中的浓度}}{\text{组分在流动相中的浓度}} = \frac{c_s}{c_m} \tag{16-9}$$

两组分分配系数不同，则在色谱柱中有不同的保留值，因而就以不同的速度先后流出色谱柱，从而达到分离。

组分分子结构不同，组分性质不同，则相应分配系数也不同，这是色谱分离的基础。

⑦ 分配比(k)。在一定温度和压力下，组分在流动相与固定相之间达到平衡时，组分分配在固定相中的质量与分配在流动相中的质量比值称为分配系数，常用k表示。

则有：
$$k = \frac{\text{组分在固定相中的浓度}}{\text{组分在流动相中的浓度}} = \frac{m_s}{m_m} = \frac{c_s V_s}{c_m V_m} = K \frac{V_s}{V_m} = \frac{K}{\beta}$$

相比率也称相比，色谱柱中流动相(V_m)和固定相(V_s)的体积比，用β表示。

$$\beta = \frac{V_m}{V_s}$$

由此，k值应相当于组分被固定相滞留的时间和流动相通过色谱柱所需时间的比值。即：

$$k = \frac{t_R - t_M}{t_M} = \frac{t_R'}{t_M}$$

(3) 色谱峰　当有组分进入检测器时，色谱流出曲线就会偏离基线，这时检测器输出的信号随检测器中组分的浓度而改变，直至组分全部离开检测器，此时绘出的曲线（即色谱柱流出组分通过检测系统时所产生的响应信号的微分曲线），称为色谱峰，如图16-22所示。

(4) 峰高和峰面积　峰高为色谱峰顶到基线的垂直距离。如图16-22中AB，峰高以h表示。

峰面积(A)是指每种组分的流出曲线与基线间所包围的面积。

峰高或峰面积的大小和每种组分在试样中的含量相关，因此色谱峰的峰高或峰面积是气相色谱进行定量分析的主要依据。

(5) 峰宽与半峰宽　色谱峰两侧拐点处所作的切线与峰底相交两点之间的距离称为峰宽，如图16-22中的IJ，常用符号W表示。在峰高为$h/2$处的峰宽GH称为半峰宽，常用符号$W_{1/2}$表示。

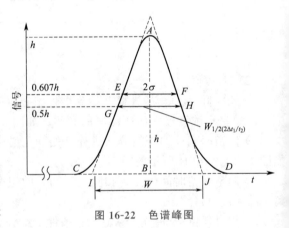

图 16-22　色谱峰图

四、气相色谱定量定性分析技术

1. 气相色谱定性分析技术

在一定的色谱系统和操作条件下，每种物质都有各自确定的保留时间或确定的色谱数据，并且不受其他组分的影响。也就是说，保留值具有特征性。在同一色谱条件下，不同物质也可能具有相似或相同的保留值，因此保留值并非是专属的。

（1）保留时间定性　在气相色谱分析中，利用保留值定性是最基本的定性方法，其基本依据是：两个相同的物质在相同的色谱条件下应该具有相同的保留值。

为了提高定性分析的可靠性，还可进一步改变色谱条件（分离柱、流动相、柱温等）或在样品中添加标准物质，如果被测物的保留时间仍然与标准物质一致，则可认为它们为同一物质。

（2）利用不同检测方法定性　同一样品可以采用多种检测方法检测，如果待测组分和标准物在不同的检测器上有相同的响应行为，则可初步判断两者是同一种物质。在液相色谱中，还可通过二极管阵列检测器比较两个峰的紫外或可见光谱图。

（3）保留指数定性　在气相色谱中，可以利用文献中的保留指数数据定性。保留指数随温度的变化率还可用来判断化合物的类型，因为不同类型化合物的保留指数随温度的变化率不同。

（4）与其他仪器结合定性　气相色谱法是分离复杂有机组分的最佳仪器分析方法，但不能对复杂组分进行有效的定性鉴定，而质谱、红外光谱是鉴定未知物的有效工具，所以色谱-质谱、色谱-红外光谱等仪器联用技术是色谱定性的最可靠方法。

① 色谱-质谱仪。质谱仪灵敏度高，扫描速度快，并能准确测未知物分子量，是目前解决复杂组分定性最有效的工具之一。

② 色谱-红外光谱仪。红外光谱仪对纯物质能给出特征很高的红外光谱图，能用于色谱柱流出物的定性鉴定。但红外光谱灵敏度不高，需要1mg以上的样品组分，所以有时采用制备色谱收集馏分进行定性。

2. 气相色谱定量分析技术

在色谱分析中，在某些条件限定下，色谱峰的峰高或峰面积（检测器的响应值）与被测组分的量成正比。

定量分析的基本公式为：

$$m_i = f_i^A A_i$$
$$m_i = f_i^h h_i$$

式中，A 为峰面积；h 为峰高（A 与 h 均可由色谱工作站直接给出）；f 为定量校正因子。

我们知道，被测组分的量与它在色谱图上的峰面积或峰高成正比。但是，相同量的两种不同组分在同一检测器（例如紫外检测器）中的响应值并不相同，也就是两者的峰面积或峰高不相同。所以，两者的峰面积或峰高之比并不等于两者的含量之比。因此，需要引入定量校正因子，使峰面积或峰高经过校正后，与其代表物质的量相适应。

进入检测器的组分的量（m）与其色谱峰面积（A）或峰高（h）之比为一比例常数 f'。

$$f' = \frac{m}{A} \text{ 或 } m = f'A$$

该比例常数 f' 就称为该组分的绝对校正因子。

由于化合物的绝对校正因子难以测定，它随实验条件的变化而变化，故很少采用，实际工作中一般采用相对校正因子：某组分 i 与所选定的基准物质 s 的绝对定量校正因子之比。

相对质量的校正因子：$f_m = \dfrac{f'_{m(i)}}{f'_{m(s)}} = \dfrac{m_i/A_i}{m_s/A_s} = \dfrac{A_s W_i}{A_i W_s}$

相对物质的量的校正因子：$f_M = \dfrac{f'_{M(i)}}{f'_{M(s)}} = \dfrac{(m_i/M_i) \times (1/A_i)}{(m_s/M_s) \times (1/A_s)} = \dfrac{A_s W_i M_s}{A_i W_s M_i}$

两者的关系：

$$f_M = f_m \frac{M_s}{M_i}$$

获得校正因子的方法：通过查文献、手册获得，也可以通过实验测定。因所用检测器类型和色谱条件与文献不同或者查不到的，需自行测定。

方法：将一定量的待测物和选定的基准物制成一定浓度的混合溶液进样，测得两组分色谱峰面积 A_i 和 A_s，由公式求得。

$$f_m = \frac{f'_{m(i)}}{f'_{m(s)}} = \frac{m_i / A_i}{m_s / A_s} = \frac{A_s m_i}{A_i m_s}$$

注意事项：相对校正因子与待测物、基准物和检测器类型有关，与操作条件（进样量）无关。选取基准物的原则：与待测物保留时间比较接近；TCD→苯，FID→正庚烷。以氢气和氦气作载气的校正因子可通用；以氮气作载气测得的校正因子与两者差别大。

相对校正因子的测定方法：准确称取色谱纯（或已知准确含量）的被测组分和基准物质，配制成已知准确浓度的样品，在已定的色谱实验条件下，取一定体积的样品进样，准确测量所得组分和基准物质的色谱峰峰面积，根据计算公式就可以计算出该组分的相对校正因子。

  课堂互动

气相色谱定性的依据是什么？主要方法有哪些？

  拓展视野

光度分析中的导数技术

根据光吸收定律，吸光度是波长的函数，即 $A = \varepsilon(\lambda) bc$，将吸光度对波长求导，所形成的光谱称为导数光谱。导数光谱可以进行定性或定量分析，其特点是灵敏度尤其是选择性获得显著提高，能有效地消除基体的干扰，并适用于混浊试样。高阶导数能分辨重叠光谱甚至提供"指纹"特征，而特别适用于消除干扰或多组分同时测定，在药物、生物化学及食品分析中的应用研究十分活跃。如用于复合维生素、消炎药、感冒药、扑尔敏、磷酸可待因和盐酸麻黄素复合制剂中的各组分的测定而不需预先分离。又如用于生物体液中同时测定血红蛋白和胆红素、血红蛋白和羧络血红蛋白，测定羊水中胆红素、白蛋白及氧络血红蛋白等。在无机分析方面应用也很广，如用一阶导数法最多可同时测定 5 个金属元素；用二阶导数法同时测定性质十分相近的稀土混合物中的单个稀土元素等。

在导数光度法的基础上，提出的比光谱-导数光度法，因其选择性好及操作简单，目前已用于环境物质、药物和染料的 2~3 个组分同时测定。将导数光度法与化学计量学方法结合，可进一步提高方法的选择性而被关注。

本章小结

一、吸光光度法

1. 吸光光度法的特点：吸光光度法所测试液的浓度下限达 $10^{-5} \sim 10^{-6}$ mol/L，因而它具有较高的灵敏度，适用于微量组分的测定。另外，吸光光度法测定迅速，仪器操作简单，价格便宜，应用广泛，几乎所有的无机物质和许多有机物质的微量成分都能用此法进行测定。

2. 朗伯-比尔定律

朗伯-比尔定律也称为光吸收的基本定律，其数学表达式为：

$$A = \lg \frac{I_0}{I} = \lg \frac{1}{T} = Kbc$$

其物理意义：当一束平行单色光垂直通过某一均匀非散射的吸光物质时，其吸光度与吸光物质的浓度 c 及吸收层厚度 b 成正比。

3. 吸光光度分析仪器的基本部件：光源、单色器、吸收池、检测系统和信号显示系统。

二、气相色谱法

1. 气相色谱仪组成：载气系统、进样系统、检测系统、温度控制系统、信号记录或微机数据处理系统五部分。

2. 色谱常用术语：色谱流出曲线、基线、保留值、色谱峰、峰高、峰面积和峰宽等。

3. 气相色谱定性分析技术：保留时间定性、保留指数定性、利用不同检测方法定性、与其他仪器结合定性。

课后检测

一、填空题

1. 色谱流出曲线越_____，则分离度_____。
2. 气液色谱法中流动相为_____，固定相为_____；其分离原理是_____。它是利用_____与_____，适用于在固定液中有一定_____的试样分离。
3. 吸光光度法中透射比 T 与吸光度 A 之间的关系_____。
4. 蓝色光的互补色_____，红色光的互补色_____。

二、选择题

1. 光量子的能量正比于辐射的（　　）。
   A. 频率　　　　B. 波长　　　　C. 周期　　　　D. 传播速度
2. 在分光光度法中，运用朗伯-比尔定律进行定量分析采用的入射光为（　　）。
   A. 白光　　　　B. 单色光　　　C. 可见光　　　D. 紫外线
3. 气相色谱法中，可作定性依据的是（　　）。
   A. 保留时间　　B. 死时间　　　C. 峰高　　　　D. 半峰宽
4. 气相色谱仪中起分离作用的部件是（　　）。
   A. 载气瓶　　　B. 进样器　　　C. 色谱柱　　　D. 检测器
5. 用分光光度法在一定波长处进行测定，测得某溶液的吸光度为 1.0，则其透光率是（　　）。
   A. 0.1%　　　　B. 1.0%　　　　C. 10%　　　　D. 20%
6. 在分光光度法测定一浓度为 c 的有色溶液时，当吸收池的厚度为 1cm 时，测得透光率为 T，假若吸收池的厚度为 2cm 时，则其透光率为（　　）。
   A. $T/2$　　　　B. $2T$　　　　C. T^2　　　　D. $T^{1/2}$

三、计算题

1. 换算下列单位

(1) 1.50Å X射线的波数（cm^{-1}）　　　(2) 波数3300cm^{-1}的波长（nm）

2. 维生素B_{12}的水溶液在361nm处的质量吸光系数为207，用1cm比色池测得某维生素B_{12}溶液的吸光度是0.414，求该溶液的浓度。

3. 某亚铁螯合物的摩尔吸收系数为12000L/(mol·cm)，若采用1.00cm的吸收池，欲把透射率读数限制在0.200～0.650，分析的浓度范围是多少？

第十七章 有机化学基础

学习目标

知识目标

1. 熟悉有机化合物的概念、结构特点和分类；掌握有机化合物的普通命名和系统命名法。
2. 理解饱和碳、双键碳、三键碳及苯环的成键特点。
3. 掌握烷烃、烯烃、炔烃、芳香烃的重要性质，了解其来源和主要用途。

能力目标

1. 能对常见有机化合物进行命名或根据名称写出其结构式。
2. 具备安全使用有机化合物的基本常识，能用化学方程式表示常见烷烃、烯烃、炔烃、芳烃的化学变化。
3. 能利用有机化合物的性质鉴别常见的烷烃、烯烃、炔烃。

素质目标

1. 通过介绍有机化合物在化工生产、生活中的重要应用，帮助学生树立强烈的专业自豪感和正确的劳动观念。
2. 通过对有机物命名方法的学习，养成归纳总结的学习习惯，学会对学习内容举一反三。

第一节 有机化合物

一、有机化合物的概念

有机化合物最初是指来源于动植物体内的化学物质。由于这类物质与生命有着密切的关系，并认为它们是具有"生命力"的，不能人工合成。故将其赋予"有机"含义，以示不同于来自矿物中的无机化合物。1828年，德国化学家维勒首次在实验室中人工合成了有机化合物尿素。这一发现不仅提供了同分异构现象（尿素与异氰酸铵同分异构）的早期事例，成为有机结构理论的实验证明，同时，也强烈地冲击了"生命力论"，促使了此后关于乙酸、脂肪、糖类物质等一系列有机合成的成功。

大量的实验研究表明，有机化合物的分子中都含有碳，多数含有氢，此外，也常含有氧、氮、卤素、硫和磷等元素。于是，就把只含有碳和氢两种元素的化合物称为碳氢化合物或烃，而把含有其他元素的化合物看作是烃类化合物的衍生物。因此，有机化合物可以定义为烃类化合物及其衍生物。不过，有些含碳的化合物如 CO、CO_2 及碳酸盐等因其性质与无机物相似而划归无机化合物。

二、有机化合物的结构特点

在有机化合物分子中，碳原子不仅可以与氢、氧、氮、卤素、硫及磷等原子以共价键相连，而且碳原子与碳原子之间也可以共价单键、双键或三键相连，形成含有不同碳原子数的各种链状化合物或环状化合物。因此，尽管所组成的元素种类并不多，但其数目却十分惊人，多达千万种，并且还不断有新的有机化合物诞生，而无机化合物的数目仅有几十万种。总体来看，有机化合物主要有以下特点。

（1）可燃性　大多数有机化合物的热稳定性较差，易燃烧。这与分子中含有碳和氢有关。如甲烷、乙炔、乙醇及纤维素等。而无机化合物一般不易燃烧。

（2）低熔点　有机化合物在常温下为气体、液体或低熔点固体，其熔点一般在400℃以下。如环己烷的熔点为6.4℃，乙酸的熔点为16.6℃，这是由于在有机化合物分子中，原子之间主要以共价键相连，分子间作用力比较弱。因此，仅需较少的能量即可使其熔化。而在无机化合物晶体中，由于离子之间存在着作用力很强的静电引力，需要较高的能量才能将其破坏，故其熔点较高。如氯化钠的熔点为800℃，氧化铝的熔点为2050℃。

（3）难溶于水　大多数有机化合物难溶于水或不溶于水，而易溶于弱极性或非极性的有机溶剂。

（4）不导电　由于大多数有机化合物为非电解质，故在溶液中或在熔融状态下都是不良导体。

（5）反应速率慢　大多数有机化学反应速率较慢，通常需要加热、加压、加催化剂或光照等方式以提高反应速率，并且往往伴有副反应，生成多种产物的混合物。

（6）异构现象多　有机化合物中普遍存在着各种各样的异构现象，如碳链异构、位置异构、官能团异构、构象异构、顺反异构及旋光异构等。而无机化合物很少有异构现象。

三、有机物构造式的表示方法

由于同分异构现象的存在，使得有机化合物更加复杂，因此，有机物要用结构式表示，而不能用分子式表示。有机物中分子中的原子是按一定的排列顺序相互连接的，分子中原子的排列顺序和连接方式称为化学结构。

同分异构现象：分子式相同而化学结构不同形成的化合物的现象。这些化合物之间互称为同分异构体。例：CH_3OCH_3和CH_3CH_2OH。

有机物构造式的表示方法有以下三种。

（1）短线式（凯库勒式）　用一根短线表示一个共价键。如：

$$\begin{array}{c} H\ H\ H \\ | \ | \ | \\ H-C-C-C-H \\ | \ | \ | \\ H\ H\ H \end{array}$$

（2）缩简式（简写式）　将碳碳、碳氢之间的键线省略，双键、三键保留。如：

$CH_3CH_2CH_3$　　　$CH_2{=}CHCH_3$　　　$HC{\equiv}CCH_3$

（3）键线式　省略碳、氢元素符号，只写碳碳键，双键、三键保留；相邻碳碳键之间夹角画成120°。

如：

第十七章 有机化学基础

四、有机化合物的分类

有机化合物的数目繁多，结构和性质各异。为了便于学习，我们可以根据它们在结构或性质上的特点进行分类。

（一）按碳架分类

根据分子中碳架进行分类，有机化合物可分为开链化合物、碳环化合物和杂环化合物。

1. 开链化合物

由分子中的碳原子连接成链状结构的化合物称为开链化合物。例如：

$$CH_3CH_2CH_2CH_3 \quad CH_3CH=CH_2 \quad CH_3OCH_2CH_3 \quad CH_3CH_2COOH$$

由于这种开链化合物最初是从脂肪中发现的，所以又称为脂肪族化合物。

2. 碳环化合物

由分子中的碳原子连接成环状结构的化合物称为碳环化合物。碳环化合物又可分为脂环族化合物和芳香族化合物。

（1）脂环族化合物　分子中的碳原子连接成环，性质与脂肪族化合物相似的化合物，称为脂环族化合物。例如：

环丁烷　　　环戊烷　　　环己烷

（2）芳香族化合物　分子中含有苯环结构的化合物，称为芳香族化合物。例如：

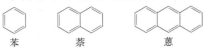
苯　　　　　萘　　　　　蒽

3. 杂环化合物

组成环的原子除碳原子外还有其他原子（如 N、O、S 等杂原子）的环状化合物，称为杂环化合物。例如：

呋喃　　　噻吩　　　吡啶

（二）按官能团分类

官能团是有机化合物分子中性质比较活泼的原子或原子团，它决定了有机化合物的主要化学性质。含有相同官能团的化合物具有相似的化学性质。一些常见官能团及其名称见表 17-1。

表 17-1　有机物类别及其对应官能团

有机物类别	官能团结构	名称	化合物举例
烯烃	$\diagdown C=C \diagup$	碳碳双键	$CH_2=CH_2$
炔烃	$-C\equiv C-$	碳碳三键	$HC\equiv CH$
卤代烃	$-X(F、Cl、Br、I)$	卤素	CH_3Cl
醇	$-OH$	醇羟基	CH_3CH_2OH
酚	$-OH$	酚羟基	⌬—OH

续表

有机物类别	官能团结构	名称	化合物举例
醚	R—O—R	醚键	CH_3OCH_3
醛	—CHO	醛基	CH_3CHO
酮	 ⟩C=O	羰基	CH_3COCH_3
羧酸	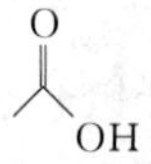 —COOH	羧基	CH_3COOH
酯	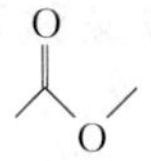 —COO—	酯基	CH_3COOCH_3
酸酐	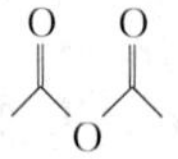 —CO—O—CO—	酐基	$CH_3COOCCH_3$ (O O)
酰胺	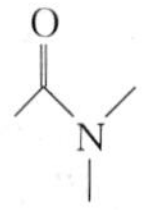 —CO—N⟨	酰胺基	CH_3CONH_2
胺	—NH_2	氨基	CH_3NH_2
硝基化合物	—NO_2	硝基	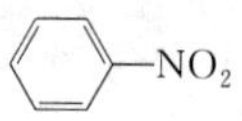 $C_6H_5NO_2$
硫醇	—SH	巯基	CH_3CH_2SH
硫酚	—SH	巯基	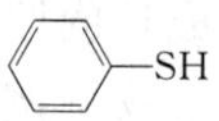 C_6H_5SH
磺酸	—SO_3H	磺酸基	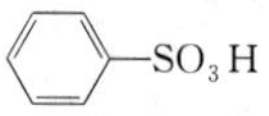 $C_6H_5SO_3H$

第二节　饱和烃

一、烷烃

(一) 烷烃的通式和结构

1. 烷烃的通式

烷烃的通式为 C_nH_{2n+2}（n 为正整数）。相邻的两个烷烃在组成上只相差一个"CH_2"，这种具有相同分子通式和结构特征的一系列化合物称为同系列。同系列中的各化合物互称同系物。"CH_2"称为同系列差（或系差）。同系物具有相似的结构和化学性质，而物理性质则随着碳原子数的增加呈规律性变化。

2. 烷烃的结构

在烷烃的结构中，碳原子分别与另外 4 个原子（或碳原子或氢原子）以 σ 键相连，其键角等于或接近 109.5°，C—C 和 C—H 的键长分别为 109pm 和 153pm 或与此接近。例如，最简单的烷烃——甲烷（CH₄），其分子的三维构型为正四面体形，分子中的 H—C—H 键角为 109.5°，其 C—H 的键长为 109pm[如图 17-1(a)所示]。

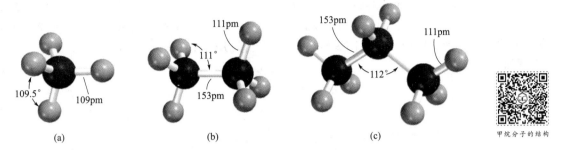

图 17-1　甲烷、乙烷和丙烷分子结构的球棍模型

杂化轨道理论认为，甲烷分子中的碳原子采用的是 sp^3 杂化，即碳原子在成键过程中，2s 轨道中的一个电子吸收能量激发到 $2p_z$ 空轨道中，使每个原子轨道各含一个电子，然后由一个 2s 轨道和 3 个 2p 轨道杂化，形成 4 个能量和形状完全相同的 sp^3 杂化轨道（图 17-2），并组成一个正四面体构型（图 17-3）。这 4 个 sp^3 杂化轨道分别与 4 个 H 的 1s 轨道以"头碰头"方式重叠形成 4 个稳定的 C—H σ 键。

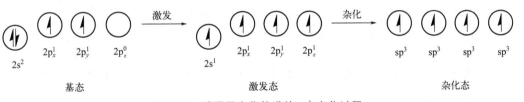

图 17-2　碳原子杂化轨道的 sp^3 杂化过程

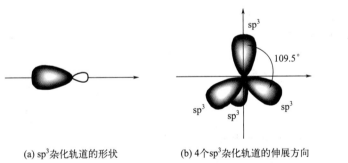

(a) sp^3 杂化轨道的形状　　(b) 4 个 sp^3 杂化轨道的伸展方向

图 17-3　碳原子的 4 个 sp^3 杂化轨道形状及伸展方向

课堂互动

烷烃的结构中 C—C、C—H 键是以 σ 键结合的，你能说出 σ 键的成键特点吗？根据 sp^3 杂化轨道的特点，试分析含 3 个以上 C 原子的直链烷烃的立体形象。

其他烷烃具有与甲烷类似的结构特征。所不同的是，分子中除了 C—H 键外，还有 C—C 单键，其键角和键长参数亦有差异[如图 17-1(b)和图 17-1(c)所示]。由于烷烃分子中原子之间均以 σ 键相连，因此，烷烃是一类化学性质比较稳定的化合物。

（二）碳原子和氢原子的类型

烷烃中的各个碳原子因完全以 σ 键分别与另外 4 个原子相连，故将这种碳原子称为饱和碳原子。根据与它直接相连的碳原子数目不同，碳原子可分为四种类型。

把只与一个碳原子相连的碳原子称为伯碳原子（或一级碳原子），用 1° 表示；分别与两个、三个或四个碳原子相连的碳原子则相应地称为仲碳原子（或二级碳原子）、叔碳原子（或三级碳原子）和季碳原子（或四级碳原子），并分别用 2°、3° 和 4° 表示。

例如：

$$\underset{1°}{CH_3}-\underset{2°}{CH_2}-\underset{3°}{CH}-\underset{2°}{CH_2}-\underset{4°}{C}-\underset{1°}{CH_3}$$

（主链上分别连有 CH₃ 支链，标注为 1°）

除季碳原子外，伯、仲和叔碳原子上所连的氢原子，相应地称为伯氢原子、仲氢原子和叔氢原子。并分别可用 1°氢、2°氢和 3°氢表示。不同类型的氢原子其反应活性不同。

（三）烷烃的构造异构

分子中原子间相互连接的次序或方式称为构造。构造异构是指分子式相同，分子中因原子间相互连接的次序或方式不同而形成不同化合物的现象。构造异构又可分为碳链异构、位置异构和官能团异构。在烷烃中存在的构造异构属于碳链异构。

分子式相同，仅由于碳链结构不同而产生的同分异构现象，称为碳链异构，由碳链异构所产生的异构体称为碳链异构体。烷烃中除了甲烷、乙烷和丙烷外，其他烷烃均存在着数目不等的碳链异构体，并且随着碳原子数的增加，异构体的数目迅速增多。例如，丁烷（C_4H_{10}）有两种异构体：

$$CH_3CH_2CH_2CH_3 \qquad CH_3\underset{\underset{CH_3}{|}}{CH}CH_3$$

戊烷（C_5H_{12}）有三种异构体：

$$CH_3CH_2CH_2CH_2CH_3 \qquad CH_3\underset{\underset{CH_3}{|}}{CH}CH_2CH_3 \qquad CH_3\underset{\underset{CH_3}{|}}{\overset{\overset{CH_3}{|}}{C}}CH_3$$

（四）烷烃的命名

烷烃的命名方法主要有普通命名法和系统命名法。

1. 普通命名法

普通命名法又叫习惯命名法，这种命名法对于一些简单化合物的命名特别有用，基本原则如下。

① 1~3 个碳原子的直链烷烃称作"某烷"，4 个以上的直链烷烃前面加"正"字，叫作"正某烷"，"某"是指烷烃中碳原子的数目，在十以内分别用甲、乙、丙、丁、戊、己、庚、辛、壬、癸表示，十以上用中文数字表示。

例如：

$$\underset{甲烷}{CH_4} \qquad \underset{乙烷}{CH_3CH_3} \qquad \underset{丙烷}{CH_3CH_2CH_3} \qquad \underset{丁烷}{CH_3CH_2CH_2CH_3} \qquad \underset{正十二烷}{CH_3(CH_2)_{10}CH_3}$$

② 把链端第二位碳原子上连有一个甲基支链的，叫作"异"某烷；把链端第二位碳原子上连有两个甲基支链的，叫作"新"某烷，例如：

$$CH_3(CH_2)_3CH_3 \qquad CH_3CHCH_2CH_3 \qquad CH_3-\underset{\underset{CH_3}{|}}{\overset{\overset{CH_3}{|}}{C}}-CH_3$$
$$\qquad\qquad\qquad\qquad\quad \overset{|}{CH_3}$$

正戊烷　　　　　异戊烷　　　　　新戊烷

普通命名法仅适用于含碳原子数较少,结构简单的烷烃,结构复杂的则不适用。

烷烃分子中去掉一个氢原子后剩下的原子团叫作烷基,其通式为"$C_nH_{2n+1}-$",常用 R—表示。

2. 系统命名法

系统命名法是根据国际纯粹与应用化学联合会提出的命名原则并结合我国文字特点而制定的。

（1）直链烷烃的命名　直链烷烃的系统命名法与普通命名法基本相同。例如:

$$CH_3(CH_2)_9CH_3 \quad \begin{array}{l}\text{习惯命名法:正十一烷}\\ \text{系统命名法:十一烷}\end{array}$$

（2）烷基的命名　带有侧链的烷烃,可把其侧链部分按烷基取代基对待。烷烃分子中去掉一个氢原子,所剩余的基团称为烷基,通式为—C_nH_{2n+1}。命名烷基时,把相应烷烃名称中的"烷"字改为"基"字。常见烷基的结构及其名称见表 17-2。

表 17-2　常见烷基的结构及其名称

烷基名称	烷基结构	对应的烷烃结构	对应的烷烃名称
甲基	CH_3-	CH_4	甲烷
乙基	CH_3CH_2-	CH_3CH_3	乙烷
（正）丙基	$CH_3CH_2CH_2-$	$CH_3CH_2CH_3$	丙烷
异丙基	CH_3CH- $\quad\;\;\|$ $\quad CH_3$		
（正）丁基	$CH_3CH_2CH_2CH_2-$	$CH_3CH_2CH_2CH_3$	丁烷
仲丁基	CH_3CH_2CH- $\qquad\quad\;\|$ $\qquad\;\; CH_3$		
异丁基	CH_3 $\;\|$ CH_3CHCH_2-	CH_3 $\;\|$ CH_3CHCH_3	异丁烷
叔丁基	$\quad\;\; CH_3$ $\quad\;\;\|$ CH_3-C- $\quad\;\;\|$ $\quad\;\; CH_3$		

（3）侧链烷烃的命名　侧链烷烃是指分子主链上连有烷基的复杂结构烷烃。其命名方法如下。

① 选主链,确定母体。选碳原子数最多的碳链为主链,并按主链碳原子数称为某烷。例如:

$$\underset{\text{a}}{\overset{CH_3}{\underset{|}{CH_3\overset{1}{C}H\overset{2}{C}H\overset{3}{C}H_2\overset{4}{C}H_2\overset{5}{C}H_3}}} \qquad \underset{\text{b}}{\overset{CH_2CH_3}{\underset{|}{CH_3\overset{3}{C}H\overset{4}{C}H\overset{5}{C}H_2\overset{6}{C}H_2\overset{7}{C}H_3}\atop \underset{|}{CH_2CH_3}}} \qquad \underset{\text{c}}{\overset{CH_3}{\underset{|}{CH_3\overset{1}{C}H\overset{2}{C}H\overset{3}{C}H\overset{4}{C}H_2\overset{5}{C}H_2\overset{6}{C}H\overset{7}{C}H_3}\atop \underset{|}{CH_2CH_3}}}$$

若分子中有两条或两条以上等长碳链时，应选含取代基最多的碳链为主链（如上例 c）。

② 主链碳原子编号，确定取代基位次。从靠近取代基一端将主链碳原子用阿拉伯数字（1、2、3…）依次编号，并使主链上各取代基编号之和最小。例如：

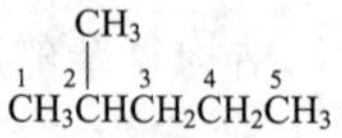

$$
\underset{a}{\overset{\overset{CH_3}{|}}{CH_3\overset{1}{C}H\overset{2}{C}H_2\overset{3}{C}H_2\overset{4}{C}H_3}} \quad \underset{b}{\overset{\overset{CH_2CH_3}{|}}{CH_3\overset{6}{C}H_2\overset{5}{C}H\overset{4}{C}H\overset{3}{C}H_2\overset{2}{C}H_3}} \quad \underset{c}{\overset{\overset{CH_3}{|}}{CH_3\overset{1}{C}H_2\overset{2}{C}H\overset{3}{C}H_2\overset{4}{C}H\overset{5}{C}H_2\overset{6}{C}H_2\overset{7}{C}H_3}}
$$

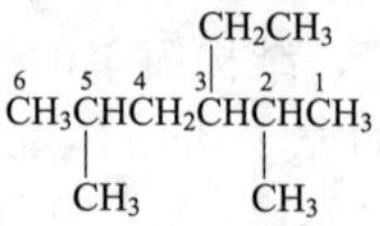

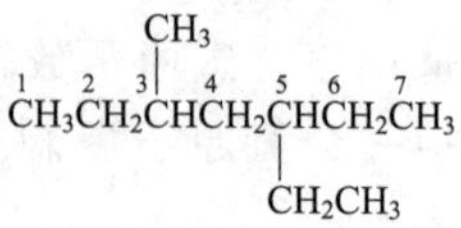

（中间结构下方含 CH_3，右侧结构下方含 CH_2CH_3）

当主链两端等距离位置上均连有取代基时，从排列次序"较低"的取代基一端开始（如上例中 c）。

③ 写出全称。取代基的位次和名称在前，主链名称在后。取代基的位次与名称之间用半字线"-"隔开。例如：

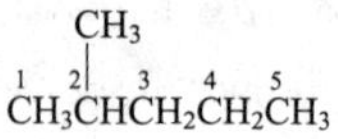

2-甲基戊烷 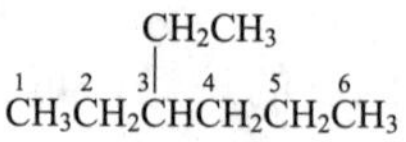   3-乙基己烷

如果主链上连有不同取代基，取代基在名称中的列出顺序按次序规则中排列次序"较低"者在前，"较高"者在后。例如：

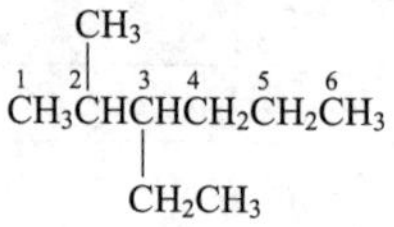

2-甲基-3-乙基己烷 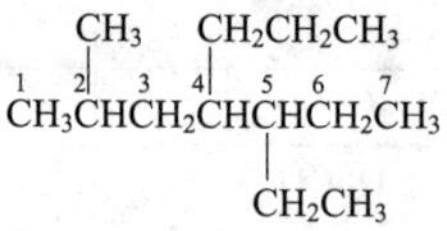   2-甲基-5-乙基-4-正丙基庚烷

如果主链上连有相同取代基时，其名称可合并，并在取代基名称前加中文数字（二、三、四……）来表示相同取代基的数目，而位次之间用逗号","隔开。例如：

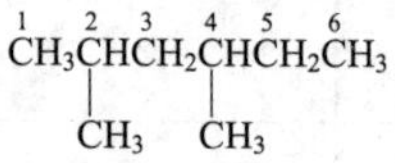

2,4-二甲基己烷

（五）烷烃的物理性质

有机化合物的物理性质一般是指物态、沸点、熔点、密度和溶解度等。烷烃的物理性质常随碳原子数的增加而呈规律性变化。

1. 物态

在常温常压下，$C_1 \sim C_4$ 的正烷烃为气体，$C_5 \sim C_{17}$ 的正烷烃为液体，C_{18} 和更高级的正烷烃为固体。

正烷烃的沸点随着分子中碳原子数的增多而呈规律性升高。除了某些小分子烷烃外，链上每增加一个碳原子，沸点升高 20～30℃。这是由于液体的沸点高低主要取决于分子间作用力的大小。随着烷烃分子中碳原子数的增多，其分子间的作用力增大，因此，沸点就升高。

在碳原子数相同的烷烃异构体中，其沸点随着侧链的增多而降低。这是由于随着侧链的增多，分子的形状趋于球形，减小了分子间有效接触的面积，从而使分子间的作用力减弱。

2. 熔点

正烷烃的熔点变化规律与其沸点相似,即随着碳原子数的增多而升高,不同的是含偶数碳原子烷烃比含奇数碳原子烷烃的熔点升高幅度大。

3. 密度

正烷烃的密度随分子中碳原子数的增多而增大,最后趋于最大值 0.78。在有机化合物中,烷烃的密度最小。

4. 溶解度

烷烃属于非极性或弱极性分子,因此,根据"相似相溶"原理,烷烃都不溶于水,而能溶于非极性或极性较小的四氯化碳、氯仿、乙醚和苯等有机溶剂。

(六)烷烃的化学性质

1. 卤代反应

有机化合物分子中氢原子被其他原子或基团取代的反应,称为取代反应。若被卤素原子取代,称为卤代反应。

甲烷的氯代反应是在紫外光照射或在 250~400℃ 的条件下进行,甲烷与氯气能发生剧烈的氯代反应,生成一氯甲烷、二氯甲烷、三氯甲烷(氯仿)、四氯甲烷(四氯化碳)及氯化氢等的混合物:

$$CH_4 \xrightarrow[\text{光照}]{Cl_2} CH_3Cl \xrightarrow[\text{光照}]{Cl_2} CH_2Cl_2 \xrightarrow[\text{光照}]{Cl_2} CHCl_3 \xrightarrow[\text{光照}]{Cl_2} CCl_4$$

如果用超过量的甲烷与氯气反应,产物主要为一氯甲烷。

不同卤素与甲烷反应活性也不相同,其活性顺序为:

$$F_2 > Cl_2 > Br_2 > I_2$$

其中,氟代反应因反应剧烈而难以控制,碘代反应则难以进行。

2. 氧化反应

烷烃的氧化反应属于自由基反应,反应时能释放出大量的热量。如:

$$CH_4 + 2O_2 =\!=\!= CO_2 + 2H_2O + 890 kJ/mol$$

如果控制在着火温度以下,烷烃不完全氧化可分别生成醇、醛、酮或羧酸等。

3. 裂解反应

烷烃在无氧条件下加热时,碳链断裂生成较小分子的反应称为裂解反应。烷烃的裂解反应分热裂解和催化裂解。例如:

$$CH_3CH_2CH_2CH_3 \xrightarrow{600℃} CH_4 + CH_2=CHCH_3$$

$$CH_3CH_2CH_2CH_2CH_3 \xrightarrow[500℃]{\text{硅酸铝}} CH_2=CH_2 + CH_2=CHCH_3 + CH_2=CHCH_2CH_3$$

热裂解属于自由基反应,催化裂解属于离子型反应。烷烃的裂解是制备烯烃或由高级烷烃制备较低级烷烃的重要方法。

4. 异构化反应

直链烷烃在强酸催化下,可进行异构反应。例如:

$$CH_3CH_2CH_2CH_3 \xrightarrow[90\sim95℃, 2MPa]{AlCl_3, HCl} \underset{\underset{CH_3}{|}}{CH_3CHCH_3}$$

工业上常用这种反应,将直链烷烃转化成支链烷烃,提高油品的质量。

知识拓展

自由基是指带有未配对电子的分子或原子。自由基非常不稳定，它们会从周围物质中夺取电子以稳定自身。自由基可以通过环境因素如辐射、污染物以及内部因素如代谢过程产生，它广泛存在于我们的日常生活中。尽管自由基在正常生理过程中起到重要作用，但当它们的生成超过身体自身的清除能力时，就会对健康产生危害，如可能导致细胞功能受损、产生慢性炎症，损害免疫系统，自由基与细胞的氧化反应会对皮肤及身体其他组织和器官造成伤害而加速衰老。它可攻击脑细胞，干扰正常的神经传递过程而引起神经退行性疾病。故平时应摄入富含抗氧化剂的食物，如新鲜水果、蔬菜等；适量运动有助于提高身体的抗氧化能力，减少自由基的生成；尽量避免接触空气中的污染物和有毒化学物质，使用抗氧化剂补充剂，保持充足的睡眠、减轻压力、戒烟限酒等健康生活习惯有助于减少自由基的生成。

 课堂互动

甲烷大量存在于自然界，是天然气、油田气和沼气的主要成分。结合所学知识并查阅资料，说一说甲烷等烷烃的主要来源及用途。

环烷烃的分类、命名和结构

二、环烷烃

链状烷烃碳链的首尾两个碳原子以共价单键相连所形成的环状结构化合物称为环烷烃。根据分子中环的类型不同，环烷烃可分为单环、双环（螺环和桥环）和多环环烷烃：

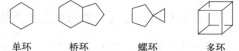

类型　　单环　　　桥环　　　螺环　　　多环

本节仅就单环环烷烃加以介绍。

（一）环烷烃的分类和命名

1. 分类

环烷烃的分子通式为 C_nH_{2n}（与单烯烃相同）。根据组成环的碳原子数不同，环烷烃可分类如下：

$$\text{单环环烷烃}\begin{cases}\text{小环}(3\sim4\text{元环})\\\text{普通环}(5\sim7\text{元环})\\\text{中环}(8\sim11\text{元环})\\\text{大环}(\geqslant12\text{元环})\end{cases}$$

2. 命名

环烷烃的命名与烷烃相似，只是在烷烃名称前加一个"环"字。用英文命名时，则加词头"cyclo-"。例如：

环丙烷　　　环丁烷　　　环戊烷　　　环己烷

当环上连有一个取代基时，取代基的位次可省略；若连有两个或两个以上取代基时，应使取代基位次代数和最小；如果环上连有复杂基团时，可将环作为取代基命名。例如：

甲基环丁烷

1,3-二甲基环戊烷

1-甲基-2-异丙基环己烷

3-甲基-1-环丙基戊烷

（二）环烷烃的结构

在环烷烃分子中，碳原子均采用的是 sp^3 杂化。因此，应有与烷烃相似的化学稳定性。但事实不尽如此。例如，三元环和四元环的环烷烃有着较高的化学活性。为了说明这一现象，1885 年，拜耳提出了张力学说。他假设成环的碳原子处于同一平面上，依据碳原子 sp^3 杂化轨道的空间构型，C—C—C 的键角为 109°28′，若键角偏离（小于或大于）此角度，必将产生角张力。例如，环丙烷分子中的键角仅为 60°，远小于正常角度，这种角度偏差使碳原子的 sp^3 杂化轨道不能沿着键轴方向进行最大程度重叠。因此，减弱了 σ 键的稳定性。环丙烷的分子结构如图 17-4 所示。

同理可知，环丁烷的化学稳定性也较差。但环戊烷和环己烷等环烷烃则因键角接近或等于 109°28′，使它们的化学性质比较稳定。

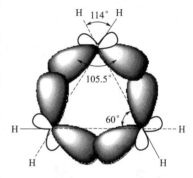

图 17-4　环丙烷的结构

课堂互动

角张力越大，化合物越不稳定。试通过不同的角张力大小，分析环烷烃系列中环的稳定性与环的大小之间的关系。

（三）环烷烃的性质

1. 加成反应

环烷烃的加成反应是指环上的一个共价键发生断裂后，原共价键上的两个原子各连接一个新的原子或原子团的开环反应。在环烷烃中，小环环烷烃在一定条件下可以分别与氢气、卤素及卤化氢等发生加成反应。

（1）催化加氢　在催化剂镍的存在下，环丙烷和环丁烷均可以发生催化加氢反应，生成相应的开链烷烃：

$$\triangle + H_2 \xrightarrow{Ni}_{40℃} CH_3CH_2CH_3$$

$$\square + H_2 \xrightarrow{Ni}_{100℃} CH_3CH_2CH_2CH_3$$

环戊烷和环己烷在高温下用高活性催化剂铂催化也可以发生加氢反应。例如：

（2）加卤素　环丙烷在室温下即可与溴发生加成反应，使溴水褪色，而环丁烷与溴的加成则需要加热才能进行：

$$\triangle + Br_2 \xrightarrow{室温} CH_2BrCH_2CH_2Br$$

$$\square + Br_2 \xrightarrow{\triangle} CH_2BrCH_2CH_2CH_2Br$$

环戊烷、环己烷等则难与卤素发生加成反应。

（3）加卤化氢　环丙烷在室温下可与溴化氢发生加成反应，生成溴代烷：

$$\triangle + HBr \xrightarrow{室温} CH_3CH_2CH_2Br$$

当环丙烷上连有取代基时，开环主要发生在含氢较多和含氢较少的相邻碳原子之间，且卤化氢中的卤原子加在含氢较少的碳原子上。例如：

$$\underset{CH_3}{\triangle} + HBr \xrightarrow{室温} CH_3\underset{Br}{C}HCH_2CH_3$$

环丁烷和环戊烷等不与溴化氢发生加成反应。

2. 取代反应

环戊烷等较大的环烷烃在光照或高温下可与卤素发生自由基取代反应。例如：

$$\bigcirc + Br_2 \xrightarrow[\text{或}300℃]{紫外光} \bigcirc-Br + HBr$$

$$\bigcirc + Cl_2 \xrightarrow{紫外光} \bigcirc-Cl + HCl$$

第三节　不饱和烃

分子中含有碳碳双键（C=C）或碳碳三键（C≡C）的烃称为不饱和烃。分子中含有碳碳双键的不饱和烃称为烯烃，含有碳碳三键的不饱和烃称为炔烃。

在烯烃和炔烃的分子中，除含有 σ 键外，还含有 π 键。因此，这两类化合物的化学性质较烷烃活泼得多。

一、烯烃和炔烃

（一）烯烃和炔烃的结构

分子中只含有一个碳碳双键的烯烃称为单烯烃，简称烯烃，分子通式为 C_nH_{2n}。炔烃分子中通常只含有一个碳碳三键，其通式为 C_nH_{2n-2}。

1. 烯烃的结构

烯烃的官能团为碳碳双键，双键上的两个碳原子在成键时采用的是 sp^2 杂化，即碳原子在成键过程中，2s 轨道中的一个电子吸收能量被激发到 2p 空轨道中，使最外层每个原子轨道各含一个电子，然后由一个 2s 轨道和两个 2p 轨道发生杂化，形成三个能量和形状均完全相同的 sp^2 杂化轨道，剩余一个 2p 轨道未参与杂化。碳原子的 sp^2 杂化过程见图 17-5。

每个 sp^2 杂化轨道含有 1/3s 轨道成分和 2/3p 轨道成分。sp^2 杂化轨道的形状与 sp^3 杂化轨道相似，为宝葫芦形，三个 sp^2 杂化轨道的对称轴处于同一平面，夹角互为 120°，在空

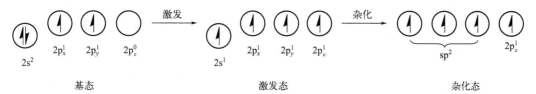

图 17-5　双键碳原子的 sp^2 杂化过程

间呈平面三角形[图 17-6(a)]。未参与杂化的一个 2p 轨道的对称轴垂直于该平面[图 17-6(b)]。

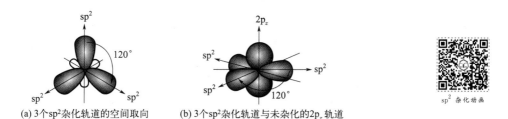

(a) 3个sp^2杂化轨道的空间取向　　(b) 3个sp^2杂化轨道与未杂化的$2p_z$轨道

图 17-6　碳原子的 3 个 sp^2 杂化轨道与未参加杂化的 p 轨道

现以乙烯为例,说明烯烃的结构。在乙烯分子中,两个碳原子各以一个 sp^2 杂化轨道沿键轴方向"头碰头"相互重叠,形成 C—C σ 键,又各用两个 sp^2 杂化轨道分别与氢原子的 1s 轨道重叠,形成 4 个 C—H σ 键,分子中所有 σ 键处于同一平面。两个碳原子各有一个未参与杂化的 2p 轨道,其轨道轴相互平行,从侧面"肩并肩"重叠,形成了碳碳间的另一个共价键 π 键。乙烯分子的结构如图 17-7 所示。乙烯分子为平面构型,分子中的所有原子及原子间的 σ 键都处于同一平面,而 π 键垂直于该平面。

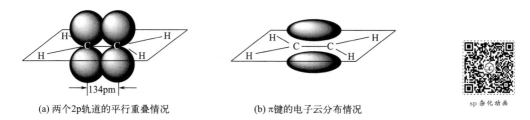

(a) 两个2p轨道的平行重叠情况　　(b) π键的电子云分布情况

图 17-7　乙烯分子的结构

烯烃中的碳碳双键是由一个 σ 键和一个 π 键组成,其键能为 611kJ/mol,小于 C—C 单键键能(347kJ/mol)的两倍,说明 π 键的键能小于 σ 键。由于形成 π 键时,2p 轨道的重叠程度比 σ 键小,因此 π 键不如 σ 键稳定,较易断裂。碳碳双键的键长为 134pm,比 C—C 单键的键长(154pm)短。一方面是因为 sp^2 杂化的碳原子 s 成分较多,距原子核较近,两个原子要更加靠近才能重叠成键。另一方面是由于 π 键的存在增加了原子核对电子的引力,缩短了核间的距离。

在烯烃分子中,π 电子云呈块状[见图 17-7(b)]对称分布于分子平面的上方和下方,离成键的原子核较远,受原子核的约束力较小。因此,π 电子的流动性较大,在外电场影响下,π 键较 σ 键易发生极化,化学活性较高。

由于 π 键是由两个碳原子的 2p 轨道从侧面平行重叠而形成的,因此,以双键相连的两个碳原子不能像 C—C 单键那样能绕 σ 键键轴自由旋转。

2. 炔烃的结构

炔烃的结构特征是分子中含有碳碳三键,碳碳三键中的碳原子为 sp 杂化,其杂化过程见图 17-8。

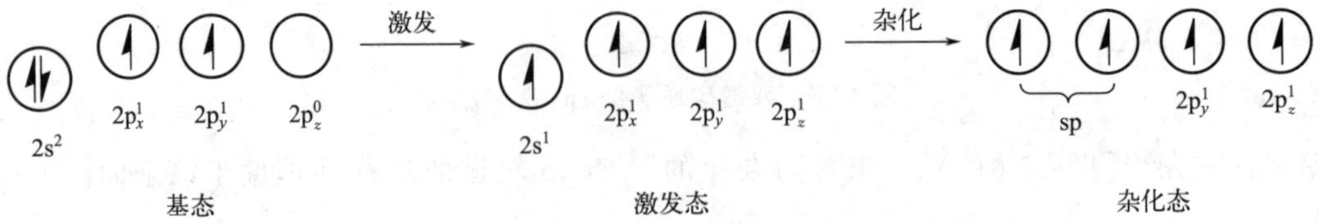

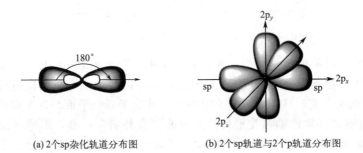

图 17-8　三键碳原子的 sp 杂化过程

碳原子在成键过程中,其激发态的一个 2s 轨道和一个 $2p_x$ 轨道发生杂化,形成两个能量、形状完全相同的 sp 杂化轨道。每个 sp 杂化轨道都含有 1/2s 轨道成分和 1/2p 轨道成分,其形状与 sp^2 及 sp^3 杂化轨道相似。轨道间夹角为 180°,呈直线形。余下两个互相垂直的 2p 轨道都垂直于 sp 杂化轨道的对称轴(见图 17-9)。

(a) 2个sp杂化轨道分布图　　(b) 2个sp轨道与2个p轨道分布图

图 17-9　碳原子的两个 sp 杂化轨道与未参与杂化的两个 2p 轨道

在乙炔分子中,两个碳原子各以一个 sp 杂化轨道沿轨道对称轴"头碰头"互相重叠,形成 C—C σ 键;每个碳原子的另一个 sp 杂化轨道分别与氢原子的 1s 轨道重叠,形成两个 C—H σ 键,这三个 σ 键在一条直线上。未参加杂化的 2p 轨道(即 $2p_y$-$2p_y$,$2p_z$-$2p_z$)两两平行重叠,形成两个彼此相垂直的 π 键(如图 17-10 所示)。

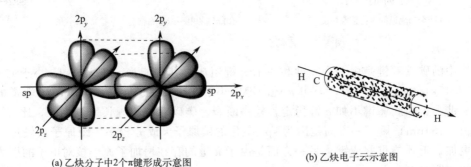

(a) 乙炔分子中2个π键形成示意图　　(b) 乙炔电子云示意图

图 17-10　乙炔分子化学键的形成示意图

从表面上看,乙炔分子中的碳碳三键是由一个 σ 键和两个 π 键组成,但由于这两个 π 键的相互作用,使二者的电子云融为一体并呈圆柱形对称地分布在 σ 键的周围,整个分子呈线型结构。

课堂互动

烯烃和炔烃分子结构中都含有 π 键，请说一说 π 键的成键特点，并与 σ 键进行比较，找出二者的不同之处。

（二）烯烃和炔烃的异构现象

由于 π 键的存在，烯烃和炔烃的异构现象较烷烃复杂。不仅如此，许多烯烃还存在立体异构现象——顺反异构。

1. 构造异构

烯烃和炔烃的构造异构包括两类，即碳链异构和位置异构。位置异构是因官能团位置不同而引起的异构现象。例如，丁烯和戊炔各有三个构造异构体：

$$\underset{\text{I}}{\underset{CH_3CHC\equiv CH}{\overset{CH_3}{\underset{|}{CH_3C=CH_2}}}} \qquad \underset{\text{II}}{\underset{CH\equiv CCH_2CH_3}{CH_2=CHCH_2CH_3}} \qquad \underset{\text{III}}{\underset{CH_3C\equiv CCH_2CH_3}{CH_3CH=CHCH_3}}$$

其中，Ⅰ和Ⅱ为碳链异构，Ⅱ和Ⅲ为位置异构。

此外，同数碳原子的烯烃与单环环烷烃、同数碳原子的炔烃与二烯烃互为官能团异构。

2. 烯烃的顺反异构

烯烃分子中以双键相连的两个碳原子不能沿 σ 键轴自由旋转，因此与双键碳原子直接相连的原子或基团在空间存在有不同的固定排列方式。如 2-丁烯分子中双键上的两个氢原子和两个甲基在空间就存在两种不同的排列方式：

$$\underset{H_3C}{\overset{H}{>}}C=C\underset{CH_3}{\overset{H}{<}} \qquad \underset{H_3C}{\overset{H}{>}}C=C\underset{H}{\overset{CH_3}{<}}$$

上述两个异构体的区别在于分子中的原子或基团在空间的排列方式不同，两个相同原子或基团在双键同一侧为顺式异构体，两个相同原子或基团分别在双键两侧的为反式异构体，因而可知前者属于顺式异构体，而后者属于反式异构体。这种异构现象与环烷烃的顺反异构现象十分相似。

顺反异构现象在烯烃中普遍存在，但并非所有含有碳碳双键的化合物都存在顺反异构现象。若同一双键碳上连有相同的原子或基团时，就不存在顺反异构现象：

$$\underset{a}{\overset{a}{>}}C=C\underset{d}{\overset{b}{<}} \equiv \underset{a}{\overset{a}{>}}C=C\underset{b}{\overset{d}{<}}$$

由此可以得出产生顺反异构必须具备以下两个条件：
① 分子中存在着限制原子自由旋转的因素（如双键、脂环等结构）。
② 在不能自由旋转的两个碳原子上，各自连接着两个不同的原子或基团：

（三）烯烃和炔烃的命名

不饱和烃的命名主要有普通命名法、系统命名法以及烯烃的顺反异构命名法。

1. 普通命名法

简单的不饱和烃常用普通命名法，即根据碳原子数称为某烯（炔）或异某烯（炔）。例如：

$$CH_2=CH_2 \qquad CH_2=CH-CH_3 \qquad CH_2=\underset{\underset{CH_3}{|}}{C}-CH_3$$
乙烯　　　　　　丙烯　　　　　　异丁烯

$$CH\equiv CH \qquad CH_3C\equiv CH \qquad CH_3\underset{\underset{CH_3}{|}}{CH}C\equiv CH$$
乙炔　　　　　　丙炔　　　　　　异戊炔

2. 系统命名法

复杂的不饱和烃常采用系统命名法。其命名原则如下。

(1) **选主链**　选择含有不饱和碳（双键碳或三键碳）的最长碳链为主链，按主链碳原子的数目命名为某烯（或某炔）。若主链碳原子的数目超过十个时，则在"烯（炔）"字前加一"碳"字。

(2) **编号**　从靠近不饱和碳一端开始给主链碳原子依次编号，以两个不饱和碳原子中编号较小的阿拉伯数字表示双键（或三键）的位次，写于烯（或炔）烃名称之前，并用短线"-"隔开。若双键（或三键）正好在主链中央，则应从靠近取代基的一端给主链碳原子编号。

(3) **命名**　将取代基的位次、名称及双键（或三键）的位次依次写在烯（或炔）烃名称之前。例如：

$$CH_3CH=CHCH_3 \qquad CH_2=CHCH_2CH_3 \qquad CH_3CH_2CH=CHCH_2CH_3$$
2-丁烯　　　　　　1-戊烯　　　　　　3-己烯

$$CH_3CH_2C\equiv CH \qquad CH_3C\equiv C\underset{\underset{CH_3}{|}}{CH}CH_3 \qquad HC\equiv C\underset{\underset{CH_2CH_3}{|}}{CH}CH_2CH_3$$
1-丁炔　　　　　　4-甲基-2-戊炔　　　　　　3-乙基-1-己炔

若分子中同时含有双键和三键时，命名时则选择含有双键和三键在内的最长碳链为主链，主链的编号应从靠近不饱和碳一端开始，并按先"烯"后"炔"的顺序命名。若主链上的双键和三键距离相等，则编号从靠近双键一端开始。例如：

$$\underset{1\ 2\ 3\ 4\ \ 5\ 6}{HC\equiv CCH\underset{\underset{CH_3}{|}}{}CH=CHCH_3} \qquad \underset{7\ 6\ 5\ 4\ 3\ 2\ 1}{CH_3C\equiv CCH_2CH=CHCH_3}$$
3-甲基-4-己烯-1-炔　　　　　　2-庚烯-5-炔

3. 不饱和基团的命名

常见的不饱和基团及其名称如下：

$$CH_2=CH- \qquad CH_3CH=CH- \qquad CH_2=CHCH_2- \qquad HC\equiv C-$$
乙烯基　　　丙烯基(1-丙烯基)　　烯丙基(2-丙烯基)　　乙炔基

（四）烯烃和炔烃的性质

1. 催化加氢反应

在 Ni、Pd 或 Pt 等催化剂作用下，烯烃与氢气发生加成反应生成烷烃。例如：

$$CH_3CH=CH_2 + H_2 \xrightarrow{Ni} CH_3CH_2CH_3$$

炔烃在镍等催化剂的作用下，可分别加一分子氢和两分子氢生成烯烃和烷烃，但在该反应条件下难以得到烯烃：

$$HC\equiv CH \xrightarrow{H_2}{Ni} CH_2=CH_2 \xrightarrow{H_2}{Ni} CH_3-CH_3$$

如果使用活性较低的 Lindlar 催化剂（Pd/BaSO$_4$/喹啉），炔烃可以只加一分子氢生成烯烃：

$$CH_3CH_2C\equiv CCH_2CH_3 + H_2 \xrightarrow{\text{Lindlar 催化剂}} CH_3CH_2CH=CHCH_2CH_3$$

一般认为催化加氢反应的机理是氢和烯烃或炔烃都被吸附于催化剂的表面所进行的加成反应，属于协同反应。

2. 加成反应

（1）加卤素　烯烃容易与 Cl$_2$ 或 Br$_2$ 发生加成反应，生成邻二卤代烷。如将乙烯通入溴的四氯化碳溶液中，溴的棕红色立即褪去，生成无色的 1,2-二溴乙烷：

$$CH_2=CH_2 + Br_2 \xrightarrow{CCl_4} \underset{Br}{\underset{|}{CH_2}}-\underset{Br}{\underset{|}{CH_2}}$$

炔烃与卤素加成先生成二卤代烯烃，继续加成则生成四卤代烷，如：

$$HC\equiv CH \xrightarrow{Br_2/CCl_4} \underset{Br}{\underset{|}{CH}}=\overset{Br}{\overset{|}{CH}} \xrightarrow{Br_2/CCl_4} \underset{Br}{\underset{|}{\overset{Br}{\overset{|}{CH}}}}-\underset{Br}{\underset{|}{\overset{Br}{\overset{|}{CH}}}}$$

因此，常用溴水或溴的四氯化碳溶液鉴定碳碳双键（三键）的存在，并可与烷烃区别。不同卤素的反应活性为：

$$F_2 > Cl_2 > Br_2 > I_2$$

氟气与烯烃的反应非常剧烈，产物复杂；碘的活性太低，与烯烃和炔烃难于加成。因此，烯烃或炔烃与卤素的加成，一般是指与氯或溴的加成。

（2）加卤化氢　当对称烯烃与卤化氢加成时，只得到一种卤代产物，例如：

$$CH_2=CH_2 + HBr \longrightarrow CH_3CH_2Br$$

若不对称烯烃与卤化氢加成时，则得到两种产物，其中一种为主要产物，另一种为副产物。例如：

$$CH_3CH=CH_2 + HBr \longrightarrow \underset{\text{主要产物}}{CH_3\underset{Br}{\underset{|}{CH}}CH_3} + \underset{\text{次要产物}}{CH_3CH_2\underset{Br}{\underset{|}{CH_2}}}$$

即当不对称烯烃与卤化氢加成时，氢主要加在含氢较多的双键碳原子上，卤原子加在含氢较少的双键碳原子上，此即为马氏规则。

（3）加硫酸　将烯烃与硫酸在较低的温度下混合，即可生成加成产物烷基硫酸（硫酸氢酯），该产物溶于硫酸，故可利用此法除去烷烃或卤代烃等中的少量烯烃。硫酸氢酯如果与水一起加热可水解生成醇：

$$CH_3CH=CH_2 + HO-\underset{O}{\overset{O}{\underset{\|}{\overset{\|}{S}}}}-OH(80\%) \longrightarrow CH_3\underset{OSO_2OH}{\underset{|}{CH}}CH_3 \xrightarrow[\triangle]{H_2O} CH_3\underset{OH}{\underset{|}{CH}}CH_3 + H_2SO_4$$

这是工业上制备醇的方法之一，称为间接水合法。

（4）加水　烯烃在催化剂存在下可直接加水生成醇：

$$CH_2=CH_2 + H_2O \xrightarrow[300℃,7MPa]{H_3PO_4/硅藻土} CH_3CH_2OH$$

这种方法称为直接水合法。

将乙炔通入含有硫酸汞的稀硫酸溶液中，乙炔与水作用生成乙烯醇，乙烯醇不稳定，重排变成乙醛，其他炔烃则生成酮：

$$CH\equiv CH + H_2O \xrightarrow{HgSO_4/H_2SO_4} [CH_2=CH-OH] \longrightarrow CH_3-\overset{O}{\underset{\|}{C}}-H$$
$$\text{乙烯醇}$$

$$CH_3C\equiv CH + H_2O \xrightarrow{HgSO_4/H_2SO_4} \left[\underset{CH_3C=CH_2}{\overset{OH}{|}}\right] \longrightarrow CH_3-\overset{O}{\underset{\|}{C}}-CH_3$$

（5）加次氯酸　烯烃与次氯酸钠或次溴酸钠的酸性溶液作用可生成卤代醇。例如：

$$CH_3CH=CH_2 + HOCl \longrightarrow \underset{\underset{OH}{|}}{CH_3CHCH_2Cl}$$

3. 氧化反应

（1）高锰酸钾氧化　烯烃在中性或碱性条件下用高锰酸钾氧化，生成邻二醇，高锰酸钾溶液的紫色褪去，生成棕色的二氧化锰沉淀：

$$CH_3CH=CH_2 + KMnO_4 + H_2O \longrightarrow \underset{\underset{HO\ \ OH}{|\ \ \ |}}{CH_3CHCH_2} + MnO_2\downarrow + KOH$$

在酸性条件下，烯烃的双键则发生断裂，其氧化产物是：连两个氢的双键碳一端生成 CO_2 和 H_2O；连一个氢的双键碳一端生成相应的羧酸；若不连氢，则产物为相应的酮。例如：

$$CH_2=CH_2 \xrightarrow{KMnO_4/H^+} CO_2 + H_2O$$

$$CH_3CH=CH_2 \xrightarrow{KMnO_4/H^+} CH_3COOH + CO_2 + H_2O$$

据此，不仅可以检验不饱和键的存在，而且还可以从产物推断烯烃的结构。

炔烃在酸性条件下也能与 $KMnO_4$ 等强氧化剂作用，三键断裂，生成羧酸、二氧化碳等产物，例如：

$$CH_3C\equiv CH + H_2O \xrightarrow{KMnO_4/H^+} CH_3COOH + CO_2$$

$$CH_3CH_2C\equiv CCH_3 + H_2O \xrightarrow{KMnO_4/H^+} CH_3CH_2COOH + CH_3COOH$$

（2）臭氧氧化　在较低温度下，臭氧能迅速定量地与烯烃反应生成臭氧化物。臭氧化物容易发生爆炸，一般不把它分离出来，而是直接加水分解成醛、酮和过氧化氢：

$$\overset{}{\underset{}{\diagup}}C=C\overset{}{\underset{}{\diagdown}} + O_3 \longrightarrow \overset{}{\underset{O-O}{\diagup C\diagdown\ \diagup C\diagdown\ }}_{\diagdown O\diagup} \xrightarrow{H_2O} \overset{}{\underset{}{\diagup}}C=O + O=C\overset{}{\underset{}{\diagdown}} + H_2O_2$$

为了避免水解生成的醛被过氧化氢氧化成羧酸，通常将臭氧化物与还原剂（如锌粉或氢气和铂）一起还原分解。例如：

$$CH_3CH_2CH=CH_2 \xrightarrow[(2)Zn+H_2O]{(1)O_3} CH_3CH_2CHO + HCHO$$

$$(CH_3)_2C=CHCH_3 \xrightarrow[(2)Zn+H_2O]{(1)O_3} (CH_3)_2C=O + CH_3CHO$$

由上述两个反应可以看出，C═C 双键断裂后，不连氢的双键碳一端生成相应的酮，而连有氢的双键碳一端生成相应的醛。因此，根据臭氧化物还原水解的产物也可以推断烯烃的结构。

（3）催化氧化　乙烯在银催化下与氧作用生成环氧乙烷：

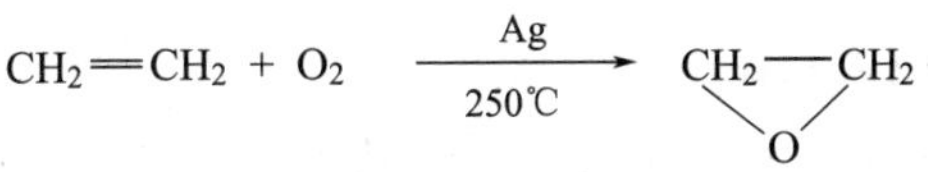

$$CH_2\!=\!CH_2 + O_2 \xrightarrow[250℃]{Ag} CH_2\!-\!CH_2 \atop \diagdown O \diagup$$

 课堂互动

利用烷烃和烯烃的性质不同，请你说一说如何鉴别烷烃和烯烃？如果甲烷中混有少量乙烯，应如何除去？

4. 聚合反应

在一定条件下，若干个烯烃分子可以彼此打开双键进行自身加成反应，生成高分子聚合物：

$$nCH_2\!=\!CH_2 \xrightarrow[60\sim75℃,1MPa]{TiCl_4/Al(C_2H_5)_3} -\!(CH_2\!-\!CH_2)_n\!-$$

炔烃在一定条件下也能发生聚合反应。例如：

$$2HC\!\equiv\!CH \xrightarrow{CuCl/NH_4Cl} CH_2\!=\!CHC\!\equiv\!CH$$

乙烯基乙炔是合成氯丁橡胶的重要原料。

 知识拓展

> 聚烯烃是一类由乙烯、丙烯等烯烃单体通过聚合反应制成的高分子化合物。根据聚合方法和单体种类的不同，聚烯烃材料可以分为聚乙烯（PE）、聚丙烯（PP）、聚丁烯（PB）等。这些材料具有低密度、高强度、耐腐蚀、耐磨损等优点，因此在众多领域有着广泛的应用。聚烯烃因良好的力学性能和化学稳定性可用作包装材料，如常见的聚乙烯袋、聚丙烯袋、聚乙烯泡沫等。此外，还主要用作建筑材料，如聚乙烯排水管、聚丙烯地漏、聚烯烃隔音材料等。另外，还用于医疗行业，如聚乙烯制成的输液袋、输液管、一次性注射器及聚丙烯制成的试管、离心管等器皿。其亦用于汽车制造，如汽车底盘护板、顶盖、仪表板、内饰件等，还可以用于电缆绝缘材料、纤维材料、塑料制品等领域。

二、芳香烃

芳香烃是芳香族烃类化合物。最早是从天然树脂、香精油中提取出来的一些具有芳香气味的物质，并且发现这类化合物的分子中都含有苯环，于是就把这一类化合物称为芳香族化合物，简称芳香烃。

芳香烃可分为以下几类。

（一）单环芳香烃

分子中只含一个苯环的芳香烃，称为单环芳香烃。例如：

单环芳香烃

苯 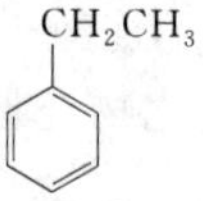　　乙苯 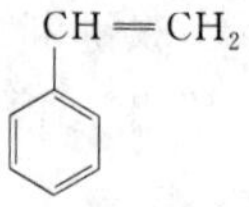　　苯乙烯 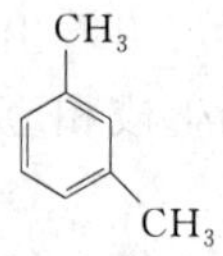　　间二甲苯

1. 单环芳香烃的异构现象和命名

最简单的单环芳香烃是苯。对简单的一元烷基苯命名时，一般是以苯为母体，烷基为取代基。例如：

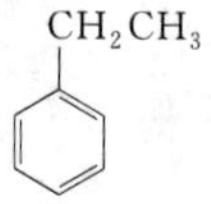

乙苯 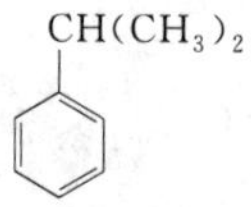　　异丙苯 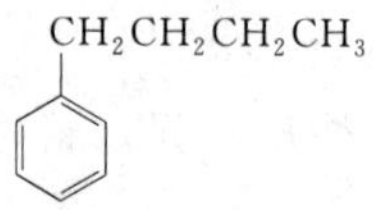　　正丁苯

对取代基相同的二元取代苯的命名，由于取代基的相对位置不同，可有三种异构体，应以苯环为母体，取代基的位置用阿拉伯数字表示，也可用"邻""间"和"对"表示。例如：

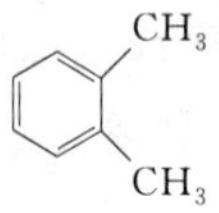

1,2-二甲苯　　1,3-二甲苯　　1,4-二甲苯
邻二甲苯　　　间二甲苯　　　对二甲苯

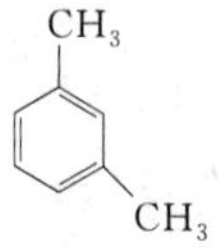

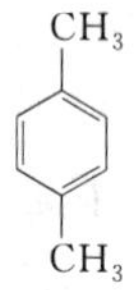

当苯环上有三个相同取代基时，以苯环为母体，用阿拉伯数字或"连""偏"和"均"表示取代基的相对位置。例如：

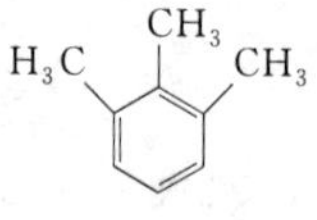

1,2,3-三甲苯　　1,2,4-三甲苯　　1,3,5-三甲苯
连三甲苯　　　　偏三甲苯　　　　均三甲苯

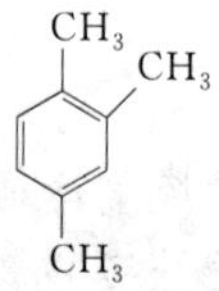

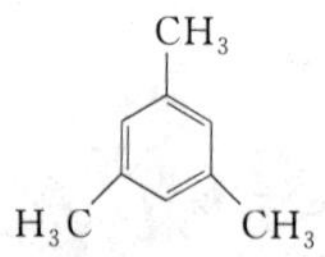

对结构复杂的单环芳香烃和苯环上连有不饱和烃基时，可把苯环看作取代基命名。例如：

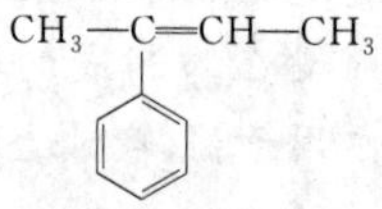

2-苯基-2-丁烯 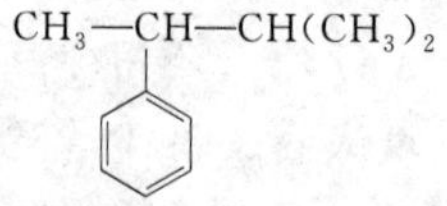　　2-甲基-3-苯基丁烷

当苯环上连有硝基、亚硝基或卤原子时，一般以苯环为母体来命名。而当苯环上连有氨基、羟基、醛基、羧基或磺酸基时，则把苯环看作取代基命名。例如：

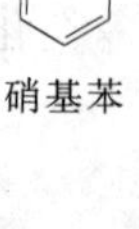

硝基苯 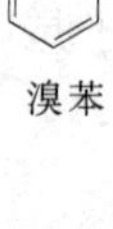　　溴苯 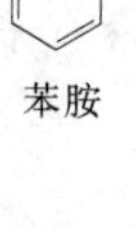　　苯胺 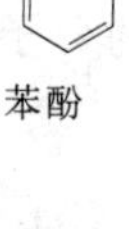　　苯酚 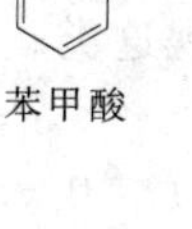　　苯甲酸

2. 苯的结构

历史上，人们对苯的结构进行了大量研究。从元素分析与分子量的测定，确定了苯的分子式为 C_6H_6。1865 年德国化学家凯库勒（F. A. KeKulé）根据苯的分子式以及四价碳的观点，首先提出了苯的环状结构，称为凯库勒构造式。

简写为 ⌬ 或 ⌬

近代物理方法证明，苯分子中的 6 个碳原子和 6 个氢原子都在一个平面内，6 个碳原子组成一个正六边形，6 个碳碳键长均为 0.139nm，所有键角都是 120°。

杂化轨道理论认为，苯分子的 6 个碳原子都是 sp^2 杂化，每个碳原子的 3 个 sp^2 杂化轨道分别与其相邻的碳原子的 sp^2 杂化轨道及氢原子的 1s 轨道相互重叠，形成 3 个 σ 键，由此，苯分子中的 6 个碳原子和 6 个氢原子都处在同一平面，键角均为 120°。此外，每个碳原子上剩下的 1 个未参加杂化的 2p 轨道彼此以"肩并肩"的方式重叠，形成一个包含 6 个碳原子在内的闭合共轭大 π 键。共轭体系中 π 电子高度离域，形成的碳碳键完全平均化（0.139nm），键角相等。见图 17-11、图 17-12。

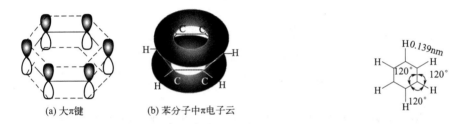

(a) 大π键　　(b) 苯分子中π电子云

图 17-11　苯分子中的共轭大 π 键及电子云　　图 17-12　苯分子中的 σ 键

3. 单环芳香烃的物理性质

苯的同系物一般为无色液体，相对密度小于 1，不溶于水，可溶于乙醇、乙醚、石油醚和四氯化碳等有机溶剂，易燃，燃烧时火焰带有浓烟。

单环芳香烃具有特殊的气味，但它们的蒸气有毒，苯的蒸气可以通过呼吸道对人体产生损害，高浓度的苯蒸气主要作用于中枢神经，引起急性中毒，低浓度的苯蒸气长期接触能损害造血器官。

4. 单环芳香烃的化学性质

在单环芳香烃分子中，由于都存在苯环的闭合共轭体系，能表现出特殊的稳定性，所以在化学性质上不易发生加成反应，不易被氧化，但易发生取代反应。通常把这种典型的性质称为芳香性。

(1) 取代反应

① 在苯环上引入卤原子的反应称为卤代反应。苯与氯、溴在铁粉或三卤化铁（路易斯酸）的催化下反应，苯环上的氢原子可被卤原子取代，生成卤代芳香烃。如：

$$\text{C}_6\text{H}_6 + \text{Cl}_2 \xrightarrow[55\sim60℃]{\text{Fe 或 FeCl}_3} \text{C}_6\text{H}_5\text{Cl} + \text{HCl}$$

$$\text{C}_6\text{H}_6 + \text{Br}_2 \xrightarrow[55\sim60℃]{\text{Fe 或 FeBr}_3} \text{C}_6\text{H}_5\text{Br} + \text{HBr}$$

甲苯在铁粉或三氯化铁存在下发生氯代，主要生成邻氯甲苯和对氯甲苯。

$$\text{CH}_3\text{-C}_6\text{H}_5 + \text{Cl}_2 \xrightarrow{\text{Fe 或 FeCl}_3} \text{邻-ClC}_6\text{H}_4\text{CH}_3 + \text{对-ClC}_6\text{H}_4\text{CH}_3 + \text{HCl}$$

若用阳光照射或将氯气通入沸腾的甲苯中，则氯代反应发生在侧链上，而不在苯环上。此反应相当于烷烃的自由基反应，反应不会停留在第一步，甲基上的氢原子能逐个被取代。

$$\text{C}_6\text{H}_5\text{CH}_3 \xrightarrow[\text{日光或强热}]{\text{Cl}_2} \text{C}_6\text{H}_5\text{CH}_2\text{Cl} \xrightarrow[\text{日光或强热}]{\text{Cl}_2} \text{C}_6\text{H}_5\text{CHCl}_2 \xrightarrow[\text{日光或强热}]{\text{Cl}_2} \text{C}_6\text{H}_5\text{CCl}_3$$

卤代反应一般指氯代和溴代反应。因为氟代反应过于激烈，不易控制。碘代反应生成的碘化氢是强还原剂，能把产物还原为芳香烃且反应是可逆的。

② 苯与浓硝酸和浓硫酸的混合物（又叫混酸）在 50～60℃反应，苯环上的一个氢原子被硝基（—NO$_2$）取代，生成硝基苯。这类反应叫硝化反应。

$$\text{C}_6\text{H}_6 + \text{HNO}_3 \xrightarrow[50\sim 60℃]{\text{浓 H}_2\text{SO}_4} \text{C}_6\text{H}_5\text{NO}_2 + \text{H}_2\text{O}$$

若在较高温度下，硝基苯可继续与混酸作用，主要生成间二硝基苯。

$$\text{C}_6\text{H}_5\text{NO}_2 + \text{HNO}_3 \xrightarrow[100\sim 110℃]{\text{浓 H}_2\text{SO}_4} \text{间-C}_6\text{H}_4(\text{NO}_2)_2 + \text{H}_2\text{O}$$

烷基苯在混酸作用下也发生取代，反应比苯容易，主要生成邻位和对位取代物。如：

$$\text{C}_6\text{H}_5\text{CH}_3 + \text{HNO}_3 \xrightarrow[30℃]{\text{浓 H}_2\text{SO}_4} \text{邻-O}_2\text{NC}_6\text{H}_4\text{CH}_3 + \text{对-O}_2\text{NC}_6\text{H}_4\text{CH}_3$$

③ 苯与浓硫酸或发烟硫酸作用，环上的一个氢原子被磺酸基（—SO$_3$H）取代生成苯磺酸。若在较高温度下反应，则生成间苯二磺酸。这类反应称为磺化反应。

$$\text{C}_6\text{H}_6 \xrightleftharpoons[70\sim 80℃]{\text{浓 H}_2\text{SO}_4} \text{C}_6\text{H}_5\text{SO}_3\text{H} \xrightarrow[10\%\text{发烟 H}_2\text{SO}_4]{200\sim 245℃} \text{间-C}_6\text{H}_4(\text{SO}_3\text{H})_2$$

与卤代和硝化反应不同，磺化反应是一个可逆反应，因此在制取苯磺酸时，需从反应液中移去生成的水，以防逆反应的进行。

课堂互动

磺化反应的可逆性在有机合成中十分有用，在合成时可通过磺化反应保护芳环上的某一位置，待进一步发生某一反应后，再通过稀硫酸或盐酸将磺酸基除去，即可得到所需的化合物。由甲苯制取邻氯甲苯时，若用甲苯直接氯代，得到难以分离的邻氯甲苯和对氯甲苯的混合物。若甲苯先磺化再氯化，产物经水解即可得到高产率的邻氯甲苯。试写出其反应方程式。

④ 在无水三氯化铝等催化剂的作用下，芳香烃与卤代烷或酰卤、酸酐作用，环上的氢原子被烷基或酰基取代的反应，分别称为烷基化反应和酰基化反应，统称为 Friedel-Crafts 反应。如：

$$\text{C}_6\text{H}_6 + \text{CH}_3\text{CH}_2\text{Br} \xrightarrow{\text{AlCl}_3\ \text{加热}} \text{C}_6\text{H}_5\text{CH}_2\text{CH}_3 + \text{HBr}$$

$$\text{C}_6\text{H}_6 + \text{CH}_3\text{COCl} \xrightarrow{\text{AlCl}_3\ \text{加热}} \text{C}_6\text{H}_5\text{COCH}_3 + \text{HCl}$$

无水三氯化铝是烷基化最有效的催化剂，此外，$FeCl_3$、$SnCl_4$、BF_3、$ZnCl_2$ 等也可作催化剂，但都需在无水条件下进行。

若参与反应的卤代烷烃为三个碳原子以上的直链烷烃，常会伴随烷基的异构化发生，且主要生成异构化产物。如：

$$\text{C}_6\text{H}_6 + \text{CH}_3\text{CH}_2\text{CH}_2\text{Cl} \xrightarrow{\text{无水 AlCl}_3} \underset{30\%}{\text{C}_6\text{H}_5\text{CH}_2\text{CH}_2\text{CH}_3} + \underset{70\%}{\text{C}_6\text{H}_5\text{CH}(\text{CH}_3)_2}$$

Friedel-Crafts 烷基化反应不会停留在一元取代阶段，通常得到一元、二元和三元取代物的混合物。当苯环上连有吸电子基时，烷基化反应则难以进行。例如在苯环上连有硝基、磺酸基和乙酰基等基团时就不发生该反应。

Friedel-Crafts 酰基化反应不发生异构化，主要生成一元取代产物酮类。如：

$$\text{C}_6\text{H}_6 + (\text{CH}_3\text{CO})_2\text{O} \xrightarrow{\text{无水 AlCl}_3} \text{C}_6\text{H}_5\text{COCH}_3 + \text{CH}_3\text{COOH}$$

（2）氧化反应　常用的氧化剂如高锰酸钾、重铬酸钾、硫酸、稀硝酸等不能使苯氧化。烷基苯在这些氧化剂存在下只发生侧链氧化。

$$\text{对-二甲苯} \xrightarrow[\text{H}_2\text{SO}_4]{\text{KMnO}_4,\triangle} \text{对苯二甲酸}$$

氧化一般发生在 α-氢上，因此不论侧链有多长，最终氧化产物都是苯甲酸。

$$\text{C}_6\text{H}_5\text{CH}_2\text{CH}_2\text{CH}_3 \xrightarrow[\text{H}_2\text{SO}_4]{\text{KMnO}_4,\triangle} \text{C}_6\text{H}_5\text{COOH}$$

当苯环上不含 α-氢时，侧链不被氧化。如：

$$\text{4-甲基-叔丁基苯} \xrightarrow[\text{H}_2\text{SO}_4]{\text{KMnO}_4,\triangle} \text{4-叔丁基苯甲酸}$$

在强烈条件下，如高温或使用特殊催化剂，苯才能被氧化成某些分解产物。如：

$$\text{C}_6\text{H}_6 + \text{O}_2 \xrightarrow[400\ ^\circ\text{C}]{\text{V}_2\text{O}_5} \text{顺丁烯二酸酐}$$

顺丁烯二酸酐

(3) 加成反应

① 在镍的催化下，于 180~230℃ 反应，苯加氢生成环己烷。

$$\text{C}_6\text{H}_6 + 3\text{H}_2 \xrightarrow[180\sim230℃]{\text{Ni,高压}} \text{C}_6\text{H}_{12}$$

② 在紫外光照射下，苯与氯加成生成六氯环己烷。

$$\text{C}_6\text{H}_6 + 3\text{Cl}_2 \xrightarrow[50℃]{\text{紫外光}} \text{C}_6\text{H}_6\text{Cl}_6$$

1,2,3,4,5,6-六氯环己烷

六氯环己烷简称"六六六"，是一种有效的杀虫剂，但因其性质稳定，不易被生物分解，毒性残留大，对人畜有害，现已被淘汰。

（二）多环芳香烃

分子中含有两个或两个以上苯环的芳香烃称为多环芳香烃。根据分子中苯环连接的方式不同，多环芳香烃可分为多苯代脂肪烃、联苯烃和稠环芳香烃。

（1）**多苯代脂肪烃** 指脂肪烃分子中两个或两个以上的氢原子被苯环取代的化合物。例如：

4,4′-二甲基二苯甲烷　　　　　　　　1,2-二苯乙烯

（2）**联苯烃** 指两个或两个以上苯环分别以单键相连而成的多环芳香烃。例如：

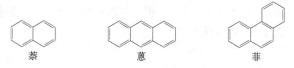

4,4′-二甲基联苯　　　　　　　　1,4-三联苯

（3）**稠环芳香烃** 指两个或两个以上苯环彼此共用两个碳原子而成的多环芳香烃。例如：

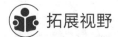

萘　　　　　蒽　　　　　菲

拓展视野

不可再生的石化资源——石油

石油又称原油，是从地下深处开采的棕黑色可燃黏稠液体，它是几百万年前沉积在地下的生物残骸，经泥沙覆盖，在微生物作用下腐烂，又经过长期加压、加热形成的。石油是由多种脂肪烃、环烃和芳香烃及少量含硫化合物所组成的混合物。石油经过加工处理能制成适合各种用途的石油产品，常见的处理方法为分馏法：利用分子大小不同、沸点不同，将石油中的烃类化合物予以分离，再以化学处理方法提高产品的价值。工业上先将石油加热至 400~500℃，使其变成蒸气后输进分馏塔。在分馏塔中，位置愈高，温度愈低。石油蒸气在上升途中会逐步液化、冷却及凝结成液体馏分。分子较小、沸点较低的气态馏分则慢慢地沿塔上升，在塔的高层凝结，例如燃料气、液化石油气、轻油、煤油等。分子较大、沸点较高的液态馏分在塔底凝结，例如柴油、润滑油及蜡等。在塔底留下的黏滞残余物为沥青及重油，可作为焦化和制取沥青的原料或作为锅炉燃料。不同馏分在各层收集起来，经过导管输离分馏塔。这些分馏产物便是石油化学原料，可再制成许多的化学品。

本章小结

一、有机化合物

1. 有机化合物的特点

可燃性、低熔点、难溶于水、不导电、反应速率慢、异构现象多。

2. 有机化合物的分类

按碳架分类：可分为开链化合物、碳环化合物（又分脂环族化合物和芳香族化合物）、杂环化合物。

按官能团分类：烯烃、炔烃、芳香烃、卤代烃、醇、酚、醚、醛、酮、羧酸、酯等。官能团是有机化合物分子中性质比较活泼，容易发生化学反应的原子或原子团。

二、烷烃

1. 烷烃的通式和结构

烷烃的通式为 C_nH_{2n+2}（n 为正整数）。相邻的两个烷烃在组成上只相差一个"CH_2"，这种具有相同分子通式和结构特征的一系列化合物称为同系列。

烷烃碳原子采取 sp^3 杂化。甲烷四个 σ 键夹角为 109.5°，分子构型为正四面体形，碳原子位于中心，四个氢分别位于正四面体的四个顶点。

2. 烷烃的命名

系统命名法规则：（1）选主链：选最长的、取代基（支链）最多的碳链作主链。（2）编号：从离取代基最近的一端编号，并满足最低系列原则（最低系列：离最小取代基最近一端编号，使取代基位次之和尽可能小）。

3. 烷烃的化学性质

有机化合物分子中氢原子被其他原子或基团取代的反应，称为取代反应。若被卤素原子取代，称为卤代反应。

烷烃在无氧条件下加热时，碳链断裂生成较小分子的反应称为裂解反应。

直链烷烃在强酸催化下，可进行异构化反应。

三、环烷烃

环烷烃稳定性大小顺序为：

环己烷＞环戊烷＞环丁烷＞环丙烷

四、不饱和烃

1. 烯、炔烃的定义及通式

分子中只含有一个碳碳双键的烯烃称为单烯烃，简称烯烃，分子通式为 C_nH_{2n}。炔烃分子中通常只含有一个碳碳三键，其通式为 C_nH_{2n-2}。

2. 烯烃和炔烃的性质

催化加氢反应，与卤素、HX、H_2SO_4、H_2O、次卤酸的亲电加成反应，与 $KMnO_4$ 的氧化反应，臭氧化反应，聚合反应等。

马氏规则：当不对称烯烃与卤化氢加成时，氢主要加在含氢较多的双键碳原子上，卤原子加在含氢较少的双键碳原子上。

五、芳香烃

1. 芳香烃的分类

芳香烃可分为单环芳香烃、多环芳香烃。其中多环芳香烃包括多苯代脂肪烃、联苯、稠环芳香烃。

2. 苯环的结构

苯分子是一个平面正六边形构型,键角都是 $120°$,碳碳键长都是 $0.1397nm$。苯分子中的 6 个碳原子都是以 sp^2 杂化轨道成键的,6 个 C—C 键等长,不存在单、双键之分。

3. 芳香烃的性质

单环芳香烃苯环上的亲电取代反应主要包括卤代、硝化、磺化、烷基化、酰基化。氧化反应主要是发生在芳环侧链上的反应,只要侧链含有 $α-H$,在酸性 $KMnO_4$ 等氧化剂作用下,无论侧链长短,均被氧化成羧基。

课后检测

一、解释下列名词

(1) 烷基　　　(2) 仲碳原子　　　(3) 加成反应　　　(4) 同分异构体

(5) 取代反应　　(6) 亲电试剂

二、填空题

1. 化合物具有相同的_____,但具有不同_____的现象,称为同分异构现象。

2. 在酸催化下,乙烯与水加成生成_____,乙炔与水加成生成_____。

3. 分子中含有 1 个或多个_____的烃类为芳香烃,最简单的芳香烃为_____。

4. 烯丙基的构造式是_____,异丁烯的构造式是_____。

5. 天然气、沼气的主要成分是_____,最简单的一取代烷基苯被酸性高锰酸钾氧化后产物的结构式为_____。

6. 不对称烯烃与卤化氢等极性试剂加成时应遵守_____。

7. 炔烃的官能团是_____,同碳数的炔烃与二烯烃互为_____。

8. 二甲苯的三个同分异构体分别是_____、_____和对二甲苯。

9. 烷烃的物理性质一般随分子中_____的递增而发生规律性的变化。

10. 有机化合物分子中_____被_____取代的反应,称为磺化反应。

11. 相同碳原子数的烷烃各异构体的沸点不同。直链烷烃的沸点最高,_____越多,_____越低。

12. 具有同一个通式且结构(化学性质)_____,在组成上相差一个或几个 CH_2 原子团的化合物互称为_____。

三、选择题

1. 下列物质不能生成金属炔化物的是(　　)。

A. 丙炔　　　B. 乙炔　　　C. 1-丁炔　　　D. 2-丁炔

2. 室内空气污染的主要来源是室内装饰材料家具及化纤地毯等不同程度释放的有害气体,主要是(　　)。

A. CO　　　B. CO_2　　　C. 甲醇　　　D. 苯、甲苯的同系物及甲醛

3. 有机化合物分子中的某些原子或原子团,被其它的原子或原子团所替代的反应称为(　　)。

A. 水解反应　　B. 酯化反应　　C. 取代反应　　D. 加成反应

4. 室温下可使溴水褪色,但不能使 $KMnO_4$ 褪色的是(　　)。

A. ⬠　　　B. △—CH_3　　　C. 丙烷　　　D. 丙烯

5. 下列化合物中性质最不稳定的是(　　)。

A. 环丙烷　　　B. 环丁烷　　　C. 环戊烷　　　D 环己烷

6. 不能使酸性高锰酸钾溶液褪色的是（　　）。
   A. 甲苯　　　　B. 乙苯　　　　C. 异丙苯　　　　D. 叔丁苯
7. 下列哪个化合物与其它化合物不是互为同分异构体？（　　）
   A. $CH_3CH_2CHCH_3$
       $\quad\quad\quad\;\;|$
       $\quad\quad\quad\;CH_3$
   B. $CH_3CH_2CHCH_3$
       $\quad\quad\;\;|\quad\;\;|$
       $\quad\quad CH_3\;CH_3$
   C. $CH_3(CH_2)_3CH_3$
   D. $H_3C-\underset{\underset{CH_3}{|}}{\overset{\overset{CH_3}{|}}{C}}-CH_3$

8. $CH_2=CHCH_2CH_3$ 和 $CH_3CH=CHCH_3$ 互为（　　）。
   A. 碳链异构　　B. 位置异构　　C. 构象异构　　D. 顺反异构
9. 下列分子中，属烷烃的是（　　）。
   A. C_2H_2　　　B. C_2H_4　　　C. C_2H_6　　　D. C_6H_6
10. 可以用来鉴别乙烯和乙炔的试剂是（　　）。
    A. 溴的 CCl_4 溶液　　　　B. 酸性 $KMnO_4$ 溶液
    C. 硝酸银的氨溶液　　　　D. 硝酸银的醇溶液
11. 下列化合物发生磺化反应最活泼的是（　　）。
    A. 苯　　　　B. 甲苯　　　　C. 硝基苯　　　　D. 氯苯
12. 能与氯化亚铜的氨溶液反应生成棕红色沉淀的是（　　）。
    A. 乙烯　　　B. 丙烯　　　C. 1-丁炔　　　D. 2-丁炔
13. 下列各组物质属于同分异构体的是（　　）。
    A. 苯、乙苯　　　　　　B. 苯、苯乙烯
    C. 苯乙烯、苯乙炔　　　D. 正丙苯、异丙苯
14. 分子式为 C_8H_{10} 的芳香烃用 $KMnO_4$ 氧化得到苯甲酸，该芳香烃为（　　）。
    A. Ph—CH_2CH_3
    B. Ph—$CH=CH_2$
    C. Ph—$C\equiv CH$
    D. 邻二甲苯

15. 化合物 $CH_3CH_2CH_2CH_2CH_3$ 的一元溴代物共有几种？（　　）
    A. 2 种　　　　B. 3 种　　　　C. 4 种　　　　D. 5 种

四、用系统命名法命名下列化合物

(1) $H_3C-\underset{\underset{CH_3}{|}}{\overset{\overset{CH_3}{|}}{C}}-CH_2CH_2CH_3$

(2) $CH_3-\underset{\underset{CH_3}{|}}{CH}-C\equiv CH$

(3) $CH_3C=CHCH_2CH_3$
     $\quad\quad\;|\quad\;\;|$
     $\quad\;\;CH_3\;CH_3$ （注：此处位置见原图）

(4) Ph—$CH_2CHCH_2\underset{\underset{CH_3}{|}}{\overset{\overset{CH_2CH_3}{|}}{C}}CH_3$
     $\quad\quad\quad\quad|$
     $\quad\quad\quad CH_3$

(5) $CH_3CHCH=CHCH_2\underset{}{\overset{\overset{CH_3}{|}}{C}}HCH_3$
     $\;\;\;\;|$
     $\;CH_2CH_3$

(6) Ph—$CH=CHCH\underset{}{\overset{\overset{CH_3}{|}}{}}CH_3$

(7) $CH_3CH_2CH_2\underset{}{\overset{\overset{CH_3}{|}}{C}}HCH=CH_2$

(8) $CH_3CH_2\underset{}{\overset{\overset{CHCH_3}{|}}{C}}HCH_2CH_3$

(9) $CH_2=CHCH(CH_3)CH_3$ 中的 CH_3 支链

(9) $CH_2\!\!=\!\!CHCH\underset{CH_3}{\overset{|}{C}}HCH_3$

(10) $CH_3C\!\!\equiv\!\!CCH(C_2H_5)CH_3$

五、根据名称写出下列化合物的结构式

(1) 异丁烷 (2) 新戊烷
(3) 3-甲基-4-乙基己烷 (4) 2,3-二甲基-1,3-戊二烯
(5) 2,3-二甲基-2-戊烯 (6) 对甲基叔丁基苯
(7) 对甲基苯甲酸 (8) 4-甲基-3-乙基-1-己炔

六、写出下列反应的主要产物

(1) $CH_3CH_2CH_3 + Cl_2 \xrightarrow{\text{光照}}$

(2) 甲基环丙烷 $+ Br_2 \longrightarrow$

(3) $CH_3C\!\!\equiv\!\!CH \xrightarrow{HBr} ? \xrightarrow{HBr}$

(4) $CH_3CH_2CH\!\!=\!\!CH_2 \xrightarrow{KMnO_4/OH^-}$

(5) 苯 $+ (CH_3CO)_2O \xrightarrow{AlCl_3}$

(6) 甲苯 $+ Cl_2 \xrightarrow{h\nu}$

(7) $CH_2\!\!=\!\!CHCH_2CH_3 + HBr \longrightarrow$

(8) $CH_3\underset{CH_3}{\overset{|}{C}}\!\!=\!\!CH_2 + H_2O \xrightarrow{H^+}$

七、简答题

1. 有机化合物有哪些特点？
2. 写出分子式为 C_5H_{12} 的烷烃同分异构体并命名。
3. 试写出单环环烷烃 C_5H_{10} 所有的碳链异构体并命名。
4. 在烯烃和炔烃分子中，双键碳原子和三键碳原子各采用的杂化态是什么？
5. 如何用化学方法鉴别乙烷、乙烯和乙炔？
6. 如何用化学方法鉴别环己烯、苯和甲苯？
7. 分子式为 C_5H_{10} 的烯烃被酸性高锰酸钾氧化生成了丙酸和乙酸，推测该烯烃的构造式。
8. 分子式为 C_4H_8 的两种化合物与 HBr 作用，生成相同溴代烷，试推测原来两种化合物的结构式。

第十八章
*烃的衍生物

学习目标

知识目标
1. 熟悉烃的衍生物的分类和命名。
2. 熟悉烃的衍生物的性质和应用。

能力目标
1. 会根据常见衍生物的名称写出其结构式。
2. 会用简单的化学方法区别常见的烃的衍生物。

素质目标
1. 通过探讨烃的衍生物的分类和命名,使学生养成归纳总结的学习习惯,从而提升自主探究的学习能力。
2. 通过探索烃的衍生物结构与性质的关系,使学生学会辩证看待问题的思维方式,从而形成治学严谨的科学态度。
3. 通过探寻烃的衍生物的鉴别方法,使学生透过现象看本质,从而培养实践能力和实验精神。

第一节 卤代烃

卤代烃是一种简单的烃的衍生物,是烃分子中的一个或多个氢原子被卤原子取代而生成的化合物。一般可以用 R—X 表示,X 代表卤原子(X=F、Cl、Br 和 I)。由于卤代烃的化学性质主要由卤原子决定,因而 X 是卤代烃的官能团。自然界中天然存在的卤代烃很少,大多数卤代烃都是人工合成的。卤代烃的化学性质比较活泼,能发生多种化学反应而转化为其他种类的有机化合物,因此在有机合成中具有重要的作用。同时,卤代烃也可作为有机溶剂、农药、制冷剂、灭火剂、麻醉剂和防腐剂等应用于日常生活、工农业生产、医药和理论研究等方面,所以,卤代烃是一类重要的有机化合物。下面我们以卤代烷烃为重点来学习卤代烃的相关知识。

一、卤代烷烃的分类和命名

1. 卤代烷烃的分类

根据卤代烷烃分子中所含卤原子的种类,卤代烷烃分为:

氟代烷如:CH_3F,CH_3CH_2F 氯代烷如:CH_3Cl,CH_3CH_2Cl
溴代烷如:CH_3Br,CH_3CH_2Br 碘代烷如:CH_3I,CH_3CH_2I

根据卤代烷烃分子中所含卤原子数目的多少,卤代烷烃分为:

一卤代烷如:CH_3Cl,CH_3CH_2Br,CH_3CHFCH_3

二卤代烷如:CH_2Cl_2,$ClCH_2CH_2Cl$,CH_2ClCH_2Br

多卤代烷如:$CHCl_3$,CCl_4,$CH_2ClCHClCH_2Cl$

根据卤代烷烃分子中与卤原子直接相连的碳原子类型不同,卤代烷烃可以分为伯卤代烷(一级卤代烷,用"1°"表示)、仲卤代烷(二级卤代烷,用"2°"表示)和叔卤代烷(三级卤代烷,用"3°"表示),如:

$$R-CH_2-Br \qquad \begin{matrix}R^1\\|\\CH-X\\|\\R^2\end{matrix} \qquad \begin{matrix}R^1\\|\\R^2-C-X\\|\\R^3\end{matrix}$$

伯卤代烷(1°)　　仲卤代烷(2°) 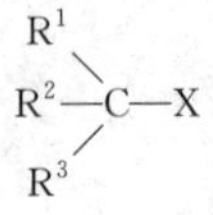　　叔卤代烷(3°)

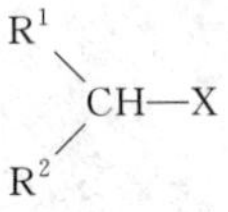

2. 卤代烷烃的命名

(1) 普通命名法　结构比较简单的卤代烷常采用普通命名法命名。根据卤原子的种类和与卤原子直接相连的烷基命名为"某基卤",或按照烷烃的取代物命名为"卤某烷"。如:

CH_3Cl　　　CH_3CH_2F　　　$CH_3CH_2CH_2Br$　　　$CH_3CH_2CH_2CH_2I$

甲基氯　　　　乙基氟　　　　正丙基溴　　　　正丁基碘

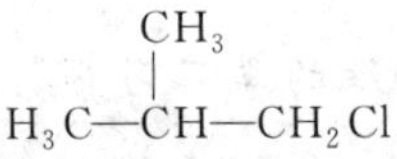

异丁基氯 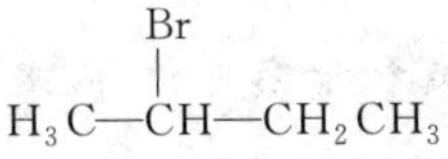　　　仲丁基溴 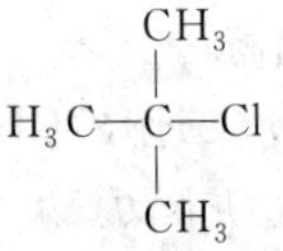　　　叔丁基氯

(2) 系统命名法　复杂的卤代烷烃必须采用系统命名法。其命名原则是以烷烃和环烷烃为母体,卤原子作为取代基,按照烷烃的命名原则来进行命名。其命名要点如下:

① 选择连有卤原子的碳原子在内的最长碳链为主链,根据主链的碳原子数称为"某烷"。

② 支链和卤原子均作为取代基。主链碳原子的编号与烷烃相同,也遵循最低系列原则。当主链上连有两个取代基且其一为卤原子时,由于在立体化学规则中,卤原子优于烷基,应给予卤原子所连接碳原子以较大的编号。

③ 将取代基和卤原子的名称和位次写在主链烷烃名称之前,即得全名。取代基排列的先后次序按立体化学中的"次序规则"顺序列出("较优"基团后列出)。当连有不同卤素时,按氟、氯、溴、碘次序先后列出。命名时与其他取代基一样按首写字母前后顺序一一列出。如:

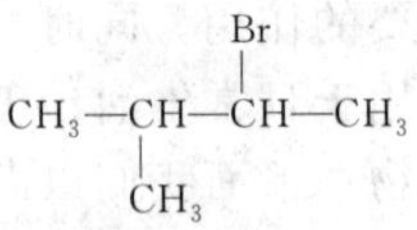

2-甲基-3-溴丁烷 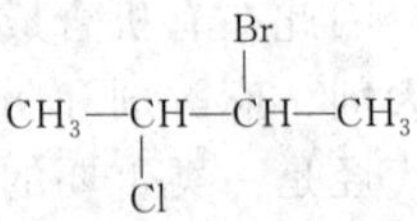　　　　　　2-氯-3-溴丁烷

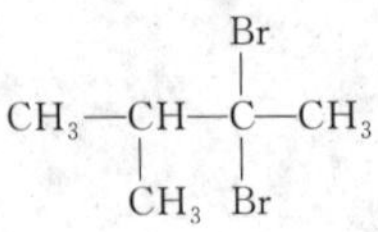

3-甲基-2,2-二溴丁烷 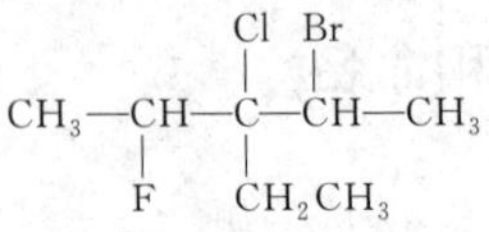　　　3-乙基-2-氟-3-氯-4-溴戊烷

卤代环烷烃的命名,除以环烷烃为母体外,其他与卤代烷相同。如:

溴(代)环戊烷　　　　　三氯甲基环己烷

1-甲基-2-氯环己烷　　1-甲基-1-乙基-2-氯环戊烷

二、卤代烷烃的物理性质

C_4 以下的一氟代烷、C_2 以下的一氯代烷和溴甲烷为气体，其他常见的卤代烷多为液体，C_{15} 以上的高级卤代烷为固体。纯粹的一卤代烷都无色，但碘代烷在光的作用下易分解析出游离的碘，久置后逐渐变为棕红色。一卤代烷具有不愉快的气味，其蒸气有毒。卤代烷在铜丝上燃烧时能产生绿色火焰，可作为卤代烷烃定性鉴别的方法。卤代烷的沸点都比相应同碳原子数的烷烃高。卤代烷的相对密度大于相应的烷烃。烷基相同而卤原子不同时，其相对密度随卤素的原子序数的增加而增大，一氟代烷和一氯代烷的相对密度小于 1，其他卤代烷的相对密度都大于 1。在同系列中，卤代烷的相对密度随碳原子数的增加而降低，由于随着碳原子数的增加，卤素在分子中所占的比例逐渐减少。卤代烷均不溶于水，但能以任意比和烃类化合物混溶，并能溶解其他许多弱极性或非极性有机物。二氯甲烷、三氯甲烷（氯仿）、四氯化碳等卤代烷本身就是常用的溶剂，可用于提取动植物组织中的脂肪类物质。

 课堂互动

卤代烃的功与过：卤代烃应用广泛，可以作为灭火剂（如四氯化碳）、冷冻剂（如氟利昂）、杀虫剂（如六六六，现已禁用）、麻醉剂（如氯仿，现已不使用），以及高分子工业的原料（如氯乙烯）、涂改液（如二氯乙烷）等。但由于卤代烃不容易被微生物降解，容易在动植物体内富集，有些卤代烃（如氟氯烃）还能破坏大气中的臭氧层，这使得人类对卤代烃的使用受到了较大的限制。你是如何看待这个问题的呢？

三、卤代烷烃的化学性质

在卤代烷烃分子中，由于卤原子的电负性大于碳原子，使 C—X 键成键电子向卤原子偏移，因此 C—X 是极性共价键，卤原子容易被其他原子或基团取代，发生取代反应。

卤代烃的
化学性质1

1. 取代反应

（1）卤原子被羟基取代　卤代烷与氢氧化钠（钾）的水溶液共热，卤原子被羟基取代生成相应的醇。这个反应又叫卤代烷烃的水解反应。

$$R{-}X + NaOH \xrightarrow[\triangle]{H_2O} R{-}OH + NaX$$

卤代烃的
化学性质2

由于该反应是可逆的，所以通常在碱性水溶液中进行，以中和反应生成的 NaX，使反应向生成醇的方向移动。利用该反应可以制得相应的醇类化合物。

例如：

$$C_5H_{11}Cl + NaOH \xrightarrow{H_2O} C_5H_{11}OH + NaCl$$
　　混合物　　　　　　　　混合物

这是工业上生产混合戊醇的方法之一。混合戊醇可用作工业溶剂。一般来讲，不用卤代烷来制备醇，因为自然界醇是大量存在的，而卤代烷是由醇制得的。但对于某些复杂分子，引入羟基比引入卤素困难时，可以先引入卤原子，然后通过水解引入羟基。

(2) 卤原子被烷氧基取代　卤代烷和醇钠作用，卤原子可以被烷氧基取代生成醚，这是制备混醚的方法，又称为威廉森合成法：

$$R-X + R'-O-Na \xrightarrow[\triangle]{R'OH} R-O-R' + NaX$$
醇钠　　　　　　醚

(3) 卤原子被氰基取代　卤代烷与氰化钠或氰化钾的醇溶液共热，则卤原子被氰基取代生成腈。

$$R-X + NaCN \xrightarrow{CH_3CH_2OH} R-CN + NaX$$
氰化钠　　　　　腈

(4) 卤原子被氨基取代　卤代烷与氨作用，卤原子被氨基取代生成胺。

$$R-X + NH_3 \longrightarrow R-NH_2 + HX$$

生成的胺为有机碱，它可以与反应生成的氢卤酸生成盐，即 $RNH_3^+ X^-$ 或写作 $RNH_2 \cdot HX$。例如：

$$ClCH_2CH_2Cl + 4NH_3 \xrightarrow[5h]{115℃} H_2NCH_2CH_2NH_2 + 2NH_4Cl$$

(5) 卤原子被硝氧基取代　卤代烷与硝酸银的乙醇溶液作用，卤原子可被硝氧基（—ONO_2）取代生成硝酸酯，并伴有卤化银沉淀的生成。

$$R-X + AgONO_2 \xrightarrow[\triangle]{CH_3CH_2OH} R-ONO_2 + AgX\downarrow$$

由于不同烃基结构的卤代烷与 $AgNO_3$-C_2H_5OH 作用时，叔卤代烷反应最快，最先生成沉淀，其次是仲卤代烷，反应最慢的是伯卤代烷，因此，此法也可用于鉴别伯、仲、叔卤代烷。

2. 消除反应

卤代烷和碱（氢氧化钠或氢氧化钾）的醇溶液共热，分子中脱去卤化氢，生成烯烃。这种由一个分子中脱去一个简单分子（卤化氢、水等），同时生成双键的反应叫消除反应。消除反应是指从有机分子中消去简单小分子（如 H_2O、HX、NH_3 等）的反应。

$$R-\overset{\beta}{C}H-\overset{\alpha}{C}H_2 + NaOH \xrightarrow[\triangle]{CH_3CH_2OH} R-CH=CH_2 + NaX + H_2O$$
｜　｜
H　X

由上面反应可以看出，只有在卤代烷分子中 β-碳原子上有氢时，才能进行消除反应；伯卤代烷发生消除反应只生成一种烯烃。而不对称仲卤代烷和叔卤代烷发生消除反应可生成两种或三种烯烃。例如：

$$H_3C-CH-CH-CH_2 + NaOH \xrightarrow[\triangle]{CH_3CH_2OH} H_3C-CH=CH-CH_3 + H_3C-CH_2-CH=CH_2$$
｜　｜　　　　　　　　　　2-丁烯(81%)　　　1-丁烯(19%)
H　Br　H

可见不对称卤代烷发生消除反应具有方向性，卤原子主要和 β-碳原子上的氢一起脱去。如果分子内含有几种 β-H 时，实验证明，主要消除含氢较少的碳上的氢，生成双键碳上连有较多取代基的烯烃，这一经验规则称扎依采夫（Saytzeff）规则。又如：

$$H_3C-CH-\underset{|}{\overset{CH_3}{C}}-CH_2 \xrightarrow{C_2H_5ONa \atop C_2H_5OH, 25℃} H_3C-C=C-CH_2 + H_3C-C-C=CH_2$$
｜　｜　　　　　　　　　　｜　｜　　　　｜　｜
Br　　　　　　　　　　H　CH_3　　　H　CH_3
2-甲基-2-丁烯(80%)　2-甲基-1-丁烯(20%)

卤代烷脱卤化氢是制备烯烃的一种方法。

烃基结构不同的卤代烷进行消除时，活性顺序为：3°＞2°＞1°。

3. 格氏试剂的生成

卤代烷在无水乙醚中与金属镁作用，合成有机镁化合物。这种有机镁化合物叫格林尼亚试剂，简称格氏试剂。

$$R-X + Mg \xrightarrow{\text{无水乙醚}} R-Mg-X$$

由于格氏试剂中的 C—Mg 键的极性很强，所以性质非常活泼，能发生多种化学反应。与含活泼氢的化合物（H_2O、$R'OH$、$R'CO_2H$、HX、NH_3 等）作用可分解成烷烃。如：

$$R-Mg-X + H-O-H \longrightarrow R-H + H-O-Mg-X$$
$$R-Mg-X + H-O-R' \longrightarrow R-H + R'-O-Mg-X$$
$$R-Mg-X + H-OCOR' \longrightarrow R-H + R'CO_2-Mg-X$$
$$R-Mg-X + H-X \longrightarrow R-H + X-Mg-X$$
$$R-Mg-X + H-NH_2 \longrightarrow R-H + H_2N-Mg-X$$

格氏试剂与 CO_2 作用后再水解，可得到多一个碳原子的羧酸：

$$R-Mg-X + O=C=O \xrightarrow{\text{无水乙醚}} R-\overset{O}{\overset{\|}{C}}-OMgX \xrightarrow{H_2O} R-COOH + Mg(OH)X$$

格氏试剂还可以与空气中的 O_2 作用生成烷氧基卤化镁，进一步与水作用生成醇。

$$R-Mg-X + O_2 \longrightarrow R-O-Mg-X \xrightarrow{H_2O} R-OH + Mg(OH)X$$

格氏试剂是一种非常重要的试剂，在有机合成中常用来合成许多有机化合物。但由于能与水、醇、酸、氨、氧、二氧化碳等物质发生反应，所以在制备和保存格氏试剂时，必须防止它与这些物质接触。在使用格氏试剂时，一般用无水乙醚作溶剂，且要求反应体系与空气隔离。

四、卤代烯烃与卤代芳烃

1. 分类

分子中含有碳碳双键的卤代烃叫卤代烯烃，分子中具有芳环的卤代烃叫卤代芳烃。根据卤原子与双键或芳环的相对位置的不同，卤代烯烃和卤代芳烃大致可以分为以下三类。

（1）乙烯基型和芳基型卤代烃　它们的结构特点是卤原子与双键碳原子或苯环直接相连，即卤原子连在 sp^2 杂化的碳原子上。

$$CH_2=CH-Cl \quad CH_3-CH=CH-X \quad C_6H_5-X$$

（2）烯丙基型和苄基型卤代烃　卤原子和双键或苯环只相隔一个饱和碳原子。例如：

$$CH_2=CH-CH_2-X \quad CH_3-CH=CH-CH_2-X \quad C_6H_5-CH_2-X$$

（3）隔离型卤代烃　卤原子与双键或芳环相隔两个或两个以上的饱和碳原子。例如：

$$CH_2=CH-CH_2-CH_2-X \quad C_6H_5-CH_2CH_2X$$

2. 命名

原则上以烯烃或芳烃为母体，其余命名原则与卤代烷基本相同。例如：

$$\underset{\text{氯乙烯}}{CH_2=CH-Cl} \quad \underset{\text{3-氯-1-丙烯（烯丙基氯）}}{CH_2=CH-CH_2-Cl} \quad \underset{\text{3-溴-1-丁烯}}{CH_2=CH-CH(Br)-CH_3}$$

$$\underset{\text{氯苯}}{C_6H_5-Cl} \quad \underset{\text{苯氯甲烷（苄基氯，氯化苄）}}{C_6H_5-CH_2-Cl} \quad \underset{\text{2-苯基-3-溴丁烷}}{C_6H_5-\underset{H}{\overset{CH_3}{C}}-\underset{Br}{\overset{H}{C}}-CH_3}$$

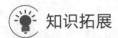知识拓展

一些具有杀虫、杀螨活性的卤代烃及其衍生物统称为有机氯杀虫剂。例如滴滴涕和六六六是20世纪40年代以来世界上广泛应用于农业生产和卫生杀虫的有机氯杀虫剂。但长期大量使用后，人们发现它们对环境造成严重污染，危害人畜健康，特别是由于滴滴涕和六六六残留较长，属高残留农药。因此，国际上已禁止生产和使用（我国于1982年已停止生产和使用）。但一些毒性较小，具有可降解性的品种，如硫丹、毒杀芬、三氯杀螨醇、杀螨酯仍在生产和使用。三氯杀螨醇、杀螨酯都是杀螨剂，对高等动物毒性很小，可杀死多种植物上的卵及幼虫。

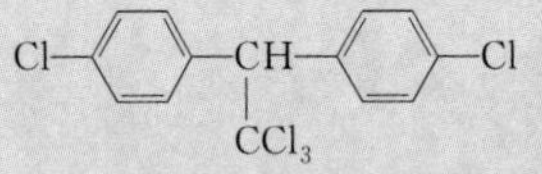

滴滴涕 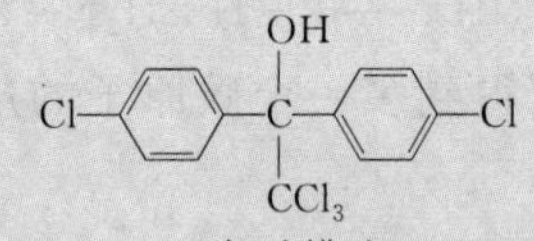　　　　三氯杀螨醇 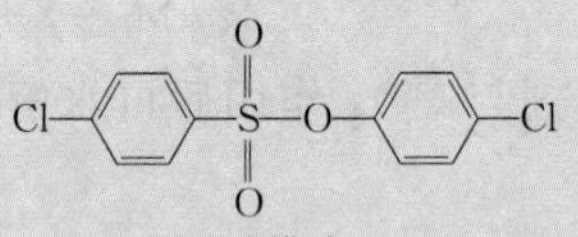　　　　杀螨酯

含卤素的农药种类繁多，特别是近年来，含氟农药因具有毒性小、药效高、用量少等优良性质，成为世界上各国正在竞争开发和研制的热点领域。

第二节　含氧有机化合物

一、醇

醇类，指分子中含有跟烃基或苯环侧链上的碳结合的羟基的化合物，其通式为 R—OH（羟基）。重要的醇有：甲醇、乙醇、丙三醇、苯甲醇、乙二醇等。

（一）醇的分类

① 根据醇分子中与羟基相连的烃基的类型不同，醇可以分为饱和醇、不饱和醇、脂环醇和芳香醇。

CH_3CH_2OH 乙醇（饱和醇）　　　$CH_2=CH-CH_2-OH$ 烯丙醇（不饱和醇）

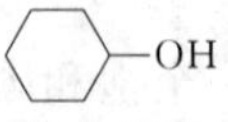

环己醇（脂环醇） 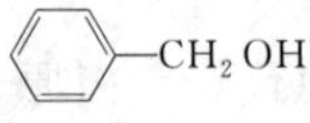　　　苯甲醇（芳香醇）

② 根据醇分子中所含羟基的数目不同可分为一元醇、二元醇和多元醇。

乙醇（一元醇）　　乙二醇（二元醇） 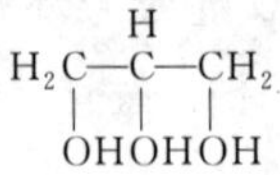　　丙三醇（三元醇） 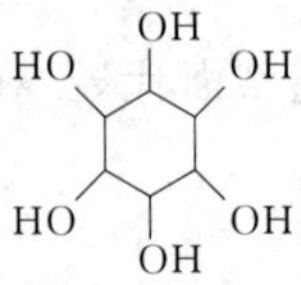　　环己六醇（六元醇）

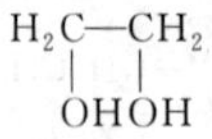

③ 根据醇分子中羟基所连的碳原子类型，醇可以分为伯醇（一级醇，1°）、仲醇（二级醇，2°）和叔醇（三级醇，3°），它们的通式：

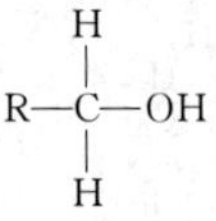

伯醇（一级醇，1°） 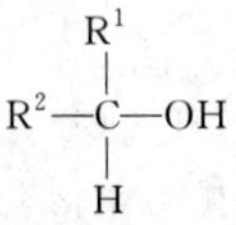　　仲醇（二级醇，2°） 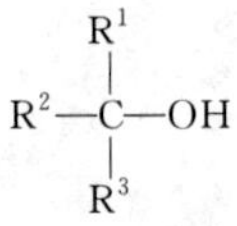　　叔醇（三级醇，3°）

（二）醇的命名

1. 普通命名法

对于简单的一元醇常用普通命名法命名，即根据与羟基相连的烃基来命名，一般在"醇"前加上烃基的名称即可，"基"字一般可以省略。

醇的命名

CH_3OH 甲醇　　$CH_3CH_2CH_2OH$ 正丙醇

$H_2C=CHCH_2OH$ 烯丙醇　　环己醇　　苄醇（苯甲醇）

2. 系统命名法

对于比较复杂的醇，常采用系统命名法。原则如下。

（1）饱和醇的命名　选择连有羟基的最长碳链为主链，并根据主链碳原子的数目命名为"某醇"，将支链作为取代基；主链碳原子的编号从距离羟基最近的一端开始；将取代基的位次、名称和羟基的位次依次分别写在"某醇"前面。如：

4-甲基-2-己醇　　　　　　5-甲基-2-己醇

（2）不饱和醇的命名　选择含有双键并连有羟基的最长碳链为主链，根据主链所含碳原子的数目命名为"某烯醇"作为母体，将支链作为取代基；主链的编号仍从距离羟基最近的一端开始；除了在"某烯醇"之前注明取代基的位次和名称外，还要在"某烯"和"醇"字前面注明双键和羟基的位次。

4-戊烯-2-醇　　1-戊烯-3-醇　　3-苯基-2-丙烯-1-醇（肉桂醇）

（3）多元醇的命名　选择连有尽可能多羟基的最长碳链为主链，并根据主链所含碳原子数和所连羟基数目命名为"某几醇"作为母体，将支链作为取代基；主链的编号从距离羟基最近的一端开始；在"某几醇"的前面分别依次注明取代基的位次、名称和每个羟基的位次。

1,2-丙二醇　　1,2,3-丙三醇　　顺-1,2-环戊二醇

醇的性质1

（三）醇的性质

常温常压下，C_4 以下的饱和一元醇为无色有酒味的液体，$C_5 \sim C_{11}$ 饱和一元醇为具有不愉快气味的油状液体，C_{12} 以上的醇则为无臭无味的蜡状固体。

醇的性质2

直链饱和一元醇的沸点与烷烃的沸点相似，也随着碳原子数的增加而有规律的升高，每增加一个碳原子，沸点升高 18~20℃。在醇的同分异构体中，直链伯醇的沸点最高，带支链醇的沸点要低一些，支链越多，越接近羟基，沸点越低。多元醇的沸点高于摩尔质量相似的一元醇沸点，而一元醇的沸点又远高于摩尔质量相似的烷烃和卤代烷的沸点。这是因为醇在液体时和水一样，醇分子中的 O—H 键是高度极化的，一个醇分子中的羟基上带部分正电荷的氢可以与另一分子中的羟基上带部分负电荷的氧相互吸引而形成氢键，所以，液体状态下的醇实际上是以缔合分子$(ROH)_n$形式存在的。自丁醇开始，随着烃基的增大，羟基在分子中所占的比例减小，在水中的溶解度相应减小，高级醇基本不溶于水，但

能溶于石油醚等有机溶剂。

1. 与活泼金属的反应

水分子中的氢被活泼金属钠、钾、镁等置换而放出氢气，醇分子中羟基上的氢也可以被活泼金属置换而放出氢气：

$$2R-O-H + 2Na \longrightarrow 2Na-O-R + H_2 \uparrow$$

$$2R-O-H + Mg \longrightarrow RO-Mg-OR + H_2 \uparrow$$

由于烷基的供电子能力强于氢，因而醇分子中 O—H 键的极性不如水分子中 O—H 键的极性强，所以醇的酸性比水弱（但比炔氢强），醇与钠的反应较水与钠的反应要温和一些。

2. 与氢卤酸的反应

醇与氢卤酸作用。醇分子中的羟基可以被卤原子取代而生成卤代烃和水，这实际上是卤代烃水解反应的逆反应，常用在实验室中制备卤代烃：

$$ROH + HX \longrightarrow R-X + H_2O$$

醇与氢卤酸的反应速率与氢卤酸及醇的类别有关，对于相同的醇，与不同的氢卤酸反应，其反应活性顺序为：HI＞HBr＞HCl。对于相同的氢卤酸，与不同的醇反应，其活性顺序为：

$$R_3COH > R_2CHOH > RCH_2OH > CH_3OH$$

一般情况下，浓的氢碘酸和氢溴酸能与各类醇顺利反应，而浓盐酸与伯醇、仲醇的反应需要有无水氯化锌的催化，所以一般将无水氯化锌溶解在浓盐酸中配制成溶液一并使用，这种溶液叫卢卡斯试剂。在实验室中常用卢卡斯试剂来鉴别碳原子数少于 6 个的伯醇、仲醇和叔醇。

$$R_3C-OH + HCl(浓) \xrightarrow[室温]{无水\ ZnCl_2} R_3C-Cl + H_2O$$

$$R_2CH-OH + HCl(浓) \xrightarrow[室温]{无水\ ZnCl_2} R_2CH-Cl + H_2O$$

$$RCH_2-OH + HCl(浓) \xrightarrow[\triangle]{无水\ ZnCl_2} RCH_2-Cl + H_2O$$

3. 脱水反应

醇与强酸共热可以发生脱水反应。脱水的方式有两种：分子内脱水和分子间脱水。

（1）**分子内脱水**　在相对较高的温度下，醇与强酸作用，醇分子中的羟基和 β-碳原子上的氢可共同脱水生成烯烃，这是制备烯烃常用的方法：

$$R-\underset{|\ \ \ \ \ \ \ \ |}{\underset{[H\ \ \ \ OH]}{CH-CH_2}} \xrightarrow[相对较高温度]{浓H_2SO_4} R-CH=CH_2 + H_2O$$

例如，乙醇与浓硫酸在 170℃ 条件下共热发生分子内脱水生成乙烯和水。

$$\underset{|\ \ \ \ \ \ \ \ |}{\underset{[H\ \ \ \ OH]}{CH_2-CH_2}} \xrightarrow{浓H_2SO_4 \atop 170℃} CH_2=CH_2 + H_2O$$

对于不对称的仲醇和叔醇进行分子内脱水时，同样遵守扎依采夫规则。即氢原子主要从含氢较少的 β-碳原子上脱去，生成双键上连有烃基较多的烯烃。

$$H_3C-\underset{|\ \ \ \ \ \ \ \ |}{\underset{[H\ \ \ \ OH]}{CH-CH}}-CH_3 \xrightarrow{62\%\ H_2SO_4 \atop 87℃} \underset{>87\%}{H_3C-CH=CH-CH_3}$$

伯醇、仲醇和叔醇进行分子内脱水反应的活性顺序为：$R_3COH > R_2CHOH > RCH_2OH$。

(2) 分子间脱水　在相对较低的温度下，醇与强酸作用，一分子醇的羟基可与另一分子醇羟基上的氢原子共同脱水生成醚。这是制备两个烃基相同的醚的方法之一。

$$R-CH_2-OH + H-O-CH_2-R \xrightarrow[\text{相对较低温度}]{\text{浓}H_2SO_4} R-CH_2-O-CH_2-R + H_2O$$

例如，乙醇与浓硫酸在140℃条件下共热，发生分子间脱水生成乙醚和水。

$$H_3C-CH_2-OH + H-O-CH_2-CH_3 \xrightarrow[140℃]{\text{浓}H_2SO_4} H_3C-CH_2-O-CH_2-CH_3 + H_2O$$

醇的分子间脱水主要发生在伯醇之间，而仲醇和叔醇主要发生的是分子内脱水，很少发生分子间脱水。

4. 酯化反应

醇与有机酸或无机含氧酸作用生成酯和水的反应称为酯化反应。

$$R-O-H + H-O-\overset{O}{\underset{\|}{C}}-R' \underset{\triangle}{\overset{\text{浓}H_2SO_4}{\rightleftharpoons}} R-O-\overset{O}{\underset{\|}{C}}-R' + H_2O$$

$$R-O-H + H-O-NO_2 \rightleftharpoons R-O-NO_2 + H_2O$$

硫酸为二元酸，可与醇形成两种类型的酯：酸性硫酸酯和中性硫酸酯。例如硫酸与甲醇可形成硫酸氢甲酯和硫酸二甲酯。

$$H_3C-O-\overset{O}{\underset{\underset{O}{\|}}{S}}-OH \qquad H_3C-O-\overset{O}{\underset{\underset{O}{\|}}{S}}-O-CH_3$$

硫酸氢甲酯　　　　硫酸二甲酯

磷酸为三元酸，它与醇反应可形成三种类型的磷酸酯，即一元磷酸酯、二元磷酸酯和三元磷酸酯。磷酸酯在自然界中主要以一元磷酸酯和二元磷酸酯存在，它在生物体内具有十分重要的作用。

5. 氧化与脱氢反应

(1) 氧化反应　醇与强氧化剂酸性重铬酸钾、酸性高锰酸钾或三氧化二铬等作用，伯醇先被氧化成醛，醛很容易继续氧化成酸；仲醇氧化成酮，酮不易继续被氧化。

$$R-\underset{\underset{\text{伯醇}}{}}{\overset{H}{\underset{|}{C}}}H-OH \xrightarrow{K_2Cr_2O_7/H^+} \left[\underset{\text{不稳定}}{R-\overset{O-H}{\underset{|}{C}}H-OH}\right] \xrightarrow{-H_2O} \underset{\text{醛}}{R-\overset{O}{\underset{\|}{C}}-H} \xrightarrow{K_2Cr_2O_7/H^+} \underset{\text{羧酸}}{R-\overset{O}{\underset{\|}{C}}-OH}$$

$$\underset{\underset{\text{仲醇}}{}}{R^1-\overset{H}{\underset{\underset{R^2}{|}}{C}}-OH} \xrightarrow{K_2Cr_2O_7/H^+} \left[\underset{\text{不稳定}}{R^1-\overset{O-H}{\underset{\underset{R^2}{|}}{C}}-OH}\right] \xrightarrow{-H_2O} \underset{\text{酮}}{R^1-\overset{O}{\underset{\|}{C}}-R^2}$$

由于酸性重铬酸钾溶液为橙红色，它氧化了醇后的还原产物 Cr^{3+} 是深绿色，颜色变化非常明显。所以，可以利用叔醇不被酸性重铬酸钾氧化的性质将叔醇与伯醇和仲醇定性鉴定开来。

(2) 催化脱氢反应　伯醇和仲醇的蒸气在高温下通过灼热的铜、银等催化剂的表面，则可以脱去一分子氢分别生成醛和酮。

$$R-CH_2OH \xrightarrow[325℃]{Cu} R-CHO + H_2 \quad \text{醛}$$

$$R^1-\underset{\underset{R^2}{|}}{CH}-OH \xrightarrow[325℃]{Cu} R^1-\overset{O}{\underset{\|}{C}}-R^2 + H_2$$

酮

课堂互动

如何判定司机是否酒后驾车呢？交警检测司机是否酒后驾车用到呼气式酒精分析仪，其原理是：置于酒精分析仪的特殊设计小瓶中的重铬酸钾和硫酸的混合物，与司机呼出气体中的乙醇发生氧化反应，小瓶中混合物的颜色由橙色变为绿色（$Cr_2O_7^{2-}$ 被乙醇还原为 Cr^{3+}），铬离子颜色的变化通过电子传感元件转换成电信号，从而精准标示出呼气中酒精的浓度。

知识拓展

苯甲醇，又称苄醇，是最简单的芳香醇之一，可看作是苯基取代的甲醇。苯甲醇在自然界中多数以酯的形式存在于香精油中，例如茉莉花油、风信子油和秘鲁香脂中都含有此成分。苯甲醇为无色液体，有刺激性气味，易溶于乙醇、乙醚等有机溶剂，能溶于水，20℃时溶于水 3.8%。其可用于制作香料和调味剂（多数为脂肪酸酯），还可用作明胶、虫胶、酪蛋白及乙酸纤维等的溶剂，还可用于药膏剂或药液里作为防腐剂，广泛用于制笔（圆珠笔油）、油漆溶剂等。苯甲醇具有微弱的麻醉作用和防腐性能，用于配制注射剂可减轻疼痛，又被称为“无痛水”。但是临床上发现其可导致出现臀肌挛缩症的副作用。这是因为苯甲醇不易被人体吸收，长期积留在注射部位，会导致周围肌肉的坏死，严重者，甚至影响骨骼的发育。2005 年，国家药品监督管理局发文禁止苯甲醇作为青霉素溶剂注射使用。

二、酚

酚类，是芳香烃上的氢被羟基（—OH）取代的一类芳香族化合物，通式为 Ar—OH。几种重要的酚包括：苯酚、甲苯酚、苯二酚、间苯二酚等。

1. 酚的分类和命名

酚类化合物按分子所含羟基的数目分为一元酚、二元酚和多元酚；按羟基所连的芳香环的不同，将酚分为苯酚、萘酚和蒽酚。

一般情况下，酚类化合物的命名是在“酚”字前面加上相应的芳环名称作为母体，称为“某酚”。若芳环上连有其他基团时，则按官能团的优先次序命名。

苯酚（石炭酸）

1-萘酚（α-萘酚）

1，2-苯二酚
邻苯二酚

1，3，5-苯三酚
均苯三酚

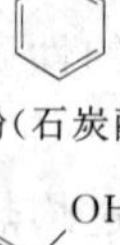

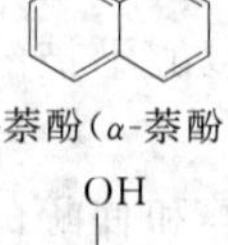

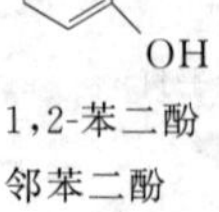

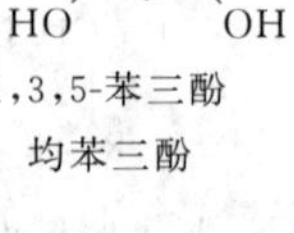

2. 酚的性质

除了少数烷基酚为高沸点液体外,大多数酚是结晶性固体,纯净的酚为无色,存放过久的酚因含氧化杂质而带红至褐色。和醇一样,酚可以通过分子间的氢键缔合,因此酚的沸点比相应的芳烃高。例如苯酚的沸点是 182℃,而甲苯的沸点是 111℃。当酚羟基的邻位上有羟基、氯、氟或硝基时,因形成分子内氢键而降低分子间的缔合程度,它们的沸点比间位和对位异构体的沸点低。酚也能与水形成氢键,所以酚在水中有一定的溶解度,随着羟基数目的增加,它在水中的溶解度也随之增大。酚能溶于乙醇、乙醚等有机溶剂。

(1) 酚的弱酸性　酚的酸性强于水和醇,但它的酸性仍然较弱(酚的 $K_a = 1.28 \times 10^{-10}$),它比碳酸的酸性还弱,所以苯酚只能与强碱作用成盐,而不能与 $NaHCO_3$ 或比 $NaHCO_3$ 更弱的碱成盐,例如:

$$\text{C}_6\text{H}_5\text{—OH} + \text{NaOH} \longrightarrow \text{C}_6\text{H}_5\text{—ONa} + \text{H}_2\text{O}$$

若在酚钠溶液中通入二氧化碳,则可使酚重新游离出来:

$$\text{C}_6\text{H}_5\text{—ONa} + \text{H}_2\text{O} + \text{CO}_2 \longrightarrow \text{C}_6\text{H}_5\text{—OH} + \text{NaHCO}_3$$

(2) 与三氯化铁反应　酚类化合物绝大多数可以与三氯化铁溶液作用生成有色物质,苯酚与三氯化铁反应显紫色。

$$\text{C}_6\text{H}_5\text{—OH} + \text{FeCl}_3 \longrightarrow \text{H}_3\left[\text{Fe}(\text{OC}_6\text{H}_5)_6\right] + \text{HCl}$$
　　　　　　　　　　　　　　　　　紫色

其他的具有烯醇式结构的化合物,也能与三氯化铁发生显色反应。利用这一显色反应,可以定性鉴定酚类化合物或具有烯醇式结构的化合物的存在。

(3) 苯环上的取代反应

① 卤代反应。酚的卤代反应不需要催化剂即可进行。例如苯酚与溴水可在室温下反应:

$$\text{C}_6\text{H}_5\text{—OH} + \text{Br}_2 \longrightarrow 2,4,6\text{-三溴苯酚} \downarrow + \text{HBr}$$
　　　　　　　　　　　　　　　　　　白

此反应很容易进行,现象非常明显,即使在极稀的苯酚水溶液中加入溴水,也可以出现明显的白色混浊现象。因此,此反应可以作为对苯酚的定性鉴定或定量测定。

② 硝化反应。在室温下,苯酚就可被稀硝酸硝化,生成邻硝基苯酚和对硝基苯酚:

$$\text{C}_6\text{H}_5\text{—OH} + \text{HNO}_3(\text{稀}) \xrightarrow{\text{室温}} \text{邻-}O_2N\text{-C}_6\text{H}_4\text{-OH} + \text{对-}O_2N\text{-C}_6\text{H}_4\text{-OH}$$

如果用浓硝酸和浓硫酸作用,则生成 2,4,6-三硝基苯酚:

$$\text{C}_6\text{H}_5\text{—OH} + \text{HNO}_3(\text{浓}) \xrightarrow{\text{浓 H}_2\text{SO}_4} 2,4,6\text{-三硝基苯酚}$$

③ 磺化反应。苯酚在室温下就能发生磺化反应,主要产物为邻羟基苯磺酸;在100℃进行磺化,则主要生成对羟基苯磺酸。

$$\text{C}_6\text{H}_5\text{—OH} + \text{H}_2\text{SO}_4(\text{浓}) \xrightarrow{\text{室温}} \text{邻-HOC}_6\text{H}_4\text{SO}_3\text{H}$$

$$\xrightarrow{100℃} \text{对-HO}_3\text{SC}_6\text{H}_4\text{OH}$$

④ 氧化反应。酚比醇更容易氧化,空气中的氧就能将酚氧化,生成红色至褐色氧化产物。苯酚与强氧化剂酸性高锰酸钾作用,可被氧化为黄色的对苯醌。

$$\text{C}_6\text{H}_5\text{OH} \xrightarrow{\text{K}_2\text{Cr}_2\text{O}_7/\text{H}^+} \text{对苯醌(黄色)}$$

多元酚更容易被氧化,如邻苯二酚与弱氧化剂 Ag_2O、$AgBr$ 等作用,就可被氧化为邻苯醌和对苯醌。

$$\text{邻苯二酚} \xrightarrow{\text{Ag}_2\text{O}/\text{OH}^-} \text{邻苯醌(红色)}$$

$$\text{对苯二酚} \xrightarrow{\text{Ag}_2\text{O}/\text{OH}^-} \text{对苯醌(黄色)}$$

课堂互动

是染料,亦是炸药。 酚类物质中,2,4,6-三硝基苯酚因其具有强烈的苦味,又被称为苦味酸。最初用作黄色染料,是第一种被使用的人造染料。1871年,巴黎一家染料店伙计的一个无意举动,让人们认识到苦味酸的易爆炸性。此后被法国和英国用做炸药,在第一次世界大战中,各交战国所用的炸药主要就是苦味酸。

三、醚

醚类,由一个氧原子连接两个烷基或芳基所形成,醚的通式为:R—O—R。醚类最典型的化合物是乙醚,常用作有机溶剂与医用麻醉剂。

1. 醚的分类

按醚键所连的两个烃基是否相同,可将醚分为单醚和混合醚。与醚键相连的两个烃基相同者称为单醚,不同者称为混合醚。

单醚:R—O—R   混合醚:R—O—R′

按醚键相连的两个烃基是否有芳环,可将醚分为脂肪醚和芳香醚:

脂肪醚:R—O—R,R—O—R′   芳香醚:Ar—O—R,Ar—O—Ar

碳链与氧原子连接成环状的醚称为环醚。

2. 醚的命名

醚的命名用得较多的是普通命名。命名原则是:分别写出与醚键相连的两个烃基的名称,再加上"醚"即可;如为单醚,醚基前的"二"字可以省略;如为混合醚,按非优先基团先列出、优先基团后列出的顺序书写。对于同时含有脂肪烃基和芳香烃基的混合醚,为了避免误会,芳香烃基的名称写在脂肪烃基的前面。

$H_3C-O-CH_3$　　　　　$H_3CH_2C-O-CH_2CH_3$　　　　　$CH_2=CH-O-CH=CH_2$
二甲醚(甲醚)　　　　　　二乙醚(乙醚)　　　　　　二乙烯基醚

$H_3C-O-CH_2CH_3$　　　　　$H_3C-O-C(CH_3)_3$
甲乙醚　　　　　　　甲基叔丁基醚

结构较复杂的醚常采用系统命名法命名。它是把醚看成烃的烃氧基衍生物进行命名,一般将复杂的烃基当作母体,把简单的烃基和氧原子组成的烃氧基(—OR)作为取代基进行命名。

3-甲氧基己烷　　　3-乙氧基-1-丙醇　　　2-甲氧基苯酚　　　2-乙氧基苯甲醇

3. 醚的性质

常温下除甲醚和甲乙醚为气体外,大多数醚为无色有香味的液体,相对密度小于1。醚分子间不能形成氢键,所以低级醚的沸点比相同碳原子数醇的沸点低得多,与摩尔质量相近的烷烃接近。由于醚类可以与许多有机物相溶,且化学性质稳定,所以是良好的有机溶剂。

除小环醚外,醚与强碱、强氧化剂以及活泼的金属等在常温下均不发生反应,有类似于烷烃的稳定性,但其稳定性较烷烃差,在一定条件下,它也能发生某些化学反应。

(1) 与强酸作用形成锌盐　醚与无机强酸如硫酸、氢卤酸作用,醚分子中氧原子上有未共用电子对,能接受一个质子形成锌盐而溶解于无机强酸中。

$$R-O-R + HCl(浓) \xrightarrow{低温} \left[R-\overset{H}{\overset{|}{\underset{..}{O}}}-R \right]^+ Cl^-$$

$$R-O-R + H_2SO_4(浓) \xrightarrow{低温} \left[R-\overset{H}{\overset{|}{\underset{..}{O}}}-R \right]^+ HSO_4^-$$

因此可以利用该反应鉴别醚与烷烃和卤代烷。

$$\left[R-\overset{H}{\overset{|}{\underset{..}{O}}}-R \right]^+ Cl^- + H_2O \longrightarrow R-O-R + HCl$$

(2) 自氧化反应　醚分子中与氧原子相连的碳原子上的氢原子,在空气中长期放置可与氧发生反应生成醚的过氧化物,即自氧化反应:

$$H_3CH_2C-O-CH_2CH_3 + O_2 \longrightarrow H_3CH_2C-O-\underset{\underset{O-H}{|}}{\overset{\overset{H}{|}}{C}}-CH_3$$

醚与氧形成的过氧化物在受热或摩擦时易于发生爆炸,因此,在使用这类醚时,则必须首先检查是否含有过氧化物。检查的方法是:取少量样品,在弱酸性的条件下加入一定量的KI-淀粉溶液,若溶液出现蓝色,表明有过氧化物生成,需要除去。方法是在醚中加入一定量的还原剂,然后蒸馏。常用的还原剂是硫酸亚铁、碳酸钠、碘化钠等。

知识拓展

乙醚，无色液体，易挥发，有特殊气味，极易燃烧，能灭活病毒，也是用途很广的溶剂和麻醉剂。在 20 世纪 50 年代初期以前，天花一直是猖獗的流行病，我国著名微生物学家汤飞凡研究发明出乙醚杀菌法，并改进生产方法，用简陋的设备量产出扑灭天花病毒的牛痘疫苗，推动了全国规模的普种牛痘运动，1961 年就使天花病在中国绝迹，比世界普遍消灭天花病早了 16 年。同时，他研发了中国的第一支青霉素、第一支狂犬疫苗、第一支白喉疫苗、第一支牛痘疫苗；他用两个月的时间遏制了鼠疫流行；他也是拿自己身体做实验的中国第一代医学病毒学家、中国微生物科学的奠基者，享有世界声誉的微生物学家，被誉为"东方巴斯德"，世界"沙眼衣原体之父"，更被誉为中国的"疫苗之父"。

四、醛和酮

醛和酮是分子中含有羰基的有机化合物，又称为羰基化合物。醛分子中羰基碳原子分别与烃基和氢原子相连。酮分子中羰基碳原子上连有两个烃基。醛和酮的通式如下：

$$\underset{\text{醛}}{(H)R-\overset{\overset{\displaystyle O}{\|}}{C}-H} \qquad \underset{\text{酮}}{R-\overset{\overset{\displaystyle O}{\|}}{C}-R'}$$

醛和酮的官能团分别为醛基（—CHO）、酮基（—CO—）。

羰基很活泼，可以发生许多化学反应。醛和酮存在于某些动植物体内，因此，羰基化合物不仅是有机化学和有机合成中十分重要的物质，而且也是动植物代谢过程中重要的中间体。

（一）醛和酮的结构

醛、酮中的碳原子是 sp^2 杂化，而一般认为氧原子没有杂化。碳原子的三个 sp^2 杂化轨道相互对称地分布在一个平面上，其中之一与氧原子的 $2p$ 轨道在键轴方向重叠构成碳氧 σ 键。碳原子未杂化的 $2p$ 轨道垂直于碳原子三个 sp^2 杂化轨道所在的平面，与氧原子的另一个 $2p$ 轨道平行重叠，形成 Π 键，即碳氧双键也是由一个 σ 键和一个 Π 键组成。羰基的结构如图 18-1 所示。

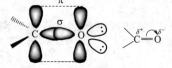

图 18-1 羰基的结构

由于氧的电负性比碳大，羰基 C=O 双键中的成键电子偏向于氧原子，使碳原子带有部分正电荷，而氧原子带有部分负电荷，形成极性双键，因此，羰基是一个极性基团。

（二）醛和酮的命名

结构简单的醛、酮可采用普通命名法命名。醛是根据分子中含有的碳原子数及碳链特征称为"某醛"。酮按羰基所连的两个烃基的名称命名为"某（基）某（基）甲酮"，"甲"字可省略。例如：

$$\underset{\text{甲醛}}{H-\overset{\overset{\displaystyle O}{\|}}{C}-H} \qquad \underset{\text{乙醛}}{CH_3-\overset{\overset{\displaystyle O}{\|}}{C}-H} \qquad \underset{\text{丙醛}}{CH_3CH_2-\overset{\overset{\displaystyle O}{\|}}{C}-H} \qquad \underset{\text{丁醛}}{CH_3CH_2CH_2-\overset{\overset{\displaystyle O}{\|}}{C}-H}$$

$$\underset{\text{异丁醛}}{CH_3CHCHO} \quad \underset{\text{二甲酮}}{CH_3\overset{O}{\overset{\|}{C}}CH_3} \quad \underset{\text{甲乙酮}}{CH_3\overset{O}{\overset{\|}{C}}CH_2CH_3} \quad \underset{\text{二乙基酮}}{CH_3CH_2\overset{O}{\overset{\|}{C}}CH_2CH_3}$$
（其中异丁醛的CH在CH3下方）

饱和脂肪醛、酮命名时，选择含有羰基碳原子的最长碳链作主链，根据主链的碳原子数称为"某醛"或"某酮"；从醛基一端或靠近酮基一端对主链碳原子进行编号；将取代基的位次、名称以及酮基的位次写于主链名称之前。例如：

$$\underset{\text{3-甲基丁醛}}{CH_3CHCH_2CHO} \quad \underset{\text{3-甲基-2-戊酮}}{CH_3CH_2\overset{O}{\overset{\|}{C}}CCH_3}$$

不饱和脂肪醛、酮命名时，选择含有羰基碳和不饱和键在内的最长碳链作主链，称为"某烯（炔）醛"或"某烯（炔）酮"，并且注明不饱和键的位次。例如：

$$\underset{\text{2-丁烯醛}}{CH_3CH=CHCHO} \quad \underset{\text{3-戊烯-2-酮}}{CH_3CH=CH\overset{O}{\overset{\|}{C}}CH_3}$$

芳香醛、酮命名时，以脂肪醛或脂肪酮为母体，芳香烃基为取代基。例如：

$$\underset{\text{苯甲醛}}{C_6H_5-CHO} \quad \underset{\text{1-苯基-1-丙酮}}{C_6H_5-\overset{O}{\overset{\|}{C}}-CH_2CH_3}$$

（三）醛和酮的性质

在室温下，除甲醛是气体外，含12个碳原子以下的脂肪醛、酮均为无色液体，高级脂肪醛、酮和芳香酮多为固体。低级醛有刺激性气味，而分子中含7~16个碳原子的脂肪醛、酮和芳香醛在浓度较低时往往具有花果香味或令人愉快的气味。由于醛、酮分子中羰基的极性较大，分子间的范德瓦尔斯力较强，因而醛、酮的沸点高于分子量相近的烷烃和醚，但因为醛、酮分子间不能形成氢键，它们的沸点低于分子量相近的醇和羧酸。醛、酮可与水分子形成氢键，使其水溶性增强，如甲醛、乙醛、丙醛和丙酮可与水混溶，但随着分子中碳原子数的增加，其水溶性逐渐降低，含6个碳以上的醛、酮几乎不溶于水，而易溶于乙醚、苯等有机溶剂中。

1. 羰基上的加成反应

（1）与氢氰酸加成　醛或酮与氢氰酸加成，生成 α-羟基腈。

$$R-\overset{O}{\overset{\|}{C}}-H(CH_3) + HCN \rightleftharpoons R-\underset{CN}{\overset{OH}{\overset{|}{C}}}-H(CH_3)$$

α-羟基腈

上述反应是有机合成中增长碳链的方法之一，而且产物羟基腈性质活泼，易于转化为其他化合物。例如，α-羟基腈可在酸性条件下水解生成 α-羟基酸：

$$R-\underset{CN}{\overset{OH}{\overset{|}{C}}}-CH_3 \xrightarrow{H^+/H_2O} R-\underset{COOH}{\overset{OH}{\overset{|}{C}}}-CH_3$$

α-羟基腈　　　　α-羟基酸

（2）与亚硫酸氢钠加成　醛、脂肪族甲基酮和少于8个碳的脂环酮与过量的亚硫酸氢钠饱和溶液反应，生成 α-羟基磺酸钠。

$$R-\underset{\underset{}{\overset{\overset{O}{\|}}{C}}}{}-H(CH_3) + \underset{\underset{O^-Na^+}{|}}{\overset{\overset{O}{\|}}{S}}-OH \rightleftharpoons R-\underset{\underset{SO_3Na}{|}}{\overset{\overset{OH}{|}}{C}}-H(CH_3)$$

α-羟基磺酸钠

α-羟基磺酸钠能溶于水，而不溶于饱和亚硫酸氢钠溶液，呈白色晶体析出。利用此反应可鉴定相应的醛、酮；由于反应是可逆的，加成产物与稀酸或稀碱共热时，分解为原来的醛或酮，据此可用于醛、酮的分离和精制；若在药物分子中引入磺酸基，可以增大分子的极性，从而增加药物的水溶性。

(3) 与醇加成 在干燥氯化氢存在下，醇与醛加成生成半缩醛。

$$R-\overset{\overset{O}{\|}}{C}-H + H-OR' \xrightleftharpoons[]{\text{干燥HCl}} R-\underset{\underset{OR'}{|}}{\overset{\overset{\boxed{OH}}{|}}{C}}-H \quad \leftarrow 半缩醛羟基$$

半缩醛

半缩醛分子中的羟基称为半缩醛羟基。半缩醛不稳定，在同样条件下，与另一分子醇作用，失去水分子，生成缩醛。

$$R-\underset{\underset{OR'}{|}}{\overset{\overset{OH}{|}}{C}}-H + H-OR' \xrightleftharpoons[]{\text{干燥 HCl}} R-\underset{\underset{OR'}{|}}{\overset{\overset{OR'}{|}}{C}}-H + H_2O$$

缩醛

缩醛具有醚键，对碱和氧化剂很稳定，但在稀酸中易水解，生成原来的醛和醇。

(4) 与水加成 醛和酮与水的加成反应称为水合反应，反应生成的水合物为同碳二元醇。由于水是较弱的亲核试剂，生成的产物大多不稳定。一般的醛、酮都难与水加成，但活性较大的醛能与水加成，生成水合物。例如，甲醛水溶液中有 99.9% 是水合甲醛，乙醛水溶液中水合物占 58%，而丙酮中水合丙酮只占 0.1%。醛、酮的水合物不稳定，一般难以分离出来。当羰基碳上连有强吸电子基时，羰基碳的正电性增强，可以生成稳定的水合物。如三氯乙醛可与水分子形成稳定的水合三氯乙醛：

$$CCl_3-\overset{\overset{O}{\|}}{C}-H + H_2O \rightleftharpoons CCl_3-\underset{\underset{OH}{|}}{\overset{\overset{OH}{|}}{C}}-H$$

三氯乙醛　　　水合三氯乙醛

水合三氯乙醛简称水合氯醛，为白色晶体，曾用作镇静催眠药。

(5) 与氨的衍生物加成 醛和酮都能与氨的衍生物发生亲核加成反应，生成羟胺中间体，然后发生分子内脱水，生成含有碳氮双键的缩合产物。因此羰基化合物与氨的衍生物的反应是加成缩合反应。常见的氨基衍生物有伯胺、羟胺、肼、苯肼、2,4-二硝基苯肼和氨基脲等，其反应用通式表示如下：

$$\underset{(R')H}{R}C=O + H-NB-B \longrightarrow \left[\underset{(R')H}{\overset{R}{\underset{|}{C}}}\underset{OH\quad H}{\overset{NH-B}{|}}\right] \xrightarrow{-H_2O} \underset{(R')H}{\overset{R}{C}}=N-B$$

醛、酮与常见氨基衍生物加成反应为：

$$\underset{\text{醛（酮）}}{\overset{R}{\underset{(R')H}{C}}=O} + \begin{cases} H_2N-R \longrightarrow \underset{(R')H}{\overset{R}{C}}=N-R + H_2O \\ H_2N-OH \longrightarrow \underset{(R')H}{\overset{R}{C}}=N-OH + H_2O \\ H_2N-NH_2 \longrightarrow \underset{(R')H}{\overset{R}{C}}=N-NH_2 + H_2O \\ H_2N-NH-C_6H_5 \longrightarrow \underset{(R')H}{\overset{R}{C}}=N-NH-C_6H_5 + H_2O \\ H_2N-NH-C_6H_3(NO_2)_2 \longrightarrow \underset{(R')H}{\overset{R}{C}}=N-NH-C_6H_3(NO_2)_2 + H_2O \\ H_2N-NH-\overset{O}{\underset{}{C}}-NH_2 \longrightarrow \underset{(R')H}{\overset{R}{C}}=N-NH-\overset{O}{\underset{}{C}}-NH_2 + H_2O \end{cases}$$

上述反应所生成的肟、苯腙以及2,4-二硝基苯腙等均为结晶体，具有一定的熔点，主要用于鉴别羰基化合物，因此这些氨的衍生物又称为羰基试剂。

应用示例

2,4-二硝基苯肼与醛、酮反应生成的2,4-二硝基苯腙为黄色结晶，易于观察，且具有不同的熔点，常用于醛、酮的鉴定。肟、腙和苯腙等收率高，易于结晶、提纯，在稀酸作用下，能水解为原来的醛、酮，因此常用此反应分离和提纯醛、酮。

（6）**与格氏试剂加成** 格氏试剂（RMgX）是一个极性分子，与镁相连的碳带有部分负电荷，是较强的亲核试剂，很容易与羰基发生加成反应，所得产物不用分离便可水解生成相应的醇。反应通式如下：

$$\underset{(R')H}{\overset{R}{\overset{\delta+}{C}}}\overset{\delta-}{=}\overset{\delta-}{O} + R''\overset{\delta+}{-}MgX \xrightarrow{\text{无水乙醚}} R-\underset{H(R')}{\overset{R''}{\underset{|}{C}}}-OMgX \xrightarrow[H^+]{H_2O} R-\underset{H(R')}{\overset{R''}{\underset{|}{C}}}-OH + Mg(OH)X$$

格氏试剂与醛、酮的反应是制备不同类型醇的常用方法，醇的类型取决于醛、酮的结构。格氏试剂与甲醛反应，生成比格氏试剂多一个碳的伯醇；与其他醛反应，生成仲醇；与酮反应，则得到叔醇。例如：

$$\underset{\text{甲醛}}{H-\overset{O}{\underset{}{C}}-H} + CH_3MgBr \xrightarrow[(2)H_3O^+]{(1)\text{无水乙醚}} \underset{\text{乙醇（伯醇）}}{CH_3CH_2OH}$$

$$\underset{\text{乙醛}}{CH_3-\overset{O}{\underset{}{C}}-H} + CH_3MgBr \xrightarrow[(2)H_3O^+]{(1)\text{无水乙醚}} \underset{\text{2-丙醇（仲醇）}}{CH_3\overset{OH}{\underset{|}{C}}HCH_3}$$

2. α-氢的反应

（1）**卤仿反应** 醛、酮的 α-氢原子能被卤素（Cl_2、Br_2 或 I_2）取代，生成 α-卤代醛或 α-卤代酮。卤代反应可在酸的催化下进行，常用乙酸作催化剂。

$$C_6H_5-CO-CH_3 + Br_2 \xrightarrow{CH_3COOH} C_6H_5-CO-CH_2Br + HBr$$

上述反应生成的 α-卤代酮，还可以进一步发生卤代反应，生成二卤代酮、三卤代酮。若控制卤素的用量，可将反应控制在某一种卤代阶段。卤代反应也可在碱性条件下进行，碱催化的卤代反应很难停留在一元取代阶段，若 α-碳上有三个氢原子，则三个氢都可被卤素所取代。例如，乙醛或甲基酮与卤素的氢氧化钠溶液作用时，三个 α-氢全部被卤素取代，生成三卤代醛、酮。三卤代醛、酮在碱性溶液中不稳定，易发生碳碳键的断裂，分解为三卤甲烷（俗称卤仿）和羧酸盐，反应过程如下：

$$X_2 + 2NaOH \longrightarrow NaOX + NaX + H_2O$$
（次卤酸钠）

$$CH_3-CO-H(R) + 3NaOX \longrightarrow CX_3-CO-H(R) + 3NaOH$$

$$CX_3-CO-H(R) + NaOH \longrightarrow CHX_3 + (R)H-CO-ONa$$
（卤仿）　（羧酸盐）

总反应式表示为：

$$CH_3-CO-H(R) + 3X_2 + 4NaOH \longrightarrow CHX_3 + (R)H-CO-ONa + 3NaX + 3H_2O$$

将上述生成卤仿的反应称为卤仿反应。若反应用 I_2 的 NaOH 溶液作试剂，则产物为碘仿，称为碘仿反应。碘仿反应中的次碘酸钠（NaOI）不仅是碘化剂，而且还是氧化剂，它可以把具有 $CH_3-CH(OH)-H(R)$ 结构的醇氧化为乙醛或甲基酮，所以具有这类结构的醇也能发生碘仿反应。

$$CH_3-CH(OH)-H(R) \xrightarrow{NaOI} CHI_3\downarrow + (R)H-CO-ONa$$

碘仿是不溶于水的黄色固体，具有特殊气味，且反应灵敏，易于识别，所以利用碘仿反应不仅可以鉴别乙醛或甲基酮，还可以鉴别具有上述结构的醇。《中华人民共和国药典》（2020 年版）中乙醇的鉴别就是利用碘仿反应。利用卤仿反应可以从甲基酮合成少一个碳原子的羧酸，而且次卤酸钠不影响双键，可用于合成不饱和羧酸。

（2）**羟醛缩合反应** 在稀碱的作用下，含 α-H 的醛可以与另一分子醛发生加成反应，生成 β-羟基醛，此反应称为羟醛缩合反应。

$$CH_3-CHO + H-CH_2-CHO \xrightarrow[5℃]{稀NaOH} CH_3-CH(OH)-CH_2-CHO$$
β-羟基丁醛

β-羟基丁醛在加热条件下很容易脱水，生成 α,β-不饱和醛。在有机合成中，利用羟醛缩合反应可以增长碳链。

3. 氧化反应

（1）与强氧化剂反应

$$CH_3CH_2CH_2-\overset{O}{\underset{\|}{C}}-H \xrightarrow[\text{稀 } H_2SO_4]{K_2Cr_2O_7} CH_3CH_2CH_2-\overset{O}{\underset{\|}{C}}-OH$$

$$CH_3CH_2-\overset{O}{\underset{\|}{C}}-CH_3 \xrightarrow[\triangle]{\text{浓 } HNO_3} CH_3CH_2-\overset{O}{\underset{\|}{C}}-H+CH_3-\overset{O}{\underset{\|}{C}}-OH+CO_2$$

醛酮的氧化在工业生产中很重要,例如,工业用的乙酸就是用乙醛在催化剂作用下,通过空气中的氧气氧化而产生的。

(2) 与托伦试剂反应 托伦试剂是硝酸银的氨溶液,其主要成分是 $[Ag(NH_3)_2]^+$。当托伦试剂与醛共热时,醛被氧化成羧酸,试剂中的银离子被还原成金属银。金属银附着在玻璃器壁上,形成银镜,又称为银镜反应。

$$R-CHO+2[Ag(NH_3)_2]OH \xrightarrow{\triangle} R-COONH_4+2Ag\downarrow+3NH_3+H_2O$$

所有的醛都能发生银镜反应,此反应可用于区别醛与酮。

(3) 与费林试剂反应 费林试剂是硫酸铜和酒石酸钾钠的氢氧化钠溶液反应生成的配合物溶液,其主要成分是酒石酸钾钠与 Cu^{2+} 形成的配离子。反应时醛被氧化成羧酸,Cu^{2+} 配离子被还原为氧化亚铜砖红色沉淀。

$$R-CHO+Cu^{2+} \xrightarrow[\triangle]{OH^-} R-COO^- +Cu_2O\downarrow$$

只有脂肪醛能与费林试剂作用,芳香醛则不起反应,此反应可用于鉴别脂肪醛和芳香醛。这两种弱氧化剂只能氧化醛基,不能氧化碳碳不饱和键。

4. 还原反应

(1) 催化加氢 在金属催化剂(Pt、Pd、Ni 等)的作用下,醛和酮加氢还原为相应的伯醇和仲醇。此反应称为催化氢化。

$$R-\overset{O}{\underset{\|}{C}}-H+H_2 \xrightarrow{Ni} RCH_2OH$$
醛 伯醇

$$R-\overset{O}{\underset{\|}{C}}-R'+H_2 \xrightarrow{Ni} R\overset{OH}{\underset{|}{C}}HR'$$
酮 仲醇

金属催化剂的选择性较低,若分子中存在碳碳不饱和键也会被还原。

$$CH_2=CH-CHO+H_2 \xrightarrow{Ni} CH_3CH_2CH_2OH$$

(2) 金属氢化物还原 在实验室,用金属氢化物将醛、酮还原为相应的伯醇和仲醇。常用的金属氢化物还原剂是氢化铝锂($LiAlH_4$)和硼氢化钠($NaBH_4$)。金属氢化物还原剂的选择性高,只还原羰基,分子中的碳碳不饱和键不会受到影响。

环戊酮 $\xrightarrow[(2) H_3O^+]{(1) LiAlH_4, \text{乙醚}}$ 环戊醇(HO H)

$$CH_2=CHCHO \xrightarrow[(2) H_3O^+]{(1) LiAlH_4, \text{乙醚}} CH_2=CHCH_2OH$$

$$C_6H_5-CH=CHCHO \xrightarrow[(2) H_3O^+]{(1) LiAlH_4, \text{乙醚}} C_6H_5-CH=CHCH_2OH$$

(3) 克莱门森还原法 醛、酮与锌汞齐和浓盐酸一起回流,可将羰基还原为亚甲基,生成烃。这种方法称为克莱门森还原法。

$$\text{C}_6\text{H}_5\text{COCH}_3 \xrightarrow[\Delta]{\text{Zn-Hg, 浓 HCl}} \text{C}_6\text{H}_5\text{CH}_2\text{CH}_3$$

克莱门森反应适用于对酸稳定的醛和酮，若分子中含有对酸敏感基团，如含有醇羟基、碳碳双键的分子，就不能用此法还原。

（4）沃尔夫-吉日聂尔-黄鸣龙反应　醛、酮与肼作用生成腙，再将腙与乙醇钠在封管或高压釜中加高温，醛、酮的羰基还原成亚甲基，此法为沃尔夫-吉日聂尔反应。我国化学家黄鸣龙对此反应进行了改进，用二聚乙二醇或三聚乙二醇作溶剂，使反应操作简化，产率也很高，称为黄鸣龙改进法。

$$\text{C}_6\text{H}_5\text{COCH}_2\text{CH}_3 \xrightarrow[(\text{HOCH}_2\text{CH}_2)_2\text{O}, \Delta]{\text{H}_2\text{NNH}_2, \text{NaOH}} \text{C}_6\text{H}_5\text{CH}_2\text{CH}_2\text{CH}_3$$

沃尔夫-吉日聂尔-黄鸣龙反应是在碱性介质中进行的，只适用于对碱稳定的化合物。利用芳香烃的酰基化反应制得酮，酮基经克莱门森还原法或黄鸣龙还原法还原成亚甲基，因此用这两种还原方法均可合成直链烷基苯。例如：

$$\text{C}_6\text{H}_6 + \text{CH}_3\text{CH}_2\text{CH}_2\text{COCl} \xrightarrow{\text{无水 AlCl}_3} \text{C}_6\text{H}_5\text{COCH}_2\text{CH}_2\text{CH}_3 + \text{HCl}$$

$$\text{C}_6\text{H}_5\text{COCH}_2\text{CH}_2\text{CH}_3 \xrightarrow[(\text{HOCH}_2\text{CH}_2)_2\text{O}, \Delta]{\text{H}_2\text{NNH}_2, \text{NaOH}} \text{C}_6\text{H}_5\text{CH}_2\text{CH}_2\text{CH}_2\text{CH}_3$$

知识拓展

　　黄鸣龙反应是有机化学教材中唯一出现的有中国人名字命名的有机化学反应。黄鸣龙先生对沃尔夫-吉日聂尔（Wolff-Kishner）反应做出的改进，不仅大大缩短反应时间，而且使用的化学试剂价格低廉，反应产率高，便于工业化生产，因此很快得到广泛应用。这一发现过程带有偶然性和趣味性，黄鸣龙先生当时在美国跟随 Louise Fieser 做访问学者。黄先生正在做一个 Wolff-Kishner 反应，却因临时有事要去纽约，只得让隔壁一个黎巴嫩籍的同学帮忙照看反应。黄先生走了数日，处在回流中的烧瓶塞子逐渐松动，开了口子。这个实诚的同学因为只答应照看反应，却没有帮忙把塞子塞好，使得反应物中的肼和生成的水全跑光了。等黄先生回来时，却发现反应的产率很高。于是黄鸣龙改进法就这样被发现了！

　　任何科学发现的偶然性背后都隐藏着必然性，科学研究其实是没有捷径的。黄老先生数十年如一日专心致志地从事科学研究，为有机化学的发展、为我国甾体工业的建立和科技人才的培养都做出了显赫贡献，黄老先生被人们赞颂为国甾体激素药物工业的奠基人。

（5）歧化反应　不含有 α-氢原子的醛在浓碱溶液中，一分子醛被氧化成羧酸盐，另一分子醛被还原成醇的反应称为歧化反应，又称坎尼扎罗（Cannizzaro）反应。

$$\text{HCHO} \xrightarrow{\text{浓 NaOH}} \text{HCOONa} + \text{CH}_3\text{OH}$$

$$\text{C}_6\text{H}_5\text{CHO} \xrightarrow{\text{浓 NaOH}} \text{C}_6\text{H}_5\text{COONa} + \text{C}_6\text{H}_5\text{CH}_2\text{OH}$$

两种不同的无 α-氢原子的醛在浓碱溶液中，发生交叉坎尼扎罗反应，生成四种产物不易分离，无应用价值。但如果用甲醛和不含 α-氢的醛反应，由于甲醛的还原性较强，在反应中被氧化生成甲酸钠，另一分子醛则被还原生成醇。例如：

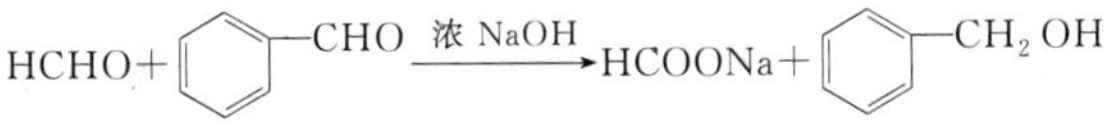

$$HCHO + C_6H_5{-}CHO \xrightarrow{\text{浓 NaOH}} HCOONa + C_6H_5{-}CH_2OH$$

 知识拓展

> 樟脑是一种脂环族酮类化合物，学名 2-莰酮。樟脑是存在于樟树中的一种芳香性成分。它是我国特产，台湾地区的产量约占世界总产量的 70%，居世界第一位，福建、广东、江西等地也有出产。樟脑为无色半透明固体，具有特殊的芳香气味，熔点 176～177℃，易挥发，不溶于水，能溶于有机溶剂和油脂中。 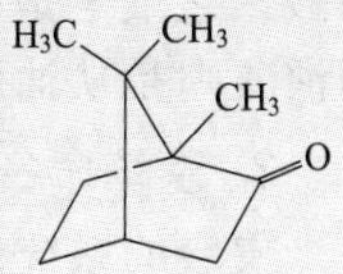
>
> 樟脑在医药上用途甚广，有兴奋血管运动中枢、呼吸中枢及心肌的功效。100g/L 的樟脑酒精溶液称樟脑酊，有良好止咳功效。成药清凉油、十滴水、消炎镇痛膏等均含有樟脑。樟脑还可作为驱虫防蛀剂。

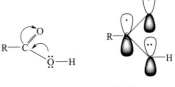
樟脑

五、羧酸

羧酸，是指分子中含有羧基—COOH 的化合物，羧酸的通式为：**R—COOH**。常见的羧酸有甲酸、乙酸、苯甲酸、乙二酸等。

（一）羧酸和羧酸根的结构

1. 羧酸的结构

羧酸中羧基碳原子是 sp^2 杂化，三个 sp^2 杂化轨道在一个平面内，键角约为 120°，与羰基氧原子、羟基氧原子、氢原子（甲酸）或碳原子（乙酸等）形成三个 σ 键。羰基碳原子的 p 轨道与羰基氧原子的 p 轨道都垂直于 σ 键所在平面，它们相互平行以"肩并肩"形式重叠形成 π 键。同时，羟基氧原子的未共用电子对所在的 p 轨道与碳氧双键的 π 重叠，形成 p-π 共轭体系。见图 18-2。

图 18-2 羧酸的结构

2. 羧酸根的结构

羧酸离解出质子后生成的羧酸根（RCOO⁻）负离子，由于共轭效应的存在，氧原子上的负电荷不是集中在一个氧原子上，而是均匀地分布在两个氧原子上，因此比较稳定。见图 18-3。

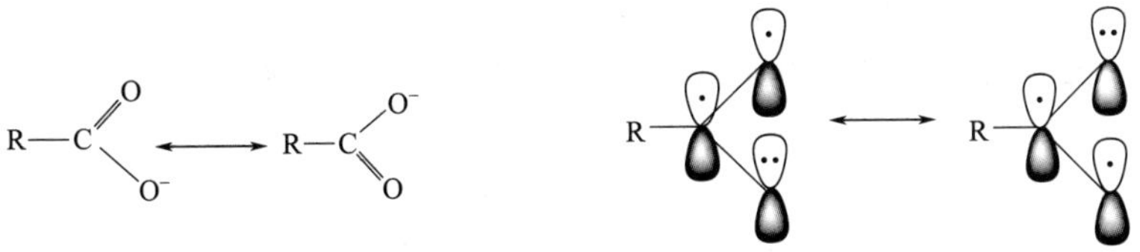

图 18-3 羧酸根的结构

（二）羧酸的分类和命名

1. 羧酸的分类

根据羧酸分子中羧基所连接烃基的种类不同，可分为脂肪酸、脂环酸和芳香酸；根据烃基的饱和度不同，可分为饱和酸、不饱和酸；根据所含羧基的数目不同，可分为一元酸和多元酸。

2. 普通命名法

结构简单的羧酸与醛的命名原则相似，只需将醛字改为酸字即可，如"某酸""某烯酸"。许多羧酸根据其来源而有俗名，如甲酸又称蚁酸，因为蚂蚁会分泌出甲酸；乙酸又称醋酸，它最早是由醋中获得；丁酸俗称酪酸，奶酪的特殊臭味就有丁酸味；软脂酸、硬脂酸和油酸则是从油脂水解得到并根据它们的性状而分别加以命名。

3. 系统命名法

羧酸的系统命名法基本上与醛的命名原则相同。脂肪酸命名时，选择包含羧基和最长碳链作为主链，根据主链碳原子的数目称为"某酸"。主链碳原子的编号则自羧基碳原子开始，用阿拉伯数字表示。对于侧链和不饱和键的位次表示方法与醇、醛、酮的命名相似。如：

$$
\underset{\text{3-甲基丁酸}}{CH_3-CH-CH_2COOH} \qquad \underset{\text{2,3-二甲基丁酸}}{CH_3-CH-\overset{H}{\underset{CH_3}{C}}-COOH} \qquad \underset{\text{(Z)-2,3-二甲基-2-戊烯酸}}{\overset{CH_3CH_2}{\underset{H_3C}{>}}C=C\overset{COOH}{\underset{CH_3}{<}}}
$$

二元脂肪酸的命名是选择包含两个羧基的最长碳链作为主链，根据主链碳原子数称为"某二酸"。如：

$$
\underset{\text{乙二酸}}{\overset{COOH}{\underset{COOH}{|}}} \qquad \underset{\text{丙二酸}}{HOOCCH_2COOH} \qquad \underset{\text{丁二酸}}{HOOC(CH_2)_2COOH} \qquad \underset{\text{戊二酸}}{HOOC(CH_2)_3COOH}
$$

芳香酸和脂环酸的命名，是将脂环或芳环作为取代基来命名，含两个羧基的芳香酸，将羧基的相对位次写在母体名称前面。如：

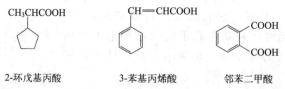

2-环戊基丙酸　　　　　3-苯基丙烯酸　　　　　邻苯二甲酸

（三）羧酸的性质

低级饱和脂肪酸（甲酸、乙酸、丙酸）是具有强烈刺激性气味的液体；中级的（$C_4 \sim C_9$）羧酸是带有不愉快气味的油状液体；C_{10}以上的羧酸为无味的蜡状固体，挥发性很低，脂肪族二元羧酸和芳香族羧酸都是固体。

低级脂肪酸易溶于水，但随着分子量的增加，在水中的溶解度减小，以至于难溶或不溶于水，而溶于有机溶剂。羧酸分子能以氢键彼此缔结，低级羧酸即使在气态也是以二缔合体的形式存在。

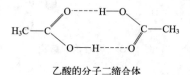

乙酸的分子二缔合体

羧酸分子间的氢键缔合比醇分子间的氢键缔合更强,所以羧酸的沸点高于分子量相近的醇的沸点;在水中的溶解度也比分子量相近的醇更大。

1. 酸性

羧酸在水中可离解出质子而显酸性,其 pK_a 值一般为 4~5,属于弱酸。羧酸的酸性虽比盐酸、硫酸等无机酸弱得多,但比碳酸(pK_a=6.35)和一般的酚类(pK_a=10)强。故羧酸能分解碳酸盐和碳酸氢盐,放出二氧化碳。

$$2RCOOH + Na_2CO_3 \longrightarrow 2RCOONa + CO_2\uparrow + H_2O$$

$$RCOOH + NaHCO_3 \longrightarrow RCOONa + CO_2\uparrow + H_2O$$

利用羧酸与碳酸氢钠的反应可将羧酸与酚类相区别。因羧酸可溶于碳酸氢钠溶液并放出二氧化碳,而一般酚类与碳酸氢钠不起作用。低级和中级羧酸的钾盐、钠盐及铵盐溶于水,故一些含羧基的药物制成羧酸盐以增加其在水中的溶解度,便于做成水剂或注射剂使用。

羧酸具有明显的酸性,故能与氢氧化钠、碳酸钠、碳酸氢钠和氧化镁反应生成羧酸盐。

$$RCOOH \begin{cases} \xrightarrow{MgO} (RCOO)_2Mg + H_2O \\ \xrightarrow{NaOH} RCOONa + H_2O \\ \xrightarrow{Na_2CO_3} RCOONa + CO_2\uparrow + H_2O \\ \xrightarrow{NaHCO_3} RCOONa + CO_2\uparrow + H_2O \end{cases}$$

羧酸盐具有盐类的一般性质,是离子化合物,不能挥发。羧酸的钠盐和钾盐不溶于非极性溶剂,一般少于 10 个碳原子的一元羧酸的钠盐和钾盐能溶于水(10~18 个碳原子羧酸的钠盐或钾盐在水中形成胶体溶液)。利用羧酸的酸性和羧酸盐的性质,可以把它与中性或碱性化合物分离。

2. 羧酸衍生物的生成*

(1) 酰卤的生成　羧酸与 $SOCl_2$、PCl_5、PCl_3 等氯化剂直接反应生成酰卤:

$$R-\overset{O}{\underset{\|}{C}}-OH + PCl_5 \longrightarrow R-\overset{O}{\underset{\|}{C}}-Cl + POCl_3$$

因为 $POCl_3$ 沸点低易除去,此法可制备高沸点的酰氯。

$$R-\overset{O}{\underset{\|}{C}}-OH + SOCl_2 \longrightarrow R-\overset{O}{\underset{\|}{C}}-Cl + SO_2\uparrow + HCl\uparrow$$

该法产生的 SO_2、HCl 为气体,易除去,因此生成的酰氯纯度高,后处理容易。

(2) 酸酐的生成　两分子一元羧酸在脱水剂五氧化二磷或乙酸酐的作用下,受热脱去一分子水,生成酸酐(甲酸脱水时生成一氧化碳)。

$$\begin{matrix} R-\overset{O}{\underset{\|}{C}}-OH \\ R-\overset{O}{\underset{\|}{C}}-OH \end{matrix} \xrightarrow[\text{或}(CH_3CO)_2O]{P_2O_5} \begin{matrix} R-\overset{O}{\underset{\|}{C}} \\ \diagdown \\ O \\ \diagup \\ R-\overset{O}{\underset{\|}{C}} \end{matrix} + H_2O$$

酸酐

某些二元羧酸分子内脱水形成内酐(一般形成五、六元环)。例如:

$$\underset{\text{（邻苯二甲酸）}}{\begin{array}{c}\text{COOH}\\\text{COOH}\end{array}} \xrightarrow{\triangle} \underset{\text{（邻苯二甲酸酐）}}{\begin{array}{c}\text{CO}\\\text{CO}\end{array}}\text{O} + H_2O$$

(3) 酯的形成　羧酸与醇在酸催化下加热而生成酯。

$$R-\overset{O}{\underset{\|}{C}}-OH + R'OH \xrightleftharpoons{H^+, \triangle} R-\overset{O}{\underset{\|}{C}}-OR' + H_2O$$

羧酸和醇作用生成酯的反应，称为酯化反应。在同样条件下，酯和水也可以作用生成醇和羧酸，称为水解反应。

(4) 酰胺的生成　羧酸和氨或碳酸铵反应生成羧酸的铵盐，铵盐受热或在脱水剂的作用下加热，可在分子内脱去一分子水形成酰胺。

$$R-\overset{O}{\underset{\|}{C}}-OH + NH_3 \longrightarrow R-\overset{O}{\underset{\|}{C}}-ONH_4$$

$$R-\overset{O}{\underset{\|}{C}}-OH + (NH_4)_2CO_3 \longrightarrow R-\overset{O}{\underset{\|}{C}}-ONH_4 + CO_2 + H_2O$$

$$R-\overset{O}{\underset{\|}{C}}-ONH_4 \xrightarrow[\text{加热}]{P_2O_5} R-\overset{O}{\underset{\|}{C}}-NH_2$$

(5) 羧酸 α-H 的反应　羧基是较强的吸电子基团，它可通过诱导效应和 α-H 的超共轭效应使 α-H 活化。但羧基的致活作用比羰基小得多，所以羧酸的 α-H 被卤素取代的反应比醛、酮困难。但在碘、红磷、硫等的催化下，取代反应可顺利发生在羧酸的 α-位上，生成 α-卤代羧酸。例如：

$$CH_3COOH \xrightarrow[P]{Cl_2} ClCH_2COOH \xrightarrow[P]{Cl_2} Cl_2CHCOOH \xrightarrow[P]{Cl_2} Cl_3CCOOH$$

控制反应条件可使反应停留在一卤取代阶段或二卤取代阶段。

(6) 还原反应　羧基中的羰基由于共轭效应的影响，失去了典型羰基的特性，所以羧基很难用催化氢化或一般的还原剂还原，只有特殊的还原剂如 $LiAlH_4$ 能将其直接还原成伯醇。$LiAlH_4$ 是选择性的还原剂，只还原羧基，不还原碳碳双键。例如：

$$(CH_3)_3CCOOH \xrightarrow{LiAlH_4} (CH_3)_3CCH_2OH$$

$$CH_3-CH=CH-COOH \xrightarrow{LiAlH_4} CH_3CH=CH-CH_2OH$$

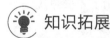
知识拓展

CO_2 的过度排放导致温室效应，温室效应为我们的生活带来了许多棘手的问题。为了提高人类生存环境，为了子孙后代的可持续发展，世界各国纷纷提出了绿色可持续发展的重要思想，其中，中国为实现 CO_2 减排也做出了表率，提出了要在2030年实现碳达峰，在2060年实现碳中和的双碳目标。而实现碳达峰和碳中和的首要目标就是降低 CO_2

浓度。除了采用更低排放的化工过程，将二氧化碳作为资源进行化工利用也是一个值得大力发展的方向。化学家们发现 CO_2 可以作为一种廉价的 C1 资源，它不仅储量惊人，简单易得，而且无毒，在作为 C1 资源合成高附加值化学品领域受到了广泛的关注。目前 CO_2 已经应用到许多化工产品的合成中，如生产碳酸盐、甲酸、甲醇、尿素、甲酰胺、恶唑烷酮、苯并咪唑及其衍生物等。尤其是利用 CO_2 合成甲酰胺类化合物，是当下的研究热点之一。

目前已经有大量报道的利用 H_2 还原 CO_2 生产甲酰胺类化合物的先例，CO_2 具有天然的优势，不仅可以降低反应的成本，使生产过程更加安全，废弃物更加环保，还更加符合绿色化学的发展准则，这种新工艺对环境保护和产值推动具有重要的意义，未来我们应该开发更多这种绿色经济的工业路线，为子孙后代造福，坚持和发展中国特色社会主义事业，坚持绿水青山就是金山银山。

第三节　含氮有机化合物

含氮有机化合物是指分子中含有氮元素的有机化合物，其广泛存在于自然界中，包括硝基化合物、胺类、腈、重氮和偶氮化合物等。

一、硝基化合物

1. 硝基化合物的分类和命名

硝基化合物也有多种分类方法，按照与硝基相连的烃基不同，可分为脂肪族硝基化合物和芳香族硝基化合物；根据分子中硝基的数目可分为一硝基化合物和多硝基化合物。硝基化合物的命名是把硝基作为取代基，烃基作为母体，必要时注明硝基的位置及数目。例如：

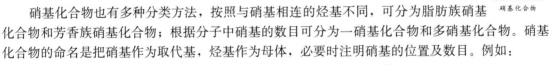

　　　硝基甲烷　　　　2-硝基丙烷　　　　2,4,6-三硝基甲苯

2. 硝基化合物的性质

脂肪族硝基化合物多数是油状液体，芳香族硝基化合物除了硝基苯是高沸点液体外，其余多是淡黄色固体，有苦杏仁气味，味苦。不溶于水，溶于有机溶剂和浓硫酸（形成盐）。硝基具有强极性，所以硝基化合物是极性分子，有较高的沸点和密度。随着分子中硝基数目的增加，其熔点、沸点和密度增大，苦味增加，热稳定性减小，受热易分解爆炸（如 TNT 是强烈的炸药）。多数硝基化合物有毒，在储存和使用硝基化合物时应注意。

（1）酸性　脂肪族硝基化合物中，硝基为强吸电子基，α-氢受硝基的影响，较为活泼，可发生类似酮-烯醇互变异构，从而具有一定的酸性。

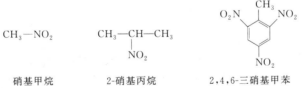

　　　酮式（硝基式）　　烯醇式（假酸式）

烯醇式中连在氧原子上的氢相当活泼，反映了分子的酸性，称假酸式，其能与强碱成盐，所以含有α-氢的硝基化合物可溶于氢氧化钠溶液中，无α-氢的硝基化合物则不溶于氢氧化钠溶液。利用这个性质，可鉴定是否含有α-氢的伯、仲和叔硝基化合物。

（2）与羰基化合物缩合　含有α-H的硝基化合物在碱性条件下能与某些羰基化合物起缩合反应。

$$R-CH_2-NO_2 + R'-\underset{\underset{H(R'')}{|}}{\overset{\overset{O}{\|}}{C}}-H \xrightarrow{OH^-} R'-\underset{\underset{H(R'')}{|}}{\overset{\overset{OH}{|}}{C}}-\underset{\underset{R'}{|}}{\overset{\overset{H}{|}}{C}}-NO_2 \xrightarrow[\Delta]{-H_2O} R'-\underset{\underset{H(R'')}{|}}{C}=\underset{\underset{R'}{|}}{C}-NO_2$$

（3）与亚硝酸的反应　伯硝基烷烃和仲硝基烷烃分子中含有α-氢，与亚硝酸作用时α-氢可被亚硝基取代，生成物均为蓝色结晶，其中伯硝基烷烃生成的取代物中还保留一个α-氢，具有较强的酸性，能溶于氢氧化钠溶液，而仲硝基烷烃生成的取代物中无α-氢，不具有酸性，不能溶于氢氧化钠溶液。

$$R-CH_2-NO_2 + HONO \longrightarrow R-\underset{\underset{NO}{|}}{C}H-NO_2 \xrightarrow{NaOH} \left[R-\underset{\underset{NO}{|}}{C}-NO_2\right]^- Na^+$$

　　　　　　　　　　　　　　　蓝色结晶　　　　　溶于NaOH溶液，呈红色

$$R_2CH-NO_2 + HONO \longrightarrow R_2\underset{\underset{NO}{|}}{C}-NO_2 \xrightarrow{NaOH} 不溶于NaOH$$

　　　　　　　　　　　　　　　　　　蓝色结晶

叔硝基烷烃与亚硝酸不起反应。此性质可用于区别伯、仲、叔硝基化合物。

（4）还原反应　硝基化合物的重要化学性质是硝基的还原反应。脂肪族硝基化合物的还原比较容易，在酸性条件下还原或催化还原都生成伯胺。芳香族硝基化合物的还原，不同条件下其还原产物较复杂，在这里不再详细讨论。硝基苯在酸性条件下用铁、锡等还原，其产物是苯胺，这是工业上制备苯胺的方法。

$$C_6H_5NO_2 \xrightarrow{Fe, HCl} C_6H_5NH_2$$

二、胺

（一）胺的分类和命名

胺既可以看作是烃分子中的氢原子被氨基取代的衍生物，也可以看作是氨分子中的氢原子被烃基取代的衍生物。根据胺分子中氮原子上连接的烃基数目不同，可将胺类分为伯胺（1°胺）、仲胺（2°胺）、叔胺（3°胺）和季铵盐。它们的通式为：

$$RNH_2 \qquad\qquad R_2NH \qquad\qquad R_3N \qquad\qquad R_4N^+X^-$$
　伯胺　　　　　　　仲胺　　　　　　　叔胺　　　　　　　季铵盐

应当注意，这里的"伯""仲""叔"和"季"，分别对应于氮原子上所连的烃基数目，与碳原子的类型无关。如：

$$H_3C-\underset{\underset{NH_2}{|}}{\overset{\overset{CH_3}{|}}{C}}-CH_3 \qquad\qquad H_3C-\underset{\underset{OH}{|}}{\overset{\overset{CH_3}{|}}{C}}-CH_3$$
　　　　伯胺　　　　　　　　　　　叔醇

根据胺分子中烃基的种类不同，可以分为脂肪胺和芳香胺。胺的命名有习惯命名法和系统命名法两种。

简单的胺常用习惯命名法,即在烃基的名称后面加上"胺"字,称为"某胺"。对于含有相同烃基的仲胺和叔胺,需要在烃基名称前标明相同烃基的数目。对于含不同烃基的仲胺和叔胺,命名时应按"较低序列"的烃基名称在前,"较高序列"者在后的顺序,分别列出各个烃基名称。例如:

CH_3NH_2　　　$CH_3CH_2NH_2$　　　$(CH_3)_2CHCH_2NH_2$　　　环己-NH_2
甲胺　　　　　乙胺　　　　　　　异丁胺 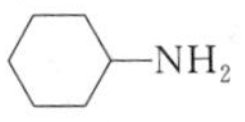　　　　　　　　环己胺

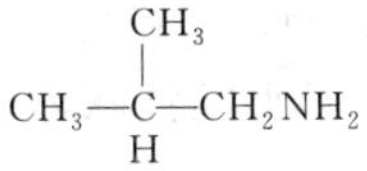

$(CH_3)_2NH$　　　$(CH_3CH_2)_3N$　　　$CH_3CH_2NHCH_2CH_3$
二甲胺　　　　　三乙胺　　　　　　　乙丙胺

芳香胺命名时常以苯胺为母体,将其他取代基的位次和名称放在母体名称前面:

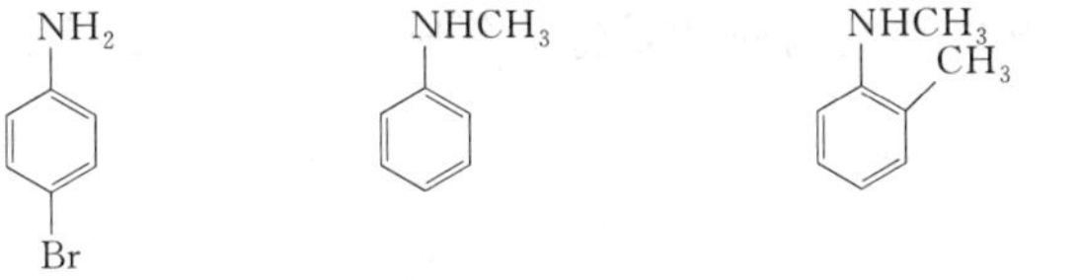

对溴苯胺　　　N-甲基苯胺　　　2-甲基-N-甲基苯胺

复杂的胺采用系统命名法,把胺看作是烃的氨基衍生物,以烃作母体,氨基作为取代基来命名,例如:

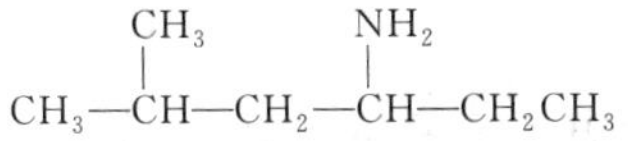

2-甲基-4-氨基己烷 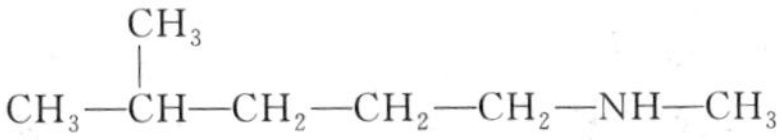　　　　　4-甲基-1-甲氨基戊烷

季铵类化合物的命名与氢氧化铵的命名相似。例如:

$(CH_3)_4N^+OH^-$　　　　　$[(CH_3)_3NCH_2CH_3]^+Cl^-$
氢氧化四甲铵　　　　　　　　氯化三甲基乙基铵

(二)胺的性质

低级脂肪胺中的甲胺、二甲胺和三甲胺等是气体,其他的低级胺为液体,十二碳以上的胺为固体。低级胺的气味与氨相似,三甲胺有鱼腥味,高级胺一般没有气味。胺在水中的溶解度比相应的醇大。这是由于胺与水分子间形成氢键的能力大于胺分子间形成氢键的能力。胺的沸点比同分子量的非极性化合物高,而比醇的沸点低。芳香胺一般为液体或固体,有难闻的气味,在水中的溶解度很小。芳香胺能随水蒸气挥发,可采用水蒸气蒸馏法分离提纯。芳香胺的毒性很大,如苯胺可因吸入或皮肤接触而致中毒,β-萘胺和联苯胺则是致癌物质。

1. 碱性

胺与氨一样,分子中氨基氮原子上有一对未共用电子对,它具有接受质子或提供电子对的能力,因此,胺具有碱性。

$$R\ddot{N}H_2 + H^+ \rightleftharpoons RN^+H_3$$

当胺溶于水时,可与水中质子作用,发生下列离解反应:

$$RNH_2 + H_2O \rightleftharpoons RN^+H_3 + OH^-$$

胺类的碱性强弱可以用它们在水中的电离常数 K_b 或 pK_b 标度。K_b 的值愈大或 pK_b 值愈小,则碱性愈强。胺属于弱碱,其碱性强弱与氮原子上连接基团的电子效应、胺正离子的溶剂化能力,以及空间阻碍效应等因素有关。

在气相中,由于没有溶剂存在,胺的碱性主要取决于氮原子上电子云密度的大小,也就是取决于氮原子上所连烃基的种类和数目。在脂肪胺中,由于烷基是给电子基团,因此脂肪

胺在气相中的碱性随着烷基数目的增多而增加：
$$(CH_3)_3N > (CH_3)_2NH > CH_3NH_2$$

2. 成盐

有机胺的盐类（铵盐）水溶性较大，而胺一般难溶于水，因此，铵盐遇强碱可游离出胺。可利用这一性质来提取胺或将胺与非碱性有机物加以分离。

如苯胺在常温常压下为难溶于水的油状液体，但易溶于强酸溶液：

$$C_6H_5NH_2 + HCl \longrightarrow C_6H_5NH_3^+Cl^- \quad [C_6H_5NH_2 \cdot HCl]$$

盐酸苯胺

水溶性差的胺类药物也常利用此性质将其制成盐。如：

普鲁卡因 $H_2N-C_6H_4-COOCH_2CH_2N(C_2H_5)_2$ $+ HCl \longrightarrow$ 盐酸普鲁卡因 $H_2N-C_6H_4-COOCH_2CH_2N(C_2H_5)_2 \cdot HCl$

铵盐不仅水溶性好，而且具有比较稳定和无臭等特点。

3. 烷基化反应

胺与氨一样，都是亲核试剂，能进攻卤代烷分子中电子云密度较低的部位，发生亲核取代反应生成铵盐。铵盐进一步和氨或胺作用得到游离胺。从而在胺的氮原子上引入烷基，称为烷基化反应。例如，氨与卤代烷作用，可以生成伯胺、仲胺、叔胺和季铵盐：

$$NH_3 + RBr \longrightarrow [RNH_3]^+Br^- \xrightarrow{NH_3} RNH_2 + NH_4Br$$
$$RNH_2 + RBr \longrightarrow [R_2NH_2]^+Br^- \xrightarrow{RNH_2} R_2NH + [RNH_3]^+Br^-$$
$$R_2NH + RBr \longrightarrow [R_3NH]^+Br^- \xrightarrow{RNH_2} R_3N + [RNH_3]^+Br^-$$
$$R_3N + RBr \longrightarrow [R_4N]^+Br^-$$

季铵盐用 AgOH 处理可生成季铵碱，并沉淀出卤化银。

$$[R_4N]^+Br^- + AgOH \longrightarrow [R_4N]^+OH^- + AgBr\downarrow$$

季铵碱是强碱，碱性与苛性碱相当。例如，它有吸湿性，能吸收 CO_2，受热时会分解，其水溶液能腐蚀玻璃等。

4. 与亚硝酸反应

胺和亚硝酸反应，产物随胺的种类不同而异。亚硝酸很不稳定，需用时由亚硝酸钠与盐酸或硫酸作用而产生。

在强酸条件下，伯、仲、叔三类胺与亚硝酸的作用是各不相同的。伯胺与亚硝酸作用生成醇或酚，并定量地放出氮气。例如：

$$CH_3CH_2NH_2 + HNO_2 \longrightarrow CH_3CH_2OH + N_2\uparrow + H_2O$$

芳香族伯胺与亚硝酸反应生成芳香重氮盐。尽管芳香重氮盐也不稳定，但其稳定性远大于脂肪族重氮盐。将反应混合物保持在低于 5℃ 条件下，芳香重氮盐的分解速度很慢。

$$ArNH_2 + NaNO_2 + 2HX \xrightarrow{0\sim5℃} ArN^+\equiv NCl^- + NaX + 2H_2O$$

芳伯胺　　　　　　　　　　芳香重氮盐（低于 5℃ 时稳定）

重氮盐加热到室温即分解放出氮气，得到相应的酚。

脂肪或芳香族仲胺与亚硝酸作用，都得到 N-亚硝基胺。

$$R_2NH + HNO_2 (NaNO_2 + HCl) \longrightarrow R_2N-NO$$
N-亚硝基胺

N-亚硝基胺通常为黄色油状物或黄色固体。N-亚硝基胺与稀酸共热则分解为原来的胺，因此可以利用这个性质分离提纯仲胺。N-亚硝基胺还是一类致癌物质。

脂肪族叔胺与亚硝酸反应生成不稳定的亚硝酸盐。这种盐溶于水，易分解为游离胺。

$$R_3N + HNO_2 \rightleftharpoons R_3NH^+ NO_2^-$$

芳香族叔胺与亚硝酸作用，在环上发生亚硝化反应，例如：

$$(CH_3)_2N-\text{C}_6\text{H}_5 + HNO_2 \longrightarrow (CH_3)_2N-\text{C}_6\text{H}_4-NO$$
对亚硝基-N,N-二甲基苯胺(草绿色结晶)

此反应首先在对位发生，对位被占则在邻位发生，生成的产物为绿色固体。利用亚硝酸与不同的胺发生的不同反应，可区别脂肪族或芳香族的三种胺。

5. 芳环上的取代反应

芳环上的氨基是邻对位定位基，它使苯环活化，所以苯胺很容易发生芳环上的亲电取代反应。

(1) 卤代 芳香胺与卤素的反应速度很快，例如苯胺与溴水作用时，在室温下能立即生成 2,4,6-三溴苯胺，它是难溶于水的固体，因碱性弱，也不能与反应中生成的氢溴酸成盐，因而以白色沉淀的形式析出。此反应能定量完成，可用于苯胺的定量和定性分析。

$$C_6H_5NH_2 + 3Br_2 \longrightarrow \text{2,4,6-三溴苯胺} + 3HBr$$
白色沉淀

如果只需在苯环上引入一个溴原子，可先将苯胺转化为乙酰苯胺以降低氨基的致活作用，再进行溴代，然后水解除去酰基。

$$C_6H_5NH_2 \xrightarrow{(CH_3CO)_2O} C_6H_5NHCOCH_3 \xrightarrow[CH_3COOH]{Br_2} p\text{-}BrC_6H_4NHCOCH_3 \xrightarrow[H_2O]{H^+} p\text{-}BrC_6H_4NH_2$$

(2) 硝化 作为硝化剂的硝酸具有很强的氧化性，因此芳香胺硝化时，应注意氨基的保护。常见的保护方法有两种，一种是使氨基酰化，例如：

$$C_6H_5NH_2 \xrightarrow{(CH_3CO)_2O} C_6H_5NHCOCH_3 \xrightarrow[H_2SO_4]{HNO_3} p\text{-}O_2NC_6H_4NHCOCH_3 \xrightarrow[H_2O]{H^+} p\text{-}O_2NC_6H_4NH_2$$

另一种是让氨基成盐，但此时氨基是第二类定位基。

(3) 磺化 芳香胺的磺化是先将苯胺溶于浓硫酸中让其生成硫酸盐，然后升温至 180~200℃，即可得到对氨基苯磺酸：

$$C_6H_5NH_2 \xrightarrow{H_2SO_4} C_6H_5\overset{+}{N}H_3 HSO_4^- \xrightarrow[\Delta]{H_2O} C_6H_5NH-SO_3H \xrightarrow{200℃} p\text{-}H_2N C_6H_4 SO_3H$$
对氨基苯磺酸

对氨基苯磺酸同时具有酸性基团（—SO_3H）和碱性基团（—NH_2），分子内能成盐，叫内盐。它是重要的医药和染料等中间体。

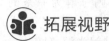 拓展视野

多巴胺的作用

多巴胺分子结构为 $C_6H_3(OH)_2CH_2CH_2NH_2$，是由多巴（dopa，二羟苯丙氨酸）在多巴脱羧酶的作用下生成的：

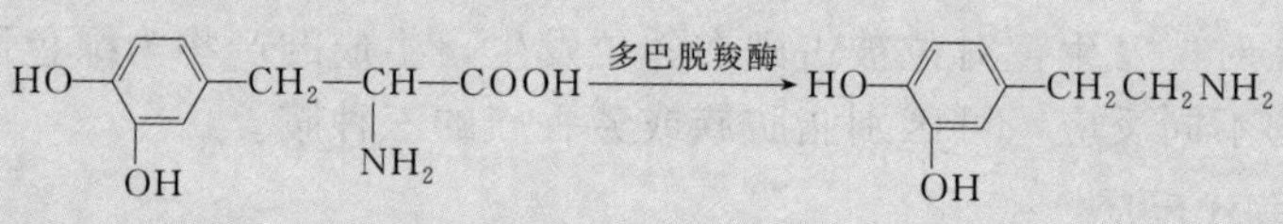

$$HO-\underset{OH}{C_6H_3}-CH_2-\underset{NH_2}{CH}-COOH \xrightarrow{多巴脱羧酶} HO-\underset{OH}{C_6H_3}-CH_2CH_2NH_2$$

多巴胺是人体大脑的脑垂体分泌出的一种化学物质，是十分重要的中枢神经传导物质，它可用来帮助细胞传送脉冲信号。这种脑内分泌主要负责大脑的情欲，感觉，将兴奋及开心的信息传递，也与上瘾有关。瑞典科学家阿尔维德·卡尔森因确定多巴胺为脑内信息的传递者，使他获得了2000年的诺贝尔生理学或医学奖。

 本章小结

一、卤代烃

（1）**分类**：根据烃基结构不同分饱和、不饱和卤代烃，根据所含卤原子个数分为一元、多元卤代烃，根据一元卤代烃中与卤原子直接相连碳原子的类型不同分为伯、仲、叔卤代烃。

（2）**命名**：习惯命名法是根据与卤原子相连的烃基命名，称某烃基卤；系统命名法是看作烃的含卤衍生物。

（3）**性质**：卤代烷在碱的醇溶液中共热发生消除反应生成烯烃，可选择消除时，遵从扎依采夫规则；在一定条件下卤原子被羟基取代生成醇、被—CN取代生成腈、被—NH_2取代生成胺、被—OR取代生成醚；与$AgNO_3$的醇溶液反应生成硝酸酯和卤化银沉淀，可用于鉴别活性不同的卤代烃。

（4）**卤代烯烃和卤代芳烃**

分类：烯基型和芳基型卤代烃；烯丙基型和苄基型卤代烃；隔离型卤代烃。

卤素的活性：烯丙基型和苄基型卤代烃＞隔离型卤代烃＞烯基型和芳基型卤代烃。

二、含氧有机化合物

1. 醇

命名：选择连有羟基碳在内的最长碳链为主链，编号使羟基所连碳位次最小，其他原则同烷烃。

性质：与活泼金属反应放出氢气；用卢卡斯试剂可鉴别能溶于水的三类醇；可与含氧酸生产硫酸酯、磷酸酯、硝酸酯等；不同醇、不同氧化条件氧化产物不同；脱水反应遵循扎依采夫规则。

2. 酚

酸性弱于碳酸而强于醇，易被氧化而颜色加深，与$FeCl_3$溶液生成有色配离子。对芳环

活化的结果使其更容易发生取代反应，二元取代产物主要在邻对位。

3. 醚

习惯命名法即根据醚键所连的烷基命名，单醚可省略烃基的个数，混醚不可。复杂醚看作是烃的烷氧基衍生物命名。

性质：醚常作溶剂，在酸性条件下形成不稳定的锌盐，空气中放置易被氧化生成高沸点受热易爆炸的过氧化物，注意安全使用。

4. 醛和酮

命名：醛、酮选择包含羰基碳在内的最长碳链为主链，使羰基碳位次最小，其他原则同烃类。环状共轭二酮，其命名是在对应芳环的名称上加"醌"字。分子中氧原子所连碳的位次要标明。

性质：醛可被氧化成羧酸，托伦试剂、费林试剂氧化可用于鉴别，与 HCN、醇加成；与亚硫酸氢钠加成可用于提纯和分离；与格氏试剂加成再水解可制不同的醇，与氨的衍生物加成缩合，羟醛缩合反应，卤代反应，用于鉴别的碘仿反应。在不同还原条件下，可被还原成醇、烷烃。

5. 羧酸

命名：羧基为母体，羧基的位次为第一位可省略。其他原则和醛相似。俗名根据来源而定。

性质：体现酸性可与碱反应，与卤化磷等作用生成酰卤，与醇作用生成酯，与氨作用再脱水生成酰胺，在脱水剂作用下生成羧酸酐，α-氢原子可被卤代。还原能力强的还原剂可把羧酸还原成醇。

三、含氮有机化合物

1. 硝基化合物

命名：看作烃的硝基衍生物命名；多官能团化合物命名时硝基作为取代基。

性质：硝基化合物还原，硝基最终还原为氨基，可选择还原；硝基使苯环邻对位的卤素活泼；硝基使苯环邻对位的酚羟基、羧基酸性增强。

2. 胺

分类：伯胺、仲胺、叔胺；一元胺、多元胺；脂肪胺、芳香胺等。

命名：习惯命名法；系统命名法：把胺视作烃的氨基衍生物。

性质：碱性；与亚硝酸的反应；芳胺氧化；芳环上的卤代、硝化、磺化反应。

课后检测

一、卤代烃习题

1. 写出 C_4H_9Cl 的所有同分异构体，并用系统命名法命名。

2. 用系统命名法命名下列化合物。

(1) 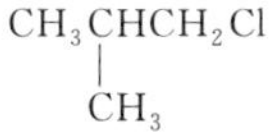 CH₃CHCH₂Cl
        |
       CH₃

(2) 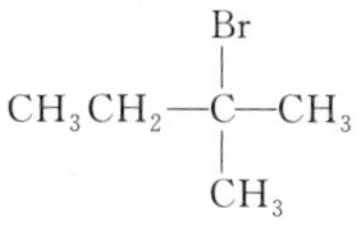 CH₃CH₂—C(Br)(CH₃)—CH₃
              |
             CH₃

(3) 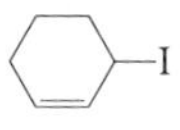 环己烯-I

(4) 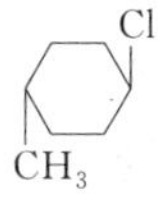 环己基-Cl
       |
      CH₃

(5) 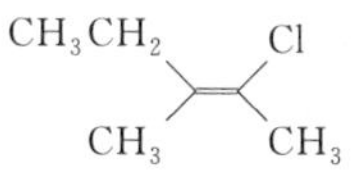 CH₃CH₂—C(Cl)=C(CH₃)₂

(6) 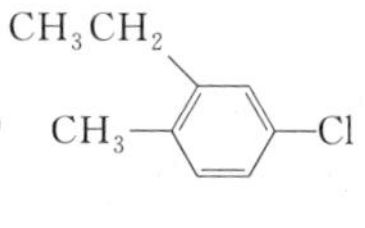 CH₃CH₂—C₆H₃—Cl (二取代苯)

(7) 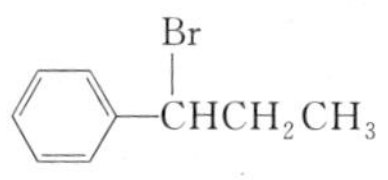 C₆H₅—CH(Br)—CH₂CH₃

3. 写出1-溴戊烷与下列试剂反应的主要产物。

(1) NaOH（水溶液）   (2) Mg/无水乙醚   (3) $AgNO_3$-醇

(4) $CH_3C{\equiv}CNa$ (5) NaCN   (6) C_2H_5ONa/C_2H_5OH

(7) NaI（丙酮溶液）   (8) KOH-醇

4. 完成下列反应

(1) $CH_3CH{=}CH_2 \xrightarrow{Br_2, 500℃} \xrightarrow{NaCN}$

(2) $CH_3CH{=}C(CH_3)_2 \xrightarrow[RO-OR]{HBr} \xrightarrow[丙酮]{NaI}$

(3) 环己烯 $+Cl_2 \longrightarrow \xrightarrow{KOH-醇}$

(4) 环戊烯 $+ Br_2(1mol) \xrightarrow{500℃}$

(5) 环己醇-OH $\xrightarrow{PCl_5} \xrightarrow{NaCN}$

(6) $CH_3\underset{CH_3}{\overset{|}{C}H}-CH_2\underset{Cl}{\overset{|}{C}H}CH_3 \xrightarrow{NH_3}$

(7) $CH_3CH_2\underset{Br}{\overset{|}{C}H}-\underset{CH_3}{\overset{|}{C}H}CH_2CH_3 \xrightarrow{KOH-醇}$

5. 将下列各组化合物按指定项目排列大小。

(1) 与 $AgNO_3$-C_2H_5OH 的反应活性。

a. 1-溴丁烷   b. 2-溴丁烷   c. 2-甲基-2-溴丙烷

(2) 与 NaI-丙酮的反应活性。

a. 3-溴丙烯   b. 2-溴丙烯   c. 1-溴丁烷   d. 2-溴丁烷

(3) 在 KOH-醇溶液中，消除反应活性。

a. $CH_3CH_2-\underset{CH_3}{\overset{CH_3}{\underset{|}{\overset{|}{C}}}}-Cl$ b. $CH_3CH_2-\underset{Cl}{\overset{CH_3}{\overset{|}{C}H}}-$

b. $CH_3CH_2-\overset{CH_3}{\underset{|}{C}H}-Cl$

c. $CH_3CH_2-CH_2CH_2-Cl$

(4) 与 NaCN 反应活性。

a. $CH_3CH_2CH_2Cl$ b. $CH_3CH_2CH_2Br$ c. $CH_3CH_2CH_2I$

6. 用化学方法区别下列各组化合物。

(1) a. 氯乙烯   b. 2-氯丙烷   c. 2-甲基-2-氯丙烷

(2) a. 1-氯戊烷   b. 1-溴戊烷   c. 1-碘戊烷

7. 分子式为 C_4H_9Br，具有 A、B、C、D 四个异构体，A 和 C 具有光学活性，B 和 D 是非光学活性的；A 在光照下进行溴代，可得到四种二溴代产物；C 在相同条件下能得到三种二溴代产物，且这三种二溴代产物都不具有光学活性；B 只能得到一种无光学活性的二溴代产物；D 有四种二溴代产物，推测 A、B、C、D 的构造式。

二、醇、酚、醚习题

1. 写出分子式为 C_7H_8O 的所有芳香类化合物的构造异构体，并用系统命名法命名。

2. 比较下列化合物在水中的溶解度。

(1) $CH_3CH_2CH_2OH$；(2) $CH_3CH_2CH_2Cl$；(3) $CH_3OCH_2CH_3$；

(4) $CH_2OHCH_2CH_2OH$；(5) $CH_2OHCHOHCH_2OH$

3. 按要求排列次序。

(1) 酸性大小：

Ⅰ a. 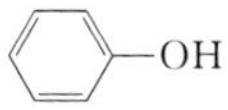 C₆H₅—OH   b. 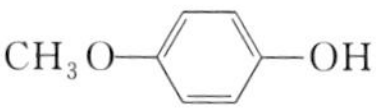 CH₃O—C₆H₄—OH   c. 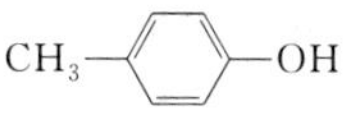 CH₃—C₆H₄—OH

Ⅱ a. 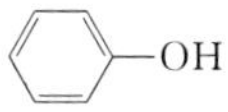 C₆H₅—OH   b. 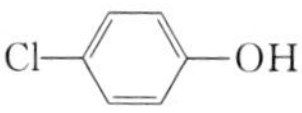 Cl—C₆H₄—OH   c. 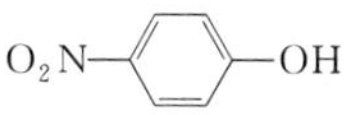 O₂N—C₆H₄—OH

Ⅲ a. 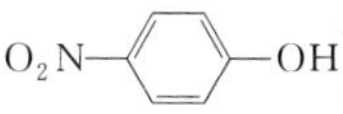 O₂N—C₆H₄—OH   b. 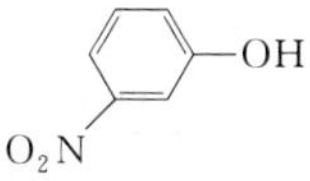 间-O₂N—C₆H₄—OH

Ⅳ a. 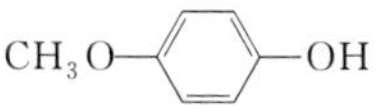 CH₃O—C₆H₄—OH   b. 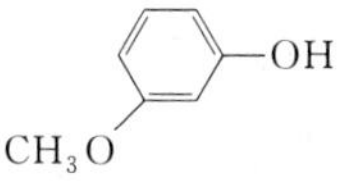 间-CH₃O—C₆H₄—OH

(2) 与 HBr 反应的反应速率快慢：
a. 对甲基苄醇、对硝基苄醇、苄醇
b. α-苯乙醇、β-苯乙醇、苄醇
c. $CH_3CH_2CH_2CH_2OH$、$(CH_3)_3COH$、$CH_3CH_2CH(OH)CH_3$

(3) 脱水反应难易：

a. 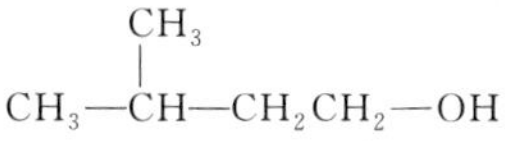 $CH_3-CH(CH_3)-CH_2-CH_2-OH$ b. 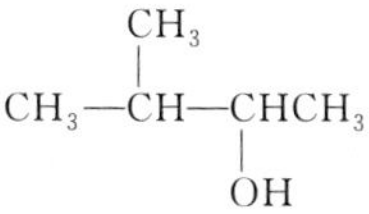 $CH_3-CH(CH_3)-CH(OH)-CH_3$

c. 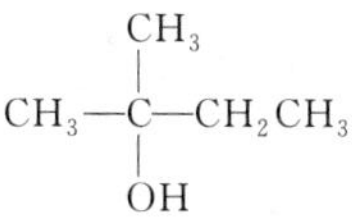 $CH_3-C(CH_3)(OH)-CH_2CH_3$

4. 用化学方法区别下列化合物。

(1) 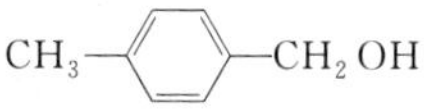 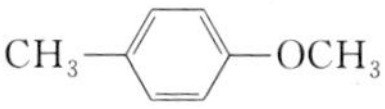 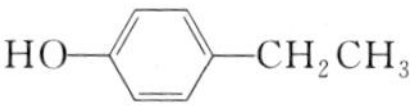 $CH_3-C_6H_4-CH_2OH$ $CH_3-C_6H_4-OCH_3$ $HO-C_6H_4-CH_2CH_3$

(2) 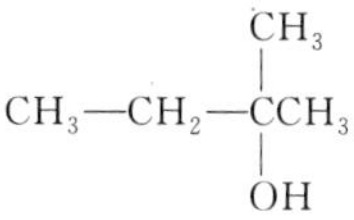 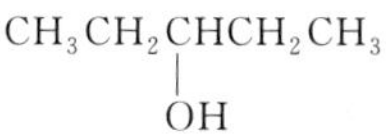 $CH_3-CH_2-C(CH_3)_2-OH$ $CH_3-CH(OH)-CH_2CH_3$ $CH_3CH_2CH_2CH_2OH$

(3) $CH_3-CH(Cl)-CH_2CH_3$ $CH_3-CH_2-CH(OH)CH_3$ 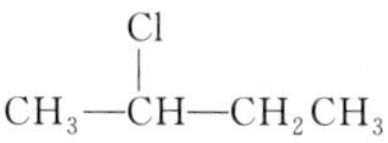 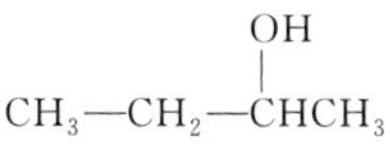 $CH_3-CH_2-O-CH_2CH_3$

5. 用化学方法分离下列化合物。

(1) 苯酚与环己醇；(2) 邻硝基苯酚和对硝基苯酚；(3) 苯酚和苯甲醇

6. 写出环己醇与下列试剂反应的产物。

(1) HBr   (2) $KMnO_4$-H_2SO_4（稀）   (3) PCl_3 (4) $SOCl_2$

(5) 浓 H_2SO_4，加热   (6) Cu，加热   (7) Na

三、醛、酮习题

1. 命名下列化合物。

(1) 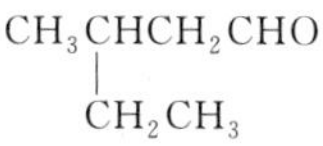 $CH_3CH(CH_2CH_3)CH_2CHO$

(2) 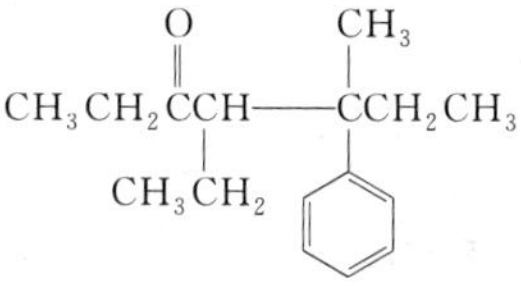 $CH_3CH_2-CO-C(CH_3)(CH_2CH_3)(C_6H_5)$ 中：$CH_3CH_2-C(=O)-C(CH_3)(CH_2CH_3)-C_6H_5$

(3) $CH_2=CHCH_2-CO-CH_3$

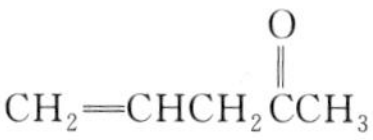

(4) 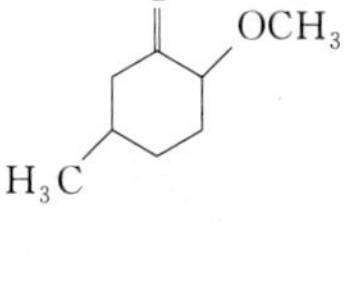 2-甲氧基-5-甲基环己酮

(5) C₆H₅CH₂COCH₃ (结构式，苯环-CH₂-CO-CH₃)

(6) 邻羟基苯甲醛 (苯环带CHO和OH)

(7) CH₃COCH₂COCH₃

(8) C₆H₅CH₂COCH₂C₆H₅

2. 写出下列化合物的构造式。
(1) 3-甲基-2-乙基戊醛 (2) 2-甲基环己酮 (3) 丙烯醛
(4) 4-溴-1-苯基-2-戊酮 (5) 苄基苯基酮 (6) 肉桂醛

3. 写出分子式为 $C_5H_{10}O$ 的醛和酮的各种异构体的结构式，并用系统命名法命名。存在对映异构现象的异构体，试写出其费歇尔投影式。

4. 将下列羰基化合物按发生亲核取代反应的活性由大到小的顺序排列。
(1) CH_3CHO、$CH_3CH_2COCH_2CH_3$、CF_3CHO、CH_3COCH_3、CH_2ClCHO、$HCHO$

(2) 邻硝基苯甲醛、邻氨基苯甲醛、邻甲基苯甲醛、苯甲醛、苯乙酮

5. 写出下列反应的主要产物。

(1) $CH_3COCH_2CH_3 \xrightarrow{HCN} ? \xrightarrow{H_3O^+} ? \xrightarrow{\triangle} ?$

(2) $CH_3CH_2CHO + 2CH_3CH_2OH \xrightarrow{\text{干燥 HCl}} \rightleftharpoons$

(3) 环戊酮 $+ NaHSO_3 \rightleftharpoons$

(4) $2CH_3CH_2CH_2CHO \xrightarrow{\text{稀 NaOH}}$

(5) $CH \equiv CH + ? \xrightarrow{?} CH_3CHO \xrightarrow{?} CHI_3 + ?$

(6) $HOCH_2CH_2CH_2CHO \xrightarrow{\text{干燥 HCl}}$

(7) $CH_3COCH_3 + H_2NNH-\text{(2,4-二硝基苯基)} \rightarrow$

(8) $C_6H_5CHO + CH_3COCH_3 \xrightarrow[\triangle]{\text{稀 NaOH}} ? \xrightarrow{LiAlH_4} ?$

(9) $2 C_6H_5CHO \xrightarrow{\text{浓 NaOH}}$

(10) $CH_2=CH-CHO \xrightarrow{NaBH_4}$

(11) $C_6H_5COCH_2CH_3 \xrightarrow[\triangle]{Zn-Hg, \text{浓 HCl}}$

(12) $HCHO + \text{环己基}-MgBr \xrightarrow{(1) \text{无水乙醚}}_{(2) H_3O^+}$

6. 用简单的化学方法鉴别下列各组化合物。
(1) 丙醛、丙酮、丙醇
(2) 乙醛、苯乙醛、苯乙醇
(3) 2-戊酮、3-戊酮、环戊酮
(4) 苯甲醛、苯乙酮、苯酚

7. 下列化合物中哪些化合物既能起碘仿反应又能与饱和亚硫酸氢钠加成？

(1) CH₃CH₂CHO (2) CH₃CH₂COCH₃ (3) CH₃COC₆H₅

(4) CH₃CH₂OH (5) CH₃CH(OH)CH₃ (6) CH₃CHO

8. 选择适当的试剂和反应条件，完成下列转变。

(1) CH₃CHO ⟶ CH₃CH=CHCHO

(2) CH₃CH₂OH ⟶ CH₃CH(OH)COOH

(3) 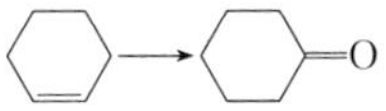 环己烷 ⟶ 环己酮

(4) 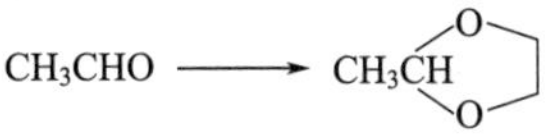 CH₃CHO ⟶ CH₃CH(OCH₂CH₂O) (缩醛)

(5) 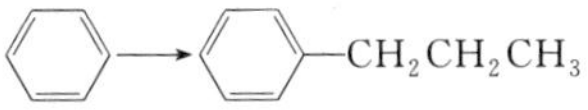 苯 ⟶ 丙苯

(6) 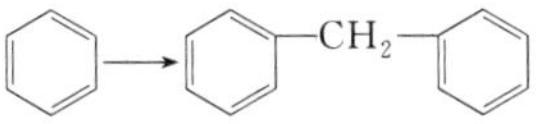 苯 ⟶ 二苯甲烷

9. 用 3 个碳原子以下的醛或酮为原料，选适当的试剂制备下列醇。

(1) 2-甲基-2-丁醇   (2) 5-甲基-3-己醇   (3) 1-苯基-2-丁醇

10. 不查物理常数，比较下列各组化合物的沸点高低，并说明理由。

(1) 戊醛和 1-戊醇   (2) 2-戊醇和 2-戊酮

(3) 丙酮和丙烷   (4) 2-苯基乙醇和苯乙酮

11. 化合物 A 的分子式为 $C_6H_{12}O$，不与托伦试剂或饱和亚硫酸氢钠溶液反应，但能与羟胺反应，A 经催化氢化得分子式为 $C_6H_{14}O$ 的化合物 B。B 与浓硫酸共热得分子式为 C_6H_{12} 的化合物 C。C 经臭氧氧化再还原水解，生成分子式均为 C_3H_6O 的 D 和 E。D 能发生碘仿反应，但不能发生银镜反应；而 E 能发生银镜反应，不能发生碘仿反应。试推测 A~E 的结构式。

四、羧酸习题

1. 命名下列化合物或写出构造式。

(1) (CH₃)₂CHCH₂COOH

(2) 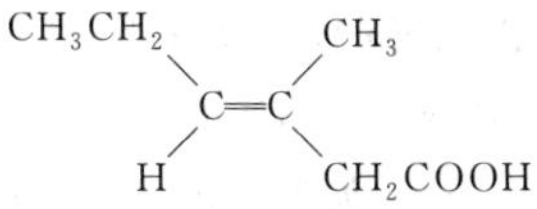 CH₃CH₂C(CH₃)=CHCH₂COOH (结构式，E/Z)

(3) 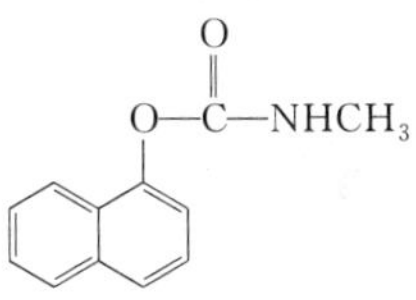 1-萘基 N-甲基氨基甲酸酯

(4) 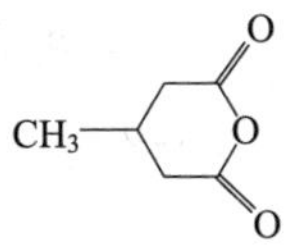 4-甲基-δ-戊内酯 (CH₃取代的六元环内酯)

(5) CH₃CH(CH₃)CH₂C(O)OC₂H₅

(6) (CH₃)₂CHOCHO

2. 用简便的化学方法鉴别下列各组化合物。

(1) 水杨酸、苯甲酸、肉桂酸

(2) 草酸、丙酮酸、丙酸

(3) 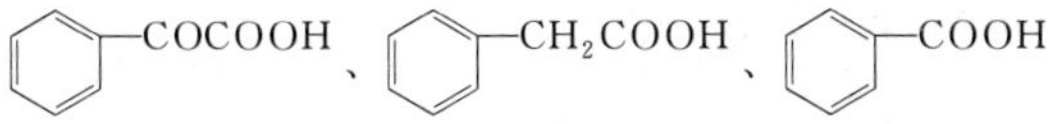 C₆H₅COCOOH、C₆H₅CH₂COOH、C₆H₅COOH

3. 完成下列反应。

(1) $CH_3CHCOOH \xrightarrow{[O]}$ ( ) $\xrightarrow[\triangle]{\text{稀} H_2SO_4}$ ( ) $\xrightarrow{[H]}$ ( )
　　　$|$
　　　OH

(2) $\underset{}{\text{(邻-羟基苯甲酸)}} \text{HO-C}_6\text{H}_4\text{-COOH} + NaHCO_3 \longrightarrow$ ( )

(3) (四氢萘) $\xrightarrow[\triangle]{KMnO_4/H^+}$ ( ) $\xrightarrow[\text{浓} H_2SO_4]{C_2H_5OH}$ ( )

(4) $C_6H_5\text{-COCOOH} \xrightarrow[\text{稀} H_2SO_4]{\triangle}$ ( ) $\xrightarrow{[O]}$ ( ) $\xrightarrow{SOCl_2}$ ( ) $\xrightarrow[\triangle]{NH_3}$ ( )

4. 由指定原料合成下列化合物。

(1) 甲苯 $\longrightarrow$ 3-氯-苯胺(间氯苯胺)

(2) $CH_3CH_2OH \longrightarrow CH_2(COOC_2H_5)_2$

(3) $CH_3CHCH_3 \longrightarrow CH_3CHCOOH$
　　　$|$　　　　　　　　$|$
　　　OH　　　　　　CH_3

(4) 甲苯 $\longrightarrow C_6H_5\text{-}CH(COOH)_2$

(5) $CH_3CH_2CH_2OH \longrightarrow CH_3CH_2CHCOOH$
　　　　　　　　　　　　　　　　　　　$|$
　　　　　　　　　　　　　　　　　　OH

(6) 环己醇 $\longrightarrow H_2NCH_2CH_2CH_2CH_2NH_2$

5. 推导构造式。

(1) A、B、C 三个化合物的分子式均为 $C_3H_6O_2$，A 与 Na_2CO_3 作用放出 CO_2，B 和 C 不能，B 和 C 分别在 NaOH 溶液中加热水解，B 的水解馏出液能发生碘仿反应，C 不能，试写出 A、B、C 的可能结构式。

(2) 有两个酯类化合物 A 和 B，分子式均为 $C_4H_6O_2$。A 在酸性条件下水解成甲醇和另一化合物 $C_3H_4O_2$(C)，C 可使 $Br_2\text{-}CCl_4$ 溶液褪色。B 在酸性条件下水解生成一分子羧酸和化合物 D；D 可发生碘仿反应，也可与托伦试剂作用。试写出 A、B 的构造式。

五、含氮有机化合物习题

1. 用系统命名法命名下列化合物，并指出它们属于哪一类化合物。

(1) $CH_3CH_2CH_2NO_2$　　　　(2) $CH_3\text{-}C_6H_4\text{-}NO_2$ (对位)

(3) $CH_3NHCH_2CH_3$　　　　(4) $C_6H_5\text{-}NHCH_3$

2. 写出下列化合物的构造式。

(1) 3-硝基-4-异丙基苯胺　　(2) N,N-二甲基-4-氯苯胺

(3) N,N-二甲氨基环戊烯　　(4) 氯化三甲基乙基铵

3. 完成以下反应式。

(1) $RNH_2 + HO-NO \xrightarrow[-H_2O]{\text{低温}}$ ( )

(2) $C_6H_5\text{-}NH_2 + NaNO_2 + 2HCl \xrightarrow{0\sim5℃}$ ( )

(3) 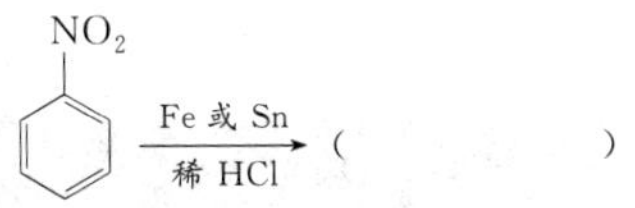 C₆H₅NO₂ $\xrightarrow[\text{稀 HCl}]{\text{Fe 或 Sn}}$ (　　)

(4) 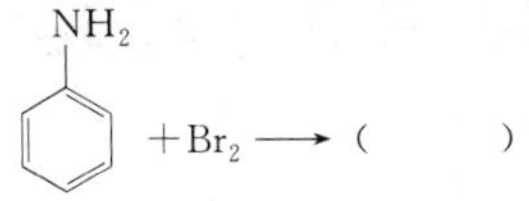 C₆H₅NH₂ + Br₂ ⟶ (　　)

(5) 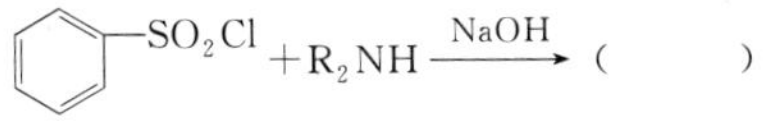 C₆H₅—SO₂Cl + R₂NH $\xrightarrow{\text{NaOH}}$ (　　)

(6) 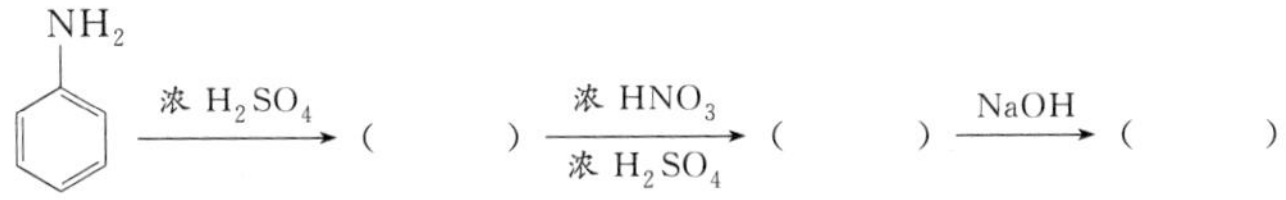 C₆H₅NH₂ $\xrightarrow{\text{浓 H}_2\text{SO}_4}$ (　　) $\xrightarrow[\text{浓 H}_2\text{SO}_4]{\text{浓 HNO}_3}$ (　　) $\xrightarrow{\text{NaOH}}$ (　　)

4. 用化学方法鉴别下列各组化合物。

(1) 丁胺、甲丁胺和二甲丁胺

(2) 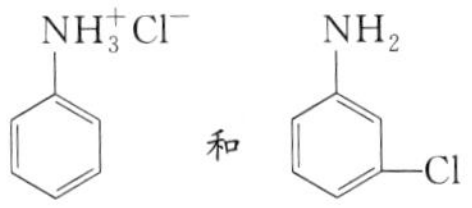 C₆H₅NH₃⁺Cl⁻ 和 间-ClC₆H₄NH₂

(3) 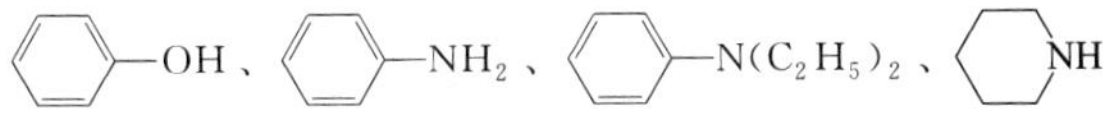 C₆H₅OH、C₆H₅NH₂、C₆H₅N(C₂H₅)₂、哌啶(NH)

(4) 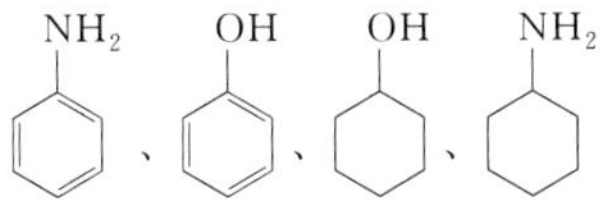 C₆H₅NH₂、C₆H₅OH、环己醇、环己胺

5. 由指定原料合成下列化合物。

(1) 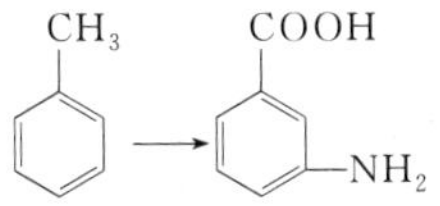 甲苯 ⟶ 间-氨基苯甲酸

(2) 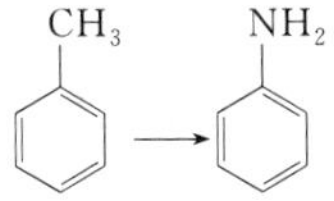 甲苯 ⟶ 苯胺

(3) CH₃CH₂OH ⟶ CH₃NH₂

(4) CH₃CH₂CH₂CH₂OH ⟶ CH₃CH₂CH₂CH₂CH₂NH₂

6. 推断题

(1) 化合物 A 的化学组成为 $C_7H_{15}N$，不能使溴水褪色；与 HNO_2 作用放出气体，得到化合物 B，化学组成为 $C_7H_{14}O$，B 能使 $KMnO_4$ 溶液褪色；B 与浓硫酸在加热下作用得到化合物 C，C 的化学组成为 C_7H_{12}；C 与酸性 $KMnO_4$ 溶液作用得到 6-羰基庚酸。试写出 A、B、C 的结构式。

(2) 一化合物分子式为 C_7H_9N，有碱性。将其在盐酸中与 $NaNO_2$ 作用，加热后能放出 N_2，生成对甲苯酚。试写出其结构简式。

第十九章 化学热力学

 学习目标

知识目标
1. 理解热力学中的基本概念。
2. 掌握热力学第一定律和标准摩尔反应熵、吉布斯函数判据的计算方法。

能力目标
1. 能计算不同过程的体积功、变温过程热和焓、标准摩尔反应焓和标准摩尔反应熵。
2. 能用熵判据判断过程的自发方向,能运用吉布斯函数判据判断化学反应进行的方向、限度。

素质目标
1. 通过学习热力学定律,进一步进行辩证唯物主义教育。增强开发新能源、合理利用能源、发展节能技术的观念。
2. 通过第一类第二类永动机不可能制成的教学,体会热力学第二定律对于人类实践的指导意义,认识科学发现的曲折性和必然性,发展必须遵循自然界的规律。

第一节 热力学基础知识

一、系统和环境

热力学是研究自然界中与热现象有关的各种状态变化和能量转化规律的科学。化学热力学是研究化学变化和与化学变化有关的物理变化中,能量转化规律的科学。

在热力学研究中,首先要确定研究对象,这个研究对象就称为系统。而将与系统密切相关的部分称为环境。

系统是人为划定作为研究对象的那部分物质和空间。系统是研究的主体,环境则是辅助部分,按系统和环境之间有无物质及能量传递,可将系统分为三类。

(1) 封闭系统 与环境只有能量传递,而没有物质传递的系统。
(2) 敞开系统 与环境既有能量传递,又有物质传递的系统。
(3) 隔离系统 与环境既无能量传递,又无物质传递的系统,或称孤立系统。

通常将绝热、封闭的保温设备,以及封闭系统中发生的极快变化(如爆炸)等过程近似看成隔离系统,因为绝对的隔离系统是不存在的。有时也将系统和环境合并在一起视为隔离系统。

系统的划分对热量衡算和物料衡算很重要,本章主要讨论封闭系统,其次是隔离系统。

课堂互动

如果以一杯热水为研究对象，试判断下列各是什么系统？
(1) 打开盖子的杯子；
(2) 盖上盖子的杯子；
(3) 假设杯壁和杯盖是绝热的，那么盖严盖子的保温杯。

二、状态和状态函数

热力学系统的一系列宏观性质的总和，称为热力学系统的性质。如质量(m)、物质的量(n)、摩尔质量(M_B)、密度(ρ)、摩尔分数(x_B)、温度(T)、压力(p)、体积(V)等。按与物质的量的关系，将系统的性质分为两大类。

(1) 广延性质（容量性质）　整体和部分中，有不同值的性质，称为广延性质（或容量性质）。其特点是：数值大小与系统中物质的数量成正比，具有加和性，如 m、n、V 等。

(2) 强度性质　整体和部分中，具有相同值的性质，称为强度性质。其特点是：不具加和性，如 T、p 等。

注意：两个广延性质的比值为强度性质，如 V_m、x_B、M_B、ρ 等。

【实例分析】　如果以钢瓶中的二氧化碳气体为研究对象，那么在一定条件下，钢瓶内气体的 m、n、M_B、T、p、V 等宏观性质一经确定，系统的状态就已确定；反之，系统的状态确定以后，其宏观性质均有唯一确定值。

系统的状态是系统热力学性质的综合表现。通常所说系统处于一定状态，是指其处于热力学平衡态，此时系统所有性质均不随时间变化而改变，热力学平衡包括热平衡、力平衡、相平衡和化学平衡等四种平衡。因此，确切地说系统的状态是系统物理性质和化学性质的综合表现。

用来说明、确定系统所处状态的宏观物理量，如温度、压力、体积等，称为状态函数。

状态函数的基本特征是：状态一定，状态函数都有一定的值；状态变化时，状态函数的变化值等于终态值减去始态值，而与所经历的途径无关。

三、过程和途径

改变外界条件，系统状态就会发生变化，这种变化的经过称为热力学过程，简称过程。系统由同一始态，变化到同一终态的不同经历，称为途径。

【实例分析】　某理想气体的 p、V、T 变化可通过两条不同经历来实现：

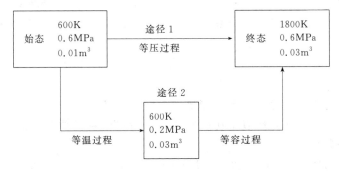

按变化的性质，过程分为化学反应过程、相变过程和单纯 p-V-T 变化过程；若按进行的条件，又可分为如下过程。

(1) 恒温过程　系统与环境的温度相等，且恒定不变的过程，即 $T_1=T_2=T_环=$ 常数。

(2) 恒压过程　系统与环境的压力相等，且恒定不变的过程，即 $p_1=p_2=p_外=$ 常数。

(3) 恒外压过程　环境压力恒定，即 $p_环=$ 常数；但系统的压力可以变化。

(4) 恒容过程　系统体积恒定不变的过程，即 $V_1=V_2=$ 常数。

(5) 绝热过程　系统与环境之间没有热交换的过程，即 $Q=0$。

(6) 循环过程　系统经一系列变化后又回到原始状态，称为循环过程，此时所有状态函数的改变量均为零，如 $\Delta p=0$，$\Delta V=0$，$\Delta T=0$。

(7) 可逆过程　是无限接近平衡，且没有摩擦力条件下进行的理想过程。它是以无限小的变化量，在无限接近平衡状态下进行的无限缓慢的过程。其特征是，按与原方向相反的步骤，使过程逆转，可以使系统和环境完全恢复到原来的状态。

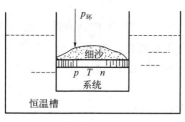

图 19-1　等温可逆过程示意图

如图 19-1 所示，在一定温度下，将细沙一粒粒地放到与气缸之间无摩擦力的活塞上压缩气体时，由于压力变化(dp)无限小，可以认为是等压过程；而过程无限缓慢，系统和环境的温差(dT)也无限小，又可视为等温过程；如果按与原来相反的操作，一粒粒取走细沙，则系统和环境可以完全逆转复原，这就是可逆的含义。

绝对可逆过程是不存在的，有一些实际过程可以近似按可逆过程处理。从原理上讲，已确定的始、终状态之间，任何一个实际过程，在一定的条件下总是可以用一个无限接近可逆变化的过程来代替，而后者可以当作可逆过程处理，本章所说的热力学可逆过程就是基于这种考虑。

反过来说，不可逆过程并非不能向相反方向进行，只是系统恢复到原状态后，环境必定发生变化（环境失去功，而得到了热），因此没有使系统和环境都恢复到原来的状态。

四、功和热

1. 热

热是系统与环境由于温度差而引起的能量传递形式，以符号 Q 表示。一般规定体系吸热为正，放热为负。

热是系统状态发生变化过程中与环境传递的能量，因而不是系统的性质，因此不是状态函数，称为过程变量（或过程函数）。

由于热是过程函数，所以要根据系统状态变化的具体途径将热冠以不同名称，如恒压热、恒容热、汽化热、熔化热、升华热等；在进行热量计算时，必须按实际过程（给定的条件）计算，而不能随意假设途径。

热力学中，只讨论三种热：化学反应热；相变热；显热（仅因 T 变化吸收或放出的热）。

2. 功

除热以外，系统与环境之间的其他能量传递统称为功，其符号为 W，单位为 J 或 kJ。热力学规定，体系对环境做功取负值，环境对体系做功取正值。功也是过程变量（过程函数）。

热力学将功分为体积功($W_体$)和非体积功（W'，如机械功、电功、磁功、表面功等）两类。通常热力学系统发生变化时，不做非体积功，因此若非特殊指明，均指体积功，直接用 W 表示。

体积功又称膨胀功，是因系统体积发生变化而与环境交换的功。如图 19-2 所示，当气缸受热，气体反抗环境压力（$p_环$）使活塞（面积 A）膨胀 $\mathrm{d}l$，体积变化为 $\mathrm{d}V$ 时，系统做功为 $\delta W = -F\mathrm{d}l = -p_环 A\mathrm{d}l = -p_环 \mathrm{d}V$

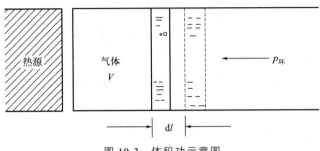

图 19-2 体积功示意图

积分式
$$W = -\int_{V_1}^{V_2} p_环 \mathrm{d}V \tag{19-1}$$

气体压缩时，由于 $\mathrm{d}V<0$，则 $W>0$，因此体积功仍用式（19-1）进行计算。不同过程的体积功计算如下：

（1）恒容过程　由于 $\mathrm{d}V=0$，故 $W=0$。

（2）自由膨胀过程　即系统向真空膨胀，$p_环=0$，$W=0$。实验证明：理想气体自由膨胀过程时温度不变。

（3）恒外压过程　$p_环=$定值，则
$$W = -\int_{V_1}^{V_2} p_环 \mathrm{d}V = -p_环(V_2 - V_1) \tag{19-2}$$

若为理想气体恒温、恒外压膨胀过程，因为 $pV=nRT$，所以
$$W = -nRTp_环\left(\frac{1}{p_2} - \frac{1}{p_1}\right) \tag{19-3}$$

【例 19-1】 1mol 某理想气体由 298.15K、1.0MPa，反抗等外压 0.10MPa 膨胀到 298.15K、0.10MPa。求此过程的功。

解
$$W = -nRTp_环\left(\frac{1}{p_2} - \frac{1}{p_1}\right)$$

$$W = -1\mathrm{mol} \times 8.314\mathrm{J/(mol \cdot K)} \times 298.15\mathrm{K} \times 0.10\mathrm{MPa} \times \left(\frac{1}{0.10\mathrm{MPa}} - \frac{1}{1.0\mathrm{MPa}}\right)$$
$$= -2230.9\mathrm{J} = -2.23\mathrm{kJ}$$

（4）恒压过程　因为 $p_1 = p_2 = p = p_环 =$定值，所以
$$W = -p_环(V_2 - V_1) = -p(V_2 - V_1) \tag{19-4}$$

若为理想气体，$pV=nRT$，则
$$W = -nR(T_2 - T_1) \tag{19-5}$$

 课堂互动

2mol 理想气体在恒压下升温了 1℃，求此过程的功。

(5) 恒温恒压相变过程　若为 l⇌g（或 s⇌g），并视低温低压气体为理想气体。
$$W = -p(V_g - V_l) \approx -pV_g = -nRT \tag{19-6}$$

【例 19-2】 在 100℃、100kPa 下，10.0mol $H_2O(l)$ 变为水蒸气，求此过程的功。视水蒸气为理想气体。

解
$$W \approx -pV_g = -nRT$$
$$W \approx -10.0\text{mol} \times 8.314 \text{J/(mol·K)} \times 373.15\text{K}$$
$$W = -31024\text{J} = -31\text{kJ}$$

(6) 恒温可逆过程　如图 19-1 所示的恒温可逆膨胀过程，若一粒粒地取走细沙，则每次外压减少 dp。即
$$p_{环} = p - dp$$
则无限小可逆体积功为
$$\delta W_R = -p_{环} dV = -(p - dp)dV \approx -pdV$$
$$W_R = -\int_{V_1}^{V_2} p dV \tag{19-7}$$

若为理想气体恒温可逆膨胀，因为
$$p_1V_1 = p_2V_2$$
所以
$$W_R = -\int_{V_1}^{V_2} p dV = -nRT \int_{V_1}^{V_2} \frac{1}{V} dV = -nRT \ln \frac{V_2}{V_1} = -nRT \ln \frac{p_1}{p_2} \tag{19-8}$$

当始末状态相同时，可逆过程与环境交换的体积功最大。

第二节　热力学定律及其应用

一、热力学能

系统内部所有微观粒子的能量总和，称为热力学能（过去称内能），符号 U，单位 J 或 kJ。通常，系统能量由三部分组成。
$$U = U_K + U_P + U_i \tag{19-9}$$
动能　势能　热力学能

热力学能和热力学第一定律

在热力学中，通常研究的是宏观静止系统，无整体运动（$U_K = 0$），也不考虑外力场（重力、磁力）的存在（$U_P = 0$），故系统的能量即为其热力学能，直接用 U 表示。

封闭系统的热力学能包括三部分：

(1) 分子的动能　是系统温度的函数。

(2) 分子间相互作用的势能　是系统体积的函数。

(3) 分子内部的能量　是分子内各种粒子（原子核、电子等）的能量之和，在不发生化学变化的条件下，为定值。因此，封闭系统的热力学能是温度和体积的函数，即
$$U = f(T, V) \tag{19-10}$$

当系统的状态一定（如物质、n_B、T、V 一定）时，则系统的热力学能一定，故 U 为状态函数，广延性质。

U 的绝对值无法确定，但可以计算变化量。$\Delta U > 0$，表示系统的热力学能增加，$\Delta U <$

0，表示系统热力学能减少。

理想气体分子间没有作用力，分子之间不存在势能。因此，封闭系统中，一定量理想气体的热力学能只是温度的函数，而与体积、压力无关，即

$$U = f(T) \tag{19-11}$$

 课堂互动

下述过程中温度恒定，因此 ΔU 一定为零，正确吗？为什么？

$$H_2O(l) \xrightarrow{373.15\text{K}, 101.325\text{kPa}} H_2O(g)$$

二、热力学第一定律

热力学第一定律（能量守恒定律）就是能量守恒与转化定律在热力学系统中的应用。其表述为：第一类永动机是不能制成的。第一类永动机，是指不消耗任何能量而能循环做功的机器。

热力学第一定律在封闭系统中的数学表达式为

$$\Delta U = Q + W \tag{19-12}$$

式中 ΔU——热力学能的变化，J 或 kJ；

Q——过程变化时，系统与环境传递的热量，J 或 kJ；

W——过程变化时，系统与环境传递的功，J 或 kJ。

式(19-12)的意义是：封闭系统中热力学能的改变量，等于变化过程中与环境传递的热与功的总和。

 课堂互动

热力学第一定律的又一表述为"隔离系统的热力学能是守恒的"，这种说法是正确的，为什么？

三、恒容热

系统进行恒容且非体积功为零的过程时，与环境交换的热，称为恒容热，符号 Q_V。

因为 $dV = 0$，$W' = 0$，所以 $W = 0$。故

$$Q_V = \Delta U \tag{19-13}$$

恒容热的意义是：在没有非体积功的恒容过程中，系统吸收的热量全部用于增加热力学能；系统所减少的热力学能全部以热的形式传给环境。

恒容热计算可以转化为热力学能变化量的计算，由于后者是状态函数，其变化量只取决于始末状态，而与具体途径无关，因此可以通过设计合适途径进行求取；同样，通过测量恒容热，也可以求得热力学能的变化值。

四、恒压热及焓

1. 恒压热

系统进行恒压且非体积功为零的过程时，与环境交换的热，称为恒压热，符号 Q_p。

因为 $p_1 = p_2 = p = p_环 = $ 定值，且 $W' = 0$。所以
$$W = -p_环 \Delta V = -p(V_2 - V_1) = -(p_2 V_2 - p V_1)$$
则根据热力学第一定律，得
$$Q_p = \Delta U - W = (U_2 - U_1) + (p_2 V_2 - p V_1)$$
即
$$Q_p = (U_2 + p_2 V_2) - (U_1 + p_1 V_1) = \Delta U + \Delta(pV) \tag{19-14}$$

2. 焓

状态函数的组合也是状态函数，即 $U + pV$ 是状态函数。为方便起见，定义其为焓，用符号 H 表示，单位 J 或 kJ。即
$$H = U + pV \tag{19-15}$$

同 U 一样，H 也只能计算变化值。$\Delta H > 0$，表示系统焓增加，$\Delta H < 0$，表示系统焓减少；p 是强度性质，U、V 均为广延性质，pV 也是广延性质，因此焓是广延性质。

焓没有明确的物理意义，只有在恒压过程时，才具有确定的意义。
$$Q_p = H_2 - H_1 = \Delta H \tag{19-16}$$

即在没有非体积功的恒压过程中，系统吸收的热量，全部用于焓的增加；系统减少的焓，全部以热的形式传给环境。

五、变温过程热的计算

1. 摩尔热容

在不发生化学变化及相变化且非体积功为零的条件下，单位物质的量的物质于恒容（或恒压）下，温度升高 1K 时所吸收的热量，称为摩尔定容热容（或摩尔定压热容），符号 $c_{V,m}$（或 $c_{p,m}$），单位 J/(mol·K)。

$$c_{V,m} = \frac{\sigma Q_V}{n \mathrm{d} T} \tag{19-17}$$

$$c_{p,m} = \frac{\sigma Q_p}{n \mathrm{d} T} \tag{19-18}$$

理想气体的摩尔热容有如下关系
$$c_{p,m} = c_{V,m} + R \tag{19-19}$$

通常温度下，理想气体的 $c_{V,m}$、$c_{p,m}$ 可视为常数。单原子理想气体 $c_{V,m} = 1.5R$，$c_{p,m} = 2.5R$；双原子理想气体 $c_{V,m} = 2.5R$，$c_{p,m} = 3.5R$。若非特殊指明，均按此计算。

2. 变温过程热的计算

若 $c_{V,m}$、$c_{p,m}$ 均为常数，则由式(19-17)、式(19-18)积分得
$$\Delta U = Q_V = n c_{V,m} (T_2 - T_1) \tag{19-20}$$
$$\Delta H = Q_p = n c_{p,m} (T_2 - T_1) \tag{19-21}$$

由于一定量理想气体的 U 和 H 只是与温度有关的状态函数，因此在无化学变化及相变化，且非体积功为零条件下的其他任何过程，其 ΔU、ΔH 仍可按式(19-20)、式(19-21)计算。

【例 19-3】 已知某理想气体的摩尔定压热容为 29.3J/(mol·K)，若 10mol 该气体由 298K 恒容加热到 573K 时，求该过程的功、热，及其焓与热力学能的变化。

解 是恒容过程，$W = 0$，所以
$$Q_V = \Delta U = n c_{V,m}(T_2 - T_1) = n(c_{p,m} - R)(T_2 - T_1)$$
$$Q_V = 10\mathrm{mol} \times [29.3\mathrm{J/(mol \cdot K)} - 8.314\mathrm{J/(mol \cdot K)}] \times (573\mathrm{K} - 298\mathrm{K})$$

$$Q_V = 57711.5 \text{J} \approx 57.71 \text{kJ}$$
$$\Delta H = nc_{p,m}(T_2 - T_1) = 10\text{mol} \times 29.3 \text{J/(mol·K)} \times (573\text{K} - 298\text{K})$$
$$\Delta H = 80575 \text{J} \approx 80.6 \text{kJ}$$

液体、固体的体积受温度、压力影响很小，可以忽略，因此在发生单纯 p、V、T 变化时，可视为恒容过程。又因为其 $c_{p,m} \approx c_{V,m}$，故其 ΔU 与 ΔH 也近似相等。若为定值，则

$$\Delta U \approx \Delta H = n(T_2 - T_1) \tag{19-22}$$

第三节　化学反应热效应

一、化学反应热效应概述

在恒温且不做非体积功的条件下，系统发生化学反应时与环境交换的热称为化学反应热效应，简称为反应热。按反应进行条件，反应热效应分为恒容热效应和恒压热效应两种，生产实际中应用最广泛的是后者。

恒压热效应即化学反应焓，因此可根据状态函数的性质设计简化途径来计算。为方便热力学数据统一使用，国际上规定了热力学标准态（热化学标准态，简称标准态）。即气体在温度为 T、压力为 $p^{\ominus} = 100\text{kPa}$ 下，处于理想气体状态的纯物质。液体或固体在温度为 T、压力为 $p^{\ominus}$ 时的固态或液态纯物质。

热力学标准态的温度 T 是任意的，未做具体规定，在有关热力学数据表中提供的多为 298.15K 时的数据。

当参加化学反应的各物质均处于温度 T 的标准态时的摩尔反应焓，称为标准摩尔反应焓，用 $\Delta_r H_m^{\ominus}(T)$ 表示，单位 kJ/mol。其中，上标"$\ominus$"指各种物质均处于标准态；下标"m"表示摩尔反应；"r"表示反应。若为 298.15K，温度可不做标注，但物质必须标明状态。

二、标准摩尔生成焓

在温度 T 的标准状态时，由稳定单质生成 1mol 指定相态物质的焓变，称为该物质的标准摩尔生成焓，符号 $\Delta_f H_m^{\ominus}$，单位 kJ/mol，下标"f"表示生成反应。

例如，298.15K，各物质均处于标准态时，$CH_4(g)$ 的生成反应是

$$C(s,\text{石墨}) + 2H_2(g) \longrightarrow CH_4(g)$$

$CH_4(g)$ 的标准摩尔生成焓就是该反应的标准摩尔反应焓，即 $\Delta_f H_m^{\ominus}(CH_4, g) = \Delta_r H_m^{\ominus}$。若在相同条件下，上述化学反应写为

$$2C(s,\text{石墨}) + 4H_2(g) \longrightarrow 2CH_4(g)$$

则该反应的 $\Delta_r H_m^{\ominus} = 2\Delta_f H_m^{\ominus}(CH_4, g)$，体现焓是系统广延性质的特点。热力学规定：最稳定单质的标准摩尔生成焓为零。最稳定单质，是指在该条件下的单质处于最稳定相态。

例如，石墨是最稳定单质，其标准摩尔生成焓为零，而其同素异形体金刚石就不是；又如 298.15K，标准压力下，氯的最稳定态单质是 $Cl_2(g)$，溴是 $Br_2(l)$，碘是 $I_2(s)$。

根据状态函数特点，利用数据（见附录），可以计算 298.15K 时任意化学反应的标准摩尔反应焓。

$$\Delta_r H_m^{\ominus} = \sum_B \nu_B \Delta_f H_m^{\ominus}(B) \tag{19-23}$$

式中 $\Delta_r H_m^{\ominus}$——化学反应的标准摩尔反应焓，kJ/mol；

$\Delta_f H_m^{\ominus}(B)$——反应物质 B 在指定相态的标准摩尔生成焓，kJ/mol；

ν_B——反应物质 B 的化学计量数。

【例 19-4】 工业上常用乙烯水合法生产乙醇

$$C_2H_4(g) + H_2O(g) \longrightarrow C_2H_5OH(l)$$

试求 298.15K 时的标准摩尔反应焓。

解 已知各反应物和生成物 298.15K 的标准摩尔生成焓如下：

物质	$C_2H_4(g)$	$H_2O(g)$	$C_2H_5OH(l)$
$\Delta_f H_m^{\ominus}(B)/(kJ/mol)$	52.26	−241.82	−277.69

由式(19-23)

$$\Delta_r H_m^{\ominus} = \sum_B \nu_B \Delta_f H_m^{\ominus}(B)$$

得 $\Delta_r H_m^{\ominus} = (-1) \times 52.26 \text{kJ/mol} + (-1) \times (-241.82 \text{kJ/mol}) + 1 \times (-277.69 \text{kJ/mol})$

$= -88.13 \text{kJ/mol}$

热效应为负值，表明上述反应为放热反应。

三、标准摩尔燃烧焓

在温度 T 的标准状态下，由 1mol 指定相态物质完全燃烧生成稳定氧化物的焓变，称为该物质的标准摩尔燃烧焓，符号 $\Delta_c H_m^{\ominus}$，单位 kJ/mol，下标"c"表示燃烧反应。

例如，298.15K，各物质均处于标准态时，$C_3H_8(g)$ 的燃烧反应是

$$C_3H_8(g) + 5O_2(g) \longrightarrow 3CO_2(g) + 4H_2O(l)$$

$C_3H_8(g)$ 的标准摩尔燃烧焓就是该反应的标准摩尔反应焓，即

$$\Delta_c H_m^{\ominus}(C_3H_8, g) = \Delta_r H_m^{\ominus}$$

完全燃烧生成的稳定氧化物，是指生成规定相态的最终产物。如单质或化合物中的 C 燃烧后生成 $CO_2(g)$，H 生成 $H_2O(l)$，S 生成 $SO_2(g)$，N 生成 $NO_2(g)$。

热力学规定：完全燃烧生成的稳定氧化物其标准摩尔燃烧焓为零。

298.15K 时的 $\Delta_c H_m^{\ominus}(B)$ 数据可由附录查得，据此可计算 298.15K 时任意化学反应的标准摩尔反应焓。

$$\Delta_r H_m^{\ominus} = -\sum_B \nu_B \Delta_c H_m^{\ominus}(B) \tag{19-24}$$

【例 19-5】 根据附录的标准摩尔燃烧焓数据，计算 298.15K 时下列丙烷裂解反应的标准摩尔反应焓。

$$C_3H_8(g) \longrightarrow CH_4(g) + C_2H_4(g)$$

解 由附录查得，各反应物和生成物 298.15K 的标准摩尔燃烧焓如下

物质	$C_3H_8(g)$	$CH_4(g)$	$C_2H_4(g)$
$\Delta_c H_m^{\ominus}(B)/(kJ/mol)$	−2220.07	−890.31	−1410.97

由式
$$\Delta_r H_m^\ominus = -\sum_B \nu_B \Delta_c H_m^\ominus(B)$$
得 $\Delta_r H_m^\ominus = -[(-1)\times(-2220.07)+1\times(-890.31)+1\times(-1410.97)]\text{kJ/mol}$
$\quad\quad\quad = 81.21\text{kJ/mol}$

热效应为正值，表明上述反应为吸热反应。

第四节 化学反应方向的判断

一、自发过程

【实例分析】 合成氨反应
$$N_2(g)+3H_2(g)\rightleftharpoons 2NH_3(g)$$

在 673K，30.4MPa，用铁催化时，其平衡转化率仅为 65%。

可见，可逆反应还存在方向和限度（平衡）问题，这也是化学热力学研究的内容之一。

在一定条件下，不需借助外力就能自动进行的过程，称为自发过程。

化学反应方向的判断

 课堂互动

气流流动、河水流动、热传导及溶液扩散的自发进行方向如何？

自发过程的特点：有推动力，如河水的位差、气流的压力差、物体的温差及溶液的浓度差等；自动向推动力减小的方向进行，当推动力为零时，自发过程达到最大限度，即自发过程具有方向（趋于平衡）和限度（达到平衡）；此外自发过程还具有做功的能力。

自发过程的逆过程必须借助外力做功才能实现，如水泵可将水抽至高处；真空泵可将空气由低压输向高压；空调可将热从低温传向高温；而电解可使溶质由低浓度向高浓度移动。

二、化学反应熵变计算

1. 熵

熵是表示系统中微观粒子运动混乱度（有序性的反义词）的热力学函数。用符号 S 表示，单位 J/K。熵与热力学能、焓一样，也是具有广延性质的状态函数。熵的定义式是

$$dS = \frac{\sigma Q_R}{T} \quad\quad\quad (19\text{-}25)$$

$$\Delta S = S_2 - S_1 = \int_1^2 \frac{\sigma Q_R}{T} \quad\quad\quad (19\text{-}26)$$

2. 熵增原理

隔离系统不与环境发生能量和物质传递，不受外力影响，故其不可逆过程就是自发过程。

$$\Delta S_{隔} \geq 0 \begin{cases} 自发过程（不可逆过程）\\ 平衡态（可逆过程）\end{cases} \quad\quad (19\text{-}27)$$

式(19-27)的意义是：隔离系统中发生的自发过程总是向熵增大的方向进行，平衡时达

到最大值,这就是熵增原理,又称为熵判据。

为使熵增原理的应用范围更广,对热力学经常面对的封闭系统做如下处理:将环境和系统包括在一起,构成一个大隔离系统,其总熵变化($\Delta S_{总}$)就是大隔离系统的熵变($\Delta S_{隔}$)。

$$\Delta S_{总} = \Delta S_{隔} = \Delta S + \Delta S_{环} \geq 0 \begin{cases} 自发过程 \\ 平衡态 \end{cases} \tag{19-28}$$

只要求出系统熵变(ΔS)和环境熵变($\Delta S_{环}$),就能应用总熵的变化值来判断封闭系统变化过程的方向和限度。

 课堂互动

热力学第二定律的两种表述是什么?

3. 化学反应熵变计算

1920 年美国物理化学家路易斯根据前人研究提出了热力学第三定律:在 0K 时,纯物质完美晶体的熵值等于零。即

$$S_B^*(0K) = 0 \tag{19-29}$$

完美晶体,是指晶格结点上的粒子(分子、原子或离子)完全有序的排列,其振动、转动以及原子核和电子的运动均处于基态,混乱度为零。

根据式(19-29),可以确定任意温度下纯物质的熵值(规定熵)。单位物质的量的物质在标准状态下的规定熵,称为标准摩尔熵,符号 $S_m^{\ominus}(B)$,单位 J/(K·mol)。298.15K 时,各物质的标准摩尔熵数据见附录。

298.15K 时,各组分均处于标准状态时的化学反应熵变($\Delta_r S_m^{\ominus}$)为

$$\Delta_r S_m^{\ominus} = \sum_B \nu_B S_m^{\ominus}(B) \tag{19-30}$$

【例 19-6】 利用附录的数据,计算合成氨反应

$$N_2(g) + 3H_2(g) \rightleftharpoons 2NH_3(g)$$

在 298.15K 时的标准摩尔反应熵。

解 已知各反应物、生成物在 298.15K 时的标准摩尔熵如下

物质	$N_2(g)$	$H_2(g)$	$NH_3(g)$
$S_m^{\ominus}(B)/[J/(K·mol)]$	191.61	130.57	192.45

根据式(19-30)

$$\Delta_r S_m^{\ominus} = \sum_B \nu_B S_m^{\ominus}(B)$$

$$\Delta_r S_m^{\ominus} = [(-1) \times 191.61 + (-3) \times 130.57 + 2 \times 192.45] J/(K·mol)$$

$$= -198.42 J/(K·mol)$$

三、化学反应方向的判断

1. 吉布斯函数

吉布斯函数是由美国科学家吉布斯于 1876 年提出来的,用符号 G 表示,定义为

$$G = H - TS \tag{19-31}$$

吉布斯函数是状态函数，是系统的广延性质，其单位为 J 或 kJ。在恒温、恒压、非体积功为零的过程中，封闭系统的吉布斯函数变化为

$$\Delta G = \Delta H - T\Delta S \tag{19-32}$$

2. 吉布斯函数判据

热力学研究表明，当封闭系统在恒温、恒压且非体积功为零的条件下，系统发生自发过程时，吉布斯函数减小；当系统达到平衡时，吉布斯函数不变；吉布斯函数大于零的过程不能发生（或称反自发过程）。此即为过程进行方向的吉布斯函数判据。

$$\Delta G \leqslant 0 \begin{cases} \text{自发过程} \\ \text{平衡态} \end{cases} \tag{19-33}$$

若为化学反应过程，ΔG 用标准摩尔反应吉布斯焓变表示。通常，生产实验中的相变和化学反应多在恒温恒压条件下进行，用吉布斯函数判据判断过程的方向和限度，可避免环境熵变的计算，应用很方便。

3. $\Delta_r G_m^\ominus$ 的计算

【例 19-7】 根据附录中的标准摩尔生成焓和标准摩尔熵数据，计算反应

$$CO(g) + 2H_2(g) \longrightarrow CH_3OH(l)$$

在 298.15K 时的标准摩尔反应吉布斯函数变化（$\Delta_r G_m^\ominus$），并判断反应自发进行的方向。

解 已知各反应物、生成物在 298.15K 时的标准摩尔生成焓、标准摩尔熵如下

物质	CO(g)	H_2(g)	CH_3OH(l)
$\Delta_f H_m^\ominus$(B)/(kJ/mol)	−110.52	0	−238.66
$S_m^\ominus$(B)/[J/(K·mol)]	197.56	130.57	126.8

由

$$\Delta_r H_m^\ominus = \sum_B \nu_B \Delta_f H_m^\ominus(B)$$

得

$$\Delta_r H_m^\ominus = [(-1)\times(-110.52) + (-2)\times 0 + 1\times(-238.66)] \text{kJ/mol}$$

$$\Delta_r H_m^\ominus = -128.14 \text{kJ/mol}$$

由

$$\Delta_r S_m^\ominus = \sum_B \nu_B S_m^\ominus(B)$$

得

$$\Delta_r S_m^\ominus = [(-1)\times 197.56 + (-2)\times 130.57 + 1\times 126.8] \text{J/(K·mol)}$$
$$= -331.9 \text{J/(K·mol)} = -0.332 \text{kJ/(K·mol)}$$

由

$$\Delta_r G_m^\ominus = \Delta_r H_m^\ominus - T\Delta_r S_m^\ominus$$

得

$$\Delta_r G_m^\ominus = [-128.14 - 298.15\times(-0.332)] \text{kJ/mol}$$
$$= -29.15 \text{kJ/mol} \approx -29.2 \text{kJ/mol}$$

因为 $\Delta_r G_m^\ominus < 0$，所以在给定条件下，反应能自发向右进行。

当温度变化时，化学反应的 $\Delta_r G_m^\ominus(T)$、$\Delta_r H_m^\ominus(T)$、$\Delta_r S_m^\ominus(T)$ 均随之改变，但 $\Delta_r H_m^\ominus(T)$、$\Delta_r S_m^\ominus(T)$ 的变化一般不明显，因此可近似用 298.15K 的数值代替，则在温度为 T，

各物质均处于热化学标准态时,有

$$\Delta_r G_m^{\ominus}(T) = \Delta_r H_m^{\ominus} - T\Delta_r S_m^{\ominus} \tag{19-34}$$

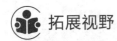 拓展视野

深耕绿色发展　勇担社会责任

党的二十大报告指出,大自然是人类赖以生存发展的基本条件。尊重自然、顺应自然、保护自然,是全面建设社会主义现代化国家的内在要求。必须牢固树立和践行绿水青山就是金山银山的理念,站在人与自然和谐共生的高度谋划发展。我们要推进美丽中国建设,坚持山水林田湖草沙一体化保护和系统治理,统筹产业结构调整、污染治理、生态保护、应对气候变化,协同推进降碳、减污、扩绿、增长,推进生态优先、节约集约、绿色低碳发展。

我国化工企业努力践行党的二十大精神,围绕产业创新、环境保护、健康与安全、能源效率、可持续采购、员工与社会六大方面,秉承"化学,让生活更美好"的理念,在高质量绿色发展的同时积极履行企业社会责任,以实际行动助力全社会可持续发展。

 本章小结

一、化学热力学基本概念

1. 系统

封闭系统;敞开系统;隔离系统。

2. 环境

外界。

3. 系统性质

广延性质:具有外加性,如 V、m、n、U、H、S、G 等。

强度性质:不具有外加性,如 T、p、V_m、x_B、M_B、ρ、$\Delta_r H_m^{\ominus}$ 等。

二、热力学第一定律

1. 状态和状态函数

状态函数的基本特征:$\Delta X = X_2 - X_1$;循环过程,$\Delta X = 0$。

2. 过程和途径

过程:变化的经过。

途径:变化具体经历。

3. 热力学第一定律表达式

$$\Delta U = Q + W$$

U 状态函数:$\Delta U > 0$,系统热力学能增加,$\Delta U < 0$,系统热力学能减少;封闭系统中一定量的理想气体其 $U = f(T)$。

Q 过程变量:$Q > 0$,表示系统吸热;$Q < 0$,系统向环境放热。

W 过程变量:$W > 0$,环境对系统做功;$W < 0$,系统对环境做功。

三、Q_V、Q_p 及 H 之间的关系

$$\Delta U = Q_V = nc_{V,m}(T_2 - T_1)$$

$$\Delta H = Q_p = nc_{p,\mathrm{m}}(T_2 - T_1)$$

适于理想气体、固体和液体单纯 p、V、T 变化。

四、化学反应热效应

$$\Delta_\mathrm{r} H_\mathrm{m}^\ominus = \sum_\mathrm{B} \nu_\mathrm{B} \Delta_\mathrm{f} H_\mathrm{m}^\ominus(\mathrm{B})$$

$$\Delta_\mathrm{r} H_\mathrm{m}^\ominus = -\sum_\mathrm{B} \nu_\mathrm{B} \Delta_\mathrm{c} H_\mathrm{m}^\ominus(\mathrm{B})$$

五、热力学第二定律

1. 自发过程

不需借助外力就能自动进行的过程；具有热力学不可逆性的特征。

2. 热力学第二定律表达式

克劳修斯不等式：$\mathrm{d}S \geqslant \dfrac{\delta Q}{T_\text{环}}$（不可逆过程；可逆过程）。

熵增原理（熵判据）：自发过程（不可逆过程）；平衡态（可逆过程）。

$$\Delta S_\text{隔} \geqslant 0$$

3. 熵变计算

环境熵变：
$$\Delta S_\text{环} = -Q/T$$

化学反应熵变：
$$S_\mathrm{B}^*(0\mathrm{K}) = 0 \text{（热力学第三定律）}$$
$$\Delta_\mathrm{r} S_\mathrm{m}^\ominus = \sum_\mathrm{B} \nu_\mathrm{B} S_\mathrm{m}^\ominus(\mathrm{B})$$

六、吉布斯函数

1. 判据

$\Delta G < 0$，自发过程；$\Delta G = 0$，平衡态；$\Delta G > 0$，反自发进行。

2. 计算

$$\Delta_\mathrm{r} G_\mathrm{m}^\ominus(T) = \Delta_\mathrm{r} H_\mathrm{m}^\ominus - T\Delta_\mathrm{r} S_\mathrm{m}^\ominus$$

课后检测

一、填空题

1. 热力学系统性质就是它一系列宏观性质的总和，而这些描述系统状态的性质又称为_____；在 n、V、T、x_B 中，属于广延性质的是_____，属于强度性质的是_____。

2. 应用热力学基本原理研究化学变化及其与之有关的物理变化中能量转化规律的科学，称为_____。

3. _____是在无限接近平衡，且没有摩擦力条件下进行的理想过程。

4. 热力学标准态又称热化学标准态，对气体而言，是指在压力为_____下，处于_____状态的气体纯物质。

5. 隔离系统中发生的自发过程总是向熵增大的方向进行，_____时达到最大值，即熵增原理，又称为_____判据。

6. 应用吉布斯函数判据判断过程的方向和限度的条件是：_____且非体积功为零的系统。

7. 热力学中规定：标准状态下，稳定相态_____的标准摩尔生成吉布斯函数为零。

二、选择题

1. 与环境只有能量交换，而没有物质交换的系统称为（　　）。
   A. 敞开系统　　　B. 隔离系统　　　C. 封闭系统　　　D. 孤立系统
2. 某系统由状态 A 变化到状态 B，经历了两条不同的途径，与环境交换的热和功分别为 Q_1、W_1 和 Q_2、W_2。则下列表示正确的是（　　）。
   A. $Q_1=Q_2$，$W_1=W_2$　　　　　　B. $Q_1+W_1=Q_2+W_2$
   C. $Q_1>Q_2$，$W_1>W_2$　　　　　　D. $Q_1<Q_2$，$W_1<W_2$
3. 当系统状态发生变化后，其热力学能差值一定为零的是（　　）。
   A. 循环过程　　B. 绝热过程　　C. 恒容过程　　D. 恒压过程
4. 某理想气体恒温压缩时，正确的说法是（　　）。
   A. $\Delta U>0$，$\Delta H<0$　　　　　　B. $\Delta U=0$，$\Delta H=0$
   C. $\Delta U<0$，$\Delta H<0$　　　　　　D. $\Delta U<0$，$\Delta H>0$
5. 298K 时，下列物质中 $\Delta_f H_m^\ominus=0$ 的是（　　）。
   A. $CO_2(g)$　　　B. $I_2(g)$　　　C. $Br_2(l)$　　　D. $C(s,金刚石)$
6. 下列热力学第二定律的数学表达式正确的是（　　）。
   A. $dS \geq \dfrac{\delta Q}{T_{环}}$　　B. $dS \geq \dfrac{dQ}{T_{环}}$　　C. $dS \geq \dfrac{\delta Q_R}{T}$　　D. $dS = \dfrac{dQ}{T}$
7. 理想气体经不可逆循环，其熵变为（　　）。
   A. $\Delta S>0$　　B. $\Delta S<0$　　C. $\Delta S=0$　　D. $\Delta S_{总}=0$

三、判断题

1. 在热力学中，将研究的对象称为系统，而与系统密切相关的部分称为环境。（　　）
2. 1mol $H_2O(l)$ 由 273.15K、101.325kPa 下，变成同温同压下的冰，则该过程的 $\Delta U=0$。（　　）
3. 系统经历一个循环过程时，n、p、V、T、W、Q 的改变量均为零。（　　）
4. 体积功的定义式是 $W=-\int_{V_1}^{V_2} p dV$。（　　）
5. 在一定温度下，反应 $CO(g)+1/2 O_2(g) \longrightarrow CO_2(g)$ 的标准摩尔反应焓就是该温度下 $CO(g)$ 的标准摩尔燃烧焓，也是 $CO_2(g)$ 的标准摩尔生成焓。（　　）
6. 当温度为 T，混合气体总压为 $p^\ominus$ 时，反应 $H_2(g)+1/2 O_2(g) \longrightarrow H_2O(g)$ 的热效应称为标准摩尔反应焓。（　　）
7. 熵是系统混乱度的量度，因此在一定的温度、压力下，一定量某物质的熵值 $S(g)>S(l)>S(s)$。（　　）
8. 热力学第三定律的表述为：在 0K 时，纯物质完美晶体的熵值等于零。（　　）
9. 当封闭系统在恒温、恒压且非体积功为零的条件下，发生自发过程时，吉布斯函数减小；当系统达到平衡时，吉布斯函数不变。（　　）
10. 298K 时，液态水的标准摩尔生成吉布斯函数 $\Delta_f G_m^\ominus=0$。（　　）

四、简答题

1. 举例说明，什么是自发过程？自发过程的共同特征是什么？
2. 试总结理想气体分别进行恒容过程、恒压过程、恒温恒外压过程和自由膨胀过程时 ΔU、ΔH、Q 和 W 的取值或计算公式。
3. 简述熵增原理，并说明如何将该原理应用于封闭系统中。

4. 说明热力学中，分别规定了哪些物质的 $\Delta_f H_m^{\ominus}$、$\Delta_c H_m^{\ominus}$、$\Delta_f G_m^{\ominus}$ 为零？

五、计算题

1. 在 100kPa 下，10mol 某理想气体由 300K 升温到 400K，求此过程的功。

2. 10mol 某理想气体由 298K、10^6Pa，通过几种不同途径膨胀到 298K、10^5Pa，试计算下列各过程的 W、Q、ΔU 和 ΔH。

（1）自由膨胀；（2）等温反抗等外压 10^5Pa；（3）等温可逆膨胀。

3. 已知某理想气体的摩尔定压热容为 30J/(K·mol)，若 5mol 该理想气体从 27℃ 恒压加热到 327℃，求此过程的 W、Q、ΔU 和 ΔH。

4. 已知水的摩尔定压热容为 75.3J/(K·mol)，若将 10kg 水从 298K 冷却到 288K，试求系统与环境之间传递的热量。

5. 10mol 某双原子分子理想气体，从 298K、100kPa 恒压加热到 308K，求此过程的 W、Q、ΔU 和 ΔH。

6. 利用附录中的标准摩尔生成焓数据计算下列化学反应在 298K 时的标准摩尔反应焓。
$$N_2(g) + 3H_2(g) \rightleftharpoons 2NH_3(g)$$

7. 利用附录中标准摩尔燃烧焓数据，计算下列化学反应在 298K 时的标准摩尔反应焓。
$$CH_3COOH(l) + C_2H_5OH(l) \longrightarrow CH_3COOC_2H_5(l) + H_2O(l)$$

8. 利用附录中标准摩尔燃烧焓数据，计算下列化学反应在 298K 时的标准摩尔反应焓。
$$C_2H_4(g) + H_2(g) \longrightarrow C_2H_6(g)$$

9. 根据附录中的数据，用两种方法计算化学反应
$$C_2H_4(g) + H_2O(l) \longrightarrow C_2H_5OH(l)$$
在 298K 时的 $\Delta_r G_m^{\ominus}$。

第二十章 气体和分散系统

 学习目标

知识目标

1. 掌握理想气体状态方程和理想气体混合物的两个定律。
2. 掌握拉乌尔定律、亨利定律、稀溶液的依数性、克拉佩龙-克劳修斯方程和简单相图。

能力目标

1. 能正确使用溶液组成的多种表示方法。
2. 能用稀溶液的依数性、分配定律和相平衡等知识解决生产生活中的实际问题。

素质目标

1. 通过实验激发学习化学的兴趣和情感,培养仔细观察、认真思考、积极讨论的探究精神。
2. 通过实践活动,坚持理论与应用的统一的辩证唯物主义思想教育,同时培养严谨认真的科学态度。

第一节 气体

一、理想气体状态方程

压力较低时,描述气体宏观状态的物理量之间存在如下关系:

$$pV = nRT \tag{20-1}$$

式中 p——气体压力,Pa;

V——气体体积,m^3;

T——热力学温度,K;

n——气体的物质的量,mol;

R——摩尔气体常数,$R = 8.314 J/(mol \cdot K)$。

实践证明,气体压力越低,对式(20-1)符合程度越高。把在任何温度、压力下均严格服从上述式子的气体称为理想气体,式(20-1)称为理想气体状态方程。

 课堂互动

真实气体在哪种条件下接近理想气体?

因为 $n = m/M$,则式(20-1)可表示为

$$pV = \frac{m}{M}RT \tag{20-2}$$

式中　m——气体质量，g；

　　　M——气体摩尔质量，g/mol。

ρ 为气体的密度，单位为 g/mL，则 $\rho = \dfrac{m}{V} = \dfrac{pM}{RT}$。

课堂互动

求在 298.15K，压力为 200kPa 时某钢瓶中所装 CO_2 气体的密度。

二、理想气体混合物的两个定律

1. 道尔顿分压定律

假设有一理想气体的混合物，此混合物本身也是理想气体，在温度 T 下，占有体积为 V，混合气体各组分为 $i(=1,2,3,\cdots,i,\cdots)$。

由理想气体方程式得：

总压和分压
的关系

$$p_1 = n_1 \dfrac{RT}{V}, p_2 = n_2 \dfrac{RT}{V}, \cdots, p_i = n_i \dfrac{RT}{V}, \cdots$$

$$\therefore \sum p_i = \sum n_i \dfrac{RT}{V} = n \dfrac{RT}{V} = p_{总}，即 \ p_{总} = \sum p_i \tag{20-3}$$

气体混合物的总压等于组成该气体混合物的各组分的分压之和，这个定律称为道尔顿分压定律。分压指混合物中任一组分 i 单独存在于相同温度、体积条件下产生的压力 p_i。

道尔顿分压定律可表示为：

$$p_{总} = \sum p_i$$

式中　$p_{总}$——温度 T、体积 V 时气体混合物的压力，Pa；

　　　p_i——温度 T、体积 V 时气体混合物中某组分 i 的分压力，Pa。

气体混合物中组分 i 的分压力与总压力之比可用理想气体状态方程得出：

$$\dfrac{p_i}{p_{总}} = \dfrac{n_i \dfrac{RT}{V}}{n \dfrac{RT}{V}} = \dfrac{n_i}{n} = x_i \tag{20-4}$$

式中，x_i 为组分 i 的摩尔分数。在温度和体积恒定时，理想气体混合物中，各组分气体的分压（p_i）等于总压（$p_{总}$）乘以该组分的摩尔分数（x_i）。

课堂互动

在压力为 600kPa 的容器中盛有 H_2 和 N_2 的摩尔比为 3∶1 的混合气体，求 H_2 和 N_2 的分压各为多少？

2. 阿马加分体积定律

气体混合物的总体积等于组成该气体混合物的各组分的分体积之和。这一经验定律称为阿马加分体积定律。分体积指混合物中的任一组分 i 单独存在于相同温度、压力条件下占有的体积 V_i。分体积定律可表示为：

$$V = \sum_i V_i \tag{20-5}$$

式中　V——温度 T、压力 p 时气体混合物的体积，m^3；

V_i——温度 T、压力 p 时气体混合物中某组分 i 的分体积,m^3。

气体混合物中组分 i 的分体积和总体积之比,可用理想气体状态方程得出:

$$\frac{V_i}{V} = \frac{n_i RT/p}{nRT/p} = \frac{n_i}{n} = x_i \tag{20-6}$$

即
$$V_i = x_i V$$

式中,x_i 为组分 i 的摩尔分数。说明混合气体中任一组分的分体积等于该组分的摩尔分数与总体积的乘积。

$$x_i = \frac{V_i}{V} = \frac{p_i}{p} \tag{20-7}$$

即体积分数等于压力分数等于摩尔分数。

 课堂互动

混合气体的平均摩尔质量如何计算?

第二节 稀溶液的依数性

一、溶液及组成的表示方法

溶液的组成可用多种方法表示,常用的有以下几种。

1. 物质 B 的物质的量分数

系统中物质 B 的物质的量与系统总物质的量的比,叫作物质 B 的物质的量分数。用符号"x_B"(气相中习惯用"y_B")表示。

$$x_B = \frac{n_B}{\sum n_B} \tag{20-8}$$

$$\sum x_B = 1$$

式中 x_B——组分 B 的物质的量分数;

n_B——组分 B 的物质的量,mol;

$\sum n_B$——系统总物质的量,mol。

2. 物质 B 的质量分数

系统中物质 B 的质量与系统总质量的比,叫作物质 B 的质量分数。用符号"w_B"表示。

$$w_B = \frac{m_B}{\sum m_B} \tag{20-9}$$

$$\sum w_B = 1$$

式中 w_B——组分 B 的质量分数;

m_B——组分 B 的质量,kg;

$\sum m_B$——系统总质量,kg。

3. 物质 B 的物质的量浓度

单位体积的溶液中所含溶质 B 的物质的量,叫作溶质 B 的物质的量浓度,用符号"c_B"表示。

$$c_B = \frac{n_B}{V} \tag{20-10}$$

式中 c_B——溶质 B 的物质的量浓度，mol/dm³ 或 mol/m³；

n_B——溶质 B 的物质的量，mol；

V——溶液的体积，dm³ 或 m³。

4. 物质 B 的质量摩尔浓度

1000g 溶剂中所含溶质 B 的物质的量，叫作溶质 B 的质量摩尔浓度，用符号"b_B"表示。

$$b_B = \frac{n_B}{m_A} \tag{20-11}$$

式中 b_B——溶质 B 的质量摩尔浓度，mol/kg；

n_B——溶质 B 的物质的量，mol；

m_A——溶剂 A 的质量，kg。

【例 20-1】 在常温下取 NaCl 饱和溶液 10.00cm³，测得其质量为 12.003g，将溶液蒸干，得 NaCl 固体 3.173g。求：(1) 物质的量浓度，(2) 质量摩尔浓度，(3) 饱和溶液中 NaCl 和 H_2O 的物质的量分数，(4) NaCl 饱和溶液的质量分数。

解 (1) NaCl 饱和溶液的物质的量浓度为：

$$c_{NaCl} = \frac{n_{NaCl}}{V} = \frac{3.173/58.5}{10.00 \times 10^{-3}} = 5.42 (mol/dm^3)$$

(2) NaCl 饱和溶液的质量摩尔浓度为：

$$b_{NaCl} = \frac{n_{NaCl}}{m_{H_2O}} = \frac{3.173/58.5}{(12.003-3.173) \times 10^{-3}} = 6.14 (mol/kg)$$

(3) NaCl 饱和溶液中

$$n_{NaCl} = 3.173/58.5 = 0.0542 (mol)$$

$$n_{H_2O} = (12.003-3.173)/18 = 0.491 (mol)$$

$$x_{NaCl} = \frac{n(NaCl)}{n(NaCl)+n(H_2O)} = \frac{0.0542}{0.0542+0.491} = 0.10$$

$$x_{H_2O} = 1 - x(NaCl) = 1 - 0.10 = 0.90$$

(4) NaCl 饱和溶液的质量分数为：

$$w_{NaCl} = \frac{m_{NaCl}}{m_{NaCl}+m_{H_2O}} = \frac{3.173}{12.003} = 0.2644 = 26.44\%$$

二、拉乌尔定律和理想液态混合物

1. 拉乌尔定律

纯液体在一定温度下具有一定的饱和蒸气压，当在纯液体中加入非挥发性溶质后，溶液的蒸气压要低于相同条件下纯溶剂的蒸气压。拉乌尔定律是 1886 年法国科学家拉乌尔根据实验总结出的有关稀溶液中溶剂组成与其饱和蒸气压关系的经验定律。该定律指出：稀溶液中溶剂的蒸气压等于同温度下纯溶剂的蒸气压与溶液中溶剂的物质的量分数的乘积。其数学表达式为

$$p_A = p_A^* x_A \tag{20-12}$$

式中 p_A——稀溶液中溶剂 A 的蒸气压，Pa；

p_A^*——纯溶剂 A 在相同温度下的蒸气压，Pa；

x_A——稀溶液中溶剂 A 的物质的量分数。

若溶液中只有 A、B 两组分，则 $x_A + x_B = 1$，那么就有

$$p_A = p_A^* x_A = p_A^*(1-x_B) \tag{20-13}$$

$$\Delta p = p_A^* - p_A = p_A^* x_B \tag{20-14}$$

由此可知，稀溶液中溶剂的蒸气压下降值 Δp 与纯溶剂蒸气压 p_A^* 之比等于溶质的物质的量分数，与溶质的种类无关。这也是二组分系统拉乌尔定律的另一种形式。

进一步研究发现，在含有挥发性溶质的极稀溶液中，溶剂也遵守拉乌尔定律，此时溶液蒸气压 $p = p_A + p_B$，不一定低于同温同压下纯溶剂的蒸气压。

若液态混合物中的任一组分在全部浓度范围内都遵守拉乌尔定律，则该液态混合物称为理想液态混合物。对于溶质的浓度趋于零的无限稀溶液，则称为理想稀溶液。拉乌尔定律适用于理想液态混合物中的任意组分和理想稀溶液中的溶剂，对一般稀溶液而言，在一定浓度范围内，拉乌尔定律也近似成立。

理想液态混合物在实际中并不存在，但真实液态混合物中结构异构体的混合物，如间二甲苯和对二甲苯；紧邻同系物的混合物，如苯和甲苯、甲醇和乙醇等；光学异构体的混合物，如 d-樟脑和 l-樟脑；同位素化合物的混合物等可近似认为是理想液态混合物。

2. 理想液态混合物的特征

(1) 微观特征

① 理想液态混合物中各组分的分子结构非常相似，分子体积几近相等。

② 理想液态混合物中各组分的分子间作用力与各组分混合前纯组分的分子间作用力相等。

(2) 宏观特征　理想液态混合物的微观特征决定了在恒温、恒压下由纯组分混合成理想液态混合物时没有热效应，混合前后不发生体积变化，混合过程的熵增加，吉布斯函数减小。以上特征可表示为

$$\Delta_{mix}H = 0, \Delta_{mix}V = 0, \Delta_{mix}S > 0, \Delta_{mix}G < 0$$

所以，恒温恒压下由纯组分混合成理想液态混合物的过程是一个自发的过程。

以上四个性质称为理想液态混合物的混合性质，均可以通过热力学的方法证明。

3. 理想液态混合物的气-液平衡

(1) 蒸气压与液相组成的关系　在一定温度下，A、B 组成理想液态混合物。A、B 在平衡气相中的分压分别为

$$p_A = p_A^* x_A = p_A^*(1-x_B)$$
$$p_B = p_B^* x_B \tag{20-15}$$

根据分压定律，与混合物平衡的气相总压为

$$p = p_A + p_B = p_A^* + (p_B^* - p_A^*)x_B \tag{20-16}$$

式中　p——理想液态混合物的蒸气压，Pa；

p_A^*——组分 A 在相同温度下的饱和蒸气压，Pa；

p_B^*——组分 B 在相同温度下的饱和蒸气压，Pa；

x_B——组分 B 在液相中的物质的量分数。

(2) 气相组成　根据分压的定义式有

$$y_B = \frac{p_B}{p}$$

所以
$$y_B = \frac{p_B}{p} = \frac{p_B^* x_B}{p_A^* + (p_B^* - p_A^*)x_B} \quad (20\text{-}17)$$

式中　y_B——组分 B 在平衡气相中的物质的量分数；

　　　x_B——组分 B 在平衡液相中的物质的量分数。

【例 20-2】 在 101.3kPa、358K 时，由甲苯（A）及苯（B）组成的液态混合物可视为理想液态混合物。已知 358K 时，甲苯和苯的饱和蒸气压分别为 46.0kPa 和 116.9kPa，计算该理想液态混合物在 101.3kPa、358K 达气-液平衡时的液相组成和气相组成。

解 因为 $p = p_A + p_B = p_A^* + (p_B^* - p_A^*)x_B$

所以
$$x_B = \frac{p - p_A^*}{p_B^* - p_A^*} = \frac{101.3 - 46.0}{116.9 - 46.0} = 0.78$$

$$x_A = 1 - x_B = 1 - 0.78 = 0.22$$

$$y_B = \frac{p_B}{p} = \frac{p_B^* x_B}{p} = \frac{116.9 \times 0.78}{101.3} = 0.90$$

$$y_A = 1 - y_B = 1 - 0.90 = 0.10$$

三、亨利定律和理想稀溶液

1. 亨利定律

亨利定律是有关稀溶液中挥发性溶质浓度与其蒸气压关系的经验定律，它是 1803 年亨利研究气体在液体中的溶解度时得出的。亨利定律指出：在一定温度下，稀溶液中挥发性溶质 B 在平衡气相中的分压 p_B 与其在溶液中的物质的量分数 x_B 成正比。即

$$p_B = k_{x,B} x_B \quad (20\text{-}18)$$

式中　$k_{x,B}$——亨利系数，Pa；

　　　p_B——稀溶液中挥发性溶质 B 在平衡气相中的分压，Pa；

　　　x_B——稀溶液中溶质 B 的物质的量分数。

应用亨利定律时应注意以下几点：

① 亨利定律适用于理想稀溶液中的溶质，对一般稀溶液中的溶质，在一定浓度范围内，亨利定律也近似成立。

② 亨利系数的数值与溶质和溶剂的本性及温度、压力和浓度的单位有关，与溶质的饱和蒸气压不同。

③ 溶液组成表达形式不同时，亨利定律有不同形式：

组成表示	亨利定律	亨利系数	亨利系数的单位
x_B（物质的量分数）	$p_B = k_{x,B} x_B$	$k_{x,B}$	Pa
c_B（物质的量浓度）	$p_B = k_{c,B} c_B$	$k_{c,B}$	Pa·m³/mol
b_B（质量摩尔浓度）	$p_B = k_{b,B} b_B$	$k_{b,B}$	Pa·kg/mol

可见，表示方法不同，亨利系数数值和单位也不相同。

④ 当几种气体溶于同一种溶剂中时，每一种气体可分别适用于亨利定律（近似认为与其他气体的分压无关）。比如，空气溶于水中，O_2、N_2 可分别适用于亨利定律。

⑤ 温度不同，亨利系数不同。一般对于大多数溶于水中的气体而言，溶解度随温度升高而降低，因此，温度升高或压力下降，亨利系数增大，溶液更稀，从而对亨利定律的服从

性更好。

⑥ 亨利定律只适用于溶质在气相中和液相中分子形式相同的物质。如 HCl 溶于苯中时，气相和液相中的 HCl 都处于分子状态，此时可用亨利定律。而 HCl 溶于水中变为 H^+ 和 Cl^-，在气相中是 HCl 分子，这时就不适用亨利定律。

2. 理想稀溶液

理想稀溶液是指溶剂服从拉乌尔定律，而溶质服从亨利定律的无限稀的溶液。此时，溶质含量趋近于零，极稀的实际溶液可以按理想稀溶液处理。

由挥发性溶质 B 和溶剂 A 组成的理想稀溶液，达到气-液平衡时，溶液的蒸气压为：

$$p = p_A + p_B = p_A^* x_A + k_{x,B} x_B = p_A^* + (1-x_B) + k_{x,B} x_B = p_A^* + (k_{x,B} - p_A^*) x_B \quad (20\text{-}19)$$

所以液相组成和气相组成分别为：

$$x_B = \frac{p - p_A^*}{k_{x,B} - p_A^*} \text{ 和 } y_B = \frac{p_B}{p} = \frac{k_{x,B} x_B}{p_A^* + (k_{x,B} - p_A^*) x_B}$$

【例 20-3】 在 370.3K 时，在乙醇（B）和水（A）组成的理想稀溶液中，测得当 $x_B = 0.012$ 时，其蒸气总压为 1.01×10^5 Pa。已知该温度下纯水的饱和蒸气压 $p_A^* = 0.91 \times 10^5$ Pa，试求：

（1）乙醇在水中的亨利常数 K_x。

（2）$x_B = 0.020$ 的乙醇水溶液中乙醇的蒸气分压。

解 （1）根据拉乌尔定律 $\quad p_A = p_A^* x_A = p_A^* (1 - x_B)$

根据亨利定律 $\quad\quad\quad\quad p_B = k_x x_B$

蒸气总压 $\quad\quad\quad\quad p = p_A + p_B = p_A^* (1 - x_B) + k_x x_B$

即 $\quad\quad\quad\quad 1.01 \times 10^5 = 0.91 \times 10^5 \times (1 - 0.012) + k_x \times 0.012$

解得 $\quad\quad\quad\quad k_x = 9.24 \times 10^5 \text{Pa}$

（2）当 $x_B = 0.020$ 时

$$p_B = k_x x_B = 9.24 \times 10^5 \times 0.020 = 1.85 \times 10^4 (\text{Pa})$$

四、稀溶液的依数性

稀溶液中溶剂的蒸气压下降值、凝固点降低值、沸点升高值和渗透压值，只与溶液中溶质的质点数目有关，而与溶质的本性无关，称这些性质为稀溶液的依数性。

稀溶液的依数性

1. 蒸气压下降

当在某溶剂中溶入非挥发性、非电解质溶质而得到稀溶液时，溶液蒸气压下降值为：

$$\Delta p = p_A^* - p_A = p_A^* x_B \quad (20\text{-}20)$$

液体的饱和蒸气压

上式表明，Δp 与溶质的浓度成正比，比例系数取决于纯溶剂的本性（纯溶剂的饱和蒸气压），而与溶质的本性无关。稀溶液蒸气压降低规律是拉乌尔定律的必然结果，是稀溶液其他依数性的基础。

2. 沸点升高

沸点是液体饱和蒸气压等于外压时的温度。若溶剂中加入非挥发性溶质，则溶液的蒸气压必小于纯溶剂的蒸气压，如图 20-1 所示。要使溶液在同一外压下沸腾，就必须升高温度，这种现象称为沸点升高。

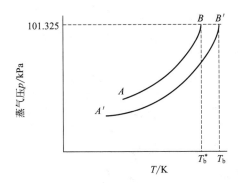

图 20-1　稀溶液的沸点升高
AB—纯水的蒸气压曲线；$A'B'$—稀溶液的蒸气压曲线

实验结果表明，稀溶液的沸点升高值与溶液浓度的关系为：

$$\Delta T_b = T_b - T_b^* = K_b b_B \tag{20-21}$$

式中　K_b——沸点升高系数，K·kg/mol；

T_b——稀溶液的沸点，K；

T_b^*——纯溶剂的沸点，K；

b_B——溶质 B 的质量摩尔浓度，mol/kg。

用热力学方法可以推导出

$$K_b = \frac{RT_b^{*2} M_A}{\Delta_{vap} H_{m,A}} \tag{20-22}$$

所以，K_b 的数值仅与溶剂的性质有关，而与溶质性质无关。常用溶剂的 K_b 值列于表 20-1 中。

表 20-1　几种常用溶剂的 K_b 值

溶剂	水	甲醇	苯	乙醇	丙酮	四氯化碳
K_b/(K·kg/mol)	0.52	0.80	2.57	1.20	1.72	5.02

【例 20-4】　3.20×10^{-3} kg 萘(B)溶于 50.0×10^{-3} kg 二硫化碳(A)中，溶液的沸点升高 1.17K。已知沸点升高系数为 2.34K·kg/mol，求萘的摩尔质量为多少？

解　由沸点升高公式得

$$\Delta T_b = K_b b_B = K_b \frac{m_B}{m_A M_B}$$

$$M_B = K_b \frac{m_B}{m_A \Delta T_b} = \frac{2.34 \times 3.20 \times 10^{-3}}{50.0 \times 10^{-3} \times 1.17} = 0.128 (\text{kg/mol})$$

3. 凝固点降低

液态物质在一定的外压下逐渐冷却至开始析出固体时的温度，称为该物质的凝固点。凝固点也是固体蒸气压等于其液体蒸气压时的温度。如图 20-2 所示，液态纯溶剂的蒸气压曲线与固态纯溶剂的蒸气压曲线相交于 A 点，此点所对应的温度 T_f^* 为纯溶剂的凝固点。溶液中溶剂的蒸气压小于纯溶剂的蒸气压，其蒸气压曲线和固态纯溶剂的蒸气压曲线相交于

A'点，A'点所对应的温度T_f为溶液的凝固点，$T_f < T_f^*$，把两者的差值$T_f^* - T_f = \Delta T_f$称为溶液的凝固点降低值。

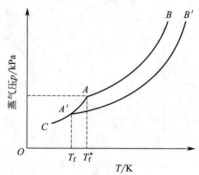

图 20-2 稀溶液的凝固点下降

AB—纯溶剂的蒸气压曲线；$A'B'$—稀溶液的蒸气压曲线；AC—固态纯溶剂的蒸气压曲线

应用相平衡时化学势相等及热力学原理，可以推导出凝固点与溶液组成的关系式为：

$$\Delta T_f = T_f^* - T_f = K_f b_B \tag{20-23}$$

式中　K_f——凝固点下降系数，$K \cdot kg/mol$；

T_f——稀溶液的凝固点，K；

T_f^*——纯溶剂的凝固点，K；

b_B——溶质 B 的质量摩尔浓度，mol/kg。

用热力学方法可以推导出

$$K_f = \frac{R T_f^{*2} M_A}{\Delta_{fus} H_{m,A}} \tag{20-24}$$

式(20-24)仅适用于非电解质的稀溶液且只析出固态纯溶剂（溶剂和溶质不生成固态溶液）的情况。K_f的数值仅取决于溶剂的性质，与溶质性质无关。几种常用溶剂的K_f值见表 20-2。

表 20-2　几种常用溶剂的K_f值

溶剂	水	乙酸	苯	环己烷	萘	樟脑
$K_f/(K \cdot kg/mol)$	1.86	3.90	5.10	20	7.0	40

工业上，可用凝固点降低法来测定物质的分子量和产品的纯度。测产品的纯度方法是先作出凝固点随溶质浓度降低的标准曲线，物质越纯，凝固点下降得越少，再测定实际产品的凝固点，则由凝固点降低曲线可以查出其纯度。例如苯、酚等有机物的生产中就采用这种方法测产品的纯度。应用凝固点降低公式可计算溶质的摩尔质量。由于同样溶剂的凝固点下降系数较沸点升高系数大，所以在相同的情况下由温度测量引起的误差导致测量物质的摩尔质量的误差较小。另外在温度较低时，测量也易于进行，故采用凝固点下降法测物质的摩尔质量或检验产品的纯度较采用沸点升高法更为准确和方便。

【例 20-5】　冬季，为防止某仪器中的水结冰，在水中加入甘油，如果要使凝固点下降到 271K，则 1.00kg 水中应加入多少甘油？（水的K_f为$1.86 K \cdot kg/mol$；甘油的摩尔质量为 0.092kg/mol）

解　　　　　　　　$\Delta T_f = T_f^* - T_f = (273 - 271)K = 2K$

由凝固点下降公式 $\Delta T_f = T_f^* - T_f = K_f b_B$ 得

$$\Delta T_f = K_f b_B = K_f \frac{m_B}{m_A M_B}$$

$$m_B = \frac{\Delta T_f m_A M_B}{K_f} = \frac{2 \times 0.092 \times 1.00}{1.86} = 0.099 (\text{kg})$$

4. 渗透压

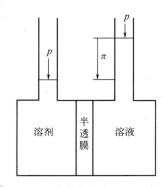

图 20-3 稀溶液的渗透压示意图

半透膜对物质的透过具有选择性。它只允许某些小离子或溶剂分子透过而不允许某些相对较大的离子或溶质分子透过。半透膜可以是人造的，也可以是天然的，例如动物的肠衣、膀胱等。如图 20-3 所示，在一定温度、压力下，用一个只能使溶剂透过而不能使溶质透过的半透膜把纯溶剂与溶液隔开，则溶剂由纯溶剂一侧单向通过半透膜进入溶液中，这种现象称为渗透现象。当溶液液面升高到某一高度时达到平衡，这种对于溶剂的膜平衡叫作渗透平衡。如果要使溶液和溶剂的液面高度相同，则要在溶液一侧加上一个额外压力，这个额外压力就称为渗透压，用符号"π"表示。根据半透膜两侧化学势相等的关系可以推出稀溶液的渗透压的计算公式为：

$$\pi V = n_B RT \quad \text{或} \quad \pi = c_B RT \tag{20-25}$$

此式称为稀溶液的范托夫渗透压公式。

对于稀溶液，当溶液的密度与同温度下纯溶剂的密度近似相等时，上式又可表示为：

$$\pi = c_B RT = b_B \rho RT \approx b_B \rho_A^* RT \tag{20-26}$$

通过溶液渗透压的测定，可以求高分子物质的摩尔质量，例如人工合成的高聚物、蛋白质等大分子的摩尔质量，这种方法也称为膜技术。当在溶液一方施加的压力超过其渗透压时，则溶液中的溶剂就会通过半透膜渗透到纯溶剂中，称为反渗透。反渗透是一项新技术，可用于海水的淡化、饮用水净化、溶液浓缩、重金属的回收及污水处理等许多方面。其关键是半透膜的制备，要求膜具有高选择性、高渗透性、高效率和高强度，还要注意膜中毒和膜及坏及降低成本等问题。

【例 20-6】 298.15K 时，将 2g 某化合物溶于 1kg 水中的渗透压与在 298.15K 将 0.8g 葡萄糖（$C_6H_{12}O_6$）和 1.2g 蔗糖（$C_{12}H_{22}O_{11}$）溶于 $1kg H_2O$ 中的渗透压相同。(1) 求此化合物的摩尔质量；(2) 此化合物溶液的蒸气压降低多少？(3) 此化合物溶液的凝固点是多少？（已知 298.15K 水的饱和蒸气压为 3.168kPa，水的凝固点降低系数为 1.86K·kg/mol）

解 (1) $M_{C_6H_{12}O_6} = 180.16 \text{g/mol}$；$M_{C_{12}H_{22}O_{11}} = 342.30 \text{g/mol}$

0.8g 葡萄糖和 1.2g 蔗糖的物质的量

$$n = 0.8/180.16 + 1.2/342.30 = 7.9 \times 10^{-3} (\text{mol})$$

因 $\pi = nRT/V$ 且 T、V 相同，所以该化合物的物质的量为：

$$n_B = n = 7.9 \times 10^{-3} \text{mol}$$

该化合物的摩尔质量为：

$$M_B = m_B/n_B = 2/(7.9\times10^{-3}) = 253.2(\text{g/mol})$$

(2) 因 $x_B = 7.9\times10^{-3}/[7.9\times10^{-3}+1000/(18.0)] = 1.4\times10^{-4}$

$$\Delta p = p^*(H_2O)x_B = 3.168\times10^3\times1.4\times10^{-4} = 0.44(\text{Pa})$$

(3) 因 $b_B = \dfrac{n_B}{m_A} = 7.9\times10^{-3}/1 = 7.9\times10^{-3}(\text{mol/kg})$

$$\Delta T_f = T_f^* - T_f = K_f b_B = 1.86\times7.9\times10^{-3} = 0.015(\text{K})$$
$$T_f = 273.15 - 0.015 = 273.14(\text{K})$$

五、分配定律和萃取

1. 分配定律

在一定温度、压力下,当溶质在共存的两互不相溶的液体间形成平衡时,若形成理想稀溶液,则溶质在两液相中的浓度之比为一常数。此常数称为分配系数,符号为 K。这一定律称为分配定律。若溶质 B 在溶剂 α 相中的物质的量浓度为 $c_B(\alpha)$,在溶剂 β 相中的物质的量浓度为 $c_B(\beta)$,则:

$$K = \frac{c_B(\alpha)}{c_B(\beta)} \tag{20-27}$$

影响 K 值的因素有温度、压力、溶质及两种溶剂的性质,在溶液浓度不太大时能很好地与实验结果相符。如果溶质在任一溶剂中有缔合或离解现象,则分配定律只能适用于在溶剂中分子形态相同的部分。若溶质 B 在 α 相以 B 存在,在 β 相以二聚体 B_2 存在,则:

$$K = \frac{c_B^\alpha}{(c_B^\beta)^{1/2}} \tag{20-28}$$

分配定律是萃取的理论基础,利用分配定律可以计算萃取的效率问题。例如,用一定体积的萃取剂进行萃取,使某一定量溶液中溶质的量降到某一程度,可计算需萃取的次数。

2. 分配定律的应用——萃取

选用与溶液中的溶剂不互溶的溶剂将溶质从溶液中提取出来的过程,称为萃取。萃取时选用的溶剂叫作萃取剂。萃取是利用不同物质在选定溶剂中溶解度的不同分离固体或液体混合物中的组分的方法。萃取可分为液固萃取(也称浸取)和液液萃取。液液萃取是用一种与溶液不相溶的溶剂,将溶质从溶液中抽取出来的过程。液固萃取则是利用液体萃取剂直接从固体中将溶质提取出来的过程。萃取法在实验室中和工业生产上应用甚广。例如,湿法冶金、稀土元素的提取和分离等,都是采用这种方法。根据分配定律可以计算出经过萃取操作后被提出物质的量。

当分配系数不高时,一次萃取不能满足分离或测定的要求,此时可采用多次连续萃取的方法来提高萃取率。经 n 次萃取后,原溶液中所剩溶质 B 的质量为:

$$m_n = m_o\left(\frac{KV_1}{KV_1+V_2}\right)^n \tag{20-29}$$

式中 m_n——经 n 次萃取后,原溶液中所剩溶质 B 的质量,kg;

         m_o——原溶液含有溶质 B 的质量,kg;

         V_1——原溶液的体积,m^3;

         V_2——每次所加萃取剂的体积,m^3;

n——萃取次数。

实验证明,当萃取剂数量有限时,分若干次萃取的效率要比一次萃取的效率高。

第三节 相平衡

相平衡是热力学在化学领域中的重要应用之一。研究多相系统的平衡在化学、化工的科研和生产中有重要的意义,例如,溶解、蒸馏、重结晶、萃取、提纯及金相分析等方面都要用到相平衡的知识。

一、相律

相律是研究相平衡系统中各因素对系统相态影响的一条基本规律:相平衡系统中,系统的自由度数等于系统的独立组分数减去平衡的相数,再加上可影响相平衡的外界条件数。数学表达式为:

$$f = C - P + b \tag{20-30}$$

相律

式中 f——自由度数;

C——独立组分数;

P——相数;

b——可影响相平衡的外界条件数。

1. 相数

系统内部物理和化学性质完全均匀的部分称为相。相与相之间在指定条件下有明显的界面,在界面上宏观性质的改变是飞跃式的。系统中相的总数称为相数,用 P 表示。

气体,不论有多少种气体混合,只有一个气相。

液体,按其互溶程度可以组成一相、两相或三相共存。

固体,一般有一种固体便有一个相。两种固体粉末混合,仍是两个相(固体溶液除外,它是单相)。

2. 物种数和组分数

系统中所含的化学物质数称为系统的"物种数",用符号 S 表示。

足以表示系统中各相组成所需要的最少独立物种数称为系统的"组分数",用符号 C 表示。若有化学平衡存在,则:

$$\text{组分数} = \text{物种数} - \text{独立化学平衡数}$$

例如,$PCl_5(g) \Longleftrightarrow PCl_3(g) + Cl_2(g)$

物种数为 3,但组分数却为 2。若有其他限制条件 R',则:

$$C = S - R - R'$$

3. 自由度

确定平衡系统的状态所必需的独立强度变量的数目称为自由度,用字母 f 表示。这些强度变量通常是压力、温度和浓度等。例如水的气-液平衡时,T、p 只有一个独立可变,$f=1$。如果已指定某个强度变量,除该变量以外的其他强度变量数称为条件自由度,用 f^* 表示。

例如,指定了压力,$f^* = f - 1$。指定了压力和温度,$f^* = f - 2$。可影响相平衡的外界条件数 b 在不考虑电场、磁场的影响的情况下,能影响系统相平衡状态的外界条件是指温

度和压力这两个因素,即 $b=2$。所以一般情况下,相律的形式为:
$$f=C-P+2 \tag{20-31}$$

【例 20-7】 碳酸钠与水可组成三种化合物:$Na_2CO_3 \cdot H_2O$、$Na_2CO_3 \cdot 7H_2O$、$Na_2CO_3 \cdot 10H_2O$,试说明 101.3kPa 下,与碳酸钠水溶液和冰共存的含水盐最多可能有几种。

解 此系统由 Na_2CO_3、H_2O 及三种含水盐构成,$S=5$。但每形成一种含水盐,就存在一个化学平衡,因此独立组分数 $C=S-R-R'=5-3-0=2$。

定压下,相律表达式为
$$f=C-P+1=2-P+1=3-P$$

自由度数最少时,相数最多,即
$$P_{max}=3-f_{min}=3-0=3$$

故相数最多为 3。根据题意,已有碳酸钠水溶液和冰两相,因此只可能再有一种含水盐存在,即 101.3kPa 下,与碳酸钠水溶液和冰共存的含水盐最多只能有一种。

二、单组分系统两相平衡时温度和压力之间的关系

在研究纯物质的单组分系统时,要考虑两相平衡问题,如气-液平衡、固-液平衡等。当单组分系统两相平衡时,温度和压力之间存在一定的函数关系,即克拉佩龙方程。

描述纯物质任意两相（α 相和 β 相）平衡的克拉佩龙方程为:
$$\frac{dp}{dT}=\frac{\Delta_\alpha^\beta H_m}{T\Delta_\alpha^\beta V_m} \tag{20-32}$$

式中 $\frac{dp}{dT}$——压力随温度的改变值,Pa/K;

T——相变时的温度;

$\Delta_\alpha^\beta H_m$——1mol 从 α 相到 β 相的热效应,J/mol;

$\Delta_\alpha^\beta V_m$——1mol 从 α 相到 β 相的体积变化值,m^3/mol。

对于气-液和气-固两相平衡,常假定蒸气为理想气体,在常压下,由于蒸气的摩尔体积远远大于液体或固体的摩尔体积,因此,可将液、固体积忽略不计。以液体的汽化为例,由克拉佩龙方程得:
$$\frac{d\ln p}{dT}=\frac{\Delta_{vap}H_m}{RT^2} \tag{20-33}$$

这就是克拉佩龙-克劳修斯方程。当温度变化范围不大时,液体的摩尔蒸发焓 $\Delta_{vap}H_m$ 认为是一常数,将上式作不定积分得:
$$\ln p=-\frac{\Delta_{vap}H_m}{RT}+C \tag{20-34}$$

式中,C 为积分常数。

若以 $\ln p$ 对 $\frac{1}{T}$ 作图,可以得到一条直线,如图 20-4 所示。

直线的斜率为：

$$m = -\frac{\Delta_{vap}H_m}{R}$$

可以利用蒸气压和温度的关系测定液体的蒸发焓。

对式(20-33)进行定积分，得：

$$\ln\frac{p_2}{p_1} = -\frac{\Delta_{vap}H_m}{R}\left(\frac{1}{T_2} - \frac{1}{T_1}\right) \tag{20-35}$$

若已知一个相平衡温度 T_1 和压力 p_1 与相变焓 $\Delta_{vap}H_m$，则可以求出在另外一个温度 T_2 下的平衡压力 p_2。

以上三种形式对升华、凝华过程也适用。

三、单组分系统相图

单组分系统可以是单相（气、液、固）、两相平衡共存（气-液、气-固、固-液），还可以是三相平衡共存。

相图上的任一点代表的是系统的某一个状态。水的相图（图 20-5）中有三条相线，将图分为三个相区，三条相线交于 O 点。

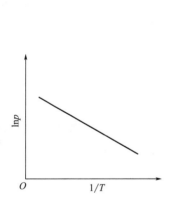

图 20-4　$\ln p$-$\frac{1}{T}$ 关系示意图

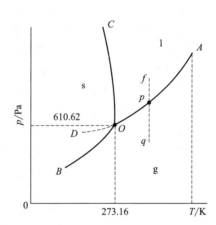

图 20-5　水的相图（示意图）

1. 相线分析

OA 线是水和水蒸气的两相平衡线，即饱和蒸气压线，右端终止于水的临界点。OA 斜率大于零，表示水的沸点随外压增大而升高。OA 延伸到 O 点以下为 OD 虚线，称为过冷水的饱和蒸气压与温度的关系曲线。

OB 线是冰和水蒸气的两相平衡线，即冰的升华曲线。理论上可延伸至 OK。OB 线斜率大于 OA 线斜率，说明温度对冰的蒸气压影响比对水的影响大。

OC 线是冰和水的两相平衡线，即冰的熔点曲线。其斜率小于零，说明压力增大，水的凝固点降低。

2. 相区分析

相图中的三条线将相图分为三个区域。气相区（AOB）、液相区（AOC）和固相区（COB）。

在三个区域的一定范围内，任意改变温度或压力，不会引起相变化。

3. 相点分析

O 点是三条两相平衡线的交汇点，称为三相点。在该点三相平衡共存，温度和压力为一固定值（273.16K，610.62Pa），不能改变，否则就会引起相变的发生。

4. 温度、压力对系统相变化的影响

相图能说明当条件改变时，对系统相变化的影响。相图中的任一点代表系统的一个状态，称之为系统点。如图 20-5 中的 q、p 和 f 点。q 点表示在一定压力和温度下的水蒸气。当系统经历一恒温加压过程时，系统点沿 qf 线向上变化。到达 p 点就凝结出水来。p 点为水和水蒸气两相平衡。继续加压水蒸气全部变为水，到达 f 点，即一定温度和压力下的水。

四、二组分系统的气-液相平衡

对于二组分系统，$C=2$，按相律 $f=4-P$。$P=1$（单相），$f=3$，为三变量系统，独立变量为 T、p 和 x_B。若 $P=2$（两相平衡）、3（三相平衡）或 4（四相平衡），则 f 分别为 2、1 或 0，并分别称为双变量系统、单变量系统或无变量系统。

由于二组分混合物最多可有三个独立变量，所以要用三维相图才能完整地描述其相平衡关系，很不方便。通常固定某一变量，另外两个变量作为纵、横坐标，制作平面相图，供相平衡研究用。当固定某一变量时，相律最多为 3。这三个变量通常是 T、p 和组成 x。所以要表示二组分系统状态图，需用三个坐标的立体图表示。$f=C-P+1=3-P$。这种情况下，二组分混合物气-液平衡的相图有以下三种类型。

固定温度（T 一定）：压力-组成图，即 $p\text{-}x_B$ 图。

固定压力（p 一定）：温度-组成图，即 $T\text{-}x_B$ 图。

固定组成（x_B 一定）：温度-压力图，即 $T\text{-}p$ 图。

1. 二组分理想液态混合物的气-液相平衡

以甲苯（A）和苯（B）二组分混合物为例，一定温度下，由于两种组分在所有浓度范围内均符合拉乌尔定律，故 A、B 的分压 p_A、p_B 和总压 p 分别为：

$$p_A = p_A^* x_A = p_A^* (1-x_B)$$

$$p_B = p_B^* x_B$$

$$p = p_A + p_B = p_A^* + (p_B^* - p_A^*) x_B$$

这三个式子为直线方程，在压力-组成图上可得三条直线。

图 20-6 为理想液态混合物甲苯（A）-苯（B）系统的蒸气压-液相组成图。在 100℃ 时，甲苯的饱和蒸气压 $p_A^* = 74.17\text{kPa}$，苯的饱和蒸气压 $p_B^* = 180.1\text{kPa}$。分别以混合物气相中甲苯蒸气分压、苯蒸气分压和总压对液相中苯的摩尔分数作图，为 $p_A\text{-}x_B$、$p_B\text{-}x_B$ 及 $p\text{-}x_B$ 三条直线。二组分理想液态混合物的蒸气压总是介于两个纯组分蒸气压之间。

$p\text{-}x_B$ 线表示系统的压力（即蒸气总压）与系统液相组成的关系，称为液相线。在线上任一点代表的系统均处于气、液平衡状态，$f=3-P=3-2=1$，只有一个自由度。独立变量为 p 或 x_B。若以 y_A 和 y_B 分别表示气相中 A 和 B 的摩尔分数，通常与理想液态混合物相平衡的蒸气为理想气体混合物，按分压定律及拉乌尔定律：

$$y_A = p_A/p = p_A^* x_A/p \tag{20-36}$$

$$y_B = p_B/p = p_B^* x_B/p \tag{20-37}$$

在此系统中，由于 $p_B^* > p_A^*$，按前面的讨论，$p > p_A^*$，则 $p_A^*/p < 1$。从式（20-36）中

可以看出：$y_A < x_A$。

由于 $p_B^* > p$，则 $p_B^*/p > 1$。由式(20-37) 可以看出：$y_B > x_B$。

将纯组分蒸气压较大的组分称为易挥发组分；蒸气压较小的组分称为难挥发组分。对甲苯-苯混合物，同温度下苯的蒸气压比甲苯大，故苯为易挥发组分，甲苯为难挥发组分。

$y_A < x_A$ 及 $y_B > x_B$ 的结果表明：由蒸气压不同的两种液体组成的理想混合物达到气-液平衡时，两相的组成不同。易挥发组分在气相中的相对含量大于它在液相中的相对含量；难挥发组分在液相中的相对含量大于它在气相中的相对含量。这是精馏将两种物质分开的依据。

用二组分理想液态混合物的蒸气总压 p 对气相中的 B 的摩尔分数 y_B 作图，所得的 p-y_B 线称为气相线。将气相线（曲线）、液相线（直线）画在同一张相图上，可以得到压力-组成图（见图 20-7）。二组分理想液态混合物的压力-组成图有如下两个特点。

① 液相线总在气相线之上。系统处于液相线之上时呈液态；系统处于气相线以下时则呈气态；系统若处于气相线与液相线之间（包括在两条线上）为气、液两相平衡状态。通常分别以 g、l 及 g+l 表示气相区、液相区和气-液两相共存区（直线和曲线围成的区域）。

② 液相线为一条直线，而气相线则为曲线。气相线和液相线上各点的压力 p 均介于两种纯组分蒸气压 p_A^* 和 p_B^* 之间。

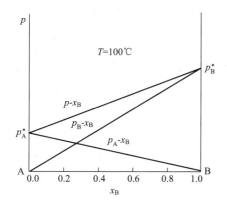

图 20-6 甲苯（A）-苯（B）的蒸气压-液相组成

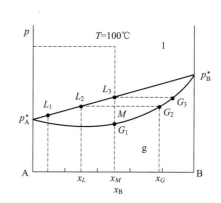

图 20-7 甲苯（A）-苯（B）的压力-组成图

2. 杠杆规则

在相图中任何两相平衡区域内，呈平衡的两个相的数量分配符合简单的规则：若以摩尔分数（或质量分数）表示系统各相的组成，则呈平衡两相的物质的量（或质量）反比于系统点到两个相点的线段长度。这个规则称为杠杆规则。

以图 20-7 中 M 点代表的系统为例。液相组成为 x_M 的系统在压力 p 下系统点为 M。系统实际为气(G_2)、液(L_2)两相平衡。液相组成为 x_L，气相组成为 x_G。n_L 和 n_G 代表液相和气相物质的量，则系统中组分 B 在两相中物质的量之和必等于在整个系统中 B 的物质的量，即

$$n_L x_L + n_G x_G = (n_L + n_G) x_M$$
$$n_L x_M - n_L x_L = n_G x_G - n_G x_M$$
$$n_L (x_M - x_L) = n_G (x_G - x_M)$$
$$\frac{n_L}{n_G} = \frac{x_G - x_M}{x_M - x_L}$$

从相图上看，$x_G - x_M = G_2 M$，$x_M - x_L = M L_2$，因此：

$$\frac{n_L}{n_G} = \frac{G_2 M}{ML_2}$$

式中 G_2M——气相点到系统点的连线长度；

ML_2——系统点到液相点的连线长度。

因此以上两式为杠杆规则的数学表达式。

杠杆规则源于质量守恒定律，所以它的使用范围很广，不限于二组分理想混合物，也不限于气液相平衡条件。可通用于任何两相平衡的情况，组分浓度也不限于用摩尔分数表示的浓度。系统点到相点的线段长度固然可以直接度量，但更经常地可从系统点与相点对应的横坐标读数求得。

第四节 胶体

一、胶体的概念

胶体如同溶液一样也是一种分散系统。分散系统是指一种或几种物质分散在另一种物质中形成的体系，其中被分散的物质称分散相，分散相所存在的介质叫分散介质。

胶体可以按分散相与分散介质聚集状态的不同来分类，常以分散介质的相态命名，气、液、固三种物质能构成八种胶体系统，如表 20-3 所示。

表 20-3　胶体按聚集状态分类

分散介质	分散相	名称	实例
液	气 液 固	液溶胶	肥皂泡沫 含水原油，牛奶 金溶胶、泥浆、油墨
固	气 液 固	固溶胶	浮石，泡沫玻璃 珍珠 某些合金，染色的塑料
气	液 固	气溶胶	雾，油烟 粉尘，烟

二、胶体的性质

1. 光学性质

光线照射到微粒上时，当微粒大小大于入射光波长很多倍时，则发生光的反射（或折射）；当微粒的大小尺度与入射光的波长相近时，发生光的衍射；当微粒小于入射光波长时，则发生光的散射，散射出来的光叫乳光。丁达尔效应就是光的散射所引起的（如图 20-8 所示）。

 课堂互动

为什么海水呈现蓝色，晴朗的天空也呈现蓝色？

丁达尔效应还有一个奇特的现象，就是胶体溶液带色。例如，迎着透射光看到的 AgCl、AgBr 等胶体溶液，是红黄色的，而从垂直于入射光的方向观察，这些胶体溶液则是带蓝色的。这种蓝色，在胶体化学上称为丁达尔蓝。AgCl、AgBr 本身不带色，做成胶体溶液后就

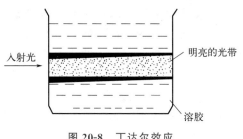

图 20-8　丁达尔效应

带了色，且随着观察方向的不同而呈现不同的颜色。

2. 溶胶的动力学性质

(1) 布朗运动　溶胶中胶粒在介质中不断地做不规则运动的现象称为布朗运动。对于某一种粒子，每隔一段时间观察并记录它的位置，在超显微镜下观察可以得到图 20-9 所示的完全不规则的运动轨迹。

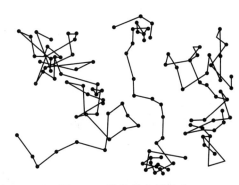

图 20-9　胶体的布朗运动

产生布朗运动的原因是分散介质分子对胶粒撞击。胶体粒子处在介质分子包围之中，而介质分子由于热运动不断地从各个方向同时撞击胶粒，由于胶粒很小，在某一瞬间，它所受撞击力不会互相抵消，加上粒子自身的热运动，因而使它在不同时刻以不同速度、不同方向做不规则运动。

(2) 扩散　溶胶的扩散作用是通过布朗运动的方式实现的。即胶粒能自发地从高浓度处向低浓度处扩散。胶体的粒子半径越小、介质的黏度越小、温度越高，则粒子就越易扩散。

(3) 沉降平衡　粒子同时受到两种力即重力与扩散力的作用，两种力相等时，粒子处于平衡状态，称为沉降平衡。

3. 溶胶的电学性质

溶胶是多相热力学不稳定系统，有自发聚结变大最终下沉的趋势。事实上不少的胶体可以存放几年甚至几十年都不聚沉。研究表明，能够使胶体稳定存在的因素除布朗运动外，最主要的是胶体粒子带电荷。

(1) 胶体带电荷的原因

① 吸附。胶体有巨大的比表面积，在电解质溶液中会选择吸附某种离子，而获得表面电荷。在一般情况下，胶体粒子总是优先吸附构晶离子或能与构晶离子生成难溶物的离子。例如，用 $AgNO_3$ 和 KBr 溶液制备 $AgBr$ 溶胶时，若 $AgNO_3$ 过量，则介质中有过量的 Ag^+ 和 NO_3^-，此时 $AgBr$ 将吸附 Ag^+ 而带正电荷；若 KBr 过量，则 $AgBr$ 粒子将吸附 Br^- 而带负电荷。表面吸附是胶体粒子带电荷的主要原因。

② 电离。胶体粒子表面上的分子与水接触时发生电离，其中一种离子进入介质水中，结果胶体粒子带电荷。如硅溶胶的粒子是由许多分子聚集而成的，其表面分子发生水化作用：

$$SiO_2 + H_2O \Longrightarrow H_2SiO_3$$

若溶液显酸性，则：

$$H_2SiO_3 \longrightarrow HSiO_2^+ + OH^-$$

生成的 OH^- 进入溶液，结果溶胶粒子带正电荷。若溶液显碱性，则：

$$H_2SiO_3 \longrightarrow HSiO_3^- + H^+$$

生成的 H^+ 进入溶液，结果胶体粒子带负电荷。由此例可知，介质条件（如 pH）改变时，胶体粒子所带电荷的正、负及带电荷程度都可能发生变化。

（2）**胶体粒子带电的原因** 吸附：胶体有巨大的比表面，在电解质溶液中会选择吸附某种离子，而获得表面电荷。一般，胶体粒子总是优先吸附构晶离子或能与构晶离子生成难溶物的离子。

电离：胶体粒子表面上的分子与水接触时发生电离，其中一种离子进入介质水中，结果胶体粒子带电。

（3）**胶体粒子的结构** 以 $AgNO_3$ 溶液与过量 KI 溶液反应制备 AgI 溶胶为例，胶团结构如下：

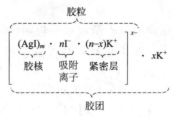

三、胶体的聚沉

1. 溶胶的稳定性

溶胶在热力学上是不稳定的，然而经过净化后的溶胶，在一定的条件下，却能在相当长的时间内稳定存在。溶胶能相对存在的原因如下：

① 布朗运动使溶胶不致因重力而沉降，即动力学稳定性。

② 由于胶粒都带相同的电荷，相互排斥，故不易聚沉。这是使溶胶稳定存在的最重要的原因。

③ 在胶粒的外面有一层水化膜，它阻止了胶粒的互相碰撞而导致胶粒结合变大。

2. 电解质的聚沉作用

电解质对溶胶的聚沉能力通常用聚沉值来表示。聚沉值愈小，电解质使胶体溶液聚沉力量愈强。电解质反离子的价数越高，其聚沉能力越大；与溶胶具有相同电荷离子价数越高，电解质聚沉能力越弱。

3. 相互聚沉现象

两种带有相反电荷的溶胶适量混合，会发生聚沉作用，称为相互聚沉。其条件是两者的用量比例适当，当总电荷量相等时才会完全聚沉。聚沉作用力为静电吸引力。

 课堂互动

对 $Al(OH)_3$ 正溶胶，在电解质 KCl、$MgCl_2$、K_2SO_4 中聚沉能力最强的是哪种？

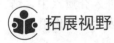 **拓展视野**

中国物理化学奠基人——黄子卿

黄子卿（1900年1月2日—1982年7月23日），字碧帆，出生于广东省梅州市梅县区槐子岗村，是我国著名的物理化学家、化学教育家，中国科学院学部委员（院士）。

1922年，黄子卿以优异的成绩从清华大学毕业，带着满腔报国热忱远渡大洋彼岸，于美国威斯康星大学学习物理化学。

1934年，黄子卿来到麻省理工学院开展科研工作。他深知这样的科研机会来之不易，因此焚膏继晷，分秒必争，经常在实验室里一待就是一天。

黄子卿精心设计实验装置和实验方法，经过长达一年的反复测试，终于得到了当时最精准的三相点数据。这一数据后来得到了美国标准局的认可，其论文发表于《美国艺术与科学院会志》，后来又在巴黎国际温标会议上被广泛认可。1948年，美国编辑的《世界名人录》列入了黄子卿的名字。

1948年，黄子卿再次赴美，跟随加州理工学院化学系主任鲍林（1954年诺贝尔化学奖获得者）一起工作。由于此时期国内形势的剧烈变化，黄子卿每天焦急地翻阅报纸，无时无刻不惦记祖国和亲人。鲍林教授曾经问他："黄，把你全家接到美国来，你就在这里工作不好吗？"黄子卿给他的答案是："中国人要为祖国工作，我是中国人，我要为中国的化学事业出力。"带着强烈的报国之志，1949年新中国成立前夕，黄子卿就迫不及待地回到了阔别已久的祖国，眼前崭新的局面让他心潮澎湃，并下定决心为祖国科学研究事业作出自己的一份贡献。

黄子卿严谨求实、踏实勤勉的治学精神在他撰写《物理化学》一书的过程中体现得淋漓尽致。该书是我国第一部中文物理化学教科书，以其"理论严谨，文字精练"成为此后十几年国内物理化学课程的主要参考书。而这本书之所以能够取得这样的成功，与黄子卿多年丰富的教学经验和探索教学新路的执着密不可分。

黄子卿学生众多，莫不深受他的影响。黄子卿身上既有科学家严谨求实、孜孜以求的一面，也时时可以看到中国传统知识分子的传统情怀，就像赵匡华所评价的那样："（黄子卿）先生一生学习不倦，惜时如金，以读书、科学研究为最大乐趣，又以吟诗读史自娱；为人忠厚爽直、淡泊名利；生活简朴，情操高尚，深受同仁、弟子爱戴和敬仰。"

本章小结

一、理想气体

1. 理想气体状态方程

$$pV = nRT$$

2. 理想气体混合物的两个定律

道尔顿分压定律：$$\sum p_i = \sum n_i \frac{RT}{V} = n\frac{RT}{V} = p_{总}$$

阿马加分体积定律：$$V = \sum_i V_i$$

二、溶液

1. 物质 B 的物质的量分数：

$$x_B = \frac{n_B}{\sum n_B}$$

2. 物质 B 的质量分数：

$$w_B = \frac{m_B}{\sum m_B}$$

3. 物质 B 的物质的量浓度：

$$c_B = \frac{n_B}{V}$$

4. 物质 B 的质量摩尔浓度：

$$b_B = \frac{n_B}{m_A}$$

三、稀溶液的依数性

1. 蒸气压下降：

$$\Delta p = p_A^* - p_A = p_A^* x_B$$

2. 沸点升高：

$$\Delta T_b = T_b - T_b^* = K_b b_B$$

3. 凝固点降低：

$$\Delta T_f = T_f^* - T_f = K_f b_B$$

4. 渗透压：

$$\pi = c_B RT$$

四、相率和相图

单双组分系统相图；克拉佩龙-克劳修斯方程：$\ln \frac{p_2}{p_1} = -\frac{\Delta_{vap} H_m}{R}\left(\frac{1}{T_2} - \frac{1}{T_1}\right)$；杠杆规则。

五、胶体

1. 胶体的性质：光学性质、动力学性质和电化学性质。
2. 胶体的聚沉：电解质的聚沉和相互聚沉。

课后检测

一、填空题

1. 1mol 理想气体，在 300K、400kPa 下的体积 $V=$ _____ m^3。
2. 在 300K、400kPa 下，摩尔分数 $y_B=0.40$ 的 5mol A、B 理想气体混合物。其中 A 气体的分压力 $p_A=$ _____ kPa。
3. A 和 B 形成的二组分溶液，溶剂 A 的摩尔质量为 M_A，溶质 B 的质量摩尔浓度为 b_B。此溶液中溶质 B 的摩尔分数 _____。
4. 在 101.325kPa 的大气压力下，将蔗糖溶于纯水中所形成的稀溶液缓慢地降温时，先析出纯冰。相对于纯水而言将会出现：蒸气压 _____；沸点 _____；凝固点 _____。
5. 胶体系统产生丁达尔现象的实质是 _____。
6. 布朗运动实质上是 _____。

二、选择题

1. 25℃时，0.01mol/kg 的糖水的渗透压为 π_1，而 0.01mol/kg 的尿素水溶液的渗透压为 π_2，则（　　）。

A. $\pi_1 < \pi_2$　　　　B. $\pi_1 = \pi_2$　　　　C. $\pi_1 > \pi_2$　　　　D. 无法确定

2. 溶胶的基本特征之一是（　　）。
A. 热力学上和动力学上皆稳定的系统
B. 热力学上和动力学上皆不稳定的系统
C. 热力学上稳定而动力学上不稳定的系统
D. 热力学上不稳定而动力学上稳定的系统
3. 下列各性质中，属于溶胶的动力学性质的是（　　）。
A. 布朗运动　　　　B. 电泳　　　　C. 丁达尔现象　　　　D. 流动电势
4. 引起溶胶聚沉的诸因素中，最重要的是（　　）。
A. 温度的变化　　　　　　　　　　B. 溶胶浓度的变化
C. 非电解质的影响　　　　　　　　D. 电解质的影响
5. T、V 恒定的容器中，含有物质的量分别为 n_A 和 n_B 的 A 和 B 理想气体混合物，其总压力为 p，A 和 B 的分压力分别为 p_A 和 p_B，分体积分别为 V_A 和 V_B。下列各式中只有（　　）是正确的。
A. $p_A V = n_A RT$　　　　　　　　B. $pV_B = (n_A + n_B)RT$
C. $p_A V_A = n_A RT$　　　　　　　D. $p_B V_B = n_B RT$
6. 真实气体在（　　）的条件下，其行为与理想气体相近。
A. 高温高压　　B. 低温低压　　C. 低温高压　　D. 高温低压
7. 当入射光的波长（　　）胶体粒子的线度时，则可出现丁达尔效应。
A. 大于　　　　B. 等于　　　　C. 小于　　　　D. 远小于

三、判断题

1. 在任何温度、压力下均严格服从 $pV = nRT$ 关系式的气体称为理想气体。（　　）
2. 理想气体的微观模型是一种人为的模型，实际上不存在。（　　）
3. 温度 T 时，有两种理想气体，气体 A 的密度是气体 B 的密度的 2 倍，而气体 A 的摩尔质量是气体 B 的摩尔质量的 0.5，则 $p_A = p_B$。（　　）
4. 气体混合物的总压不等于组成该气体混合物的各组分的分压之和。（　　）
5. 真实气体在低温、高压条件下，才能遵守理想气体状态方程；在其他条件下，将会偏离理想气体行为，产生偏差。（　　）
6. 溶液的组成表示法中物质的量的浓度与质量摩尔浓度具有相同的单位。（　　）
7. 一定的温度下，溶剂溶入了难挥发的非电解质后形成的稀溶液，蒸气压上升，沸点升高。（　　）
8. 一定的外压下，稀溶液中如果溶入的溶质为非电解质，凝固时仅是溶剂析出，则溶液的凝固点较纯溶剂要低。（　　）
9. 下雪撒盐依据的是凝固点降低原理。（　　）
10. 克拉佩龙方程不适用于升华、凝华过程。（　　）

四、简答题

1. 稀溶液的依数性包括哪几方面？
2. 分压和分体积定律只适用于理想气体混合物吗？能否适用于真实气体？
3. 溶液组成的表示方法有哪几种？
4. 由水的相图可知，水的三相点对应的温度为 0.01℃、压力为 0.610kPa（准确值应为 4.579mmHg）。水的冰点为 0℃。试说明水的三相点所对应的温度高于水的冰点的原因。

五、计算题

1. 30℃时，在一个 10.0L 的容器中，O_2、N_2 和 CO_2 混合物的总压为 93.3kPa。分析结

果得 $p(O_2)=26.7\text{kPa}$，CO_2 为 5.00g，求容器中：a. $p(CO_2)$；b. $p(N_2)$；c. O_2 的摩尔分数。

2. 质量分数为 0.98 的浓硫酸，其密度为 $1.84\times10^3\text{kg/m}^3$，求 a. H_2SO_4 的物质的量浓度；b. 质量摩尔浓度；c. 摩尔分数。

3. 将 $60\times10^{-3}\text{kg}$ 蔗糖（$C_{12}H_{22}O_{11}$）溶于 1kg H_2O 中形成稀溶液，该溶液在 100℃ 时的蒸气压为多少？与水比较，蒸气压降低值为多少？

4. 溶入非挥发性、非电解质的苯溶液在 4℃ 凝固，其沸点是多少？已知纯苯的凝固点为 5.5℃，沸点为 80.1℃，$K_f=5.10\text{K}\cdot\text{kg/mol}$，$K_b=2.6\text{K}\cdot\text{kg/mol}$。

5. 人类血浆的凝固点为 272.65K（-0.5℃），求 310.15K（37℃）时血浆的渗透压。（水的 $K_f=1.86\text{K}\cdot\text{kg/mol}$）

附　录

附录一　常见弱酸弱碱的电离常数

1. 弱酸的电离常数（298.15K）

弱酸	电离平衡常数 K_a
H_3AlO_3	$K_1 = 6.3 \times 10^{-12}$
H_3AsO_4	$K_1 = 6.0 \times 10^{-3}; K_2 = 1.0 \times 10^{-7}; K_3 = 3.2 \times 10^{-12}$
H_3AsO_3	$K_1 = 6.6 \times 10^{-10}$
H_3BO_3	$K_1 = 5.8 \times 10^{-10}$
$H_2B_4O_7$	$K_1 = 1 \times 10^{-4}; K_2 = 1 \times 10^{-9}$
$HBrO$	$K_1 = 2.0 \times 10^{-9}$
H_2CO_3	$K_1 = 4.4 \times 10^{-7}; K_2 = 4.7 \times 10^{-11}$
HCN	$K_1 = 6.2 \times 10^{-10}$
H_2CrO_4	$K_1 = 4.1; K_2 = 1.3 \times 10^{-6}$
$HClO$	$K_1 = 2.8 \times 10^{-8}$
HF	$K_1 = 6.6 \times 10^{-4}$
HIO	$K_1 = 2.3 \times 10^{-11}$
HIO_3	$K_1 = 0.16$
H_5IO_6	$K_1 = 2.8 \times 10^{-2}; K_2 = 5.0 \times 10^{-9}$
H_2MnO_4	$K_2 = 7.1 \times 10^{-11}$
HNO_2	$K_1 = 7.2 \times 10^{-4}$
HNO_3	$K_1 = 1.9 \times 10^{-5}$
H_2O_2	$K_1 = 2.2 \times 10^{-12}$
H_2O	$K_1 = 1.8 \times 10^{-16}$
H_3PO_4	$K_1 = 6.9 \times 10^{-3}; K_2 = 6.2 \times 10^{-8}; K_3 = 4.8 \times 10^{-13}$
$H_4P_2O_7$	$K_1 = 3.0 \times 10^{-2}; K_2 = 4.4 \times 10^{-3}; K_3 = 2.5 \times 10^{-7}; K_4 = 5.6 \times 10^{-10}$
$H_5P_3O_{10}$	$K_3 = 1.6 \times 10^{-3}; K_4 = 3.4 \times 10^{-7}; K_5 = 5.8 \times 10^{-10}$
H_3PO_3	$K_1 = 6.3 \times 10^{-2}; K_2 = 2.0 \times 10^{-7}$
H_2SO_4	$K_2 = 1.0 \times 10^{-2}$
H_2SO_3	$K_1 = 1.3 \times 10^{-2}; K_2 = 6.1 \times 10^{-3}$
$H_2S_2O_3$	$K_1 = 0.25; K_2 = 2.0 \times 10^{-2} \sim 3.2 \times 10^{-2}$

续表

弱酸	电离平衡常数 K_a
$H_2S_2O_4$	$K_1=0.45; K_2=3.5\times10^{-3}$
H_2Se	$K_1=1.3\times10^{-4}; K_2=1.0\times10^{-11}$
H_2S	$K_1=1.3\times10^{-7}; K_2=7.1\times10^{-15}$
H_2SeO_4	$K_2=2.2\times10^{-2}$
H_2SeO_3	$K_1=2.3\times10^{-3}; K_2=5.0\times10^{-9}$
HSCN	$K_1=1.41\times10^{-1}$
H_2SiO_3	$K_1=1.7\times10^{-10}; K_2=1.6\times10^{-12}$
$HSb(OH)_6$	$K_1=2.8\times10^{-3}$
H_2TeO_3	$K_1=3.5\times10^{-3}; K_2=1.9\times10^{-8}$
H_2Te	$K_1=2.3\times10^{-3}; K_2=1.0\times10^{-12}\sim1.0\times10^{-11}$
H_2WO_4	$K_1=3.2\times10^{-4}; K_2=2.5\times10^{-5}$
NH_4^+	$K_1=5.6\times10^{-10}$
$H_2C_2O_4$(草酸)	$K_1=5.4\times10^{-2}; K_2=5.4\times10^{-5}$
HCOOH(甲酸)	$K_1=1.77\times10^{-4}$
CH_3COOH(乙酸)	$K_1=1.8\times10^{-5}$
$ClCH_2COOH$(氯代乙酸)	$K_1=1.4\times10^{-3}$
$CH_2=CHCO_2H$(丙烯酸)	$K_1=5.5\times10^{-5}$
$CH_3COCH_2CO_2H$(乙酰乙酸)	$K_1=2.6\times10^{-4}$ (316.15K)
$H_3C_6H_5O_7$(柠檬酸)	$K_1=7.4\times10^{-4}; K_2=1.73\times10^{-5}; K_3=4\times10^{-7}$
H_4Y(乙二胺四乙酸)	$K_1=10^{-2}; K_2=2.1\times10^{-3}; K_3=6.9\times10^{-7}; K_4=5.9\times10^{-11}$

2. 弱碱的电离常数（298.15K）

弱碱	电离平衡常数 K_b	弱碱	电离平衡常数 K_b
$NH_3\cdot H_2O$	1.8×10^{-5}	$C_6H_5NH_2$(苯胺)	4×10^{-10}
NH_2NH_2(联氨)	9.8×10^{-7}	C_5H_5N(吡啶)	1.5×10^{-9}
NH_2OH(羟胺)	9.1×10^{-9}	$(CH_2)_6N_4$(六亚甲基四胺)	1.4×10^{-9}

附录二　一些微溶化合物的溶度积

微溶化合物	K_{sp}	pK_{sp}	微溶化合物	K_{sp}	pK_{sp}
$Al(OH)_3$	1.3×10^{-33}	32.9	CuS	6×10^{-36}	35.2
AgBr	5.0×10^{-13}	12.30	CuSCN	4.8×10^{-15}	14.32
AgCl	1.8×10^{-10}	9.74	$CuCO_3$	1.4×10^{-10}	9.85
AgCN	1.2×10^{-16}	15.92	$CaCO_3$	2.8×10^{-9}	8.55
AgI	8.3×10^{-17}	16.08	CaF_2	2.7×10^{-11}	10.57
Ag_3PO_4	1.4×10^{-16}	15.85	$Ca_3(PO_3)_2$	2.0×10^{-29}	28.7
Ag_2SO_4	1.4×10^{-5}	4.85	$CaSO_4$	9.1×10^{-6}	5.04
Ag_2S	2×10^{-49}	48.7	$Cu(OH)_2$	2.2×10^{-20}	19.66
AgSCN	1.0×10^{-12}	12.00	$MgCO_3$	3.5×10^{-8}	7.46

续表

微溶化合物	K_{sp}	pK_{sp}	微溶化合物	K_{sp}	pK_{sp}
As_2S_3	2.1×10^{-22}	21.68	MgF_2	6.4×10^{-9}	8.19
$BaCO_3$	5.1×10^{-9}	8.29	$Mg(OH)_2$	1.8×10^{-11}	10.74
BaF_2	1×10^{-6}	6.0	$FeCO_3$	3.2×10^{-11}	10.49
$BaSO_4$	1.1×10^{-10}	9.96	$Fe(OH)_2$	8×10^{-16}	15.1
$CuBr$	5.2×10^{-9}	8.28	FeS	6×10^{-18}	17.2
$CuCl$	1.2×10^{-6}	5.92	$ZnCO_3$	1.4×10^{-11}	10.85
$CuCN$	3.2×10^{-20}	19.49	$Zn(OH)_2$	1.2×10^{-17}	16.92
CuI	1.1×10^{-12}	11.96	$Zn_3(PO_4)_2$	9.1×10^{-33}	32.04
Cu_2S	2×10^{-48}	47.7			

附录三 常见配离子的稳定常数

配位体	金属离子	n	$\lg\beta_n$
NH_3	Ag^+	1,2	3.24,7.05
	Cd^{2+}	1,…,6	2.65,4.75,6.19,7.12,6.80,5.14
	Co^{2+}	1,…,6	2.11,3.74,4.79,5.55,5.73,5.11
	Co^{3+}	1,…,6	6.7,14.0,20.1,25.7,30.8,35.2
	Cu^+	1,2	5.93,10.86
	Cu^{2+}	1,…,4	4.31,7.98,11.02,13.32
	Ni^{2+}	1,…,6	2.80,5.04,6.77,7.96,8.71,8.74
	Zn^{2+}	1,…,4	2.37,4.81,7.31,9.46
F^-	Al^{3+}	1,…,6	6.10,11.15,15.00,17.75,19.37,19.84
	Fe^{3+}	1,2,3	5.28,9.30,12.06
Cl^-	Cd^{2+}	1,…,4	1.95,2.50,2.60,2.80
	Hg^{2+}	1,…,4	6.74,13.22,14.07,15.07
I^-	Cd^{2+}	1,…,4	2.10,3.43,4.49,5.41
	Hg^{2+}	1,…,4	12.87,23.82,27.60,29.83
CN^-	Ag^+	2,3,4	21.1,21.7,20.6
	Au^+	2	38.3
	Co^{3+}	6	64.00
	Cu^+	2,3,4	24.0,28.59,30.30
	Cu^{2+}	4	27.30
	Fe^{2+}	6	35
	Fe^{3+}	6	42
	Hg^{2+}	4	41.4
	Ni^{2+}	4	31.3
	Zn^{2+}	4	16.7

续表

配位体	金属离子	n	$\lg\beta_n$
SCN$^-$	Ag$^+$	2,3,4	7.57,9.08,10.08
	Cd^{2+}	1,…,4	1.39,1.98,2.58,3.6
	Co^{2+}	4	3.00
S$_2$O$_3^{2-}$	Ag$^+$	1,2	8.82,13.46
	Hg^{2+}	2,3,4	29.44,31.90,33.24
OH$^-$	Ag$^+$	1,2	2.0,3.99
	Al^{3+}	1,4	9.27,33.03
	Bi^{3+}	1,2,4	12.7,15.8,35.2
	Cd^{2+}	1,…,4	4.17,8.33,9.02,8.62
	Cu^{2+}	1,…,4	7.0,13.68,17.00,18.5
	Fe^{2+}	1,…,4	5.56,9.77,9.67,8.58
	Fe^{3+}	1,2,3	11.87,21.17,29.67
	Hg^{2+}	1,2,3	10.6,21.8,20.9
	Mg^{2+}	1	2.58
	Ni^{2+}	1,2,3	4.97,8.55,11.33
OH$^-$	Pb^{2+}	1,2,3,6	7.82,10.85,14.58,61.0
	Sn^{2+}	1,2,3	10.60,20.93,25.38
	Zn^{2+}	1,…,4	4.40,11.30,14.14,17.66
en	Ag$^+$	1,2	4.70,7.70
	Cu^{2+}	1,2,3	10.67,20.00,21.0
EDTA	Ag$^+$	1	7.32
	Al^{3+}	1	16.11
	Ba^{2+}	1	7.78
	Bi^{3+}	1	27.8
	Ca^{2+}	1	11.0
	Cd^{2+}	1	16.4
	Co^{2+}	1	16.31
	Co^{3+}	1	36.00
	Cr^{3+}	1	23
	Cu^{2+}	1	18.70
	Fe^{2+}	1	14.33
	Fe^{3+}	1	24.23
	Hg^{2+}	1	21.80
	Mg^{2+}	1	8.64
	Mn^{2+}	1	13.8
	Na$^+$	1	1.66
	Ni^{2+}	1	18.56
	Pb^{2+}	1	18.3
	Sn^{2+}	1	22.1
	Zn^{2+}	1	16.4

注：表中数据为 20～25℃、$I=0$ 的条件下获得。

附录四 一些电极的标准电极电位（298.15K）

1. 在酸性溶液中

电对	电极反应	$\varphi_A^{\ominus}/V$
Li^+/Li	$Li^+ + e^- \rightleftharpoons Li$	-3.045
Rb^+/Rb	$Rb^+ + e^- \rightleftharpoons Rb$	-2.93
K^+/K	$K^+ + e^- \rightleftharpoons K$	-2.925
Cs^+/Cs	$Cs^+ + e^- \rightleftharpoons Cs$	-2.92
Ba^{2+}/Ba	$Ba^{2+} + 2e^- \rightleftharpoons Ba$	-2.91
Sr^{2+}/Sr	$Sr^{2+} + 2e^- \rightleftharpoons Sr$	-2.89
Ca^{2+}/Ca	$Ca^{2+} + 2e^- \rightleftharpoons Ca$	-2.87
Na^+/Na	$Na^+ + e^- \rightleftharpoons Na$	-2.714
La^{3+}/La	$La^{3+} + 3e^- \rightleftharpoons La$	-2.52
Y^{3+}/Y	$Y^{3+} + 3e^- \rightleftharpoons Y$	-2.37
Mg^{2+}/Mg	$Mg^{2+} + 2e^- \rightleftharpoons Mg$	-2.37
Ce^{3+}/Ce	$Ce^{3+} + 3e^- \rightleftharpoons Ce$	-2.33
H_2/H^-	$\frac{1}{2}H_2 + e^- \rightleftharpoons H^-$	-2.25
Sc^{3+}/Sc	$Sc^{3+} + 3e^- \rightleftharpoons Sc$	-2.1
Th^{4+}/Th	$Th^{4+} + 4e^- \rightleftharpoons Th$	-1.9
Be^{2+}/Be	$Be^{2+} + 2e^- \rightleftharpoons Be$	-1.85
U^{3+}/U	$U^{3+} + 3e^- \rightleftharpoons U$	-1.80
Al^{3+}/Al	$Al^{3+} + 3e^- \rightleftharpoons Al$	-1.66
Ti^{2+}/Ti	$Ti^{2+} + 2e^- \rightleftharpoons Ti$	-1.63
ZrO_2/Zr	$ZrO_2 + 4H^+ + 4e^- \rightleftharpoons Zr + 2H_2O$	-1.43
V^{2+}/V	$V^{2+} + 2e^- \rightleftharpoons V$	-1.2
Mn^{2+}/Mn	$Mn^{2+} + 2e^- \rightleftharpoons Mn$	-1.17
TiO_2/Ti	$TiO_2 + 4H^+ + 4e^- \rightleftharpoons Ti + 2H_2O$	-0.86
SiO_2/Si	$SiO_2 + 4H^+ + 4e^- \rightleftharpoons Si + 2H_2O$	-0.86
Cr^{2+}/Cr	$Cr^{2+} + 2e^- \rightleftharpoons Cr$	-0.86
Zn^{2+}/Zn	$Zn^{2+} + 2e^- \rightleftharpoons Zn$	-0.763
Cr^{3+}/Cr	$Cr^{3+} + 3e^- \rightleftharpoons Cr$	-0.74
Ag_2S/Ag	$Ag_2S + 2e^- \rightleftharpoons 2Ag + S^{2-}$	-0.71
$CO_2/H_2C_2O_4$	$2CO_2 + 2H^+ + 2e^- \rightleftharpoons H_2C_2O_4$	-0.49
Fe^{2+}/Fe	$Fe^{2+} + 2e^- \rightleftharpoons Fe$	-0.440
Cr^{3+}/Cr^{2+}	$Cr^{3+} + e^- \rightleftharpoons Cr^{2+}$	-0.41
Cd^{2+}/Cd	$Cd^{2+} + 2e^- \rightleftharpoons Cd$	-0.403
Ti^{3+}/Ti^{2+}	$Ti^{3+} + e^- \rightleftharpoons Ti^{2+}$	-0.37

续表

电对	电极反应	$\varphi_A^\ominus$/V
$PbSO_4/Pb$	$PbSO_4 + 2e^- \rightleftharpoons Pb + SO_4^{2-}$	−0.356
Co^{2+}/Co	$Co^{2+} + 2e^- \rightleftharpoons Co$	−0.29
PbI_2/Pb	$PbI_2 + 2e^- \rightleftharpoons Pb + 2I^-$	−0.266
V^{3+}/V^{2+}	$V^{3+} + e^- \rightleftharpoons V^{2+}$	−0.255
Ni^{2+}/Ni	$Ni^{2+} + 2e^- \rightleftharpoons Ni$	−0.25
AgI/Ag	$AgI + e^- \rightleftharpoons Ag + I^-$	−0.152
Sn^{2+}/Sn	$Sn^{2+} + 2e^- \rightleftharpoons Sn$	−0.136
Pb^{2+}/Pb	$Pb^{2+} + 2e^- \rightleftharpoons Pb$	−0.126
$AgCN/Ag$	$AgCN + e^- \rightleftharpoons Ag + CN^-$	−0.017
H^+/H_2	$2H^+ + 2e^- \rightleftharpoons H_2$	0.0000
$AgBr/Ag$	$AgBr + e^- \rightleftharpoons Ag + Br^-$	0.071
TiO^{2+}/Ti^{3+}	$TiO^{2+} + 2H^+ + e^- \rightleftharpoons Ti^{3+} + H_2O$	0.10
S/H_2S	$S + 2H^+ + 2e^- \rightleftharpoons H_2S(aq)$	0.14
Sb_2O_3/Sb	$Sb_2O_3 + 6H^+ + 6e^- \rightleftharpoons 2Sb + 3H_2O$	0.15
Sn^{4+}/Sn^{2+}	$Sn^{4+} + 2e^- \rightleftharpoons Sn^{2+}$	0.154
Cu^{2+}/Cu^+	$Cu^{2+} + e^- \rightleftharpoons Cu^+$	0.17
$AgCl/Ag$	$AgCl + e^- \rightleftharpoons Ag + Cl^-$	0.2223
$HAsO_2/As$	$HAsO_2 + 3H^+ + 3e^- \rightleftharpoons As + 2H_2O$	0.248
Hg_2Cl_2/Hg	$Hg_2Cl_2 + 2e^- \rightleftharpoons 2Hg + 2Cl^-$	0.268
BiO^+/Bi	$BiO^+ + 2H^+ + 3e^- \rightleftharpoons Bi + H_2O$	0.32
UO_2^{2+}/U^{4+}	$UO_2^{2+} + 4H^+ + 2e^- \rightleftharpoons U^{4+} + 2H_2O$	0.33
VO^{2+}/V^{3+}	$VO^{2+} + 2H^+ + e^- \rightleftharpoons V^{3+} + H_2O$	0.34
Cu^{2+}/Cu	$Cu^{2+} + 2e^- \rightleftharpoons Cu$	0.34
$S_2O_3^{2-}/S$	$S_2O_3^{2-} + 6H^+ + 4e^- \rightleftharpoons 2S + 3H_2O$	0.5
Cu^+/Cu	$Cu^+ + e^- \rightleftharpoons Cu$	0.52
I_3^-/I^-	$I_3^- + 2e^- \rightleftharpoons 3I^-$	0.545
I_2/I^-	$I_2 + 2e^- \rightleftharpoons 2I^-$	0.535
MnO_4^-/MnO_4^{2-}	$MnO_4^- + e^- \rightleftharpoons MnO_4^{2-}$	0.57
$H_3AsO_4/HAsO_2$	$H_3AsO_4 + 2H^+ + 2e^- \rightleftharpoons HAsO_2 + 2H_2O$	0.581
$HgCl_2/Hg_2Cl_2$	$2HgCl_2 + 2e^- \rightleftharpoons Hg_2Cl_2(s) + 2Cl^-$	0.63
Ag_2SO_4/Ag	$Ag_2SO_4 + 2e^- \rightleftharpoons 2Ag + SO_4^{2-}$	0.653
O_2/H_2O_2	$O_2 + 2H^+ + 2e^- \rightleftharpoons H_2O_2$	0.69
$[PtCl_4]^{2-}/Pt$	$[PtCl_4]^{2-} + 2e^- \rightleftharpoons Pt + 4Cl^-$	0.73
Fe^{3+}/Fe^{2+}	$Fe^{3+} + e^- \rightleftharpoons Fe^{2+}$	0.771
Hg_2^{2+}/Hg	$Hg_2^{2+} + 2e^- \rightleftharpoons 2Hg$	0.792
Ag^+/Ag	$Ag^+ + e^- \rightleftharpoons Ag$	0.7999
NO_3^-/NO_2	$NO_3^- + 2H^+ + e^- \rightleftharpoons NO_2 + H_2O$	0.80

续表

电对	电极反应	$\varphi_A^{\ominus}/V$
Hg^{2+}/Hg	$Hg^{2+}+2e^- \rightleftharpoons Hg$	0.854
Cu^{2+}/CuI	$Cu^{2+}+I^-+e^- \rightleftharpoons CuI$	0.86
Hg^{2+}/Hg_2^{2+}	$2Hg^{2+}+2e^- \rightleftharpoons Hg_2^{2+}$	0.907
Pd^{2+}/Pd	$Pd^{2+}+2e^- \rightleftharpoons Pd$	0.92
NO_3^-/HNO_2	$NO_3^-+3H^++2e^- \rightleftharpoons HNO_2+H_2O$	0.94
NO_3^-/NO	$NO_3^-+4H^++3e^- \rightleftharpoons NO+2H_2O$	0.96
HNO_2/NO	$HNO_2+H^++e^- \rightleftharpoons NO+H_2O$	0.98
HIO/I^-	$HIO+H^++2e^- \rightleftharpoons I^-+H_2O$	0.99
VO_2^+/VO^{2+}	$VO_2^++2H^++e^- \rightleftharpoons VO^{2+}+H_2O$	0.991
$[AuCl_4]^-/Au$	$[AuCl_4]^-+3e^- \rightleftharpoons Au+4Cl^-$	1.00
NO_2/NO	$NO_2+2H^++2e^- \rightleftharpoons NO+H_2O$	1.03
Br_2/Br^-	$Br_2(l)+2e^- \rightleftharpoons 2Br^-$	1.065
NO_2/HNO_2	$NO_2+H^++e^- \rightleftharpoons HNO_2$	1.07
Br_2/Br^-	$Br_2(aq)+2e^- \rightleftharpoons 2Br^-$	1.08
$Cu^{2+}/[Cu(CN)_2]^-$	$Cu^{2+}+2CN^-+e^- \rightleftharpoons [Cu(CN)_2]^-$	1.12
IO_3^-/HIO	$IO_3^-+5H^++4e^- \rightleftharpoons HIO+2H_2O$	1.14
ClO_3^-/ClO_2	$ClO_3^-+2H^++e^- \rightleftharpoons ClO_2+H_2O$	1.15
Ag_2O/Ag	$Ag_2O+2H^++2e^- \rightleftharpoons 2Ag+H_2O$	1.17
ClO_4^-/ClO_3^-	$ClO_4^-+2H^++2e^- \rightleftharpoons ClO_3^-+H_2O$	1.19
IO_3^-/I_2	$2IO_3^-+12H^++10e^- \rightleftharpoons I_2+6H_2O$	1.19
$ClO_3^-/HClO_2$	$ClO_3^-+3H^++2e^- \rightleftharpoons HClO_2+H_2O$	1.21
O_2/H_2O	$O_2+4H^++4e^- \rightleftharpoons 2H_2O$	1.229
MnO_2/Mn^{2+}	$MnO_2+4H^++2e^- \rightleftharpoons Mn^{2+}+2H_2O$	1.23
$ClO_2/HClO_2$	$ClO_2(g)+H^++e^- \rightleftharpoons HClO_2$	1.27
$Cr_2O_7^{2-}/Cr^{3+}$	$Cr_2O_7^{2-}+14H^++6e^- \rightleftharpoons 2Cr^{3+}+7H_2O$	1.33
ClO_4^-/Cl_2	$2ClO_4^-+16H^++14e^- \rightleftharpoons Cl_2+8H_2O$	1.34
Cl_2/Cl^-	$Cl_2+2e^- \rightleftharpoons 2Cl^-$	1.36
Au^{3+}/Au^+	$Au^{3+}+2e^- \rightleftharpoons Au^+$	1.41
BrO_3^-/Br^-	$BrO_3^-+6H^++6e^- \rightleftharpoons Br^-+3H_2O$	1.44
HIO/I_2	$2HIO+2H^++2e^- \rightleftharpoons I_2+2H_2O$	1.45
ClO_3^-/Cl^-	$ClO_3^-+6H^++6e^- \rightleftharpoons Cl^-+3H_2O$	1.45
PbO_2/Pb^{2+}	$PbO_2+4H^++2e^- \rightleftharpoons Pb^{2+}+2H_2O$	1.455
ClO_3^-/Cl_2	$2ClO_3^-+12H^++10e^- \rightleftharpoons Cl_2+6H_2O$	1.47
Mn^{3+}/Mn^{2+}	$Mn^{3+}+e^- \rightleftharpoons Mn^{2+}$	1.488
$HClO/Cl^-$	$HClO+H^++2e^- \rightleftharpoons Cl^-+H_2O$	1.49
Au^{3+}/Au	$Au^{3+}+3e^- \rightleftharpoons Au$	1.50
BrO_3^-/Br_2	$2BrO_3^-+12H^++10e^- \rightleftharpoons Br_2+6H_2O$	1.5

续表

电对	电极反应	$\varphi_A^{\ominus}/V$
MnO_4^-/Mn^{2+}	$MnO_4^- + 8H^+ + 5e^- \rightleftharpoons Mn^{2+} + 4H_2O$	1.51
$HBrO/Br_2$	$2HBrO + 2H^+ + 2e^- \rightleftharpoons Br_2 + 2H_2O$	1.6
H_5IO_6/IO_3^-	$H_5IO_6 + H^+ + 2e^- \rightleftharpoons IO_3^- + 3H_2O$	1.6
$HClO/Cl_2$	$2HClO + 2H^+ + 2e^- \rightleftharpoons Cl_2 + 2H_2O$	1.63
$HClO_2/HClO$	$HClO_2 + 2H^+ + 2e^- \rightleftharpoons HClO + H_2O$	1.64
MnO_4^-/MnO_2	$MnO_4^- + 4H^+ + 3e^- \rightleftharpoons MnO_2 + 2H_2O$	1.68
NiO_2/Ni^{2+}	$NiO_2 + 4H^+ + 2e^- \rightleftharpoons Ni^{2+} + 2H_2O$	1.68
$PbO_2/PbSO_4$	$PbO_2 + SO_4^{2-} + 4H^+ + 2e^- \rightleftharpoons PbSO_4 + 2H_2O$	1.69
H_2O_2/H_2O	$H_2O_2 + 2H^+ + 2e^- \rightleftharpoons 2H_2O$	1.77
Co^{3+}/Co^{2+}	$Co^{3+} + e^- \rightleftharpoons Co^{2+}$	1.80
XeO_3/Xe	$XeO_3 + 6H^+ + 6e^- \rightleftharpoons Xe + 3H_2O$	1.8
$S_2O_8^{2-}/SO_4^{2-}$	$S_2O_8^{2-} + 2e^- \rightleftharpoons 2SO_4^{2-}$	2.0
O_3/O_2	$O_3 + 2H^+ + 2e^- \rightleftharpoons O_2 + H_2O$	2.07
XeF_2/Xe	$XeF_2 + 2e^- \rightleftharpoons Xe + 2F^-$	2.2
F_2/F^-	$F_2 + 2e^- \rightleftharpoons 2F^-$	2.87
H_4XeO_6/XeO_3	$H_4XeO_6 + 2H^+ + 2e^- \rightleftharpoons XeO_3 + 3H_2O$	3.0
F_2/HF	$F_2(g) + 2H^+ + 2e^- \rightleftharpoons 2HF$	3.06

2. 在碱性溶液中

电对	电极反应	$\varphi_B^{\ominus}/V$
$Mg(OH)_2/Mg$	$Mg(OH)_2 + 2e^- \rightleftharpoons Mg + 2OH^-$	−2.69
$H_2AlO_3^-/Al$	$H_2AlO_3^- + H_2O + 3e^- \rightleftharpoons Al + 4OH^-$	−2.35
$H_2BO_3^-/B$	$H_2BO_3^- + H_2O + 3e^- \rightleftharpoons B + 4OH^-$	−1.79
$Mn(OH)_2/Mn$	$Mn(OH)_2 + 2e^- \rightleftharpoons Mn + 2OH^-$	−1.55
$[Zn(CN)_4]^{2-}/Zn$	$[Zn(CN)_4]^{2-} + 2e^- \rightleftharpoons Zn + 4CN^-$	−1.26
ZnO_2^{2-}/Zn	$ZnO_2^{2-} + 2H_2O + 2e^- \rightleftharpoons Zn + 4OH^-$	−1.216
$SO_3^{2-}/S_2O_4^{2-}$	$2SO_3^{2-} + 2H_2O + 2e^- \rightleftharpoons S_2O_4^{2-} + 4OH^-$	−1.12
$[Zn(NH_3)_4]^{2+}/Zn$	$[Zn(NH_3)_4]^{2+} + 2e^- \rightleftharpoons Zn + 4NH_3$	−1.04
$[Sn(OH)_6]^{2-}/HSnO_2^-$	$[Sn(OH)_6]^{2-} + 2e^- \rightleftharpoons HSnO_2^- + 3OH^- + H_2O$	−0.93
SO_4^{2-}/SO_3^{2-}	$SO_4^{2-} + H_2O + 2e^- \rightleftharpoons SO_3^{2-} + 2OH^-$	−0.93
$HSnO_2^-/Sn$	$HSnO_2^- + H_2O + 2e^- \rightleftharpoons Sn + 3OH^-$	−0.91
H_2O/H_2	$2H_2O + 2e^- \rightleftharpoons H_2 + 2OH^-$	−0.828
$Ni(OH)_2/Ni$	$Ni(OH)_2 + 2e^- \rightleftharpoons Ni + 2OH^-$	−0.72
AsO_4^{3-}/AsO_2^-	$AsO_4^{3-} + 2H_2O + 2e^- \rightleftharpoons AsO_2^- + 4OH^-$	−0.67
SO_3^{2-}/S	$SO_3^{2-} + 3H_2O + 4e^- \rightleftharpoons S + 6OH^-$	−0.66
AsO_2^-/As	$AsO_2^- + 2H_2O + 3e^- \rightleftharpoons As + 4OH^-$	−0.66
$SO_3^{2-}/S_2O_3^{2-}$	$2SO_3^{2-} + 3H_2O + 4e^- \rightleftharpoons S_2O_3^{2-} + 6OH^-$	−0.58

续表

电对	电极反应	$\varphi_B^{\ominus}/V$
S/S^{2-}	$S+2e^- \rightleftharpoons S^{2-}$	-0.48
$[Ag(CN)_2]^-/Ag$	$[Ag(CN)_2]^- + e^- \rightleftharpoons Ag + 2CN^-$	-0.31
CrO_4^{2-}/CrO_2^-	$CrO_4^{2-} + 2H_2O + 3e^- \rightleftharpoons CrO_2^- + 4OH^-$	-0.12
O_2/HO_2^-	$O_2 + H_2O + 2e^- \rightleftharpoons HO_2^- + OH^-$	-0.076
NO_3^-/NO_2^-	$NO_3^- + H_2O + 2e^- \rightleftharpoons NO_2^- + 2OH^-$	0.01
$S_4O_6^{2-}/S_2O_3^{2-}$	$S_4O_6^{2-} + 2e^- \rightleftharpoons 2S_2O_3^{2-}$	0.09
HgO/Hg	$HgO + H_2O + 2e^- \rightleftharpoons Hg + 2OH^-$	0.098
$Mn(OH)_3/Mn(OH)_2$	$Mn(OH)_3 + e^- \rightleftharpoons Mn(OH)_2 + OH^-$	0.1
$[Co(NH_3)_6]^{3+}/[Co(NH_3)_6]^{2+}$	$[Co(NH_3)_6]^{3+} + e^- \rightleftharpoons [Co(NH_3)_6]^{2+}$	0.1
$Co(OH)_3/Co(OH)_2$	$Co(OH)_3 + e^- \rightleftharpoons Co(OH)_2 + OH^-$	0.17
Ag_2O/Ag	$Ag_2O + H_2O + 2e^- \rightleftharpoons 2Ag + 2OH^-$	0.34
O_2/OH^-	$O_2 + 2H_2O + 4e^- \rightleftharpoons 4OH^-$	0.41
MnO_4^-/MnO_2	$MnO_4^- + 2H_2O + 3e^- \rightleftharpoons MnO_2 + 4OH^-$	0.588
BrO_3^-/Br^-	$BrO_3^- + 3H_2O + 6e^- \rightleftharpoons Br^- + 6OH^-$	0.61
BrO^-/Br^-	$BrO^- + H_2O + 2e^- \rightleftharpoons Br^- + 2OH^-$	0.76
H_2O_2/OH^-	$H_2O_2 + 2e^- \rightleftharpoons 2OH^-$	0.88
ClO^-/Cl^-	$ClO^- + H_2O + 2e^- \rightleftharpoons Cl^- + 2OH^-$	0.89
$HXeO_6^{3-}/HXeO_4^-$	$HXeO_6^{3-} + 2H_2O + e^- \rightleftharpoons HXeO_4^- + 4OH^-$	0.9
$HXeO_4^-/Xe$	$HXeO_4^- + 3H_2O + 7e^- \rightleftharpoons Xe + 7OH^-$	0.9
O_3/OH^-	$O_3 + H_2O + 2e^- \rightleftharpoons O_2 + 2OH^-$	1.24

附录五　一些物质的热力学数据（298.15K）

物质	状态	$\Delta_f H_m^{\ominus}/(kJ/mol)$	$\Delta_f G_m^{\ominus}/(kJ/mol)$	$S_m^{\ominus}/[J/(K \cdot mol)]$
Ag	s	0	0	42.55
Ag	g	284.5	245.7	172.89
Ag^+	aq	105.58	77.12	72.68
AgF	s	-204.6	—	—
AgCl	s	-127.06	-109.80	96.23
AgBr	s	-100.37	-96.90	107.11
AgI	s	-61.84	-66.19	115.5
Al	s	0	0	28.33
Al	g	326.4	285.8	164.43
Al^{3+}	g	5484.0	—	—
Al^{3+}	aq	-531	-485	-322
B	s	0	0	5.86
B	g	562.7	518.8	153.34
B_2O_3	s	-1272.8	-1193.7	54.0

续表

物质	状态	$\Delta_f H_m^\ominus/(kJ/mol)$	$\Delta_f G_m^\ominus/(kJ/mol)$	$S_m^\ominus/[J/(K\cdot mol)]$
B_2O_3	g	−836.0	−825.3	283.7
BF_3	g	−1173.0	−1120.3	254.0
Ba	s	0	0	62.8
Ba	g	180	146	170.13
Ba^{2+}	g	1660.5	—	—
BaO	s	−553.5	−525.1	70.42
BaO_2	s	−634.3		
$Ba(OH)_2$	s	−994.7		
Br_2	l	0	0	152.23
Br_2	g	30.907	3.142	245.354
Br_2	aq	−2.59	3.93	130.5
Br	g	111.88	82.43	174.91
Br^-	g	−233.9	—	—
Br^-	aq	−121.50	−104.04	82.84
HBr	g	−36.40	−53.42	198.59
BrO_3^-	aq	−83.7	1.7	163.2
BrF	g	−58.6	−73.8	228.9
BrCl	g	14.64	−0.96	240.0
C	石墨	0	0	5.740
C	金刚石	1.897	2.900	2.377
C	g	716.68	671.29	157.99
CO	g	−110.52	−137.15	197.56
CO_2	g	−393.51	−394.36	213.64
CH_4	g	−74.81	−50.75	186.15
C_2H_6	g	−84.68	−32.89	229.49
C_2H_5OH	l	−238.66	158.42	126.8
$C(CH_3)_4$	g	−166.0	−15.23	306.4
CN^-	aq	150.6	172.4	94.1
HCN	aq	107.1	119.7	124.7
CF_4	g	−925	−879	261.5
CCl_4	l	−135.44	−65.27	216.40
CS_2	l	89.70	65.27	151.34
CS_2	g	117.36	67.15	237.73
Ca	s	0	0	41.4
Ca^{2+}	aq	−542.83	−553.54	−53.1
CaO	s	−635.1	−604.0	39.75
CaO_2	s	−652.7	—	—
$Ca(OH)_2$	s	−986.1	−898.6	83.4
CaS	s	−482.4	−477.4	56.5
$Ca(NO_3)_2$	s	−938.4	−743.2	193.3
$CaCO_3$	方解石	−1206.9	−1128.8	92.9
$CaCO_3$	文石	−1207.0	−506	88.7
Cl_2	g	0	0	222.96
Cl_2	aq	−23.4	6.90	121
Cl^-,HCl	aq	−167.08	−131.29	56.73
Cl_2O	g	80.3	97.9	266.10

续表

物质	状态	$\Delta_f H_m^\ominus/(kJ/mol)$	$\Delta_f G_m^\ominus/(kJ/mol)$	$S_m^\ominus/[J/(K \cdot mol)]$
HClO	aq	−120.9	−79.9	142.3
ClO_4^-	aq	129.33	−8.62	182.0
ClF_3	g	−163.2	—	281.50
Cr	s	0	0	23.77
Cr^{2+}	aq	−114	—	—
CrO_4^{2-}	aq	−881.2	−727.8	50.2
$Cr_2O_7^{2-}$	aq	−1490.3	−1301.2	261.9
$HCrO_4^{2-}$	aq	−878.2	−764.8	184.1
$CrCl_2$	s	−395.4	−356.1	115.3
$CrCl_3$	s	−556.5	—	123.0
Cu	s	0	0	33.15
Cu	g	338.3	298.6	166.27
Cu^+	aq	71.7	50.0	40.6
Cu^{2+}	aq	64.77	65.52	−99.6
CuO	s	−157.3	−129.7	42.6
$CuCl_2$	s	−220.1	—	108.1
F_2	g	0	0	202.67
F^-	aq	−232.63	−278.82	−13.8
HF	g	−271.1	−273.2	173.67
HF	aq	−320.1	−296.9	88.7
Fe	s	0	0	27.28
Fe^{2+}	g	2752.2	—	—
H_2	g	0	0	130.57
H	g	217.97	203.26	114.60
H^+	g	1536.2	—	—
N_2	g	0	0	191.61
NH_3	g	−46	−16.4	192.45

附录六　一些物质的标准摩尔燃烧焓（298.15K）

物质	$\Delta_c H_m^\ominus/(kJ/mol)$	物质	$\Delta_c H_m^\ominus/(kJ/mol)$
CH_4(g)甲烷	−890.31	$C_3H_8O_3$(l)甘油	−1664.4
C_2H_4(g)乙烯	−1410.97	C_6H_5OH(s)苯酚	−3063
C_2H_2(g)乙炔	−1299.63	HCHO(g)甲醛	−563.6
C_2H_6(g)乙烷	−1559.88	CH_3CHO(g)乙醛	−1192.4
C_3H_6(g)丙烯	−2058.49	CH_3COCH_3(l)丙酮	−1802.9
C_3H_8(g)丙烷	−2220.07	$CH_3COOC_2H_5$(l)乙酸乙酯	−2254.21
C_4H_{10}(g)正丁烷	−2878.51	$(COOCH_3)_2$(l)草酸甲酯	−1677.8
C_4H_{10}(g)异丁烷	−2871.65	$(C_2H_5)_2O$(g)乙醚	−2730.9
C_4H_8(g)丁烯	−2718.60	HCOOH(l)甲酸	−269.9
C_5H_{12}(g)戊烷	−3536.15	CH_3COOH(l)乙酸	−871.5

续表

物质	$\Delta_c H_m^\ominus/(\text{kJ/mol})$	物质	$\Delta_c H_m^\ominus/(\text{kJ/mol})$
C_6H_6(l)苯	-3267.62	$(COOH)_2$(s)草酸	-246.0
C_6H_{12}(l)环己烷	-3919.91	C_6H_5COOH(s)苯甲酸	-3227.5
C_7H_8(l)甲苯	-3909.95	CS_2(l)二硫化碳	-1075
C_8H_{10}(l)对二甲苯	-4552.86	$C_6H_5NO_2$(l)硝基苯	-3097.8
$C_{10}H_8$(s)萘	-5153.9	$C_6H_5NH_2$(l)苯胺	-3397.0
CH_3OH(l)甲醇	-726.64	$C_6H_{12}O_6$(s)葡萄糖	-2815.8
C_2H_5OH(l)乙醇	-1366.75	$C_{12}H_{22}O_{11}$(s)蔗糖	-5648
$(CH_2OH)_2$(l)乙二醇	-1192.9	$C_{10}H_{16}O$(s)樟脑	-5903.6

参考文献

[1] 高琳．基础化学．北京：高等教育出版社，2019．
[2] 傅献彩．大学化学．2版．北京：高等教育出版社，2019．
[3] 王建梅，旷英姿．无机化学．3版．北京：化学工业出版社，2017．
[4] 吴小琴．无机及分析化学．北京：化学工业出版社，2013．
[5] 王宝仁．无机化学．3版．北京：化学工业出版社，2018．
[6] 陈君丽．无机化学基础．北京：化学工业出版社，2007．
[7] 汤启昭．化学原理与化学分析．北京：科学出版社，2004．
[8] 黄一石．仪器分析．4版．北京：化学工业出版社，2020．
[9] 温铁坚．仪器分析．北京：中国石化出版社，2004．
[10] 赵玉娥．基础化学．3版．北京：化学工业出版社，2015．
[11] 胡伟光．无机化学．3版．北京：化学工业出版社，2020．
[12] 符明淳．分析化学．2版．北京：化学工业出版社，2015．
[13] 王振琪．物理化学．北京：化学工业出版社，2002．
[14] 张法庆．有机化学．4版．北京：化学工业出版社，2021．
[15] 董艳杰．化工产品检验．北京：高等教育出版社，2013．
[16] 高职高专化学教材编写组．物理化学．5版．北京：高等教育出版社，2020．
[17] 韩忠霄，孙乃有．无机及分析化学．4版．北京：化学工业出版社，2020．
[18] 钟国清．无机及分析化学．2版．北京：科学出版社，2014．
[19] 石慧．分析化学．3版．北京：化学工业出版社，2020．
[20] 邢其毅．基础有机化学．4版．北京：北京大学出版社，2016．
[21] 薄新党．分析化学．北京：科学出版社，2009．
[22] 蒋硕健．有机化学．2版．北京：北京大学出版社，1996．
[23] 徐寿昌．有机化学．2版．北京：高等教育出版社，2014．